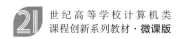世纪高等学校计算机类
课程创新系列教材·微课版

数据库原理与应用

第2版·微课视频版

肖海蓉 / 主编

任民宏 / 副主编

鲁秋菊 朱明放 / 参编

清华大学出版社

北京

内 容 简 介

本书以关系数据库管理系统 SQL Server 2019 为平台，通过案例全面而系统地从数据库基础、数据库原理和数据库应用与实践 3 个方面阐述了数据库的基本理论和设计方法。数据库基础主要从宏观角度介绍数据库的相关概念、数据管理技术的发展、大数据时代数据库的多元化发展、数据库系统的体系结构和数据模型，数据库原理包括关系数据库基本理论、数据库设计的方法和步骤、关系数据库规范化理论，数据库应用与实践涵盖 SQL Server 2019 数据库管理系统、T-SQL 在 SQL Server 2019 中的应用、数据库编程、SQL Server 2019 的安全性和完整性控制、事务管理与并发控制、数据库的备份和恢复以及大数据相关技术等。

本书注重实用性，以案例驱动，采用面向对象的方法，将数据库理论、数据建模以及 SQL Server 实践操作相结合，强化数据库的设计、建模及实践应用，并配有适量的例题、习题和电子课件。本书不仅可以作为计算机类专业、信息管理与信息系统专业、信息与计算科学专业及其相关专业的数据库教材，也可以作为其他专业数据库课程的参考教材，还可供从事数据库应用、设计、管理或开发的技术人员与管理人员参考。

图书在版编目(CIP)数据

数据库原理与应用：微课视频版/肖海蓉主编. —2 版. —北京：清华大学出版社，2023.1
21 世纪高等学校计算机类课程创新系列教材：微课版
ISBN 978-7-302-61718-1

Ⅰ．①数…　Ⅱ．①肖…　Ⅲ．①数据库系统－高等学校－教材　Ⅳ．①TP311.13

中国版本图书馆 CIP 数据核字(2022)第 155925 号

责任编辑：安　妮
封面设计：刘　键
责任校对：焦丽丽
责任印制：朱雨萌

出版发行：清华大学出版社
　　　　　网　　　址：http://www.tup.com.cn，http://www.wqbook.com
　　　　　地　　　址：北京清华大学学研大厦 A 座　　　邮　　　编：100084
　　　　　社 总 机：010-83470000　　　　　　　　　邮　　　购：010-62786544
　　　　　投稿与读者服务：010-62776969，c-service@tup.tsinghua.edu.cn
　　　　　质量反馈：010-62772015，zhiliang@tup.tsinghua.edu.cn
　　　　　课件下载：http://www.tup.com.cn，010-83470236
印 装 者：三河市君旺印务有限公司
经　　销：全国新华书店
开　　本：185mm×260mm　　印　张：26.25　　　　字　　数：638 千字
版　　次：2016 年 1 月第 1 版　2023 年 1 月第 2 版　　印　　次：2023 年 1 月第 1 次印刷
印　　数：1～1500
定　　价：75.00 元

产品编号：093233-01

第2版前言

　　大数据时代,一切都建立在数据库之上。数据库技术作为信息技术和信息产业的重要支柱,是目前 IT 行业中发展最快的技术之一,广泛应用于各种类型的数据处理系统之中。它不仅是计算机信息系统与各种应用系统的核心技术和重要基础,也是大数据技术的基础和依托,在社会的各个领域都发挥着强大的作用。

　　作为计算机学科和相关学科教育中的核心部分,数据库原理与应用课程是高等学校计算机类、信息类专业的专业基础课,也是一门专业核心课程。作为数据库类课程群的一门基础课程,其主要内容包括数据库系统基础知识,关系数据模型,关系数据库,数据库设计,关系数据库规范化理论,SQL Server 2019 数据库管理系统,T-SQL 在 SQL Server 2019 数据库管理系统的应用,存储过程、触发器、函数、游标的编程技术,数据库的安全性、完整性、事务管理与并发控制、备份与恢复技术等。

　　第 2 版在第 1 版的基础上,补充了大数据时代数据管理需要解决的一些问题、大数据相关技术的介绍,以及数据库编程的相关知识,并对第 1 版各章内容进行了适当的补充和调整,使结构更加合理,内容实用性更强。

　　本次修订的主要内容包括以下几方面。

　　(1) 对原第 1 章内容,删减主流关系数据库管理系统的介绍,扩充数据库技术发展的内容,新增大数据时代数据库面临的问题、关系数据库与非关系数据库的不同特点和适用场合,帮助读者理解随着大数据的发展数据库架构向多元化方向发展的趋势;扩充数据库系统的外部体系结构,使读者进一步理解每种体系结构出现的意义,了解未来数据库系统的外部体系结构演进的发展道路。

　　(2) 对原第 2 章增加关系数据库的查询优化,使读者理解查询优化的工作原理,领会查询优化的意义,帮助读者(特别是 DBA 和开发人员)编写更为高效的代码。

　　(3) 对原第 3 章的物理结构设计部分,调整存储结构设计和存取方式选择的顺序,修改部分概念和文字。

　　(4) 对原第 4 章更新高校图书管理系统的数据库数据,修改部分概念和文字。

　　(5) 将原第 5~9 章使用的环境 SQL Server 2012 升级为 SQL Server 2019,所有操作和代码执行均在 SQL Server 2019 环境下完成。

　　(6) 对原第 5 章删减 SQL Server 2012 的安装过程,重新组织内容体系结构,方便读者利用 SQL Server 进行数据库的管理。

　　(7) 部分改动原第 6 章的 SQL 代码,删减大部分代码的执行结果和嵌入式 SQL 的内容。

　　(8) 将原第 6 章的存储过程、触发器编程的内容移到第 7 章中,扩充存储过程编程的讲解、例题和习题,新增函数、游标编程的讲解,并补充对应内容的例题和习题,帮助读者理解存储过程、触发器以及函数、游标在数据库应用程序开发中的作用,进一步提高数据库的编程能力。

(9) 删除原第10章的内容,新增第11章大数据技术,为读者进一步学习数据库类课程群的后续系列课程,特别是大数据技术相关课程奠定坚实的基础。

(10) 考虑到篇幅,删除原附录数据建模工具 Power Designer 建模实例的内容。

与其他教材相比,本书具有如下特点。

1. 采用面向对象的方法

从获取应用需求到数据库设计,打破传统教材的结构化设计方法,采用面向对象的分析和设计方法,用对象分解取代功能分解。

2. 以案例驱动,培养读者应用建模能力

引入数据建模的思想,根据高校图书管理系统的应用需求,介绍数据建模的基本理论和方法,使读者进一步理解数据库设计的思想,在实践中体会数据库建模的重要性,提高数据库设计的能力。

3. 配套视频讲解,方便学习

为重点知识和实践操作内容制作了讲解视频,读者可以随时扫描二维码观看,方便学习。

4. 理论、实践相结合

针对 SQL 的相关内容,打破传统教材先编写标准 SQL、再编写其应用的惯例,把 SQL 的相关知识点贯穿到 SQL Server 2019 的应用中,以案例驱动,使理论与实践相结合,加深读者印象。

5. 明确学习内容和目标,方便总结和复习

每一章内容介绍之前,均设置本章的学习目标、重点和难点,这样可以使读者明确本章的要求和学习内容。每一章配有适量的例题,所有例题均在 SQL Server 2019 环境中调试通过。章末设置本章习题,加强读者对本章所学知识的理解、掌握和巩固,并鼓励读者在教材知识的基础上,进行自主、扩展学习。

6. 方便读者阅读

内容图文并茂,逻辑性强,层次分明,方便读者阅读。

本书是集体智慧的结晶,由肖海蓉任主编,任民宏任副主编,鲁秋菊、朱明放参编。其中,肖海蓉编写第1章和第3~7章,任民宏编写第8~9章,鲁秋菊编写第2章和第10章,朱明放编写第11章。

本书不仅可作为计算机类专业、信息管理与信息系统专业、信息与计算科学专业及其相关专业的数据库教材,也可以作为其他专业数据库课程的参考教材,还可供从事数据库应用、设计、管理或开发的技术人员和管理人员参考。

本书的出版得到了清华大学出版社的大力支持,责任编辑对于书稿结构和表达方式给出了指导性的意见,在此表示由衷的感谢。本书在编写过程中,参阅了大量的参考书目和文献资料,在此向参考资料的作者表示深深的感谢。另外,许多老师和读者也对本书的编写提出了宝贵建议和修改意见,在此表示由衷的感谢。由于编者水平有限,第2版的内容虽有所改进,但书中不当之处在所难免,恳请广大同行和读者批评指正。

编　者

2022 年 7 月

第1版前言

随着互联网的发展、大数据时代的来临,信息资源已成为各行各业的重要资源和财富,实施有效信息处理的数据库已经成为当今企事业单位和政府部门不可缺少的技术,每个员工每天都在直接或间接地与数据库打交道,可以说数据库已经成为整个信息社会赖以运转的基础。而数据库技术作为信息技术和信息产业的重要支柱,是目前 IT 行业中发展最快的技术之一,已经广泛应用于各种类型的数据处理系统之中,并成为计算机信息系统与各种应用系统的核心技术和重要基础,在社会的各个领域都发挥着强大的作用。

作为计算机学科和相关学科教育中的核心部分,数据库原理与应用课程是高等学校计算机类、信息类等相关专业的专业基础课,也是一门专业核心课程。作为数据库类课程群的一门基础课程,其主要内容包括数据库系统基础知识,关系数据模型,关系数据库,关系数据库的规范化理论,数据库设计,SQL Server 2012 数据库管理系统,T-SQL 在 SQL Server 2012 数据库管理系统的应用,数据库安全性、完整性、事务管理与并发控制,数据库恢复技术以及存储过程、触发器的编程技术等。

学习本课程的目的是使读者掌握如何利用数据模型描述现实世界中各种对象以及对象之间的相互关系,如何高效地存储数据,如何使用和管理数据,如何利用数据建模的理论和方法解决基于实际应用而提出的各种需求,从实践中充分理解数据库、数据库管理系统、数据库系统之间的关系,理解原理、设计和应用之间的关系,强化数据库理论、数据库设计的方法和步骤,了解目前数据管理技术的发展方向,为进一步学习数据库类课程群的后续系列课程,特别是数据库的应用开发技术课程打下坚实的基础。

目前市面上关于数据库原理与应用的教材很多,要么内容上偏重理论,要么实践上主要介绍某个数据库管理系统的简单操作与应用,并且数据库的整个分析与设计过程大都采用传统结构化的面向过程方法。鉴于数据库系统成功的关键在于数据库设计的好坏,同时针对读者学完数据库课程之后的普遍感受:数据库原理内容单调而枯燥,不容易理解。本次编写的数据库原理与应用教材,是以数据库原理的核心理论为指导,采用面向对象的方法,以具体的软件项目为实例,突出以实际应用为主,同时引入数据建模工具 Power Designer,让读者在具体的实践中理解基本理论,并体会数据库设计的重要性。

本书在编写形式上,强调启发读者的思维,在掌握基本知识的基础上,引导读者思考,拓宽读者思路。在内容题材的选取上,凝聚了课程组多年来在基于数据库的信息系统的科研实践中的经验、体会,并结合课程组教师多年的数据库教学经验的积累和总结以及数据库类课程群建设方面的经验和成果,突出以实际应用为主,将数据库原理理论与目前最具典型代表性的 SQL Server 2012 数据库管理系统与最为流行的数据建模工具 Power Designer 相结合,通过分析和解剖数据库设计案例,将读者易于理解的应用实例贯穿原理理论内容中,帮助读者从不同角度理解和掌握抽象的原理理论,使原理与应用相互融合,以应用带动和强化原理,用原理指导应用。同时将数据库设计方法、数据库建模工具和数据库设计案例相结合,培养读者数据建模的思想,使读者不仅会用数据库,更会分析、设计、管理数据库,既可提高读者的实际动手能力,又为开发数据库应用程序奠定坚实的基础。

全书共分10章,各章的内容安排如下。

第1章为数据库系统概述,主要内容包括数据系统的基础知识、数据库管理技术及其发展、数据库系统的结构、数据模型、主流数据库管理系统。

第2章为关系数据库,以关系数据模型的三大要素数据结构、数据操作和数据的完整性为主线,主要介绍了关系数据库中的基本概念、关系代数、关系演算。

第3章为数据库设计,通过案例全面地介绍数据库的过程,主要内容包括面向对象的数据库设计方法和设计步骤,对象模型、概念数据模型的设计过程以及如何将概念数据模型转换为关系模型。

第4章为关系数据库规范化理论,介绍关系数据库模式的理论基础,主要内容包括关系规范化的必要性,函数依赖、逻辑蕴涵、属性集闭包的概念,范式的判定,Armstrong 公理系统,模式分解及其准则。

第5章为数据库管理系统 SQL Server 2012,主要内容包括 SQL Server 2012 常用管理工具的使用,SQL Server 2012 数据库的基本结构如何使用 SQL Server Management Studio (SSMS)图形化管理工具创建、管理数据库,创建、管理基本的数据库对象等。

第6章为 T-SQL 在 SQL Server 2012 中的使用,主要内容包括数据定义语言、数据查询语言、数据更新语言和数据控制语言在 SQL Server 2012 的使用方法,T-SQL 常用的语言元素,存储过程、触发器编程以及嵌入式 SQL 的编程思想。

第7章为数据库的安全性和完整性控制,主要介绍 SQL Server 2012 数据库的安全性管理和完整性控制。安全性管理包括 SQL Server 2012 的安全认证模式、登录账号、用户账号和角色的管理、权限管理操作;完整性控制包括完整性约束条件、完整性的实现方法。

第8章为数据库的事务管理和并发控制,主要内容包括事务的概念、状态和特性,事务控制,锁的概念,基于锁的封锁协议,并发调度的可串行性,SQL Server 2012 并发控制机制。

第9章为数据库的备份与恢复,主要介绍 SQL Server 2012 数据库备份和恢复技术,包括数据库备份的方式、备份操作、数据库恢复方式和恢复操作。

第10章为数据库的研究领域,主要介绍数据库技术与其他技术相结合而出现的应用领域和数据库技术的新发展。

附录中通过贯穿本书的案例高校图书管理系统,主要介绍数据建模工具 Power Designer 16.5 的数据建模过程。其中重点演示数据库建模的方法和步骤以及如何通过建立的物理数据模型生成数据库。

与其他教材相比,本书具有如下特点。

1. 采用面向对象的方法

从获取应用需求到数据库设计,打破传统教材的结构化设计方法,采用面向对象的分析和设计方法,用对象分解取代功能分解。

2. 以案例驱动,培养读者应用建模能力

引入数据建模的思想,根据高校图书管理系统的应用需求,介绍数据建模的基本理论和方法,同时在附录中通过案例介绍最为流行的数据建模工具 Power Designer 16.5,使读者进一步理解数据库设计的思想,在实践中体会数据库建模的重要性,提高数据库设计的能力。

3．理论实践相结合

针对 SQL 的内容,打破传统教材先编写标准 SQL、再编写其应用的惯例,本书把 SQL 的整个知识点贯穿到 SQL Server 2012 的应用中,以案例驱动,使理论与实践相结合,加深读者印象。

4．明确学习内容和目标,方便总结和复习

每一章内容介绍之前,均设置本章的学习目标、重点和难点,这样可以使读者明确本章的要求和学习内容,每一章配有适量的例题,所有例题均在 SQL Server 2012 环境中调试通过。章末设置本章内容小结和习题,加强读者对本章所学知识的理解、掌握和巩固,并鼓励读者在教材知识的基础上,进行自主、扩展学习。

5．方便读者阅读

内容上图文并茂,逻辑性强,层次分明,方便读者阅读。

本书是集体智慧的结晶,由肖海蓉任主编,任民宏任副主编,鲁秋菊参编。其中,肖海蓉编写第 1 章、第 3～6 章和附录,任民宏编写第 7 章、第 8 章和第 10 章,鲁秋菊编写第 2 章和第 9 章。

本书不仅可作为计算机类专业、信息管理与信息系统专业、信息与计算科学专业及其相关专业的数据库教材,也可以作为其他专业数据库课程的参考教材,还可供从事数据库应用、设计、管理或开发的技术人员和管理人员参考。

本书的出版得到了清华大学出版社的大力支持,责任编辑在书稿结构和表达方式给出了一些指导性的意见,在此表示由衷的感谢。本书在编写过程中,参阅了大量的参考书目和文献资料,在此向参考资料的作者表示深深的感谢。另外,在编写期间,许多老师和读者也对本书的编写提出了许多宝贵建议和修改意见,陈凯、付凯、韦澄杰、张攀在本书的编写过程中做了大量辅助性的工作,在此表示由衷的感谢。由于编者水平有限,书中难免还会存在一些疏漏与错误,恳请读者批评指正。

编　者

2015 年 10 月

目 录

第1章

数据库系统概述

学习目标

- 理解数据库、数据库管理系统、数据库系统的概念及其相互之间的关系,数据库系统的组成以及各部分的作用;
- 掌握数据库管理系统的主要功能、数据库系统阶段数据管理的主要特点;
- 了解数据库技术、数据管理技术的发展历程,了解大数据时代数据库面临的挑战;
- 掌握数据库系统的三级模式结构和两级映像,理解数据库应用系统体系结构的三层架构的作用;
- 理解信息的三个世界、数据模型的三个层次及其组成要素。

重点:数据库管理系统的概念和功能,数据库系统阶段数据管理的特点。

难点:数据模型的三个层次,数据库系统的三级模式结构。

数据库和数据库系统已成为现代社会生产和日常生活中的重要组成部分,如网上购物、发微博、图书馆借书等都离不开数据库技术的支持。随着全球数字化、网络宽带化以及互联网应用于各行各业,累积的数据量越来越大,而这些杂乱无章的数据一般不能直接给人们的各项社会活动带来效益,这就需要对这些数据科学地组织和存储、高效地获取和处理,从而得到有价值的信息,进而帮助人们做出正确的决策。那么,如何组织和存储数据,如何处理数据,如何获取数据? 这些都需要数据库技术的支持。因此,数据库已成为现代社会的一个重要基础。

1.1 数据库基础知识

数据库技术作为数据管理最有效的手段,是现代计算机信息系统和计算机应用系统的基础和核心。本节通过介绍具有代表性的数据库的应用,引入数据库中的相关术语和基本概念。

1.1.1 认识数据库及其应用

工作生活中,人们经常使用数据库,无论是家庭、企业还是政府部门,都需要使用数据库存储数据信息。从桌面数据库到大型的相互关联组织的分布式数据库,再到部署和虚拟化在云计算环境中的数据库,数据库已成为越来越重要的商业资产。在新的应用需求的驱动下,各种新型的数据库不断涌现。

1. 场景引入

问题:什么是数据库? 数据库用来做什么? 工作生活中哪些地方使用了数据库? 如何

描述、组织这些数据？如何存取这些数据？应用程序如何访问数据库？哪些人可以操作哪些数据库？如何提高多用户对大量数据的访问效率？

2. 数据库的应用

数据库的应用领域非常广泛,只是应用程序界面向用户隐藏了访问数据库的细节,以至于大多数用户可能没有意识到他们正在和一个数据库打交道。然而现代社会中,访问数据库已经成为几乎每个人生活中不可缺少的组成部分,数据库系统不仅是人们日常生活中最普遍使用的技术之一,也是企业不可或缺的重要部分。以下是一些代表性的应用。

1) 企业客户关系管理

企业为客户而生,目的是为股东获得利润,而只有服务好客户,才能获得利润。因此,客户管理在企业经营中的地位越来越重要。建立客户关系管理系统,企业能够向客户提供自动化的业务流程,为各个部门的业务人员的日常工作提供客户资源共享,为客户提供优质的服务。而数据库是客户关系管理系统的重要组成部分,是企业前台各部门进行各种业务活动的基础,是后台分析人员从大量交易数据中提取有价值的各种信息的来源。例如:能够针对不同客户群建立客户档案,实现客户细分管理;能够跟踪查询客户的消费行为和消费状况,根据客户消费记录,统计、分析客户消费行为习惯,建立客户流失预警,并针对不同客户采取不同的营销策略,预测未来客户需求;能够从服务项目、价格、工作效率、服务态度、服务意识等方面,根据数据库中的数据动态生成客户满意度图表。

2) 高校图书管理

图书馆是高校图书资料的情报中心,是为教学和科研服务的学术性机构。图书馆一般会有一个包含所有图书详细信息的数据库。在图书馆的正常运营中,总是面对大量的借阅者信息、书籍信息以及由两者相互作用产生的借书、还书、预订等信息。建立高校图书管理系统,能够提高图书馆的管理水平。具体体现在:能够判断读者的借阅证是否有效,能够记录借阅者的借书信息、借阅日期等流通信息,借阅者是否有超期的书、是否超期未付款以及借阅者的级别和最大的借阅次数;系统用户能够根据图书类别、图书名称、出版社等信息查询库中的图书;图书管理员、图书借阅者能够查询借阅者的详细借阅信息;对借阅者有挂失的图书,查询借阅者借出的所有书籍的流通信息,修改流通信息,并做挂失处理;对有超期记录的借阅者,根据有关规定进行罚款处理,修改相应的流通记录,并把罚款记录保存于表单。

3) 信用卡购物

当顾客使用信用卡购物时,系统需要检查顾客是否有足够的剩余金额可以购买该商品。在检查的过程中,需要访问数据库中包含的顾客信用卡购物的信息。为了检查顾客信用卡,存在一个数据库应用程序,此程序使用顾客的信用卡号码检查顾客想购买的商品的价格以及顾客这个月已经购买的商品总额是否在信用限度内。当购买被确认有效后,这次购买的详细信息又被添加到这个数据库。在确认此次购买生效之前,这个应用程序也会访问数据库,检查该信用卡是否在丢失列表中。

4) 使用 Internet

Internet 上的很多站点都是由数据库应用程序驱动的。例如:当用户在中国知网网站搜索某期刊的某篇论文时,其实用户正在访问存储在中国知网网站某个数据库中的数据;当用户通过 Web 访问某个银行网站,检索其交易明细和账户余额时,这些信息也是从银行的数据库中提取出来的,同时用户的查询记录也可能被保存到某个数据库中;当用户通过Web查询航班信息时,其实用户正在访问存储在航班管理数据库系统中的数据;当用户在淘宝网店确认了一个网上订单,其订单信息也保存到了某个数据库中。

以上只是4种数据库系统应用,毫无疑问,还有更多的应用场景,如国防军工领域、科技发展领域、企业人事管理、企业销售管理、制造业管理、证券管理、航空售票管理、银行账务管理、医院诊断管理、电信业务管理、电子政务管理、学校教务管理、学籍管理、科研管理、毕业设计管理等。尽管人们已经熟知并常用这些应用,但在这些应用的背后却隐藏着复杂的计算机技术,这种技术的核心就是数据库本身。

应用驱动创新,数据库技术就是在支持主流应用的提质增效中发展起来。当然,随着技术的日新月异,特别是人工智能技术的落地、区块链技术的推广,数据库也相应产生了许多新的应用领域。

3. 数据库应用系统示例

图1-1给出了一个关于高校图书管理系统数据库的简单示例。应用该数据库,可以查询高校图书馆的所有图书信息、读者信息以及不同读者的借阅信息。其中,图1-1(a)表示读者类别信息,图1-1(b)表示读者信息,图1-1(c)表示图书信息,图1-1(d)表示借阅信息。

类别编号	类别名称	可借阅天数	可借阅数量	超期罚款额
01	教师	90	6	0.2000
02	博士研究生	80	6	0.4000
03	硕士研究生	60	5	0.6000
04	本科生	30	3	0.8000

(a) 读者类别信息

读者卡号	姓名	性别	单位	办卡日期	卡状态	类别编号
2100001	李丽	女	数计学院	2021-03-10	正常	01
2100002	赵健	男	数计学院	2021-03-10	正常	01
2100003	张飞	男	数计学院	2020-09-10	正常	02
2100004	赵亮	男	数计学院	2021-03-10	正常	03
2100005	张晓	女	管理学院	2021-09-10	正常	03
2200001	杨少华	男	管理学院	2021-09-10	正常	04
2200002	王武	男	数计学院	2021-10-10	正常	02

(b) 读者信息

图书编号	书名	类别	作者	出版社	出版日期	单价	库存数量
GL0001	App营销实战	管理	谭贤	人民邮电出版社	2021-03-01	58.0000	4
GL0002	产品经理的自我修炼	管理	张晨静	人民邮电出版社	2021-03-01	52.0000	3
GL0003	管理学原理	管理	赵玉田	科学出版社	2021-01-01	38.0000	1
JSJ001	Python数据挖掘与机器学习	计算机	魏伟一	清华大学出版社	2021-04-01	59.0000	2
JSJ002	机器学习	计算机	赵卫东	人民邮电出版社	2020-09-01	58.0000	1
JSJ003	数据库应用与开发教程	计算机	卫琳	清华大学出版社	2021-03-01	42.0000	4
JSJ004	疯狂Java讲义 (第5版)	计算机	李刚	电子工业出版社	2020-04-01	139.0000	4
JSJ005	大数据分析	计算机	程学旗	高等教育出版社	2021-03-01	48.0000	4
JSJ006	Web前端开发	计算机	刘敏娜	清华大学出版社	2021-03-01	49.0000	4
JSJ007	MySQL管理之道:性能调优、高可用与监控	计算机	贺春旸	机械工业出版社	2021-01-01	69.0000	4
JSJ008	数据库原理及应用 SQL Server 2019 (第2版)	计算机	贾铁军	机械工业出版社	2020-08-01	65.0000	4
SK0001	请不要辜负这个时代	社科	周小平	南海出版社	2020-11-01	32.0000	5

(c) 图书信息

图1-1　高校图书管理系统数据库

读者卡号	图书编号	借书日期	还书日期
2100001	GL0003	2021-04-10	2021-07-10
2100001	JSJ004	2020-12-25	2021-02-27
2100002	JSJ001	2021-04-10	*NULL*
2100002	JSJ003	2021-04-10	*NULL*
2100002	JSJ008	2021-03-10	*NULL*
2100003	GL0003	2021-03-10	*NULL*
2100003	JSJ001	2021-04-06	*NULL*
2100004	GL0003	2021-05-10	2021-07-10
2100004	JSJ001	2021-05-10	2021-07-10
2100004	JSJ005	2021-05-10	2021-07-10
2100005	GL0002	2021-03-20	2021-05-20
2100005	GL0003	2021-03-20	*NULL*
2200001	GL0001	2021-07-13	*NULL*
2200001	GL0002	2021-07-13	*NULL*

(d) 借阅信息

图 1-1　(续)

该数据库由 4 张基本表组成,每个基本表存储了同一记录结构的数据。读者类别表存储了不同类别读者的相关信息,包括类别编号、类别名称、可借阅天数、可借阅数量、超期罚款额;读者表存储了每位读者的相关信息,包括读者卡号、姓名、性别、单位、办卡日期、卡状态、类别编号;图书表存储了库中图书的相关信息,包括图书编号、书名、类别、作者、出版社、出版日期、单价、库存数量;借阅表存储了每位读者借阅相关图书的详细信息,包括读者卡号、图书编号、借书日期和还书日期。

要定义此数据库,也就是设计数据库的结构,必须指定每张基本表的记录结构和各个数据元素的数据类型。为了构建这个高校图书管理数据库,必须把每位读者、读者类别、图书、图书借阅情况等信息都以记录的形式存储在适当的基本表中。而不同基本表中的记录可能是相关的,如读者表中的类别编号与读者类别表中的类别编号有关。

设计好该数据库后,应考虑如何对数据进行存储以及存取操作,如数据查询、修改、插入、删除等;在对数据进行操作的过程中,如何保证数据的正确、有效、安全性、并发性等;这些都是系统的基本任务。此案例将贯穿本书的每一章。

1.1.2　数据库的相关概念

为了便于理解什么是数据库以及数据库技术对各行各业信息管理的支撑作用,首先要介绍数据库最常用的术语和基本概念。

1. 信息与数据

信息和数据是理解数据库、数据库管理系统等概念的基础。

1) 信息

在日常生活中,我们经常可以听到“信息”这个名词。那么什么是信息呢? 简单地说,信息就是新的、有用的事实和知识,是人对客观世界的感知和理解。它具有客观性、时效性、有用性和知识性等特性,是客观世界的反映。

信息作为学术术语,最早出现在哈特利(Hartley)于 1928 年发表的一篇论文中。20 世纪 40 年代,信息论的奠基人香农(Shannon)给出信息的明确定义:“信息是用来消除不确定性的东西。”这个定义后来成为经典的定义,被多个学科广泛应用。同时不同学科又给出了各自学科的定义。

在信息管理中,信息被定义为加工处理以后有意义的数据。

在信息论中,信息被定义为可以获得、改变、传递、存储、处理、识别和利用的一般对象,能为实现目标排除意外性和增加有效性。

在系统论中,信息被定义为系统内部联系的特殊形式。

在经济管理活动中,信息泛指为供决策参考的有效数据。

在企业家眼中,信息是管理活动的特征及其发展情况的情报和资料的统称。

美国信息管理专家霍顿对信息的定义是按照用户决策的需要经过加工处理的数据。

尽管对信息的理解或解释存在不同,但它们在本质上都是相同的。

(1)信息的表现形式是数据。信息总要以一定的形式表示,其一般表现形式是数据。

(2)信息对决策有价值,即信息必定有人的参与,必定包含在人的决策活动中。

(3)信息可以用来消除对事物理解的不确定性,即提高了对事物的了解程度。人作为决策的主体进行决策会有很多的不确定性,信息可以消除这种不确定性。信息量越大,则认识越清楚。

由此,可以给出信息的定义:信息指客观世界中事物的存在方式或运动状态的反映,具体说是一种被加工为特定形式的数据,但这种数据形式对接收者来说是有意义的,对接收者的行为产生影响,对接收者当前和将来的决策具有价值。

信息对信息系统的发展有重要意义。它可以提高企业员工对事物的认识,减少人们活动的盲目性;买卖双方完成交易的过程就是通过获取不同的信息,取得相互了解并协同完成交易;信息又是管理活动的核心,要想把事物管理好,就需要掌握更多的信息,并利用信息进行工作。

2)数据

数据是用来记录或者标识事物的特性和物理状态的一串物理符号,是表达和传递信息的工具。例如,在高校图书管理系统中图书的库存量被称为数值型数据,图书的名称、作者、出版社为字符型数据,图书的借书日期、还书日期属于日期型数据,表示图书的图片被称为图像数据等。

在计算机中,数据是数据库存储的基本对象,也是数据库管理系统处理的对象。现代计算机应用于各领域,存储和处理的对象十分广泛,表示这些对象的数据也越来越复杂。因此,可以说,数据是对现实世界的事物采用计算机能够识别、存储和处理的方式进行的描述或者说是计算机化的信息。

对数据的概念应从以下两个方面加以理解。

(1)数据是描述事物的符号。这里所指的事物包括事物本身和事物的各种状态,符号可以是数字,也可以是文字、图形、图像、声音、视频、动画等。

(2)数据有多种表现形式,可以用报表、图形及不同的语言符号表示,但每种表现形式都可以经过"数字化"后存入计算机。为了让计算机能够存储和处理现实世界的事物,就要抽取对这些事物感兴趣的特征组成一个记录来描述。例如,高校图书管理系统中,如果人们感兴趣的是读者的姓名、性别、年龄、单位、读者类别,那么可以这样描述:

(王华,男,23,计算机学院,研究生)

这里的读者记录就是描述读者的数据,这样的数据是有结构的。对于上面的读者记录,不同的人可能有不同的理解。一些人可能会得到这样的信息：王华是研究生,男,23岁,就读于计算机学院。而另一些人可能会理解为：王华是研究生,男,23岁,在计算机学院任教。显然,数据的表现形式不能完全表达其内容,其含义(即语义)需要经过解释才能被正确理解。因此,数据和其语义是不可分的,即数据和关于数据的解释是分不开的,这就是数据的特点。

由此说明,数据是用于承载信息的物理符号,是将现实世界的各种信息记录下的、可以识别的物理符号。这就是说,数据是信息的一种表现形式,由于数据可书写、记录、存储和处理,所以是信息的最佳表现形式。

3) 信息与数据的关系

在许多不严格的情况下,会把"信息"和"数据"两个概念混为一谈。其实,数据不等于信息,数据只是信息表达方式中的一种。正确的数据可表达信息,虚假、错误的数据表达的是谬误,不是信息。两者之间既有区别又有联系。

信息是对客观世界的本质描述,开始于数据。数据是信息的载体,是承载信息的符号。

数据被赋予主观的解释而转换为信息,因此信息是数据的内涵,是对数据语义的解释。没有数据,信息就无法传递和表现,从数据到信息需要有"加工"的过程,需要对接收者的行为产生影响。因此得到数据未必获得信息,数据对决策者的行为没有影响;信息是数据处理的结果,信息影响决策者行为。也就是说,数据和信息是相互依存的关系。

(1) 信息滞后于数据。信息是对数据的解释,是加工处理后有意义的数据,而加工是需要时间的。

(2) 数据是客观的,信息是主观的。正如前面给出的例子,对于同一个读者数据,不同的人可以做出不同的解释,体现了信息主观性的一面。

(3) 数据是结构化的描述形式,而信息常常是半结构化或非结构化的描述形式。例如图书的定价为168元,168元是结构化的描述形式,但对有些人来讲,其信息就是"太贵"这样的非结构化的描述形式。

需要说明的是,在许多场合下,对它们不做严格的区分,可以互换使用。例如,通常说的"信息处理"和"数据处理"含义是相同的。

4) 数据处理

数据处理(data process)是指将数据转换为信息的过程,也称为信息处理,如对数据的收集、分类、组织、整理、加工、存储和传播等一系列活动。

数据处理的目的是从大量原始的数据中,根据数据自身的规律和它们之间固有的联系,通过分析、归纳、推理等科学手段提取有效的信息资源。例如,高校图书管理系统中记录了读者借阅图书的详细信息,根据读者的借阅情况可以动态统计不同出版社、不同学科图书的借阅频次,掌握借书的信息,了解读者的借书要求,以便考虑是否修改购书计划、增加购书品种等。

数据处理工作可分为数据管理、数据加工、数据传播。

(1) 数据管理。数据管理的主要任务是收集信息,将信息用数据表示并按类别组织、保存,其目的是在需要的时候为各种应用和数据处理提供数据。数据管理是数据处理业务的基本环节,是任何数据处理业务中必不可少的共有部分。

(2) 数据加工。数据加工的主要任务是对数据进行变换、抽取和运算,通过数据加工得到更有用的数据,以指导或控制人们的行为或事物的变化趋势。

(3) 数据传播。数据传播是指在空间或时间上以各种形式传播信息,且不改变数据的结构、性质和内容。数据传播会使更多的人得到并理解信息,从而使信息的作用充分发挥出来。

2. 数据库

数据库(data base,DB)是长期存储在计算机内、有组织的、可共享、统一管理的数据集合。其基本思想就是将所有数据按一定的格式、结构存放,实行统一、集中、独立的管理,以满足不同的用户对数据资源的共享。

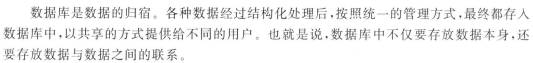

视频讲解

数据库是数据的归宿。各种数据经过结构化处理后,按照统一的管理方式,最终都存入数据库中,以共享的方式提供给不同的用户。也就是说,数据库中不仅要存放数据本身,还要存放数据与数据之间的联系。

数据库的概念实际包含两层意思:数据库是一个实体,它是能合理保管数据的"仓库",用户在该"仓库"中存放要管理的数据,"数据"和"库"两个概念结合成为"数据库";数据库是数据管理的新方法和技术,它能够更合理地组织数据、更方便地维护数据、更严密地控制数据和更有效地利用数据。

在数据库技术出现之前,人们采用"数据文件"方法进行数据管理。数据库方法与数据文件方法相比,具有以下三个明显进步的特征。

(1) 数据库中的数据具有数据整体性。数据库中的数据按一定的数据模型组织、描述和存储,保持自身完整的数据结构,该数据结构是从全局观点出发建立的;而文件中的数据一般是不完整的,其数据结构是根据某个局部要求或功能需要建立的。

(2) 数据库中的数据具有数据共享性。数据库的数据共享性表现在两个方面:不同的用户可以按各自的用法使用数据库中的数据,数据库能为用户提供不同的数据视图,以满足个别用户对数据结构、数据命名或约束条件的特殊要求;多个用户可以同时共享数据库中的数据资源,即不同的用户可以同时存取数据库中的同一个数据。数据共享性不仅满足了各用户对信息内容的要求,同时也满足了各用户之间的信息通信要求。

(3) 统一管理。指数据库中的数据由一个系统软件统一管理和控制。

3. 数据库管理系统

数据库管理系统(data base management system,DBMS)是建立、管理、维护和控制数据库的计算机系统软件。它的职能是维护数据库,接收和完成用户提出的访问数据库中数据的各种请求。用户建立数据库的目的是使用数据库,并对数据库中的数据进行加工处理、分析和理解,DBMS是帮助用户达到这一目的的工具和手段。

视频讲解

DBMS是数据库系统的核心,是实际存储的数据和用户之间的一个接口,是一个通用的软件系统。在数据库系统的层次结构中,它是位于用户与操作系统之间的一层数据管理软件,是专门用于管理数据库的计算机系统软件,负责对数据库进行统一的管理和控制,能够为数据库提供数据的定义、建立、维护、查询和统计等操作功能,并完成对数据完整性、安全性、多用户同时使用同一数据的并发控制和数据恢复功能。

DBMS的主要功能如下。

1) 数据定义功能

数据定义功能是指为说明库中的数据情况而进行的建立数据库结构的操作,通过数据定义可以建立起数据库的框架。DBMS一般提供数据描述语言(data description language,

DDL)定义数据库中的数据对象(如表、视图、存储过程等),定义构成数据库结构的外模式、模式和内模式,定义保证数据的完整性约束、保密限制等约束条件。

2) 数据操纵功能

数据操纵功能包括对数据库数据的查询、插入、删除和更新操作,这些操作通过 DBMS 提供的数据操纵语言(data manipulation language,DML)实现。DML 是 DBMS 向用户提供的一组数据操作语句,用户通过 DML 向 DBMS 提出各种操作请求,实现对数据库的基本操作。

3) 数据组织、存储和管理功能

数据组织和存储的主要目的是提高存储空间的利用率,加快查询速度。因此,DBMS 需要分类组织、存储和管理各类数据,包括存放数据库定义的数据字典、用户数据、数据存取路径,确定数据库文件存储结构、存取方式和存放位置以及如何实现这些数据之间的联系。

4) 数据库的运行管理与控制功能

数据库的建立、运行和维护是由 DBMS 统一管理、控制,以保证数据的安全性、完整性、多用户对数据的并发使用性,以及发生故障后的系统恢复。对数据库的所有访问操作都要在 DBMS 的相应控制程序的统一管理之下进行,以保护和保证数据的安全性、完整性、一致性和共享性。用户使用 DBMS 提供的数据控制语言(data control language,DCL)描述其对数据库要实施的控制,保证数据库系统的正常运行。此功能是 DBMS 的核心内容,负责控制、协调 DBMS 各个程序的活动,保证系统有条不紊地工作。

5) 数据库维护功能

数据库维护功能包括数据库结构的修改、变更及扩充功能,数据库的转换、备份和恢复,数据库的重组织、重构造,数据库的性能检测和分析功能等。这些功能都是由 DBMS 带有的实用程序或管理工具来实现,数据库维护的实用程序一般是由数据库管理员(DBA)使用和掌握的。

6) 数据通信

DBMS 负责处理数据的流动,它需要提供与网络中其他软件系统之间进行通信的功能及与其他软件的接口,实现不同软件系统之间的数据传输、转换,编程人员通过程序开发工具与数据库的接口编写数据库应用程序。例如,与操作系统的联机处理接口、一个 DBMS 与另一个 DBMS 的数据转换功能、异构数据库之间的互访和互操作功能。

现代 DBMS 应具有友好的用户界面、高级的用户接口、数据查询处理和优化、数据目录和管理、数据的并发控制、数据的恢复功能、数据的安全性和完整性约束检查、数据的访问控制等。

综上所述,可以得出结论:DBMS 能够科学地组织、存储数据以及高效地获取和维护数据;负责接收并处理用户、应用程序和操作数据库的各种请求,使用户在使用数据库时无须考虑数据库的物理存取结构;负责数据库的完整性、一致性、安全性检查,实现数据库系统的并发控制和故障恢复功能,应用程序只有通过 DBMS 才能和具体的数据库打交道。

DBMS 不是应用软件,但 DBMS 能够为各类数据库应用系统的设计提供应用系统的设计平台和设计工具,数据库应用系统利用 DBMS 可以更快、更好地设计和实施。

常见的 DBMS 有 Access、SQL Server、Oracle、Informix、Sybase、DB2、MySQL、PostgreSQL、SQLite 等。

4. 数据库系统

前面介绍的数据库强调的是一个数据平台,它是由 DBMS 统一管理的;而 DBMS 是一个管理数据库的系统软件。数据库系统(database system,DBS)指的是基于数据库技术的计算机应用系统,或者说具有管理和控制数据库功能的计算机系统(使用数据库技术设计的计算机系统)。显然,数据库系统包括数据库和 DBMS。除此之外,一个数据库系统还包括哪些呢?

数据库系统作为一个计算机应用系统,离不开相应硬件平台和软件平台的支持,需要有关人员管理和使用,以及相应的开发工具软件完成数据的使用(如高校图书管理系统)。当然,为了用好系统,还可能需要相应的技术资料、文档和手册。由此可以说,一个数据库系统应由计算机硬件、操作系统、DBMS、数据库、数据库程序设计主语言及编译系统、数据库应用开发工具、数据库应用系统等软件系统,以及用户和管理数据库系统的数据库管理员构成。数据库系统组成示意图如图 1-2 所示。

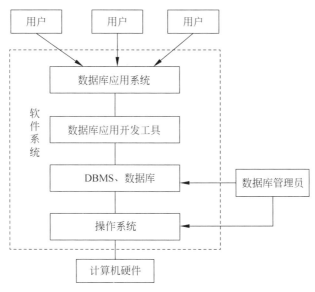

图 1-2 数据库系统的组成示意图

简单地说,数据库系统是由数据库及其管理数据库的软件、硬件设施组成的系统,主要包括计算机硬件、软件系统和人员。

1)计算机硬件

硬件是存储数据库和运行 DBMS 的物质基础。数据库系统必须在硬件资源支持下才能工作。支撑数据库系统的硬件包括计算机的硬件环境和专用于数据库管理的硬件设备。

计算机硬件资源是指客户机和服务器计算机的 CPU 个数和性能、内存的性能、主硬盘的性能、多媒体数据的硬件支持能力,以及数据通信设备和数据输入/输出设备。数据通信设备,如计算机网络和多用户数据传输设备,要满足用户间的数据传递和数据共享要求;数据输入/输出设备,如图形扫描仪、大屏幕显示器及激光打印机等,要满足某些特殊的数据输入/输出要求。

专用于数据库管理的硬件设备是指进行快速存取数据的磁盘阵列、磁带阵列、光盘阵列,以及数据备份设备等。

数据库系统数据量大、数据结构复杂、软件内容多,因此在为数据库系统选择运行环境时,要求其硬件设备能够快速处理数据。这就需要着重考虑 I/O 的速度、存储容量以及数据在网络上的传输速度。

2) 软件系统

数据库系统的软件包括以下 6 个部分。

(1) 操作系统。支持 DBMS 运行的操作系统是所有计算机软件的基础,在数据库系统中起着支持 DBMS 及主语言系统工作的作用。DBMS 向操作系统申请所需的软硬件资源,并接受操作系统的控制和调度。操作系统是 DBMS 与硬件之间的接口。

(2) DBMS。DBMS 是数据库系统的核心,用于数据库的建立、使用和维护。

(3) 数据库程序设计主语言及编译系统。为开发数据库应用系统,需要各种主语言及其编译系统。主语言具有与数据库的接口,由编译系统识别和转换主语言中存取数据库的语句,以实现对数据库的访问。

(4) 数据库应用开发工具软件。以 DBMS 为核心的数据库应用开发工具是 DBMS 为应用开发人员和最终用户提供的功能强、效率高的一组开发工具集,如应用生成器、可视化的第 4 代计算机语言等各种软件工具。它们为数据库系统的开发和使用提供了良好的环境和帮助。

(5) 数据库应用系统。为某种应用环境开发的数据库应用系统包括为特定应用环境建立的数据库、开发的各类应用程序及编写的文档资料,它们是一个有机整体。数据库应用系统涉及各个方面,如信息管理系统、计算机控制和计算机图形处理等。通过运行数据库应用系统,可以实现对数据库中数据的维护、查询、管理和处理操作。

(6) 数据库。数据库是指一个单位需要管理的全部相关数据的集合,是长期存储在计算机内、有组织的、可共享的数据集合,是数据库系统的基本组成部分,通常包括物理数据库和描述数据库。

① 物理数据库:存放按一定的数据模型组织并实际存储的所有应用需要的数据。

② 描述数据库:各级数据结构的描述,也称数据字典(data dictionary,DD)。数据字典中存放关于数据库中各级模式的描述信息,包括所有数据的结构名、定义、存储格式、完整性约束、使用权限等信息。数据字典是 DBMS 存取和管理数据的基本依据,在结构上也是一个数据库。在关系数据库系统中,数据字典主要包括表示数据库文件的文件、表示数据库中属性的文件、视图定义文件、授权文件、索引文件等。

3) 人员

数据库系统的人员由软件开发人员、软件使用人员及软件管理人员组成。

(1) 软件开发人员包括系统分析员、数据库设计人员及程序设计员。系统分析员负责应用系统的需求分析和规范说明,要与用户及数据库管理员相配合,确定系统的硬件、软件配置,并参与数据库系统的概要设计;数据库设计人员在很多情况下由数据库管理员担任,参与用户需求调研和系统分析,并进行数据库设计;程序设计员负责设计和编写应用系统的程序模块,并进行调试和安装。

(2) 软件使用人员(即数据库最终用户)通过数据库应用系统的人机交互接口使用数据

库。对于简单用户,主要工作是对数据库进行查询和修改,通过应用系统的用户接口存取数据库,而高级用户一般比较熟悉 DBMS 的各种功能,能够直接使用数据库查询语言访问数据库。

（3）软件管理人员称为数据库管理员(database administrator,DBA),他们全面地负责管理和控制数据库系统。

1.2 数据管理技术的发展

数据管理技术是应数据管理任务的需要而产生的。在应用需求的推动下,在计算机硬件和软件发展的基础上,特别是在随着社会的发展数据量爆炸式增长的当今时代,人们对数据处理的要求越来越高,使数据管理发生了划时代的变革,跨入了一个崭新的阶段。

1.2.1 数据管理技术的发展阶段

数据管理技术经历了六个阶段：人工管理阶段、文件系统阶段、数据库系统阶段、数据仓库阶段、数据挖掘阶段和数据分析阶段。由于后面三个阶段是在成熟的关系数据库系统技术的基础上发展起来的数据管理技术,并形成了高级的数据分析技术,相关课程一般作为数据库原理课程的后续课程。因此,本教材重点讨论前三个阶段。

1. 人工管理阶段

20 世纪 50 年代中期以前,计算机主要用于科学计算,从硬件来看,计算机很简陋,外存储器只有磁带、卡片,没有磁盘；从软件来看,没有操作系统,没有专门管理数据的软件,数据处理的方式是批处理。

人工管理阶段的数据是面向应用程序的,一个数据集只能对应一个程序,程序与数据之间的关系如图 1-3 所示。

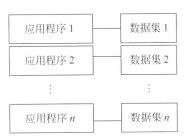

图 1-3 人工管理阶段应用程序和数据之间的关系

人工管理阶段的特点如下。

1）数据不保存在计算机中

计算机主要用于科学计算,运算时将数据输入,计算后将结果输出。随着计算任务的完成,数据和程序占用的计算机空间都将被释放掉。

2）没有软件系统对数据进行统一管理

由于没有"文件"的概念,数据管理涉及的数据需要应用程序自己定义和管理,程序员不仅要规定数据的逻辑结构,还要在程序中设计物理结构,导致程序需要随着存储机制的改变而修改,给程序的设计和维护带来了一定的麻烦。

3）数据和程序不具有独立性

一组数据对应一个程序,数据是面向程序的。

4）数据不共享

即使两个应用程序涉及某些相同的数据,也必须各自定义,无法互相利用,程序和程序之间存在着大量的重复数据。

2．文件系统阶段

20世纪50年代后期到60年代中期,计算机不仅用于科学计算,也开始用于数据管理。从硬件来看,外存储器有了磁盘等直接存取的存储设备;软件则有了操作系统,在操作系统基础上建立的专门管理数据的软件文件系统,已经成熟并广泛应用。数据处理的方式不仅有批处理,还有联机实时处理。应用程序和数据之间的关系如图1-4所示。

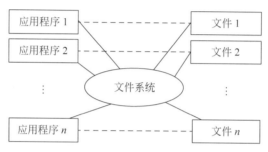

图1-4　文件系统阶段应用程序和数据之间的关系

文件系统阶段数据管理的特点如下。

1）数据可长期保存

数据长期保留在外存上,可以经常对文件进行查询、插入、删除、修改等操作。

2）由软件(文件系统)对数据进行管理

文件系统把数据组织成相互独立的文件,数据的管理和存取由指定的文件系统进行统一的管理。程序和数据之间由文件系统提供的存取方法进行转换,程序可以不必过多地考虑物理细节,不关心数据的物理位置,只需要用"按文件名访问,按记录进行存取"的管理技术,就可以与数据打交道。由于数据在存储方式上的改变不一定反映在程序上,因此应用程序和数据之间有了一定的物理独立性。

3）文件的形式多样化

文件系统中的文件有顺序文件、索引文件和散列文件。

4）数据的存取是以记录为单位的

文件系统是以文件、记录和数据项的结构组织数据的。只有通过整条记录的读取操作,才能获得其中数据项的信息,不能直接对记录中的数据项进行存取操作。

虽然文件系统较人工管理阶段有了很大的进步,给数据管理带来了极大的方便,但存储数据仍然存在以下缺陷。

1）数据共享性差,冗余度大

文件系统中的一个文件基本上对应一个应用程序,即文件仍然是面向应用的,当不同的应用程序需要相同的数据时,必须建立各自的文件,而不能共享相同的数据,因此同一数据可能重复出现在多个文件中,导致数据冗余度大、存储空间浪费的问题。由于相同数据的重复存储和各自管理,容易造成数据不一致,给数据的修改和维护带来了困难。因此,如何有效地提高不同应用共享数据的能力成为亟须解决的问题之一。

2) 数据独立性差

对于一个特定的应用,数据被集中组织存放在多个数据文件(组)中,并针对该文件组来开发特定的应用程序。想要对现有的文件组再增加一些新的应用会很困难,系统也不容易扩充。这是因为,一旦数据的逻辑结构改变,应用程序就必须修改,同时还需修改文件结构的定义。因此,数据与应用程序之间缺乏逻辑独立性,如何有效地提高数据与应用程序之间的独立性成为亟须解决的问题之一。

3) 数据孤立

对于数据与数据之间的联系,文件系统仍然缺乏有效的管理手段。这是因为文件系统实现了文件内的结构性,即一个文件内的数据是按记录进行组织的,这样的数据是有结构的。但整体上还是无结构的,即文件之间是孤立的,不能反映现实世界中事物之间的相互联系,从而无法建立全局的结构化的数据管理模式。因此,如何有效地管理数据与数据之间的联系成为亟须解决的问题之一。

3. 数据库系统阶段

20世纪60年代后期开始,数据管理对象的规模越来越大,应用越来越广泛,数据量急剧增加,多种应用共享数据的要求越来越强,文件系统的数据管理方法已无法适应应用系统开发的需要。为了实现数据的统一管理,解决多用户、多应用共享数据的需求,数据库技术应运而生,出现了统一管理数据的专用软件——数据库管理系统。在数据库系统中,应用程序和数据之间的关系如图1-5所示。

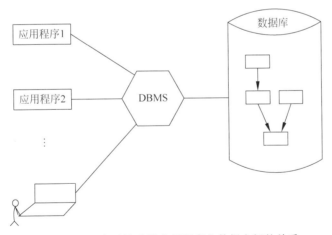

图 1-5 数据库系统阶段应用程序和数据之间的关系

数据库技术是在文件系统的基础上发展起来的数据管理技术,它克服了文件系统在数据管理方面的不足,为用户提供了一种使用方便、功能强大的数据管理手段。其基本思想是把所有的数据文件组织起来,按照指定的数据结构构成数据库,然后对所有的数据进行有组织的统一结构化管理。数据库技术不仅可以实现对数据的集中而统一的管理,更重要的是,数据库还可以管理数据和数据之间的复杂联系。数据库系统与文件系统相比较,具有以下主要特点。

1) 数据结构化

数据结构化是数据库系统的主要特点之一,也是数据库系统与文件系统的根本区别。数据库系统的数据结构化是指数据是公共的,是面向整个组织的数据结构化。在描述数据时不仅要描述数据本身,还要描述数据之间的联系。

数据结构化有以下两层含义。

第一层含义是指数据不是仅仅内部结构化,而是将数据以及数据之间的联系统一管理起来,使整个组织的数据结构化成一个数据整体。数据模型是用来定义、描述和组织数据和数据之间联系的一种工具,数据库系统按照某种数据模型,将数据组织到一个结构化的数据库中。在关系数据库中,按照关系模型来组织数据和数据之间的联系。也就是说,在关系模型中,无论是实体,还是实体之间的联系均由单一的关系这种数据结构来表示,通过关系的参照完整性(详见 2.2.1 节)来表示和实现关系记录之间的联系。例如,高校图书管理系统数据库结构表示为:

读者类别(类别代码,类别名称,可借阅天数,可借阅数量,超期罚款额)
读者(读者卡号,姓名,性别,单位,办卡日期,卡状态,类别代码)
图书(图书编号,书名,类别,作者,单价,出版日期,出版社,库存数量)
借阅(读者卡号,图书编号,借书日期,还书日期)

若向借阅关系中增加一条某位读者借阅某本图书的记录,如果该读者信息没有出现在读者关系中或图书信息没有出现在图书关系中,则关系数据库管理系统将自动进行检查并拒绝执行这样的插入操作,从而保证了数据的正确性。而在文件系统中要做到这一点,必须由程序员在应用程序中编写一段程序代码来检查和控制。

第二层含义指在数据库中数据不是仅仅针对某一个局部应用,而是面向整个组织的各种应用(包括将来可能的应用)进行全面考虑后建立起来的总的数据结构,即面向系统。这种整体的结构化使得系统弹性大,有利于实现数据共享。例如,一个学校的信息系统中,不仅要考虑图书馆的学生借阅图书管理,还要考虑学校教务处的学生成绩管理、学生处的学生奖惩管理以及财务处的学生缴费管理等。因此,学校信息系统中的学生数据要面向全校各个职能部门和院系的应用,全面反映学生的各个特征,而不能仅仅从不同侧面反映学生的某些特征。这种数据组织方式为各个部门的应用提供了必要的记录,使数据整体结构化。

2) 数据共享度高,冗余度小,容易扩充

数据冗余度小是指重复的数据少。冗余度小可以带来如下优点。

(1) 可以节约存储空间,易于实现数据的存储、管理和查询。

(2) 可以使数据统一,避免出现数据不一致的问题。

(3) 方便数据维护,避免数据统计错误。

由于数据库是从整体角度来看待和描述数据,数据不再面向某个应用,而是考虑所有用户的数据需求,面向整个系统,因此,可以被多个用户、多个应用程序共享使用。

在数据库方式下,用户使用的是逻辑文件,此逻辑文件是取自数据库中的某个子集,它并非独立存在,而是通过 DBMS 映射而形成的,如图 1-6 所示。因此,尽管一个数据可能出现在不同的逻辑文件中,但实际上的物理存储只可能出现一次,这样,数据库中的相同数据不会多次重复出现,数据库中的数据冗余度小,从而避免了由于数据冗余大而带来的数据冲突、数据之间的不一致性和不相容性问题。同时,数据是有结构的,容易增加新的应用,这就使得数据库系统易于扩充。例如,可以选取整体数据的各种子集用于不同的应用,当应用需求改变或增加时,只要重新选取不同的子集或增加新的数据,便可以满足新的应用需求。

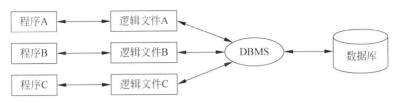

图 1-6　应用程序使用从数据库中导出的逻辑文件

数据共享度高使得数据库系统具有以下优点。

（1）系统现有用户或程序可以共享数据库中的数据,而且不同用户可以在同一时刻共同访问数据库中的同一数据。

（2）不同的用户可以按各自的用法使用数据库中的数据。数据库能为用户提供不同的数据视图,以满足不同用户对数据的需求。

（3）当系统需要扩充时,新用户或新程序还可以共享原有的数据资源。

3）数据独立性高

数据独立性是描述应用程序与数据之间的依赖程度,即数据的组织和存储方法与应用程序互不依赖、彼此独立的特性。应用程序只关心如何使用数据,而不关心数据是如何组织和存储的,数据的存储和访问是由数据库管理系统完成的。

数据和程序之间的依赖程度越低、独立程度越大则数据独立性越高。数据独立性高,使得程序中不需要有关数据结构和存储方式的描述,从而减轻了程序设计的负担。当数据及其结构变化时,数据独立性高的程序维护比较容易。

数据库中的数据独立性包括数据的逻辑独立性和数据的物理独立性。

（1）数据的逻辑独立性。数据库中的数据逻辑结构分为全局逻辑结构和局部逻辑结构。数据全局逻辑结构指全系统总体的数据逻辑结构,它是按全系统使用的数据、数据的属性及数据联系来组织数据。数据局部逻辑结构是指一个用户或程序使用的数据逻辑结构,它根据用户自己的需求和意愿来组织数据,仅涉及该用户或程序相关的数据结构。数据局部逻辑结构与全局逻辑结构之间是不完全统一的,两者之间可能会有较大的差异。

数据的逻辑独立性是指应用程序对数据全局逻辑结构的依赖程度。也就是说,DBMS 负责全局的数据逻辑结构,而应用程序只关心数据的局部逻辑结构。数据逻辑独立性高是指当数据库系统的数据全局逻辑结构改变时,它们对应的应用程序不需要改变,仍可以正常运行。例如,当增加一些新的数据和联系时,不影响某些局部逻辑结构的性质。

（2）数据的物理独立性。数据的物理独立性是指应用程序对数据的物理结构（存储结构）的依赖程度。也就是说,数据库中的数据在磁盘上如何组织和存储由 DBMS 负责,应用程序只关心数据的逻辑结构。数据的物理独立性高指当数据的物理结构改变（文件的组织方式被改变或数据存储位置发生变化）时,应用程序不用修改也可以正常工作。

数据库系统之所以具有较高的数据独立性,是由 DBMS 提供的两层映像技术来保证的。数据与应用程序的独立,把数据的定义从应用程序中分离出来,而存储数据的方法又由数据库管理系统负责提供,从而大大简化了应用程序的编写,并减少了应用程序维护的代价。

4) 具有统一的数据管理和控制功能

数据库中的数据不仅要由数据库管理系统进行统一管理,同时还要进行统一的控制,主要控制功能如下。

(1) 数据的完整性。数据完整性在数据库应用中非常重要。数据完整性控制是为了保证数据库中数据的正确、有效和相容,将数据控制在有效的范围内或要求数据之间满足一定的关系,以防止不合语义的错误数据被输入或输出。例如,高校图书管理系统中的读者借书日期不能晚于还书日期,图书定价必须大于 0;学生选课系统中的学生成绩(百分制)取值只能为 0～100。

(2) 数据的安全性。在实际应用中,并非每个应用都应该存取数据库中的全部数据,它可能仅仅是对数据库中的一部分数据进行操作。数据安全性控制是为了保证数据库的数据安全可靠,防止不合法的使用造成数据泄露和破坏,即避免数据被人偷看、篡改、破坏。例如,高校图书管理系统中,为了保证系统的安全性,必须限制不同用户(角色)只能以某种方式对某些数据进行访问和处理。

(3) 数据库的并发控制。当多个用户同时存取、修改数据库中的数据时,可能会发生相互干扰,使数据库中数据的完整性受到破坏,从而导致数据的不一致性。数据库的并发控制防止了这种现象的发生,提高了数据库的利用率。并发控制是指对多个用户的并发操作加以控制,防止相互干扰得到错误的结果。例如,高校图书管理系统有不同读者在同一时刻分别经不同图书管理员借同一本图书的情况,网上图书的并发预订操作、网上并发订票操作都必须进行并发控制。

(4) 数据库的恢复。当计算机系统发生硬件或软件故障时,数据库系统应具有恢复能力。数据库的恢复指通过记录数据库运行的日志文件和定期的数据备份,保证数据在受到破坏时,能够及时从错误状态恢复到某个时刻的正确状态。

5) 数据库中数据的最小存取单位是数据项

在文件系统中,由于数据的最小存取单位是记录,给数据操作带来许多不便。数据库系统改善了其不足之处,它的最小数据存储单位是数据项,存储数据的方式更加灵活,使用时可以按数据库中一个数据项、一组数据项、一条记录存取数据,也可以按记录组存取数据。由于数据库中的最小存取单位是数据项,使系统在查询、统计、修改及数据再组合等操作时,能以数据项为单位进行条件表达和数据存取处理,给系统带来了高效性、灵活性和方便性。

1.2.2　数据库技术的发展

数据库技术从 20 世纪 60 年代中期开始萌芽,到 20 世纪 60 年代末和 70 年代初,出现了此领域的三大事件。这三大事件标志着数据库技术已发展到成熟阶段,并有了坚实的理论基础,也奠定了现代数据库技术的基础。数据库系统的发展经历了以下三个发展阶段。

1. 第一代数据库系统

层次数据库和网状数据库被称为第一代数据库系统。

20世纪70年代,广为流行的数据库系统是层次型和网状型的,其中,层次型数据库系统的典型代表是1968年IBM公司研制、开发的数据库管理系统的商品化软件——信息管理系统(information management system,IMS),这是数据库技术发展史上的第一件大事。IMS的数据模型是层次结构的,它是一个层次数据库管理系统,是首例成功的数据库管理系统的商品软件。

网状模型的典型代表是DBTG系统,也称为CODASYL系统,它是美国数据系统语言协会(Conference on Data System Language,CODASYL)下属的数据库任务组(DataBase Task Group,DBTG)对数据库方法进行系统的研究和讨论后,于1969年提出的一个方案系统,即数据库技术发展历史上的第二件大事。DBTG报告确定并建立了数据库系统的许多概念、方法和技术,DBTG所提议的方法是基于网状结构的,它是数据库网状模型的基础和典型代表。

层次数据库和网状数据库是面向专业人员的,要求使用人员具有较高的技术水平和专业水平。

2. 第二代数据库系统

1970年,IBM公司San Jose实验室的研究员、关系数据库的创始人、图灵奖获得者、英国计算机科学家埃德加·弗兰克·科德(Edgar Frank Codd,E. F. Codd)发表了题为《大型共享数据库数据的关系模型》的论文,文中首次提出了数据库的关系模型,从而开创了数据库关系方法和关系数据理论的研究领域,为关系数据库技术奠定了理论基础,这是数据库技术发展历史上的第三件大事。20世纪70年代末,关系数据库系统System R在IBM公司的San Jose实验室研制成功,并于1981年推出了具有System R所有特性的数据库软件产品SQL/DS。此后,许多商用的关系数据库产品如雨后春笋般出现,取代了层次和网状数据库系统的地位。因此,1970年也称为数据库历史上划时代的一年。

尽管在20世纪70年代初就提出了关系数据库的概念,但关系数据库真正得到广泛的应用是20世纪80年代以后。与层次数据库和网状数据库相比,关系数据库的特点就是简单、易用。所谓简单,就是关系数据库系统采用了关系模型(二维表)来描述现实世界中事物及其联系;所谓易用,指关系数据库系统使用非过程化的数据库语言对数据进行管理,对用户来说,容易理解和使用。所以在20世纪80年代,几乎所有新开发的数据库系统都是关系型的。目前,关系数据库系统在全球信息系统中得到了广泛应用,基本上满足了企业对数据管理的需求,占据着商业数据库应用的主流位置。

关系数据库系统的主要特性如下。

(1) 完备的数学理论基础。关系数据库是用关系模型来描述和组织数据,是由"关系数据库之父"、1970年图灵奖获得者埃德加·弗兰克·科德提出的。关系模型是从表(Table)及表的处理方式中抽象出来的,是在对传统表及其操作进行数学化严格定义基础上,以集合代数理论为基础,以二维表的形式组织数据。其数据结构简单,具有严格的设计理论,使得数据库设计和访问都像面对的是日常生活中广泛使用的、简单形式的表格一样。

(2) 严格的标准,高效的查询优化机制。关系数据库需要定义严格的数据库模式,基于标准化SQL的数据访问模式,拥有非常高效的查询处理引擎,可以对标准的数据库语言

SQL 进行语法分析,并通过一定数量的算法计算,选择最低开销的操作,进行性能优化,尽可能确保查询被高效执行。

(3) 完善的事务管理机制。关系数据库的事务管理机制是由"数据库事务处理专家"、1988 年图灵奖获得者詹姆斯·格雷(James Gray)提出的。一个事务具有原子性、一致性、隔离性、持久性(ACID),有了事务管理机制,用户对数据库中的各种操作请求可以保证数据的一致性修改,保证并发情况下数据的完整性。

但是,随着大数据的发展,数据库新的应用领域不断出现,传统的关系数据库受到了很大的冲击,其自身所具有的局限性也愈加明显。由于关系数据库是用二维表存放数据,无法满足海量数据管理的需求,在事务处理中包含多表的情况下,查询效率比较低;同时,在具有图形用户界面和 Web 事务处理的环境中,其性能也不能令人满意。

3. 新一代数据库系统

第二代数据库系统的数据模型虽然描述了现实世界数据的结构和一些重要的相互联系,但是仍不能捕捉和表达数据对象所具有的丰富而重要的语义。

新一代数据库系统的研究和发展促使了众多不同于第一、第二代数据库的系统的诞生,因此,新一代数据库系统构成了当今数据库系统的大家族。无论是在并行机运行的并行数据库,还是和人工智能技术结合起来的知识库,无论是和决策支持系统结合起来的数据仓库,还是用于某一领域的空间数据库、工程数据库以及随着云计算的发展和智能终端的普及而产生的移动数据库,都可以宽泛地称为新一代数据库系统。

在信息化时代背景下,企业不仅需要数据库系统保存企业的各种各样的关键商业业务数据,而且要向客户提供对这些数据的高效访问,从而支撑企业的所有业务。而海量数据的处理越来越成为摆在企业特别是大型互联网公司面前的问题,尤其是根植于网上数据管理的 Web 公司。因此,很多企业考虑到系统的稳定、可靠、成本等各方面的因素,自主研发了通用的数据库管理系统。例如,淘宝的商品、交易、订单、购物爱好等,这些数据通常是结构化的,并且数据之间存在各种各样的关联,传统的关系数据库曾经是这些数据的最佳载体。然而,随着业务的快速发展,这些数据急剧膨胀,记录数从几千万条增加到数十亿条,数据量从数百吉字节(GB)增加到数太字节(TB),未来还可能增加到数千亿条和数百太字节,传统的关系型数据库已经无法承载如此海量的数据。因此,蚂蚁金服及阿里巴巴自主研发的通用关系数据库 OceanBase 已经支撑淘宝、天猫和聚划算的所有日常交易,解决了不断增加的结构化数据存储与查询的问题。

大数据时代,数据规模快速增长,GPU 等计算设备迭代迅速,计算能力快速提升,数据管理的应用场景复杂,而且有查询并发度高、连接操作频繁等特点,这些使得传统数据库和数据管理技术面临很大的挑战。近年来,数据库和人工智能技术结合得到了广泛的关注,人工智能技术因其强大的学习、推理、规划能力,为数据库系统提供了新的发展机遇,在数据存取、查询优化、查询执行、查询语言处理等方面取得了一系列的研究成果。例如,将机器学习中统计、推理和规则应用到数据库系统和数据管理中,实现了减少人力开销和提高性能的目的。同样,随着区块链技术的推广和智能合约的支持,区块链技术应用于多个领域。在区块链环境下,数据管理中的数据存储、事务执行、查询处理、可扩展性等方面面临新的挑战,区块链内数据的隐私保护、事务处理优化技术等也是数据管理方面值得研究的问题。

新一代数据库系统将以更丰富的数据模型和更强大的数据管理功能为特征,满足更加广泛、复杂的新应用的要求。尽管新一代的数据库系统是很热门的研究领域,但还不是特别成熟,缺乏更多的成果和有效的应用,许多技术问题还有待进一步解决和深入研究。

总而言之,不管数据库系统处于哪一个阶段,都是建立在基本的数据库理论基础上,以关系数据库为基础发展起来的。

1.2.3 当代信息系统环境对数据库技术的要求

从 20 世纪 70 年代末 System R 在 IBM 公司研制成功起,数据库系统经历了近 60 年的研究、发展和应用,其技术已经相当成熟。从 20 世纪 80 年代开始,关系数据库就主宰了整个数据库市场,成为各行各业存放信息的最主要方式,尤其是目前的商务应用系统、企业应用系统。各公司如 Oracle、IBM、Sybase、Microsoft 都提供了从 DBMS 到开发工具的一系列数据管理工具。现在数据库技术应用的主流仍是关系型数据库,但随着 Internet 技术、移动互联网、大数据技术的飞速发展,信息系统的应用对数据库技术又提出了新的要求。

1. 管理的内容

当代环境下数据库系统的信息格式多样,不再局限于原来的字符数据等结构化数据,还包括动画、声音、图形、图像、文本、邮件、网络日志等大量非结构化的数据。这就对数据库厂商提出了要求,要求他们的产品能够管理包括 Web 上的半结构化和非结构化数据在内的所有信息。

2. 数据模型

关系数据库采用的数据模型是关系模型,但对于多媒体数据、空间数据的管理,关系模型就显得力不从心。随着大数据的发展,人们对大数据已经形成基本共识,为了应对新需求、新挑战,传统数据库技术追求的一种数据模型支持多类应用的数据管理方式已经无法满足所有的应用场景。因此,数据库技术必须考虑到可以自由、灵活地定义并存储不同类型的数据。

3. 性能方面

由于基于 Web 的信息系统用户来自全球各地,几乎是一个每天 24 小时的多用户访问系统,对系统用户来说,要求系统具有足够快的响应速度、高度的可靠性,如果企业的信息系统达不到较高的性能,将会影响企业形象,企业因此会流失原有的客户。相对于传统的数据库应用系统来说,当代信息系统多是面向 Internet 的应用,业务的扩展和变化很快,新用户不断增多,高峰时期处理数据量会变得很大,这就要求信息系统必须具有强大的伸缩性、高可并发性和高可用性。

1.3 大数据时代数据库面临的挑战

大数据时代,随着移动互联网、产业互联网的发展,各个行业也逐步加速其电子化、信息化发展趋势,应用服务形式呈现多样化发展,数据量的剧增与数据类型的多样与异构,给数据库系统带来了全新的挑战。现代主流数据库系统架构的奠基人、大数据之父、2015 年图灵奖获得者迈克尔·斯通布雷克(Michael Stonebraker)等认为,关系数据库管理系统"放之四海而皆行"的局面已经一去不复返,必须尽快适应形势变化,加之计算机硬件的创新也为数据库系统带来了全新的要求,选择合适的数据库就成了开发者工作中的一项必备技能。

1.3.1　关系数据库面临的问题

关系数据库主要应用于企业的关键性业务系统,如金融、运营商、政务、超市等领域的关键业务系统,以保证整个事务的强一致性。正是因为关系数据库的简单性、高效性和安全性,所以它一直被广泛应用在各种生产实践中,占据着商业数据库应用的主流位置,在一些特定的行业,其地位及其作用无法被取代。但是,随着大数据和 Web 2.0 的迅猛发展以及 Web 3.0 的崛起,当前行业的数据形式及应用场景也越来越多样化,并对底层数据库能力提出更多的要求和挑战,导致关系数据库的很多特性没有用武之地,暴露出难以克服的缺陷,主要有以下 3 点。

1．海量数据的读写效率低

互联网的范式不断迭代升级,从用户直接交互的 Web 2.0,到用户自主控制数据的 Web 3.0,每个用户都是信息的发布者,用户的社交、购物、娱乐等网络行为都在产生大量的数据。电商平台每天产生超过 30 亿的店铺及商品浏览记录,上万件的成交、收藏和评论数据,在 1 分钟内,新浪可以产生 2 万条微博,百度可以产生 90 万次搜索查询。对关系数据库来说,如果表中的数据量太大,则每次的读写非常缓慢,用户体验差,无法满足海量数据的管理需求。

2．高并发读写能力差

对于高流量的网站来说,用户的访问并发性非常高,微博粉丝、用户购物记录、搜索记录等信息都需要实时更新,所有信息都需要动态实时生成,这就会导致高并发的数据库访问,每秒可能产生上万次读写请求,对数据库负载的要求非常高。对关系数据库来说,一台数据库的最大连接数有限,且硬盘 I/O 有限,不能满足多用户的同时连接。

3．扩展性差

当下,很多网站会面临突发的负载高峰期,导致相关访问负载急剧增加,需要数据库能够在短时间内迅速提升性能,应对突发需求。但一般的关系数据库系统无法应对互联网数据爆炸式增长的需求,通过升级硬件实现纵向扩展,在短时间内又无法提升整个对外服务的能力。而采用多台计算机集群的横向扩展,能够对数据进行分散存储和统一管理,可以满足对海量数据的存储和处理需求,但关系数据库具有的数据模型、完整性约束和事务的强一致性等特点,导致难以实现横向扩展的分布式架构。

1.3.2　NoSQL 数据库

面向大数据的需求,各种 NoSQL(Not Only SQL)数据库应运而生。NoSQL 数据库最初是为了满足互联网的业务需求,解决大规模数据集合、多重数据种类,尤其是大数据难题而诞生,是一种非关系型数据库。它专注于分布式场景下数据存储与查询,不需要预先定义数据模式,且易于扩展,通过存储非规范化数据避免连接操作,支持数据的分布式存储和查询。开发人员通常被允许频繁地在线更改模式,从而更容易实现业务需求。NoSQL 数据库具有以下特点。

1．数据模型灵活

关系数据库所支持的关系模型具有规范的定义和严格的约束条件,使其在许多应用中,使用起来非常烦琐,无法满足各种新的业务需求。例如,互联网场景下的社交应用,需要处理大量非结构化场景。如果使用关系数据库实现,需要设计高可扩展性的应用来支撑该场景,同时需要有丰富经验的 DBA 来配合,相反,NoSQL 数据库天生就旨在摆脱关系数据库的各种束缚条件,不存在数据库模式,采用键值、列族等非关系模型,自由、灵活地定义并存储各种不同类型的数据而无须修改表或者增加更多的列,无须进行数据的迁移。

2. 可扩展性好

NoSQL 数据库在设计之初就是为了满足"横向扩展",非常适合互联网应用分布式的特性,考虑了使用廉价硬件进行系统扩容的需求。同时,由于其放弃了关系数据库的 ACID 特性,性能没有随着系统规模的扩大而衰减。在互联网应用中,当数据库服务器无法满足数据存储和访问需求时,只需增加多台服务器,将用户请求分散到多台服务器,即可减小单台服务器出现性能瓶颈的可能性,进而具备良好的可用性,使其在短时间内能够迅速返回所需的结果。

3. 与云计算紧密融合

云计算具有良好的水平扩展能力,可以根据资源的使用情况进行自由伸缩,各种资源可以动态加入或退出。NoSQL 数据库可以凭借自身良好的横向扩展能力,充分自由利用云计算基础设施,很好地融入云计算环境中,构建基于 NoSQL 的云数据库服务。

4. 自动分片和自动复制

NoSQL 数据库通常都支持自动分片和自动复制,能够自动地在多台服务器上分发数据,而不需要应用程序增加额外操作。在 NoSQL 数据库分布式集群中,一份数据复制存储在多台服务器上,具有高可用性和灾难恢复能力。

近年来,随着 NoSQL 数据库的发展,部分 NoSQL 数据库如 Redis、Elasticsearch 已经得到了认可。因庞大的数据存储需求,NoSQL 数据库常被用于大数据和客户端互联网应用,如阿里和腾讯等,其典型的应用场景主要体现在:海量日志数据、业务数据或监控数据的管理和查询,特殊或复杂的数据模型的简化处理,作为数据仓库、数据挖掘或 OLAP 系统的后台数据支撑。

近些年,NoSQL 数据库发展势头非常迅猛,数量众多,典型的 NoSQL 数据库通常包括键值数据库(key-vlaue database)、文档数据库、列族数据库和图数据库,其主要应用在互联网企业以及传统企业的非关键性业务。

当然,NoSQL 数据库也存在不足。例如,NoSQL 数据库分为不同的产品大类,每个产品都有自己相关的规范,没有统一的理论基础,摒弃 SQL,所使用的一些模型没有完善的数学理论基础,提供的功能比较简单,不支持 ACID 特性,一般不能实现事务的强一致性,加之数据模型往往只针对特定场景,一般不能使用一种 NoSQL 数据库来完成整个应用的构建,导致设计层面复杂,维护困难。

1.3.3 NewSQL 数据库与云数据库

NoSQL 数据库虽然可以提供良好的可扩展性和灵活性,很好地弥补了关系数据库的缺陷,但也放弃了关系数据库的很多特性。在这个背景下,近些年,NewSQL 数据库的研究开始逐渐升温。一些组织开始构建基于 SQL 的分布式数据库,最初构建的目的就是解决分布式场景下写入 SQL 数据库所面临的挑战。因此,NewSQL 是基于 NoSQL 模式构建的分布式数据库,通常采用现有的 SQL 类关系型数据库为底层存储或自研引擎,并在此之上加入分布式系统,从而对终端用户屏蔽了分布式管理的细节。NewSQL 不仅具有 NoSQL 数据库对海量数据的存储管理能力、非常好的水平可扩展性,还能保持传统关系数据库 ACID 和 SQL 特性、事务的强一致性。不同的 NewSQL 数据库的内部结构差异很大,但它们有显著的共同特点:都支持关系数据模型,都使用 SQL 作为其主要接口。

在 NewSQL 的功能基础上,分布式数据库提供的是"地理分布"功能,用户可以跨可用区、区域甚至全球范围内分布数据。相比于 NewSQL 数据库,分布式数据库看起来更像一个完整的解决方案,具有分布式事务处理能力、平滑扩展和物理分布、逻辑上统一等特征。分布式数据库发展至今,在高性能、高可靠、高可用和低沉本等许多方面具有优势,已在金融、互联网等行业得到应用。

随着云计算技术的发展,整个 IT 基础技术发生了翻天覆地的变化,为了降低数据库运维成本、灵活调度资源,数据库技术呈现从传统集中式到云时代分布式迁移替换的趋势,在云上,开发者可以使用各种各样的服务。所谓云数据库,是部署和虚拟化在云计算中的数据库。在云数据库中,所有数据库功能都是在云端提供,客户端可以通过网络远程使用云数据库提供的服务。大数据时代,如何方便、快捷、低成本地存储不同类型的海量数据,云数据库成为许多企业的一个选择。

目前,具有代表性的 NewSQL 数据库包括 Spanner、VoltDB、NuoDB、Clustrix 等,还有一些在云端提供的 NewSQL,包括 Microsoft SQL Azure、Amazon RDS。由于分布式数据库天然适合与云计算相结合,因此,一些云原生数据库也属于分布式数据库,无论是云还是非云数据库,分布式数据库几乎都是商业数据库,而 NewSQL 则以开源类型的数据库居多。

总之,大数据的发展,引发了数据处理架构的变革,数据库架构开始向多元化方向发展。一种数据库架构根本无法满足面向 OLTP、OLAP 和互联网应用的所有场景,因为不同应用场景的数据管理需求截然不同,因此,在企业应用中,企业可以采取混合架构,使用不同的数据库产品以满足不同的业务需求,形成组合型的应用。

1.4 数据库系统的结构

数据库系统是实现有组织、动态存储大量相关数据、方便不同用户访问数据库的计算机软硬件资源的集合。数据库系统的体系结构是指数据库的一个总的框架。通常,可以从不同的角度或不同的层次来分析数据库系统的结构:从 DBMS 的角度或者从数据库系统总设计师的宏观角度看,数据库系统通常采用三级模式结构,也就是 DBMS 的内部结构,也称为数据库体系结构;从最终用户的角度看,数据库系统结构是面向用户的数据库应用系统,可以分为多种类型,指数据库系统的外部体系结构,也称为数据库应用系统体系结构。

1.4.1 相关概念

"型"和"值"的概念在数据库中非常重要,对于学好数据库原理、数据库设计,数据库应用都很有帮助。

1. 型

数据的"型"指数据的结构,数据的结构指数据的内部构成和对外联系。例如,图书的数据由"图书编号""书名""作者""单价"等属性组成,读者的数据由"读者卡号""姓名"等属性组成。其中,"图书""读者"为数据名,"图书编号""书名""单价""读者卡号"等为属性名或数据项名,"图书编号,书名,类别,作者"等属性构成了图书记录的型,"读者卡号,姓名,性别,单位,办卡日期,卡状态,类别代码"就是读者记录的型,"读者卡号,图书编号,借书日期,还书日期"是读者和图书产生联系借阅记录的型。

2. 值

数据的"值"指数据的具体取值。例如,"JSJ001,Python 数据挖掘与机器学习,计算机,魏伟一,清华大学出版社,2021-04-01,59.00,5"就是"图书"的一个具体值,即表示记录的值。"2100001,李丽,女,数计学院,2021-03-10,正常,01"就是"读者"的一个具体值。

3. 模式和实例

模式(schema)指对一个事物的图解、框架之意,目的是进一步认识这个事物。将数据库的描述和数据库本身加以区别是非常重要的。数据库的描述称为数据库模式,模式是数据库中全体数据逻辑结构和特征的描述,仅涉及型的描述,不涉及具体的值;模式反映的是数据的结构及其联系,在数据库设计阶段确定下来,一般不会频繁修改,因此是静态的、稳定的。而模式实例指的是模式的一个具体值,反映的是数据库在某一时刻的状态,是可以增加、删除、修改的,因此实例的值动态的,是可以不同的。

同一模式可以有很多实例,实例的值随着数据库中数据的更新而变动。

1.4.2 数据库系统的内部体系结构

数据库系统的内部体系结构指数据库的三级模式结构,虽然现在 DBMS 的产品多种多样,在不同的操作系统支持下工作,但在体系结构上通常都具有相同的特征,大多数数据库系统在总的体系结构上都遵循三级模式结构。根据数据抽象的三个不同级别,数据库管理系统为用户提供了观察数据库的三个不同角度,以方便不同用户使用数据库的需要。

1. 数据抽象

数据库管理系统是一些相互关联的数据以及一组支持用户可以访问和更新这些数据的程序集合,其主要作用是允许用户逻辑上操作数据,并不涉及数据在计算机中是怎样存放的。为了方便不同的使用者可以从不同的角度去观察和利用数据库中的数据,数据库管理系统隐藏了关于数据存储和维护的某些细节,通过多个层次的抽象为用户提供数据在不同层次的抽象视图,以便简化用户与系统的交互,即数据抽象。

所谓视图,指观察、认识和理解数据的范围和角度。

1) 物理层抽象

物理层是对数据最底层的抽象,描述底层数据的存储结构和存取方法。例如,记录的存储方式是堆存储,还是按照某个(些)属性值的升序或降序存储,还是按照属性值聚集存储;索引是按照什么方式组织,是 Hash 索引,还是 B+树索引;数据的存储记录结构如何规定,是定长还是变长等。因此,物理层抽象实际上是描述数据是如何存储的。

2) 逻辑层抽象

逻辑层描述数据库中存储什么数据以及这些数据之间存在什么关系,是比物理层更高层次的抽象。因此,逻辑层可以通过少量相对简单的结构来描述整个数据库。虽然逻辑层简单结构的实现可能涉及复杂的物理层结构,但逻辑层的用户不必知道这种复杂性。逻辑抽象是提供给数据库管理员和数据库应用开发人员使用的,他们必须明确知道数据库中应该保存哪些信息。

3) 视图层抽象

视图层抽象只描述整个数据库的某个部分,是最高层次的抽象。数据库的多数用户并不需要关心逻辑层数据库中的所有信息,仅仅需要关心自己要求访问数据库的相关部分。因此,视图层抽象的定义简化了终端用户与系统的交互。系统可以为同一个数据库提供多个视图,每一个视图对应一个具体的应用。

2. 数据库系统的三级模式结构

在数据库领域公认的数据库的标准结构体系是三级模式结构,即外模式、模式和内模式,以及建立三者之间联系的两级映像技术。

在数据库系统中引入模式这个概念,是为进一步认识数据库系统的宏观结构。1978年美国 ANSI 的 DBMS 研究组发表了研究报告,提出了一个标准化的数据库管理模型,对数据库管理系统的总体结构、特征、各个组成部分以及相应接口做了明确规定,把 DBMS 的结构从逻辑上分为外部(用户)级、概念级和物理级三级结构。

采用三级模式结构,可为用户提供数据在不同层次的抽象视图,即不同的使用者可以从不同的角度去观察 DBMS 中的数据所得到的结果。外部级最接近用户,是单个数据库用户所能看到的数据视图;概念级涉及所有用户的数据,即全局视图;物理级最接近物理存储设备,涉及数据的物理存储结构,即存储视图。对普通用户来说,并不需要了解数据库管理系统中数据的复杂的数据结构,DBMS 通过三个层次的数据抽象,可向用户屏蔽数据的复杂性,隐藏关于数据存储和维护的某些细节,提高了数据的独立性,从而简化应用程序的编制,提高维护和修改应用程序的效率。三级模式结构如图 1-7 所示。

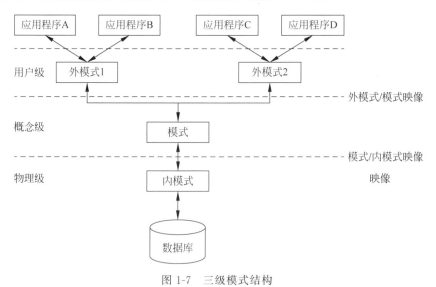

图 1-7　三级模式结构

1) 模式

模式也称为逻辑模式、概念模式、数据库模式,对应于逻辑层数据抽象,它是对概念级数据视图的描述。模式以某种数据模型为基础,综合考虑所有用户的需求,并将这些需求结合成一个逻辑整体,描述数据库中全体数据的整体逻辑结构和特征,是所有用户的公共数据视图,是数据库管理员看到的数据库,通常又称为 DBA 视图。DBA 视图是把数据库作为一个整体的抽象表示。

模式是对数据库中数据本身结构形式的抽象描述,是由 DBMS 提供的数据描述语言(DDL)来定义和描述数据库的整体逻辑结构,其定义的内容不仅包括对数据库的记录型(记录由哪些字段构成)、数据项的型(数据项的名称、类型、取值范围)、记录间的联系等的描述,同时,也包括对数据的安全性定义(保密方式、保密级别和数据使用权)、数据应满足的完整性条件的说明。

模式所涉及的是数据库中所有对象的逻辑关系,而不是它们的物理情况,从而有利于实现数据共享,减少系统的数据冗余。因此,模式是可供装配数据的一个结构框架,是对数据库的一种定义和描述,而不是数据库本身。

模式是数据库系统三级模式结构的中心,一个数据库系统只能有一个模式。以模式为框架的数据库为概念数据库,既不涉及数据的物理存储细节和硬件环境,也与具体的应用程序、开发工具及程序设计语言无关。

2) 外模式

外模式,又称用户模式、子模式,对应于视图层数据抽象。外模式用来描述外部级不同用户的数据视图,是与某一具体应用有关的数据的逻辑表示,也就是特定用户或程序所能看到或处理的局部数据的逻辑结构和数据特征的描述。因此,外模式是数据库的用户数据视图,是用户与数据库系统之间的接口。

外模式使用 DBMS 提供的子模式描述语言(subschema DDL,SDDL)定义各个用户所用数据的逻辑结构,即仅描述数据库的局部逻辑结构。其定义主要是与外模式有关的数据元素的名字、特征、数据之间的相互关系、数据的安全性和完整性等,同时说明外模式到模式的映射。

外模式反映了不同用户的应用需求、看待数据的方式、存取数据的权限。由于一个数据库系统有多个用户,从逻辑关系上看,外模式是模式的一个逻辑子集,与应用有关,因此,从一个模式可以推导出多个不同的外模式(大部分用户对整个数据库并不感兴趣,而只对数据库的某一部分感兴趣),同一个外模式可以为某一用户的多个应用程序所使用,但每个应用程序只能使用一个外模式。

以外模式为框架的数据库为用户数据库,显然,某个用户数据库是概念数据库的部分抽取。也就是说,一个数据库可以有多个不同的用户视图,每一个用户视图是对数据库某一部分的抽象表示。

3) 内模式

内模式也称存储模式、物理模式,对应于物理层数据抽象。内模式是对数据库的物理存储结构和存储方式的描述,是数据在数据库内部的表示形式,也是整个数据库的底层表示。从系统程序员来看,数据库中存储的数据是用文件方式组织的一个个物理文件(如堆文件、有序文件、散列文件、聚簇文件)。因此,以内模式为框架的数据库称存储视图、内部级视图或系统程序员视图。

内模式由 DBMS 提供的内模式描述语言(physical DDL,PDDL)定义和描述数据库的存储结构,说明数据在存储介质上的安排和存放,定义概念级视图到存储视图的映射,包括数据项、记录、数据集、索引和存取路径在内的一切物理组织方式,也规定数据的优化性能、响应时间和存储空间需求等。

内模式是与实际存储数据方式有关的一层,也是最靠近物理存储的一层。设计的目标是将系统的全局逻辑模式组织成最优的物理模式,以提高数据的存取效率,改善系统的性能指标。一个数据库只有一个内模式。

在数据库系统中,以内模式为框架的数据库为物理数据库,只有物理数据库才是真正存在的,它是存放在外存的实际数据文件,而概念数据库和用户数据库在外存上是不存在的。

综上所述,可归纳出分层抽象的数据库结构有如下特点。

(1) 对一个数据库的整体逻辑结构和特征的描述是独立于数据库其他层次结构的,反映了设计者的数据全局逻辑要求。当定义数据库的层次结构时,首先定义全局逻辑结构,而全局逻辑结构是根据整体规划而得到的概念结构,是结合具体使用的数据模型定义的。

(2) 一个数据库的内模式依赖于模式、独立于外模式,反映了数据在计算机物理结构中的实际存储方式。内模式将模式中定义的数据结构及联系进行适当的组织,并给出具体的存储策略,以最优的方式提高时间和空间效率。

(3) 外模式是在全局逻辑结构描述的基础上定义的,独立于内模式和具体的存储设备,反映了用户对数据的实际要求。

(4) 应用程序是在外模式描述的逻辑结构上编写的,依赖于外模式,一个应用程序原则上使用一个外模式,但不同的应用程序可以共用一个外模式。由于应用程序只依赖于外模式,因此也独立于内模式和存储设备,并且模式的改变不会导致相对应的外模式发生变化,应用程序也独立于模式。

由此可见,数据库系统的三级模式结构是对数据的三个抽象级别,它把数据的具体组织留给了 DBMS 管理,使用户能逻辑、抽象地处理数据,而不关心数据在计算机中的具体表示方式和存储方式。

说明:

(1) 大多数 DBMS 并不是将三层模式完全分离开来,只是在一定程度上支持三层模式体系结构,例如,有些 DBMS 可能在概念模式中还包括一些物理层的细节,并不是所有的DBMS 都具有这种三级模式结构,但三级模式体系结构基本上能很好地适应大多数系统。

(2) 早期的 DBMS 描述各级模式的模式定义语言是加以区分的,当前的 DBMS 并不把各级模式定义语言独立开来,而使用一种综合的集成语言(如 SQL)定义各级模式。

3. 数据库系统的两级映像技术

数据库系统的三级模式结构使用户能从逻辑上操作数据,不涉及数据在计算机中怎样存放,但三级结构之间往往差别很大,为了实现三个抽象级别的联系和转换,DBMS 在三级结构之间提供了两个层次的映像。所谓映像就是一种对应规则,三级结构之间可以根据一定的对应规则实现相互转换,从而结合在一起建立联系,同时保证数据的独立性。

两级映像指:外模式/模式映像、模式/内模式映像。

1) 外模式/模式映像

外模式/模式映像,定义了各个外模式与模式间的对应关系。对于同一个模式可以有多个外模式,对于每一个外模式,数据库系统都有一个外模式/模式映像,其映像定义通常包含在各自的外模式描述中。如果模式发生变化,DBA 可以通过修改映像的方法使外模式不变;由于应用程序是根据外模式进行设计的,只要外模式不改变,应用程序就不需要修改。

视频讲解

显然,数据库系统中的外模式与模式之间的映像技术不仅建立了用户数据库与概念数据库之间的对应关系,还使得用户能够按外模式进行程序设计,同时,也保证了数据的逻辑独立性。

2)模式/内模式映像

模式/内模式映像定义了数据库的全局逻辑结构与存储结构之间的对应关系,说明数据的记录、数据项在计算机内部是如何组织和表示的。由于数据库只有一个概念模式和内模式,所以模式/内模式映像是唯一的,该映像定义通常包含在模式的定义描述中。当数据库的存储结构改变时,DBA 可以通过修改模式/内模式之间的映像使模式不变化。由于用户和程序都是按照数据的外模式使用数据的,所以,只要数据模式不变,用户仍可以按原来的方式使用数据,也不需要修改程序。模式/内模式映像技术不仅使用户或程序能够按照数据的逻辑结构使用数据,还提供了内模式变化而程序不变的方法,从而保证了数据的物理独立性。

总之,数据库的三级模式体系结构和两级映像机制,使得数据的定义和描述可以从应用程序中分离出去,数据的存取由 DBMS 管理,用户不需考虑存取路径和细节,从而简化了应用程序的编写,减少了应用程序的维护,实现了数据的独立性,也使得数据库技术得以广泛应用。在数据库的三级模式结构中,模式即全局逻辑结构是数据库的核心和关键,它是独立于数据库的其他层次,因此,设计数据库模式结构时,应首先确定数据库的逻辑模式。而在用户使用数据库时,关心的是数据库的内容。数据库模式通常是相对稳定的,而数据库的数据则是经常变化的,如电商网站,随着产品的不断更新,其数据的变化是连续不断的。

通过对数据库三级模式结构的分析可以看出,对一个数据库系统而言,实际上存在的只是物理数据库,物理数据库是所有用户访问的基础,是概念数据库的具体实现,概念数据库是物理数据库的逻辑抽象表示,用户数据库是概念数据库的部分抽取,是用户与数据库的接口。用户根据外模式进行操作,而两层映像技术使用户使用数据库更方便,最终把用户对数据库的逻辑操作导向成对数据库的物理操作。DBMS 的中心工作之一就是实现三级数据库模式之间的转换,把用户对数据库的操作转换为对系统存储文件的操作。

4. 三级模式结构与两层映像的优点

数据库系统的三级模式结构与两层映像的优点如下。

(1)保证数据的独立性。数据的独立性通过模式间的两级映像技术来保证数据库数据的逻辑独立性和物理独立性。外模式与模式分开,通过模式间的外模式/模式映像保证了数据库数据的逻辑独立性;模式与内模式分开,通过模式间的模式/内模式映像来保证数据库数据的物理独立性。

(2)方便用户使用,简化用户接口。用户无须了解数据的存储结构,只需按照外模式的规定编写应用程序或在终端键入操作命令,就可以实现用户所需的操作,方便用户使用系统。也是就说,把用户对数据库的一次访问,从用户级带到概念级,再到物理级,即把用户对数据的逻辑操作转化到物理级去执行。

(3)保证数据库安全性的一个有力措施。由于用户使用的是外模式,每个用户只能看见和访问所对应的外模式的数据,数据库的其余数据与用户是隔离的,这样,既有利于数据的保密性,又有利于用户通过程序只能操作其外模式范围内的数据,使程序错误传播的范围缩小,保证了其他数据的安全性。

（4）有利于数据的共享性。由于同一模式可以派生出多个不同的子模式，因此减少了数据的冗余度，有利于为多种应用服务。

（5）有利于从宏观上通俗地理解数据库系统的内部结构。

1.4.3　数据库系统的外部体系结构

三级模式结构是数据库系统最本质的系统结构，它是从数据库管理系统的角度来看待问题的。用户是以数据库系统的服务方式来看待数据库系统的，这就是系统的外部体系结构，也称为数据库应用系统体系结构。为了使外部体系结构更清楚，更有利于数据库系统后期的维护和升级，目前主要使用三层架构。

1. 三层架构

在一个数据库应用系统中，三层架构中的三层通常包括界面表示层、业务处理层和数据访问层。三层架构的结构示意图如图 1-8 所示。

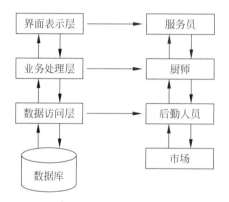

图 1-8　三层架构的结构示意图

1）界面表示层

界面表示层也称为用户界面层，位于数据库应用系统的最外层，即最上层，离用户最近，是用户向数据库系统提出请求（接收用户输入的数据）和用户接收回答（显示数据）的地方。它只提供软件系统与用户交互的接口界面，主要用于数据库系统与用户之间的交互，是数据库应用系统提供给用户的可视化的图形操作界面。

2）业务处理层

业务处理层也称为应用层，位于界面表示层和数据存储层之间，专门负责处理用户输入的信息，将这些信息发送给数据库存储层进行保存或者通过数据存储层从数据库读出这些数据，也就是处理与用户紧密相关的各种业务操作。这一层次上的工作通常使用有关的程序设计语言编程来完成。

3）数据访问层

数据访问层只实现对数据库中数据的访问和存取工作，包括数据的保存和读取操作。数据访问包括访问数据库系统、二进制文件、文本文档或是 XML 文档。

通过图 1-8 可以看出，数据库应用系统的三层架构与餐厅的服务流程类似，可以通过餐厅的饮食服务业务来理解三层架构。餐厅的饮食服务业务可以分为 3 部分，分别由服务员、厨师、后勤人员来完成，三者分工合作、各司其职，共同为顾客提供满意的服务。

2. 结构类型

根据目前数据库系统的应用与发展,从用户角度看,数据库应用系统的体系结构可分为单用户结构、主从式结构、分布式结构、客户/服务器结构、浏览器/服务器结构、B/S 与 C/S 的混合结构、多层的数据库系统、面向服务的架构(SOA)以及微服务架构。

1) 单用户数据库系统

所谓单用户数据库系统,就是运行在 PC 上的数据库系统,也称为桌面型 DBMS,是最简单的数据库系统。整个数据库系统包括应用程序、数据库管理系统、数据库等,它们都装在一台计算机上,由一个用户独占,不同的计算机之间不能共享数据,数据存储层、业务处理层和界面表示层的所有功能都存在单台 PC 机上,如图 1-9 所示。

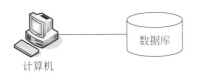

图 1-9　单用户数据库系统

单用户数据库系统虽然已经基本上实现了 DBMS 所应具备的功能,但在数据的完整性、安全性、并发性等方面存在许多缺陷。目前,比较流行的桌面型 DBMS 有 Microsoft Access、Visual FoxPro 等。

2) 主从式数据库系统

主从式数据库系统是指一台主机带上多个用户终端的数据库系统。在这种结构下,整个数据库系统包括应用程序、数据库管理系统、数据库等都集中存放在作为核心的主机上,所有处理数据都由主机来完成。而连接在主机上的许多终端,只是作为主机的一种输入/输出设备,用户通过终端可以并发地访问主机上的数据库,共享其中的数据;用户在一个终端上提出要求,主机根据用户的要求访问数据库,运行应用程序对数据进行处理,把处理的结果回送该终端输出。在这种体系结构中,数据存储层和业务处理层都放在主机上,而界面表示层放在与主机相连接的各个终端上,如图 1-10 所示。

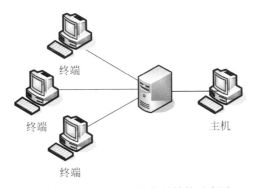

图 1-10　主从式结数据库的结构示意图

由于所有处理均由主机完成,因此,主从式结构对主机的性能要求较高,这是数据库系统初期最流行的结构。但随着计算机网络技术的发展和 PC 性能的大幅度提高,价格的大幅度下跌,传统的主从式数据库应用系统结构已经被客户/服务器数据库应用系统结构所代替。

3）分布式数据库系统

分布式数据库系统指数据库中的数据在逻辑上是一个整体,但物理分布在计算机网络的不同结点上。网络中的每一个结点都可以独立处理本地数据库中的数据,执行局部应用;也可以同时存取和处理多个异地数据库中的数据,执行全局应用。其结构如图 1-11 所示。

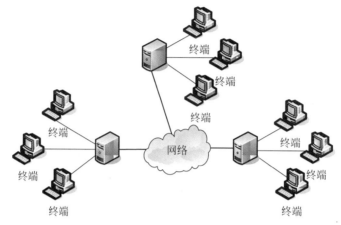

图 1-11 分布式数据库的结构示意图

4）客户/服务器结构的数据库系统

客户/服务器(C/S)结构的数据库系统是当前非常流行的数据库应用系统结构,通常是两层结构。无论主从式结构,还是分布式结构数据库系统中的每个结点机,都是一个通用的计算机,既执行数据库管理系统的功能,又执行应用程序。C/S 结构的数据库系统将 DBMS 的功能和应用分开,网络中的计算机分为两个有机联系的部分:获得服务的客户机 (client),即安装 DBMS 的外围应用开发工具、支持用户应用的计算机,俗称胖客户机,由功能一般的微机担任;提供服务的服务器(server),即网络中专门用于执行 DBMS 功能的计算机,一般由可靠的、价值昂贵、具有巨大的磁盘容量的计算机担当。

在 C/S 结构中,数据存储层处于服务器上,业务处理层和界面表示层处于客户机上,如图 1-12 所示。客户机与服务器分工合作、任务明确,它们之间通过网络实现计算机的通信。

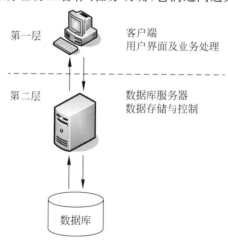

图 1-12 客户/服务器结构的数据库示意图

客户机负责运行应用程序,接收用户数据,处理应用逻辑,生成数据库服务器请求,并将服务请求发送给数据库服务器,同时接收数据库服务器返回的结果,最后再将返回的结果按照一定的格式或方式显示给用户。数据库服务器集中存储共享的、重要的数据,接收客户机的请求,对服务请求进行处理,并将处理结果返回给客户机。可见,实际在网络上传输的只有 SQL 语句和结果数据。

客户机的主要工作包括如下 5 项。

(1) 管理用户界面,实现与用户的交互;

(2) 处理应用程序;

(3) 产生对后台数据库的请求,并向服务器发出请求;

(4) 接收服务器返回的结果,并以应用程序的格式输出结果;

(5) 数据回送服务器。

服务器的主要工作包括如下 5 项。

(1) 接收客户机提出的数据请求,并根据请求处理数据库;

(2) 将处理后的结果传回请求的客户机;

(3) 接收并保存客户机处理后回送的结果;

(4) 保证数据库的安全性和完整性;

(5) 实现查询优化处理。

严格地讲,C/S 结构并非绝对意义上的不同物理地点的分布结构,只是体现了一种数据通信、利用的实现方式。服务器端可以是一台服务器,也可以是多台服务器,客户端自然是多台客户机。有时为了提高计算机系统的速度或安全性能,在客户端和服务器之间增加若干逻辑处理层,从而演变为三层或多层的 C/S 结构,但本质上仍然属于 C/S 结构。

C/S 结构的优点是服务器负荷轻、网络通信量低,数据存取模式更安全、存储管理更透明,并且可视化开发工具多,软件产品可操作性强,但也带来致命的缺点:需要在每个客户端安装、运行以及维护程序,应用软件安装困难、维护费用高;由于大部分的业务逻辑需要在客户端应用程序中完成,因此,客户机的性能成为系统性能的一个制约因素,而且满足不了客户端跨平台的要求。

目前,C/S 结构的应用非常广泛,如宾馆、酒店的客房登记和结算系统、超市的 POS 系统、银行服务柜台的存储系统等,由于通信技术的发展,现在的 C/S 结构也不仅局限于局域网的应用,在 Internet 中也得到了广泛的应用。

5) 浏览器/服务器结构的数据库系统

随着 Internet 的发展,以 Web 为技术基础的浏览器/服务器(B/S)结构正日益显示其先进性。B/S 结构是基于浏览器的策略,无须不同的客户机安装客户端软件,只要通过通用浏览工具,就可以使用系统。

B/S 结构的数据库系统克服了 C/S 结构的不足,将 C/S 中的服务器分解为数据库服务器和若干个 Web 应用服务器。客户机只安装浏览器软件、实现用户的输入输出,俗称瘦客户机,而应用程序安装和运行在服务器端。在服务器端不仅有用于保存数据并运行基本的数据库操作的数据库服务器,还有处理客户端提交的处理请求的应用服务器。应用服务器充当了客户机和数据库服务器的中介,架起了用户界面同数据库之间的桥梁,使得客户端运行的程序转移到应用服务器。因此,B/S 结构也称为三层结构,如图 1-13 所示。

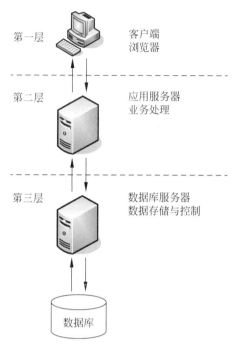

图 1-13　浏览器/服务器的数据库结构示意图

在这种结构中,客户端使用一个通用的浏览器,用户的所有操作都是通过浏览器进行的。用户通过统一的浏览器向网络的应用服务器发出请求,而应用服务器在数据库服务器的支持下完成用户的服务请求,并将所需要的服务信息返回到浏览器。也就是说,所有的业务处理都在 Web 服务器和数据库服务器上实现,如果业务处理变化了,只需对应用服务器进行修改和维护,客户机无须维护和升级。

B/S 结构同 C/S 结构相比较,具有如下优点。

(1) 开发环境与应用环境分离,便于系统的管理与升级;

(2) 简化了客户端,用户操作简便、可随时随地访问系统;

(3) 应用环境为标准的浏览器,降低了用户的培训、安装、维护等成本;

(4) 易于实现跨平台的应用。

B/S 结构的缺点是服务器负荷重、安全性差。其典型应用是在 Internet 中,可以利用数据库为网络用户提供功能强大的信息服务,如网上订票、网上购物等。

6) B/S 与 C/S 的混合结构的数据库系统

鉴于两层的 C/S 结构和三层的 B/S 结构各具优缺点,在实际应用中,将上述两种结构的优势结合起来,即形成 B/S 和 C/S 的混合结构。对于面向大量用户的模块采用三层 B/S 结构,在用户端计算机上安装运行浏览器软件,基础数据集中放在较高性能的数据库服务器上,中间建立一个 Web 服务器作为数据库服务器与客户机浏览器交互的连接通道。而对于系统模块安全性要求高、交互性强、处理数据量大、数据查询灵活时则使用 C/S 结构,这样就能充分发挥各自的长处,开发出安全可靠、灵活方便、效率高的数据库应用系统。

在具体应用时,常将面对广域网的用户采用 B/S 结构,发挥其发布消息迅速、维护简单、操作方便的特点;而在局域网内采用 C/S 结构,发挥其计算工作量均衡、安全性好的特点。

7) 多层数据库系统

由 C/S 结构和 B/S 结构还可扩展出了多层结构,即引入中间层构成多层数据库应用模式,中间层一般实现业务规则、数据访问、合法性校验功能。通过增加中间的服务器的层数来增强系统功能,优化系统配置,简化系统管理。

分层架构已经是现在几乎所有的数据库系统建设中,都普遍认可并采用的软件系统设计方法了。无论是单体还是微服务或者是其他架构风格,都会进行纵向拆分,收到的外部请求会在各层之间以不同形式的数据结构进行流转传递,在触及最末端的数据库后依次返回响应。

单体应用架构中,所有功能模块的代码全部集成在一个应用中,共享着同一个进程空间,进程内交互高效,系统易于开发、部署和测试,但如果有任何一个功能模块的改动或出现缺陷,其影响将会是全局性的、难以隔离的,甚至存在系统崩溃的风险。当业务功能增加到一定程度时,代码间的耦合度越来越高,存在的问题也会越来越多。例如,随着某个业务并发量、负载的增大,通过扩展 Web 服务器结点、负载均衡器,能够实现应用的水平扩展,但无法对单独某个模块进行分布式部署,容易造成系统资源的浪费、运营成本的增大,不利于系统的维护。当系统越来越大时,系统中的每个部件不可避免地会出现问题,使得交付一个可靠的单体系统越来越有挑战性。

8) SOA(service-oriented architecture)

SOA(面向服务的体系结构)把原来大的单体架构系统按照业务功能细分为若干不同的子系统,再将不同子系统共同的业务逻辑抽取出来进行封装,形成统一标准服务(粗粒度),供不同系统间应用程序进行组合、重用,从而实现系统之间数据的交互。各个子系统不能直接调用服务,需依赖服务中间件来调用所需的服务,各个服务之间在中间件的调度下,不需要相互依赖就可以实现相互通信,带来了服务松耦合的好处。如果后期增加了新的需求,只需增加新的服务,避免了相互影响。

SOA 架构的示意图如图 1-14 所示。

因此,SOA 的基本思路是把应用中相近的功能聚合到一起,以服务的方式提供给各个子系统进行调用,它比单体架构更具可操作性,细节也充实了很多。随着业务的增多,SOA 服务会变得越来越复杂,系统和服务之间的耦合性高,相互独立的服务仍然会部署在同一个运行环境中,单体架构存在的问题依然没有更好地解决。

9) 微服务架构

随着互联网技术的发展,应用程序的日益复杂化,尤其在电子商务、互联网项目中,对于迭代速度的要求越来越高,传统的应用架构已满足不了实际的需求,微服务架构的思想随之产生。

微服务架构是一种架构风格和架构思想,需要从整体上对系统进行全面考虑。其追求的目标是通过一系列小型服务构建大型系统,倡导在传统软件系统应用架构的基础上,将系统业务按照功能拆分为更加精细的服务(细粒度),所拆分的每一个服务都是一个独立的应用,可以访问自己的数据库,这些服务对外提供公共的 API,服务间边界清晰,可以独立承担对外服务的职责,相互间通过轻量级的接口调用进行通信。基于此种思想方式所开发的软件服务实体就是"微服务",而围绕微服务思想构建的一系列体系结构(包括开发、测试、部署等)称之为"微服务架构"。其示意图如图 1-15 所示。

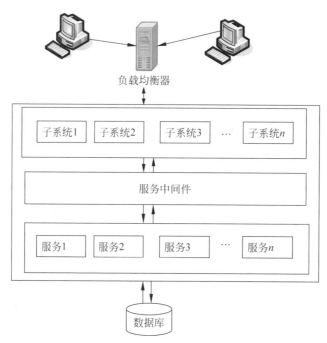

图 1-14　SOA 架构示意图

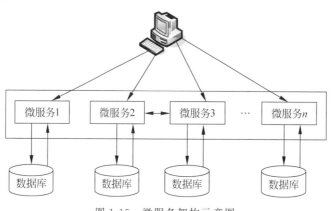

图 1-15　微服务架构示意图

基于微服务架构体系思想将系统进行微服务化拆分,能够有效地降低不断迭代开发带来的复杂度,弥补单体应用架构下服务的诸多短板,也是很多企业搭建微服务的动力,其主要优点如下。

(1) 可以独立部署。由于微服务应用程序本身并不大,部署耗时短、影响范围小,风险低。

(2) 增加了应用整体的可靠性。某个微服务应用出现缺陷,在接口不变的情况下,不会影响整个应用的使用。

(3) 易于扩展,资源利用率高。如果出现了性能瓶颈,只需对热点服务进行扩容,相应地,也可以对资源利用率不高的服务进行缩容。

(4) 技术异构。因为各服务之间相互独立、互不影响,只需保证接口不变,语言和框架不受限制,可部署到不同的环境。

当然,事物都有两面性,任何一项技术在解决一定问题的同时,也会引入新的问题。例如,从微服务架构设计的角度来看,微服务系统通常也是分布式系统,那么在系统容错、网络延迟、分布式事务等方面容易产生各类问题;从微服务数量规模的角度来看,服务过多,意味着要投入更多的运维人力和物力,微服务之间主要通过接口进行通信,当修改某一个微服务的接口时,所有用到这个接口的微服务都需要进行调整,当核心接口调整时,工作量更为显著。所以说,微服务是一把双刃剑,它不会是数据库系统架构探索的终点。随着全球云计算市场的高速发展,"无服务"是未来的一个发展方向,也得到了工业界和主流学术界的认可,无服务将会成为云计算的主流方式。

1.4.4　用户访问数据库的过程

对于数据库系统,当数据库的各级模式已建立,数据库中的初始数据已经装入后,用户就可以通过应用程序或终端操作命令在数据库管理系统的支持下使用数据库。用户在使用应用程序访问数据库中数据的同时,应用程序、DBMS、操作系统、硬件等必须协调工作,共同完成用户的访问请求。那么,在执行用户的请求存取数据时,DBMS是怎样工作呢?DBMS的工作过程与操作系统又有什么样的关系?现以用户从数据库中读取一个用户记录为例,说明用户如何访问数据库,以便了解DBMS如何工作,了解DBMS的工作过程与操作系统之间的关系。应用程序从数据库中查询数据的过程如图1-16所示。

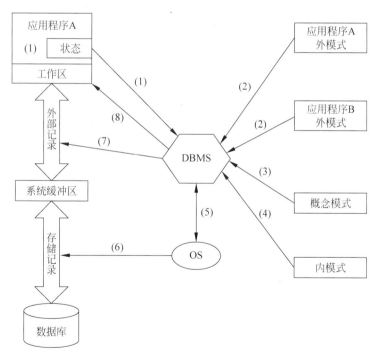

图1-16　浏览器/服务器的数据库结构示意图

具体工作过程如下。

(1)用户程序使用DML命令向DBMS发出访问数据库中数据的请求命令,并提交必要的参数,控制转入 DBMS。

(2) DBMS 对应用程序提交的命令及参数进行语义、语法等合法性检查,优化、生成可执行代码序列,并调用应用程序对应的外模式,检查应用程序的存取权限,决定是否执行该命令,若不通过则拒绝执行,向用户返回拒绝的相关信息,返回应用程序。

(3) 如果接受执行,则 DBMS 按照应用程序所用的外模式名,调用其对应的模式,并根据外模式/模式映像的定义,确定应读取的数据库模式中的记录类型和记录。同时可能还需要进一步检查操作的有效性,如果不通过,则拒绝执行该操作,返回出错状态信息。

(4) DBMS 调用内模式,根据模式/内模式映像的定义,确定所要访问的存储记录所在的数据库文件,选择合理的优化访问方式,访问选定数据库文件中存储记录。

(5) DBMS 向操作系统发出执行访问所需存储记录的请求命令,即发出指定文件中指定记录的请求命令,把控制转到操作系统。

(6) 操作系统接到命令后,执行访问数据的相关操作。即分析命令参数确定该文件记录所在的存储设备及存储区,启动 I/O 读出相应的物理记录,从中分解出 DBMS 所需的存储记录,并将数据从外存数据库文件送至内存的系统缓冲区,把控制返回给 DBMS。

(7) DBMS 根据外模式/模式映像的定义,将系统缓冲区的内容映射为应用程序所要访问的外部记录,并控制系统缓冲区与用户工作区之间的数据传输,把所需的外部记录送往应用程序工作区。

(8) DBMS 向应用程序返回访问命令执行情况的状态信息,说明此次请求的执行情况,如执行成功、数据找不到等,记载系统工作日志,启动应用程序继续执行。

(9) 应用程序查看状态信息,了解请求是否得到满足,根据状态信息决定其后继处理。

1.5　数据模型

数据库中不仅存储数据本身,而且存储数据与数据之间的联系,这种数据及其联系是需要描述和定义的,数据模型正是用于完成此项任务的。因为计算机不可能直接处理现实世界中的客观事物,所以必须使用相应的工具,来抽象表示和处理现实世界中的数据和信息,将客观事物转换成计算机能够处理的数据,然后再由计算机进行处理,这个工具就是数据模型。因此,数据库是根据数据模型建立的,数据模型是数据库系统的基础,是数据库系统中用于提供信息表示和操作手段的形式框架。

1.5.1　信息的三个世界

数据库是根据数据模型建立的,要为一个数据库建立数据模型,首先要深入现实世界中进行系统需求分析,用概念模型真实、全面地描述现实世界中需要管理的对象以及对象与对象之间的联系,然后再通过一定的方法将概念模型转换为某一 DBMS 所支持的数据模型。

数据库是模拟现实世界中某些事务活动的信息集合,数据库中存储的数据,首先需要人们认识、理解、整理、规范和加工,然后才能存放到数据库中。也就是说,数据从现实世界进入数据库实际经历了若干阶段,一般划分为三个阶段,即信息的三种世界:现实世界、信息世界和计算机世界(也称数据世界)。

1．现实世界

现实世界泛指存在于人脑之外的客观世界。信息的现实世界指我们要管理的客观存在的各种事物、事物之间的相互联系及事物的发生、变化过程。通过对现实世界的了解和认识，使得人们对要管理的对象、管理的过程和方法形成了概念模型。信息的现实世界通过实体、特征、实体集及联系进行划分和认识。

1）实体

客观存在的可以相互区分的客观事物、概念或抽象事件称为实体(entity)。不论是实际存在的有形的事物(如一个客户、一件商品)，还是概念性的东西(如产品的质量)或是事物与事物之间的联系(如一场球赛、一次订货)一律统称为实体。从事物到实体，是人类认识世界的一次飞跃，不再关心事物叫什么名字，例如，中国人叫"客户"，而美国人叫"client"，实际是一回事，关键是这个事物有什么特征。

2）实体的特征

每个实体都有自己的特征(性质)，这样才能根据实体的特征区别不同的实体。例如，图书通过图书编号、图书名、单价、出版社等许多特征来描述；订单通过订单编号、订单状态、订单日期等特征描述。尽管实体具有许多特征，但在研究时，只需选择其中对管理及处理有用的或有意义的特征。

3）实体集及实体集之间的联系

把具有相同特征的一类实体集合称为实体集。例如，所有的读者、所有的图书等都构成各自的实体集。实体集不是孤立存在的，实体集之间有着各种各样的联系，例如，读者和图书之间存在"借阅"联系，学生和课程之间存在"选课"联系。

4）标识特征

把用于区分实体的实体特征称为标识特征。例如，读者的卡号可以用来区分不同的读者，卡号就是读者的标识特征。虽然实体的特征可以用来区分实体，但并不是所有的特征都能达到区分实体。例如，读者的年龄就不是读者的标识特征。

2．信息世界

信息世界不是现实世界的无差别的反映，这是因为信息世界的对象是经过人们对客观事物的认识、选择后，把有意义的对象进行命名、分类等综合分析才形成的印象和概念，从而得到了信息，并在信息世界范畴建立了一套描述这些对象的术语。当事物用信息来描述时，即进入信息世界。信息世界通过实体记录、属性、实体记录集来描述。

1）实体记录

实体通过其属性值表示称为实体记录，也称为实例。例如，"11001，李丽，女，数计学院"是读者的一个实体记录。

2）属性

在信息世界中，实体的特征在头脑中形成的知识称为属性，实体的属性是实体的内在特征。例如，读者实体有读者卡号、姓名、性别等属性。

3）实体记录集

同类实例的集合称为实体记录集，也称为对象，即实体集中的实体通过属性值表示得出的信息集合。实体与实例是不同的，例如，李丽是一个实体，而"李丽，女，数计学院"是实例，现实世界中的李丽，除了姓名、性别、所在单位外还有其他的特征，而实例仅对需要的特征通过属性进行描述。在信息世界中,实体集之间的联系用对象联系表示。

4) 标识属性

在信息世界里,用标识属性表示标识特征。标识属性能够唯一标识实体记录集合中的一个实体记录,称这些属性的最小集合为该实体记录集的主标识符,简称实体标识符。

3. 计算机世界

由于计算机只能处理数据化的信息,所以对信息世界中的信息必须进行数据化,经过数据化后的信息形成计算机能够处理的数据,就进入了计算机世界。计算机世界也叫机器世界或数据世界。在信息转换为数据的过程中,对计算机硬件和软件(软件主要指数据库管理系统)都有限定,所以信息的表示方法和信息处理能力要受到计算机硬件和软件限制。也就是说,数据模型应符合具体的计算机系统和DBMS的要求。计算机世界中的术语有记录、数据项和文件等。

1) 记录

记录是实例的数据表示,对应信息世界的实体记录。记录有型和值之分:记录的型是结构,由数据项的型构成,记录的值表示对象中的一个实例,它的分量是数据项值。例如,"姓名,性别,所在单位"是读者数据的记录型,而"李丽,女,数计学院"是一个读者的记录值,它表示读者对象的一个实例。

2) 数据项

数据项是对象属性的数据表示,也称为字段。数据项有型和值之分,数据项的型是对数据特性的表示,它通过数据项的名称、数据类型、数据宽度和值域等来描述;数据项的值是其具体取值。例如,"李丽""女"都是数据项值。数据项的型和值都要符合计算机数据的编码要求。例如,定义读者的性别为存放两个固定长度的字符,其值域为(男,女)。

3) 文件

文件是对应实体集记录的数据,是对象的数据表示,是同类记录的集合,即同一个文件中的记录类型应是一样的。例如,将所有图书的登记表组成一个图书数据文件,文件中的每条记录都要按"书号,书名,作者,出版社,定价,库存量"的结构组织数据项值。

4) 关键字

在计算机世界里,用关键字表示标识属性。关键字也称为码。

下面给出现实世界、信息世界和计算机世界的三者之间关系。现实世界、信息世界和计算机世界这三个领域是由客观到认识、由认识到使用管理的三个不同层次,后一领域是前一领域的抽象描述。这三个世界的联系如图 1-17 所示。

从图 1-17 中可以看出,概念模型是现实世界到计算机世界的一个中间层次。现实世界的事物及联系,通过人脑的认识,抽象为某一种信息结构,这种信息结构并不依赖于具体的计算机系统,不是某一个 DBMS 支持的数据模型,而是概念级的模型,即信息世界的信息模型(概念模型),然后再把概念模型经过数据化处理转换为计算机上某一 DBMS 支持的数据模型。

需要说明的是,虽然现实世界和信息世界的概念是不同的,由于信息世界是对现实世界的抽象,根据使用习惯,本书在信息世界中仍沿用实体集、实体等术语。在实际使用过程中,在不引起混淆的情况下,如果没有特殊声明,通常使用这样的约定:用实体代替实体集,用联系代替联系集。同时,三种范畴所用术语均有型和值之分。

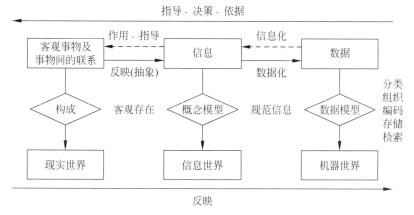

图 1-17 信息的三个世界的联系

1.5.2 数据模型及其分类

数据模型是数据库组织数据的基础,是对模式本身结构的抽象描述。在 DBMS 提供的三级模式的基础上,为了有效地设计一个应用系统的数据库,根据数据抽象的级别不同以及数据模型应用目的的不同,提出了逐层抽象的三层数据模型的建模过程,分别为概念数据模型、逻辑数据模型、物理数据模型,以实现从现实世界、信息世界到机器世界的逐步转换。

1. 概念数据模型

概念数据模型简称概念模型,也称为信息模型,是对现实世界的第一层抽象,按照用户的观点对数据进行建模,主要用于数据库的设计。概念模型强调其语义的表达能力,是用户和数据库设计人员之间进行交流的语言,也是数据库设计人员进行数据库设计的有力工具。它是一种独立于计算机的数据模型,完全不涉及信息在计算机内的表示和处理,只是用来描述某个特定组织所关心的信息结构。

概念模型中最著名的、也是最具影响力和最具代表性的是 P. P. S. Chen 于 1976 年提出的实体联系方法,即通常所说的 E-R(entity-relationship)方法,这种方法由于简单、实用,得到了非常普遍的应用,是目前描述信息结构最常用的方法。该方法使用的工具称为 E-R图,E-R 图描述的结果称为 E-R 模型或概念模型。详细介绍见 3.3 节。

2. 逻辑数据模型

逻辑数据模型也称结构数据模型,简称数据模型。在前面提过,数据库中不仅要存放数据本身,还要存放数据与数据之间的联系,可以用不同的方法表示数据与数据之间的联系,将表示数据与数据之间联系的方法称为数据模型,即用于描述数据的组织形式。

数据模型是按计算机系统观点对数据建模,是对现实世界的第二层抽象,直接面向数据库的逻辑结构,是用户从数据库所看到的数据模型,也是具体的 DBMS 所支持的数据模型,数据库就是按照 DBMS 规定的数据模型组织和建立起来。因此,数据模型直接与 DBMS 有关,有严格定义的无二义性语法和语义的数据库语言,人们可以用这种数据库语言来定义、操纵数据库中的数据,从而便于在计算机系统中实现。

1) 数据模型的组成要素

在数据库技术中,用数据模型的概念描述数据库的结构和语义,并对现实世界进行抽象。数据模型是现实世界中的事物及其联系的一种抽象表示,是一种形式化地描述数据、数据间的联系以及语义约束规则的方法。从计算机的角度出发,数据模型是提供表示和组织数据的方法和工具,它是对现实世界数据特征的抽象,是用来描述数据的一组概念和定义。不仅要表示存储了哪些数据,更重要的是要以一定的结构形式表示出各种不同数据之间的联系。

数据库专家 E. F. Codd 认为:一个基本数据模型是一组向用户提供的规则,这些规则规定数据结构如何组织以及允许进行何种操作。通常,一个数据库的数据模型由数据结构、数据操作和数据的完整性约束三部分组成。

(1) 数据结构。数据结构是数据模型最基本的组成部分,描述了数据库的组成对象以及对象之间的关系,规定了如何把基本的数据项组织成较大的数据单位,以描述数据的类型、内容、性质和数据之间的相互关系。

在数据库系统中,通常按照数据结构的类型来命名数据模型。例如,层次型数据结构的数据模型称为层次模型,网状型数据结构的数据模型称为网状模型,关系型数据结构称为关系模型。因此,数据结构是刻画一个数据模型性质最重要的方面,描述的是数据模型的静态特性。

(2) 数据操作。数据操作是指对数据库中各种数据对象允许执行的操作集合,这些操作是基于指定数据结构的任何有效的操作或推导规则。数据操作包括操作对象和有关的操作规则两部分,数据库中的数据操作主要有数据检索和数据更新(即插入、删除、修改数据的操作)两大类操作。数据模型必须对数据库中的全部数据操作进行定义,指明每项数据操作的确切含义、操作对象、操作符号、操作规则以及实现操作的语言等。数据操作规定了数据模型的动态特性。

(3) 数据的完整性约束。数据的完整性约束是指一组数据完整性规则的集合,它定义了给定数据模型中数据及其联系所具有的制约和依存规则,用以限定相容的数据库状态的集合和可以允许的状态改变,以保证数据库中数据的正确性、有效性和相容性。

数据完整性规则是对数据模型的动态特性做进一步描述与限定。因为在某些情况下,只限定使用的数据结构以及在该结构上执行的操作,仍然不能确保数据的正确、有效。为此,每种数据模型都规定有基本的完整性约束条件,这些完整性约束条件要求所属的数据模型都应满足。同理,每个数据模型还规定了特殊的完整性约束条件,以满足具体应用的要求。例如,在关系模型中,基本的完整性约束条件是域完整性、实体完整性、参照完整性以及用户自定义的完整性。

2) 常见的数据模型

逻辑(数据)模型主要表示数据与数据之间联系。数据模型根据数据结构的不同分为层次数据模型、网状数据模型、关系数据模型及面向对象数据模型和对象关系模型。

(1) 层次数据模型。层次数据模型简称层次模型,是数据库系统中最早出现的数据模型,是按照层次结构(树状)的形式组织数据库中的数据,以表示各类实体以及实体之间的联系。层次数据库系统采用层次模型作为数据的组织方式。

层次模型使用树状结构表示记录类型及其联系。在树状数据结构中,必须满足两个条件:有且仅有一个结点没有双亲结点,这个结点称为根结点;除根结点之外的其他结点有且只有一个双亲结点。层次模型的数据操作主要包括查询和更新两大类,数据约束主要由层次结构所具有的约束引起的,例如,记录之间的联系只限于 1∶n 或 1∶1 的联系,这一约束限制了用层次模型描述现实世界的能力,只能通过间接方法表达现实世界实体集之间的复杂的多对多的联系。

(2)网状数据模型。网状数据模型简称网状模型。在现实世界中事物之间的联系更多的是非层次关系,用层次模型表示非树状结构很不直接,网状模型则可以克服这一缺点。网状数据库系统采用网状模型作为数据的组织方式。

网状模型结点之间的联系不受层次的限制,可以任意发生联系,是一种比层次模型更普遍的结构,其数据结构是图结构,所谓网状模型的图结构是指去掉了层次模型树状结构的两个限制,它允许多个结点没有父结点,允许结点有多个父结点,还允许两个结点有多种联系,可用来描述多对多的联系。因此,网状模型可以更直接地描述复杂的现实世界。网状模型的数据操作主要包括查询和更新两大类。数据约束主要由图结构的约束引起的。其缺点是数据结构较复杂,如果应用环境扩大,数据库结构将更加复杂,不便于终端用户掌握。

(3)关系数据模型。关系数据模型简称关系模型,是目前最重要的、应用最广泛的一种数据模型。关系数据库系统采用关系模型作为数据的组织方式。目前,主流数据库管理系统大部分都是基于关系模型的关系数据库管理系统(relational data base management system,RDBMS),如著名的 DB2、SQL Server、Oracle 等。关系模型是由美国 IBM 公司的 San Jose 实验室的研究员 E. F. Codd 于 1970 年首次提出的,自 20 世纪 80 年代以来,计算机厂商新推出的数据库管理系统几乎都支持关系模型,大部分非关系模型的产品也增加了关系接口。

关系模型的数据结构就是二维表,用二维表表示现实世界的实体集、属性及其联系;关系模型的数据操作包括查询和更新两大类,其中查询是关系模型中数据操作的主要部分;关系模型允许定义实体完整性、参照完整性和用户自定义完整性。关系模型理论基础完备,模型简单,使用方便,其详细介绍参见第 2 章内容。

(4)面向对象数据模型和对象关系模型。面向对象数据模型是面向对象程序设计方法与数据库技术相结合的产物,用以支持非传统应用领域对数据模型提出的新要求。这些应用往往需要存储大量的、复杂类型的数据,同时面向对象的概念和技术引发了数据库对复杂数据类型的支持,从而推动了面向对象数据库的发展。

在面向对象数据模型中,基本结构是对象(object),而不是记录,一个对象不仅包括描述它的数据,而且包括对其进行操作的方法的定义。一个面向对象模型是用面向对象的观点来描述现实世界对象的逻辑组织、对象间的联系、限制等。另外,用户可以根据应用需要定义新的数据类型及相应的约束和操作,它比传统的数据模型具有更丰富的语义及表达能力,因此自 20 世纪 80 年代以后,受到人们的广泛关注。但面向对象模型相对比较复杂,涉及的知识比较多,目前,面向对象数据库仍以实验系统为主,真正商品化的系统还不多见,其市场并不理想,还未被广大用户所接受。因此,面向对象数据库远远没有达到关系数据库的普及程度。

对象关系模型是关系模型的扩充,是面向对象模型和关系模型的产物,目前许多数据库管理系统都支持它。与其对应的对象关系数据库系统因保留了关系数据库的存储结构而牺牲了一些面向对象数据库的特征,其性能、效率还有待提高。

3. 物理数据模型

物理数据模型是描述数据在存储介质上的组织结构,它面向具体的 DBMS,以 DBMS 理论为基础,利用 SQL 脚本在数据库中产生现实世界信息的存储结构(表、约束等),同时,保证数据在数据库中的完整性和一致性。物理数据模型不仅与具体的 DBMS 有关,还与操作系统和硬件有关。

DBMS 为保证其独立性和可执行性,大部分物理数据模型的实现工作由 DBMS 自动完成,而设计者只设计索引、聚簇等特殊结构。

习题 1

1. 选择题

(1) 以下关于数据的描述不正确的是(　　)。

A. 数据可以用报表、图形、音频、视频等多种表现形式表示

B. 数据用于承载信息的物理符号,通过回归拟合等不同方法可以发现数据背后的规律

C. 数据的表现形式能够完全表达其内容

D. 数据和其语义是不可分的

(2) 信息的数据表示形式是(　　)。

A. 只能是文字　　　　B. 只能是声音　　　　C. 只能是图形　　　　D. 上述皆可

(3) 数据库中存储的是(　　)。

A. 数据　　　　　　　　　　　　　　B. 数据模型

C. 数据以及数据之间的联系　　　　　D. 信息

(4) (　　)是按照一定的数据模型组织的,长期存储在计算机内,可为多个用户共享的数据的聚集。

A. 数据库系统　　　　　　　　　　　B. 数据库

C. 关系数据库　　　　　　　　　　　D. 数据库管理系统

(5) 下列没有反映数据库优点的是(　　)。

A. 数据面向应用程序　　　　　　　　B. 数据冗余度低

C. 数据独立性高　　　　　　　　　　D. 数据共享性高

(6) DBMS 指的是(　　)。

A. 操作系统的一部分　　　　　　　　B. 一种编译程序

C. 在操作系统支持下的系统软件　　　D. 应用程序系统

(7) 提供数据库定义、数据操纵、数据控制和数据库维护功能的软件称为(　　)。

A. OS　　　　　　B. DB　　　　　　C. DBMS　　　　　　D. DBS

(8) 关于数据库系统语言,下列说法正确的是(　　)。

A. 数据库系统语言包括了 DDL、DML 和程序设计语言

B. 数据库系统语言包括了 DDL 和 DML

C. 数据库系统语言包括了 DDL、DML 和 DCL

D. 数据库系统语言包括了 DDL、DML 和 Python/Java

(9) 数据库 DB、数据库系统 DBS 和数据库管理系统 DBMS 三者之间的关系是( )。

    A. DBS 包括 DB、DBMS   B. DB 包括 DBS、DBMS

    C. DBMS 包括 DB、DBS   D. DB 就是 DBS,也就是 DBMS

(10) 数据库管理系统、操作系统、应用软件的层次关系从核心到外围分别是( )。

    A. 操作系统、数据库管理系统、应用软件

    B. 数据库管理系统、操作系统、应用软件

    C. 数据库管理系统、应用软件、操作系统

    D. 操作系统、应用软件、数据库管理系统

(11) 对于数据库系统,负责定义数据库内容,决定存储结构和存储策略及安全授权等工作的是( )。

    A. 应用程序员   B. 终端用户

    C. 数据库管理员   D. 数据库管理系统的软件设计员

(12) 数据管理技术经历了人工管理、( )和( )阶段。

①DBMS   ②文件系统   ③网状系统   ④数据库系统   ⑤关系系统

    A. ③和⑤   B. ②和③   C. ①和④   D. ②和④

(13) 数据管理技术发展阶段中,数据库系统阶段与文件系统阶段的根本区别是数据库系统( )。

    A. 有专门软件对数据进行管理   B. 采用一定的数据模型组织数据

    C. 数据可长期保存   D. 数据可共享

(14) 下列有关关系数据库的描述,不正确的是( )。

    A. 具备非常完备的关系代数理论基础

    B. 支持事务的一致性

    C. 具有灵活的水平扩展性

    D. 实现高效的查询优化机制

(15) 数据库三级模式体系结构的划分,有利于保持数据库的( )。

    A. 数据独立性   B. 数据安全性

    C. 结构规范化   D. 操作可行性

(16) 三层模式结构中最接近外部存储器的是( )。

    A. 模式   B. 外模式   C. 内模式   D. 概念模式

(17) 用户或应用程序看到的那部分局部逻辑结构和特征的描述是( )。

    A. 模式   B. 物理模式   C. 子模式   D. 内模式

(18) 数据库系统的数据独立性是指( )。

    A. 不会因数据的变化而影响应用程序

    B. 不会因存储策略的变化而影响存储结构

    C. 不会因系统数据存储结构与数据逻辑结构的变化而影响应用程序

    D. 不会因某些存储结构的变化而影响其他的存储结构

(19) 下面( )属于信息世界的模型,实际上是现实世界到机器世界的一个中间层次。

    A. 数据模型   B. 概念模型   C. 非关系模型   D. 关系模型

　　(20) 下列( )系统对数据的一致性要求不高,但对数据量和并发读写要求较高,强调可扩展性和高可用性。

　　　　A. MySQL　　　　B. Oracle　　　　C. NoSQL　　　　D. SQL Server

2. 写出下列缩写的含义

DB、DML、DBMS、DBS、DBA、SDDL、DDL、PDDL

3. 简答题

(1) 简述数据库系统的组成。

(2) 数据库系统和文件系统相比较,主要有哪些特点?

(3) 试述数据库管理系统的主要功能和工作过程。

(4) 试述数据库系统的三级模式结构,并解释数据库为什么要采用这种结构。

(5) 简要说明数据库应用系统体系结构的三层架构的作用。

第2章
关系数据库基本理论

学习目标

- 理解关系数据库中的重要概念及术语；
- 理解关系数据模型及其三要素，理解完整性规则在关系数据库中的作用；
- 理解关系的性质及类型；
- 理解查询语言关系代数，掌握传统的集合运算与专门的关系运算；
- 理解并掌握元组关系演算、域关系演算；
- 了解关系数据库查询优化的重要性，理解代数优化、查询树、物理优化。

重点：理解关系的重要概念与性质；理解关系数据模型要素；通过实例，掌握关系代数、关系演算。

难点：掌握关系代数、关系演算的实质意义，能够灵活表达及运用优化的关系代数、关系演算从数据库中提取所需数据。

关系数据库理论是由 IBM 公司的 E. F. Codd 首先提出，关系数据库是目前应用最广泛的数据库，它以数学方法为基础管理并处理数据库中的数据。了解关系数据库理论，才能设计出合理、规范的数据库，才能更好地掌握关系数据库语言并付诸应用。本章介绍关系的基本概念、关系数据模型、关系代数、关系演算及关系数据库的查询优化等。

2.1 关系的概念

关系数据库是用关系模型来描述和组织数据，关系模型是建立在集合代数的基础上，本节以数学理论基础为背景引入关系的定义及相关术语。

2.1.1 关系的定义

关系的数学概念可以从日常生活中的集合引出，集合即一定范围的、确定的、可区别的事物，当作一个整体来看待。这里从集合论角度给出关系的定义。

1. 引例

假设：

集合 $A = \{$王萍，李敏，刘洋$\}$，表示读者姓名的集合；

集合 $B = \{$男，女$\}$，表示性别的集合；

那么，集合 A 与集合 B 中元素可能出现的配对组合有：

$\{($王萍，男$),($王萍，女$),($李敏，男$),($李敏，女$),($刘洋，男$),($刘洋，女$)\}$

视频讲解

集合论中把这种诸集合中所有元素间的一切匹配组合构成的集合称为笛卡儿积,本例记为 $A \times B$。从数据库角度可以将集合与集合的笛卡儿积看成一张二维表,如表 2-1 所示。

表 2-1　集合 A 与集合 B 的笛卡儿积

A	B
王萍	男
王萍	女
李敏	男
李敏	女
刘洋	男
刘洋	女

从现实情况考虑,上述集合笛卡儿积中王萍性别既是男又是女,李敏与刘洋同样有两个性别,显然不符合实际情况。假定现实情况为王萍性别女,李敏性别女,刘洋性别男,那么很明显这是集合 A 与集合 B 笛卡儿积的子集,故可认为选取集合 A 与集合 B 笛卡儿积有意义的子集表示了集合 A、B 上的二元关系。

可推广理解,将集合笛卡儿积的子集称为关系。下面给出域、笛卡儿积的定义,进而使用集合论的术语给出关系的定义。

2. 域

定义 2.1　域是一组具有相同数据类型的值的集合。

例如,$\{0,1\}$、$\{$王萍,李敏,刘洋$\}$、$\{$大学英语,数据结构,离散数学$\}$、整数都是域。

每个域都有个域名,域中不同数据的个数称为域的基数。如:

$D_1 = \{$王萍,李敏,刘洋$\}$,表示读者姓名的集合;

$D_2 = \{$男,女$\}$,表示读者性别的集合;

$D_3 = \{$数计学院,管理学院$\}$,表示读者单位的集合;

上述 D_1、D_2、D_3 表示域名,D_1 的基数为 3,D_2 与 D_3 的基数为 2。因计算机及其存储系统不能表示无限的集合,所以在数据库中,域一般是有限集合。

3. 笛卡儿积

定义 2.2　设定一组域 $D_1,D_2,D_3,\cdots,D_n$,这些域中允许有相同的,$D_1,D_2,D_3,\cdots,D_n$ 的笛卡儿积为

$$D_1 \times D_2 \times D_3 \times \cdots \times D_n = \{(d_1,d_2,d_3,\cdots,d_n) \mid d_i \in D_i, i=1,2,\cdots,n\}$$

即诸域 $D_1,D_2,D_3,\cdots,D_n$ 中各元素间的一切匹配组合构成的集合,其中每个元素 $(d_1,d_2,d_3,\cdots,d_n)$ 称为一个元组,元素中的每个值 $d_i(i=1,2,\cdots,n)$ 称为一个分量。

由于数据库中域均为有限集合,故诸域的笛卡儿积也为有限集,且域的笛卡儿积的基数等于参与运算的所有域的基数之积,记为

$$M = m_1 \times m_2 \times \cdots \times m_n = \prod_{i=1}^{n} m_i$$

其中:m_i 表示第 i 个域的基数;M 为笛卡儿积的基数;n 为参与运算域的个数。

例如,上述读者姓名、性别、单位三个域 D_1、D_2、D_3,其笛卡儿积 $D_1 \times D_2 \times D_3$ 运算示意如图 2-1 所示。该笛卡儿积的基数便为 $3 \times 2 \times 2 = 12$,即有 12 个元组,如(王萍,女,数计

学院)、(李敏,男,管理学院)、(刘洋,男,管理学院)等都为元组,元组中王萍、女、管理学院等都为分量。

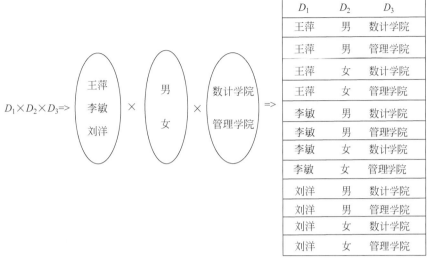

图 2-1 $D_1 \times D_2 \times D_3$ 示意图

通常情况下,集合的笛卡儿积是没有什么实际语义的,只有它的某个真子集才具有实际含义。

4. 关系

定义 2.3 笛卡儿积 $D_1 \times D_2 \times D_3 \times \cdots \times D_n$ 的子集称为域 $D_1, D_2, D_3, \cdots, D_n$ 上的一个 n 元关系,表示为:

$$R(D_1, D_2, D_3, \cdots, D_n)$$

其中:R 表示关系名称;n 表示关系的目或度。当 $n=1$ 时,称该关系为单元关系;当 $n=2$ 时,称该关系为二元关系。

数学上关系是笛卡儿积的任意子集,但在实际应用中,关系是笛卡儿积中所取的有意义的子集。上述举例读者姓名、性别、单位三个域 D_1, D_2, D_3 上的三元关系 R 则可以记为

$$R(D_1, D_2, D_3) \text{ 或 } R \subseteq D_1 \times D_2 \times D_3$$

根据实际情况选取有意义真子集表示该三元关系 R,R 可表示成一张二维表,具体如表 2-2 所示。

表 2-2 域 D_1、D_2、D_3 上的三元关系 R

D_1	D_2	D_3
王萍	女	数计学院
李敏	女	管理学院
刘洋	男	数计学院

2.1.2 相关术语

关系是笛卡儿积的有限子集,关系可用一张二维表表示,这样,关系用来指代表,元组用

来指代行,属性指代的是表中的列。

1. 元组与属性

表中的每一行对应关系的一个元组,即关系中的一个元素$(d_1,d_2,d_3,\cdots,d_n)$。

表中的每一列对应一个域,即关系中的$D_i(i=1,2,\cdots,n)$。由于域可以相同,针对在不同列取自相同域的情况,为了加以区分不同的列,须对每列起个易理解区分的名称,称为属性,即n元关系必须有n个属性,故关系每一列称为一个属性。

属性名可以与域名相同,也可不同。在关系中也可以认为,用域表示了属性的取值范围,例如$D_2=\{男,女\}$,可理解为性别属性的取值范围为D_2域。

例如,上述三元关系R表示了读者姓名、性别、单位的关系,为方便理解可以将姓名、性别、单位作为R的属性名,则三元关系R可表示为:R(姓名,性别,单位)。

2. 候选码与主码

在关系中若某属性或属性组的值可以唯一标识一个元组,而其子集不能,则称该属性或属性组为候选码;如果一个关系中有多个候选码,则选定其中最小属性组作为主码。

如果一个关系的候选码只有一个属性,称为单属性码。

如果一个关系中的候选码由多个属性构成,称为多属性码。

如果一个关系中只有一个候选码,且包含所有属性,称为全码。

无论候选码,还是主码都是整个关系的一种性质,而非单个元组的性质;码的指定代表了被建模的事物在现实世界中的约束。

3. 主属性与非主属性

出现在候选码中的属性为主属性,不包含在任何候选码中的属性为非主属性。

例如,三元关系R(姓名,性别,单位),假设读者姓名不重名(这不太符合实际情况,此处只为理想举例),则姓名属性的每一个值都唯一确定了一个元组,而其子集不行,因此,姓名为候选码,另外两个属性性别、单位的取值都无法唯一确定一个元组,而是一对多的关系,非候选码,故而选择姓名为主码,所以,关系R的性别、单位为非主属性,姓名为主属性。考虑现实情况,读者姓名可能会有重名情况,不足以作主码,因此,必须设置读者的唯一标识符,后续实例中添加了读者卡号属性,其为读者关系的主码。

2.2　关系数据模型

数据模型是现实世界中的事物及事物之间联系的一种抽象表示,是一种形式化地描述数据本身、数据间联系及语义约束规则的方法,是数据库系统的核心和基础。本节介绍关系数据模型、关系的性质及类型。

2.2.1　关系模型及其要素

关系数据模型就是用"二维表"结构来表示实体集及实体集之间联系的模型,关系数据模型的三要素即关系数据结构、关系操作、关系完整性约束。

1. 关系模型的数据结构

数据结构涵盖了数据如何表达、数据间联系如何实现等问题,关系模型的数据结构是一个"二维表框架"组成的集合,每一个二维表又可称为关系,所以,关系模型是"关系框架"的集合。

视频讲解

定义 2.4 关系的描述称作关系模式,关系模式即关系的框架或结构,其形式化表示为

$$R(U, D, dom, F)$$

其中:R 指关系名;U 是关系的属性集;D 为属性组中属性所来自的域;dom 为属性向域的映像集合;F 属性间的数据依赖关系,属性间的数据依赖关系将在后面章节讨论。关系模式通常简记作 $R(U)$。

在关系模型中,实体集及实体集之间的联系都是用关系模式来表示的,正如贯穿全书的高校图书管理系统数据库示例。

通过示例理解,关系模式相当于一张二维表的框架,在这个框架下添加数据后,称为关系模式的一个关系实例。关系模式是型,是稳定的;关系实例是某一时刻的值,是随时间不断变化的,是动态的,即某一时刻对应某个关系模式的内容(元组的集合)。在关系模式、关系实例含义清楚的情况下,人们常常简单地统称为关系,希望读者注意从上下文中区别理解。

在关系模型中,实体集和实体集间的联系都采用关系来表示,给定一个应用领域,其所有关系的集合即构成一个关系数据库。关系数据库也有型和值之分,关系数据库模式称为关系数据库的型,是对数据库的描述;数据库中关系模式在某时刻的内容集合即为关系数据库的值,换言之是关系数据库的数据。

2. 关系操作

关系操作主要包括数据更新、数据控制和数据查询。数据更新涉及数据的插入、修改和删除等数据维护;数据控制是保证数据安全性和完整性而采用的数据存取控制等操作;数据查询是对数据进行检索、统计、排序等操作,各种各样的数据查询实质上就是基于一个或多个关系上的数据操作,这些操作必须满足关系的完整性约束条件。关系操作实质为集合操作,其操作的对象、结果都是集合,即若干元组的集合。

关系操作语言是用户用来从数据库中请求获取信息的语言,这些语言灵活方便,表达能力强大,可划分为以下三类。

(1) 关系代数语言。关系代数语言运用对关系的运算来表达查询要求,其代表为 ISBL (information system base language)。

(2) 关系演算语言。关系演算语言运用谓词表达查询要求,根据谓词变元的不同分为元组关系演算、域关系演算两类,其代表语言分别是 ALPHA、实例查询语言(query by example,QBE)。

(3) 具有关系代数及关系演算双重特点的语言,结构化查询语言(structured query language,SQL)是关系数据库的标准语言。

3. 关系完整性约束

随着数据库的数据更新,关系模式下的关系是在不断变化的,为了防止错误数据出现,维护数据库中的数据与现实世界的一致性和有效性,关系数据库要遵循完整性约束,关系模型的完整性规则是对关系的某种约束条件。任何关系在任何时刻都要满足这些语义约束,关系模型中有四类完整性约束,即域完整性、实体完整性、参照完整性和用户定义的完整性。

1) 域完整性

域完整性指关系中每一个元组的分量必须取自相应域中的值。例如,读者关系中的性别只能来自域{男,女}。

2) 实体完整性

实体完整性要求关系中不能出现相同的元组,且主属性的值不能为空值。关系中的每一行都指代一个实体,现实世界中不存在无法区分的两个实体,因此关系中不能出现相同的两行。同时,候选码中的属性为主属性,考虑候选码可以唯一标识一个元组,如果主属性的值为空,则表示主属性失去了唯一标识实体的作用,因此,主属性的值不能为空。说明:空值不是空格,它指跳过或不输入,用 NULL 表示,表达"不知道""无意义"。

实体完整性可以有效防止数据库中出现非法的不符合语义的错误数据。

3) 参照完整性

参照完整性又称为引用完整性,现实世界中自然存在着关系与关系间的引用,先来看两个示例。

示例一　读者、单位部门的关系,其中主码用下画线标识,具体如表 2-3 和表 2-4 所示。

读者(<u>读者卡号</u>,姓名,性别,单位名称)

单位部门(<u>单位名称</u>,电话,单位人数)

表 2-3　参照关系-读者关系

读者卡号	姓名	性别	单位名称
2100001	李丽	女	数计学院
2100007	王萍	女	管理学院
2100002	赵健	男	

表 2-4　被参照关系-单位部门关系

单位名称	电话	单位人数
数计学院	02926416888	105
管理学院	02926416687	95
艺术学院	02926416689	57

这两个关系之间存在着属性的引用,读者关系引用了单位部门关系的主码。

示例二　高校图书管理系统数据库,不同的关系之间也存在着属性的引用,借阅关系引用了读者关系的主码"读者卡号"、图书关系的主码"图书编号"。但借阅关系中的"读者卡号""图书编号"都为主属性,故不能取空值。

上述示例说明了关系与关系之间存在着相互引用、相互约束的情况。下面给出参照完整性的概念。

如果属性 X 不是关系 R_2 的主码,而是另一关系 R_1 的主码,则该属性 X 称为关系 R_2 的外码;并称关系 R_2 为参照关系,关系 R_1 为被参照关系,外码一般用波浪线标识。即强调不能引用不存在的实体,要求外码只能取下面两类值。

(1) 空值。

(2) 非空值,该值必须与被参照关系中主码的某个取值一致。

参照完整性约束实质表示了"不能引用不存在的实体",它是关系间实现关联、防止错误引用的保证。

4）用户定义的完整性

用户定义的完整性是针对某些具体关系数据的约束条件,它反映某一具体应用所涉及的数据必须满足的语义要求。用户只需按照系统规定,用语句写出相关的数据完整性定义,系统会进行相应的检验与纠错。例如,图书关系中价格不能为负数,借阅关系中还书日期必须大于等于借书日期等。

用户定义的完整性约束使得设计人员不必在应用程序中重复增加检查数据完整性的程序代码,很大程度上减轻了其工作量。

2.2.2　关系的性质及类型

前面从数学集合论的观点定义了关系,关系即为诸域笛卡儿积的子集,关系是元组的集合。下面将介绍关系的性质及类型。

1. 关系的性质

在关系数据模型中对关系做了一些规范性的限制,下面将结合二维表结构形象介绍关系的具体性质。

1）同一列的数据具有同质性

关系中一个属性的所有取值是同一类型的数据,可理解为表每一列中的分量均是同一类型的数据,即来自同一个域。

2）关系中所有属性值都是原子的

关系模型要求关系必须是规范化的,对于关系,一个最基本的规范条件是关系中的每一个属性(或分量)均是不可分的数据项。从二维表结构理解,即不能出现表中套表的情况。

具体对比见表 2-5 和表 2-6 所示。表 2-5 是不符合规范的结构,"借还时间"下嵌套了"借书日期"和"还书日期"两列,这种组合数据项不符合关系的基本原子性;表 2-6 是等价变换后符合规范的关系。

表 2-5　不符合规范的结构

读者卡号	图书编号	借还时间	
		借书日期	还书日期
2100001	JSJ004	2020-12-25	2021-02-27
2100004	JSJ005	2021-05-10	2021-07-10

表 2-6　满足属性原子性的关系结构

读者卡号	图书编号	借书日期	还书日期
2100001	JSJ004	2020-12-25	2021-02-27
2100004	JSJ005	2021-05-10	2021-07-10

3）同一关系中每一列对应一个属性

一个关系中不同的属性可来自同一个域,不同的属性要给予不同的属性名。即同一个关系中不能出现相同的属性名,换言之,一张表中不能有相同的列名。例如,借阅关系中的借书日期和还书日期来自同一个域,但需要不同的属性名。

4) 关系中不允许有完全相同的元组

从语义的角度看,关系中的一个元组代表一个实体,在现实生活中不可能出现完全相同的两个实体。从二维表理解,即表中不允许出现完全相同的两行。

5) 在一个关系中元组的次序是无关紧要的

由于关系是一个集合,集合中的元素具有无序性,所以不会强调元组间的顺序。也就是说,二维表中行的顺序调换,不改变关系表的实际含义。在某些情况下,对实际应用项目中的关系元组进行排序,主要是为了加快检索数据的速度,提高数据的处理效率。

6) 在一个关系中属性的次序具有无关性

关系中属性的顺序可以任意交换,不影响其后续使用。从二维表角度理解,调整表中的列的顺序,也不改变关系表的实际意义。但需注意,在交换时,应连同属性名、属性值一起交换,否则将得到不同的关系。

2. 关系的类型

本书关系基本为有限关系,关系数据库中的关系类型有三种:基本表、查询表和视图表。

1) 基本表

基本表是本身独立存在的表,在关系数据库中一个关系就对应一个表。基本表是关系数据库中实际存储数据的逻辑表示。

2) 查询表

查询表是查询结果对应的表或查询过程中生成的临时表。源于关系运算是集合运算,在操作过程中会产生一些临时表,其数据是从基本表中抽取的,并且几乎不再重复使用,因此,查询表具有冗余性和临时性。

3) 视图表

视图表是由基本表或其他视图表导出来的表,是虚表,是方便数据查询、简化数据处理、保护数据安全要求而设计的数据虚表,并不对应实际的存储数据。

2.3　关系代数

关系运算是关系数据库技术的基础,数据库的核心查询都可表示为一个关系运算表达式。关系运算包括关系代数和关系演算,关系代数是施加于关系上的一组集合代数运算,关系演算是以谓词演算为基础运算的数据操作语言。

2.3.1　关系代数概述

基于关系代数的数据操作语言,称为关系代数语言,简称关系代数。关系代数是一种过程化查询语言,它包括了一个运算的集合,这些运算以关系为输入,以产生一个新的关系为结果。

任何一种运算都是将一定的运算符作用于某运算对象上而得到预期的运算结果,故运算符、运算对象及运算结果是运算的三要素。关系代数运算的运算对象、运算结果都是关系,用到的运算符主要包括集合运算符、专门的关系运算符、比较运算符和逻辑运算符四类。

(1) 集合运算符。集合运算符包括:∪(并运算)、∩(交运算)、—(差运算)、×(广义笛卡儿积)。

（2）专门的关系运算符。专门的关系运算符包括：σ（选择运算）、$\prod$（投影运算）、$\bowtie$（连接运算）、$\div$（除法运算）。

（3）比较运算符。比较运算符主要包括：$>$（大于）、$<$（小于）、$>=$（大于或等于）、$!=$（不等于）、$=$（等于）等。

（4）逻辑运算符。逻辑运算符包括：$\neg$（非）、$\wedge$（与）、$\vee$（或）。

关系代数从运算符的角度可划分为传统的集合运算和专门的关系运算两大类，其中，比较运算符与逻辑运算符是用来辅助专门的关系运算。传统的集合运算是将关系看成元组的集合，从行的角度进行运算；专门的关系运算不仅从行的角度运算，而且从列的角度进行运算。

2.3.2　传统的集合运算

视频讲解

传统的集合运算主要指并、交、差、广义笛卡儿积四种运算，都属于二元运算。传统的集合并、交、差运算推广于关系运算时，要求参与运算的两个关系必须保证是相容的，相容即两个关系的列数相同（属性数目相同），且相对应的属性列都出自同一个域，这样才能使得运算有意义。

1. 并运算

假设关系 R 与 S 相容，关系 R 和关系 S 的所有元组合并，删除重复元组，所构成的新关系，称为关系 R 和 S 的并，记为 $R \cup S$。关系的并运算符号化表示为

$$R \cup S = \{t \mid t \in R \vee t \in S\}$$

其中，t 表示元组即由属于 R 的元组或属于 S 的元组组成。

2. 交运算

假设关系 R 与 S 相容，由既属于 R 又属于 S 的元组构成新关系，称为关系 R 和 S 的交，记为 $R \cap S$。关系的交运算可以符号化表示为

$$R \cap S = \{t \mid t \in R \wedge t \in S\}$$

其中，t 表示元组。

3. 差运算

假设关系 R 与 S 相容，由属于 R 但不属于 S 的所有元组构成的新关系，称为关系 R 和 S 的差，即从关系 R 中剔除与 S 关系中相同的元组，记为 $R-S$。关系 R 和关系 S 的差运算可以符号化表示为

$$R-S = \{t \mid t \in R \wedge t! \in S\}$$

其中，t 表示元组。

关系代数中传统的集合并、交、差运算示意如图 2-2 所示，图中深色部分表示相应运算结果。交运算不是一个独立的运算，它可通过差运算来表达，形式描述为 $R \cap S = R-(R-S)$。

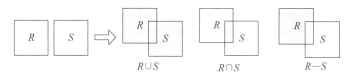

图 2-2　关系代数并、交、差运算示意图

4. 广义笛卡儿积运算

笛卡儿积是诸域中各元素间的一切匹配组合构成的集合，广义笛卡儿积运算的元素是元组，故广义笛卡儿积是运算关系中元组与元组的一切匹配组合构成的集合。n 目关系 R

和 m 目关系 S 的广义笛卡儿积为 $n+m$ 目关系,记作 $R \times S$,符号化表示为

$$R \times S = \{t \mid t = \langle t_r, t_s \rangle \wedge t_r \in R \wedge t_s \in S\}$$

其中,$\langle t_r, t_s \rangle$ 表示广义笛卡儿积的每个元组 t 都是由 t_r 和 t_s 连接而成,前 n 个属性为 R 的属性集,后 m 个属性为 S 的属性集,$R \times S$ 的每个元组为每个 R 的元组与所有 S 中元组的组合。

【例 2-1】 已知关系 R、S、T 如表 2-7～表 2-9 所示,求 $R \cup S$、$R \cap S$、$R-S$、$R \times T$。

表 2-7   关系 R

A	B	C
a_1	b_1	c_1
a_1	b_2	c_2
a_2	b_2	c_1

表 2-8   关系 S

A	B	C
a_1	b_2	c_2
a_2	b_2	c_2
a_2	b_2	c_1

表 2-9   关系 T

F	B
f_1	b_2
f_2	b_2

解:首先,R 与 S 两个关系满足了相容的条件,根据并、交、差运算定义求得 $R \cup S$、$R \cap S$、$R-S$ 结果如表 2-10～表 2-12 所示。

表 2-10 $R \cup S$ 运算结果

A	B	C
a_1	b_1	c_1
a_1	b_2	c_2
a_2	b_2	c_1
a_2	b_2	c_2

表 2-11 $R \cap S$ 运算结果

A	B	C
a_1	b_2	c_2
a_2	b_2	c_1

表 2-12 $R-S$ 运算结果

A	B	C
a_1	b_1	c_1

$R \times T$ 运算结果的属性是五个,前三列依次为 R 的属性,后两列是 T 的属性,运算结果如表 2-13 所示。由于关系 R 中有属性 B,关系 T 中也有同名属性 B,而 $R \times T$ 所产生的新关系中不允许出现相同的属性名,故以 $R.B$ 与 $T.B$ 给予区分。

表 2-13 $R \times T$ 运算结果

A	$R.B$	C	F	$T.B$
a_1	b_1	c_1	f_1	b_2
a_1	b_2	c_2	f_1	b_2
a_2	b_2	c_1	f_1	b_2
a_1	b_1	c_1	f_2	b_2
a_1	b_2	c_2	f_2	b_2
a_2	b_2	c_1	f_2	b_2

2.3.3 专门的关系运算

专门的关系运算不仅涉及关系的行,而且涉及关系的列,主要包括选择、投影、连接和除法运算。

1. 选择

选择又称限制,它是在关系 R 中选择满足给定条件的元组,组成一个新的关系。记作

$$\sigma_F(R) = \{t \mid t \in R \wedge F(t) = TRUE\}$$

用小写希腊字母 σ(sigma)表示选择,将谓词写成 σ 的下标,表示选出满足给定谓词 F 的元组。选择是一元运算,它是在关系的水平方向上选取,其结果为原关系的子集,关系模式不变。

视频讲解

以下将以第 1 章所示的高校图书管理系统数据库为例,说明关系代数运算的实际意义。数据库中读者类别、读者、图书、借阅四个关系如下所示。

读者类别(类别编号,类别名称,可借阅天数,可借阅数量,超期罚款额)
读者(读者卡号,姓名,性别,单位,办卡日期,卡状态,类别编号)
图书(图书编号,书名,类别,作者,出版社,出版日期,单价,库存数量)
借阅(读者卡号,图书编号,借书日期,还书日期)

【例 2-2】 查询图书关系中单价大于 45 元的图书信息。

解:分析问题中只有一个条件"单价大于 45",涉及图书关系中的属性单价,且查询没有明确特定的目标属性,即为输出图书关系的所有属性,故查询的关系代数表达式为

$$\sigma_{单价>45}(图书)$$

通常实际查询条件要求并非如此单一,需要使用逻辑运算符 ¬、∧、∨ 将多个谓词合并。

【例 2-3】 以第 1 章的高校图书管理系统为例,完成以下查询:

(1) 查询图书关系中单价大于 45 元或出版社是"清华大学出版社"的图书信息。

(2) 查询既借阅了图书编号"JSJ001"图书,又借阅了"JSJ003"图书的借阅信息。

解:分析问题(1)有两个条件,涉及图书关系中的单价、出版社属性,故查询的关系代数表达式为

$$\sigma_{单价>45 \vee 出版社='清华大学出版社'}(图书)$$

由于清华大学出版社为字符常量,故需用单引号标识。该查询也可等价转换为传统集合运算表示,即分别找出满足条件一、条件二的图书信息,再求并集运算。

$$\sigma_{单价>45}(图书) \bigcup \sigma_{出版社='清华大学出版社'}(图书)$$

分析问题(2),由于选择运算为元组运算,在借阅关系同一元组中图书编号不可能既是"JSJ001",又是"JSJ003",故虽然两条件是"与"的关系,但针对同一属性无法完成,只能先求出借阅了"JSJ001"的借阅信息,再找出借阅了"JSJ003"的借阅信息求交集运算。查询的关系代数表达式为

$$\sigma_{图书编号='JSJ001'}(借阅) \bigcap \sigma_{图书编号='JSJ003'}(借阅)$$

2. 投影

从关系 R 上选取若干属性列 A,并删除重复行,组成新的关系。记作

$$\prod_A(R) = \{t[A] \mid t \in R\}$$

投影用大写希腊字母 $\prod$(pi)表示,它是一元运算,投影操作是从列的角度进行的运算,选取 R 中的给定属性,并删除重复元组,经过投影即得到一个新关系。

【例 2-4】 以第 1 章的高校图书管理系统为例,完成以下查询:

(1) 查询图书关系中所有图书的书名及出版社。

(2) 查询书名为《大学英语》的作者及库存数量。

(3) 查询没有借阅图书编号为"JSJ001"图书的读者卡号。

解:第(1)问中并无选择条件,但指定了目标属性为图书关系中的书名、出版社,故查询的关系代数表达式为

$$\prod_{书名,出版社}(图书)$$

第(2)问选择条件为书名是《大学英语》,且有明确的指定目标属性,所以,既用到选择,又要用到投影,其条件和目标都涉及在图书关系一个表中。查询的关系代数表达式为

$$\prod_{作者,库存数量}(\sigma_{书名='大学英语'}(图书))$$

分析第(3)问,由于读者与图书之间的多对多借阅关系,选择运算按行扫描是无法确定借阅关系中图书编号不为"JSJ001"的情况,所以该题不能写成:$\prod_{读者卡号}(\sigma_{图书编号\neq'JSJ001'}(借阅))$。此查询需先从借阅表中找到借阅了图书编号为"JSJ001"的读者卡号,再从读者表中去掉这些读者卡号,剩下的即为没有借阅该书的读者卡号,需用到选择、投影、差运算,关系代数表达式为

$$\prod_{读者卡号}(读者) - \prod_{读者卡号}(\sigma_{图书编号='JSJ001'}(借阅))$$

3. 连接

设 R 为 m 元关系,S 为 n 元关系,R 与 S 的连接运算符号化表示为

$$R\underset{A\theta B}{\bowtie}S = \{t \mid t=\langle t_r,t_s\rangle \wedge t_r \in R \wedge t_s \in S \wedge t_r[A]\theta t_s[B]\}$$

其中,A 和 B 分别为 R 和 S 上度数相等且可比的属性组,可比即属性组 A、B 对应的属性不一定要同名,但要有相同的域;θ 为比较运算符;t_r 表示来自 R 中的元组;t_s 表示来自 S 中的元组;$\langle t_r,t_s\rangle$ 表示连接时,R 中的元组在前,S 中的元组在后。

R 与 S 的连接可以理解为:从 R 和 S 的广义笛卡儿积中,选取属性间符合一定条件的元组,符号化表示为 $R\underset{A\theta B}{\bowtie}S \Leftrightarrow \sigma_{A\theta B}(R\times S)$,即从 $R\times S$ 中选择在 R 关系中 A 属性组上的值

视频讲解

与在 S 关系中 B 属性组上的值满足比较操作 θ 的元组。

连接运算有两种最为重要的连接：等值连接与自然连接。

等值连接即连接运算中比较运算符 θ 为"＝"的连接。等值连接是从关系 R 与 S 的广义笛卡儿积中选取 A 与 B 属性值相等的那些元组。

自然连接是一种特殊的等值连接，要求参与运算的两个关系必须有一个以上的公共属性，公共属性即两个关系属性集的交集（相同的属性名与类型）；同时，在结果中把重复的属性列去掉。自然连接运算实质是完成三个步骤：首先，核实参与运算关系是否有公共属性，若有，求解参与运算关系的广义笛卡儿积；然后，从广义笛卡儿积中选择满足公共属性上具有相同值的元组；最后，去掉重复属性列。

【例 2-5】 已知关系 R 与 S 如表 2-14 和表 2-15 所示，求 $R \underset{M=N}{\bowtie} S$ 和 $R \bowtie S$。

表 2-14 关系 R

A	B	M
a_1	b_1	3
a_1	b_2	5
a_2	b_2	7

表 2-15 关系 S

B	N
b_2	5
b_3	3

解：所求等值连接的连接条件是 R 中的属性 M 与 S 中的属性 N 相等，观察两属性可比。首先求出 $R \times S$，如表 2-16 所示；然后选取 $R \times S$ 中 M 与 N 属性值相等的那些元组，这些元组构成的集合是等值连接的结果，如表 2-17 所示。

表 2-16 $R \times S$ 运算结果

A	$R.B$	M	$S.B$	N
a_1	b_1	3	b_2	5
a_1	b_1	3	b_3	3
a_1	b_2	5	b_2	5
a_1	b_2	5	b_3	3
a_2	b_2	7	b_2	5
a_2	b_2	7	b_3	3

表 2-17 $R \underset{M=N}{\bowtie} S$ 运算结果

A	$R.B$	M	$S.B$	N
a_1	b_1	3	b_3	3
a_1	b_2	5	b_2	5

自然连接 $R \bowtie S$ 的求解，只需在 $R \times S$ 中，选取公共属性 B 上具有相同值的元组，最终去掉重复列组成新关系，如表 2-18 所示。

表 2-18　$R \bowtie S$ 运算结果

A	B	M	N
a_1	b_2	5	5
a_2	b_2	7	5

通过例 2-5 可以看出连接与广义笛卡儿积的区别,广义笛卡儿积是参与运算关系的所有元组的拼接组合,而连接只包含满足连接条件的元组的组合,是选择 σ 与广义笛卡儿积的组合应用;二者都是从行的角度进行运算,但连接中的自然连接是同时从行与列两种角度进行运算的。

【例 2-6】 以高校图书管理系统为例,完成以下查询:

(1) 查询读者姓名为"刘洋"的图书可借阅数量。

(2) 查询借阅了图书编号为"JSJ005"的读者姓名。

解: 分析第(1)问,该查询的选择条件是读者姓名为"刘洋",查询的目标输出为可借阅数量,条件和目标输出涉及读者、读者类别。分析用到选择、投影及连接操作,其中,读者与读者类别有公共属性"类别编号",故选取自然连接。查询的关系代数表达式为

$$\prod_{可借阅数量}(\sigma_{姓名='刘洋'}(读者 \bowtie 读者类别))$$

通过对连接运算的理解,不难发现,若能先做选择运算,则参加连接运算的元组就大大减少,提高了执行效率。故可将上述查询表达式等价转换为

$$\prod_{可借阅数量}(\sigma_{姓名='刘洋'}(读者) \bowtie 读者类别)$$

分析第(2)问,该查询的选择条件是图书编号为"JSJ005",虽然图书编号属性涉及图书关系、借阅关系,但此处强调是"借阅了图书编号",故确定只与借阅关系有关;查询目标为读者姓名,涉及读者关系,故用到选择、投影及自然连接。查询的关系代数表达式为

$$\prod_{姓名}(\sigma_{图书编号='JSJ005'}(借阅 \bowtie 读者))$$

或

$$\prod_{姓名}(\sigma_{图书编号='JSJ005'}(借阅) \bowtie 读者)$$

上述例子中等价的两个查询表达式的运算结果是一样的,但其执行效率不同,具体查询优化内容将在后面章节详细介绍。

4. 除法

设定 R 为 r 元关系,表示为 $R(X,Y)$,S 为 s 元关系,表示为 $S(Y)$,其中,X,Y 可以是单个属性或属性集,R 中的 Y 与 S 中 Y 要么是相同的属性或属性组,要么仅仅属性名不同,但出自相同的域。当 $t_r[X]=x$ 时,x 在 R 中的象集 Y_X 定义为

$$Y_X = \{t_r[Y] \mid t_r \in R \wedge t_r[X]=x\}$$

除法运算定义为

$$R \div S = \{t_r[X] \mid t_r \in R \wedge S(Y) \subseteq Y_X\}$$

$R \div S$ 的结果可以表示为 $P(X)$,$P(X)$ 是关系 R 中 X 属性列上的投影构成,但要求满足 X 属性值在 Y 上的象集包含 $S(Y)$ 的条件。除法可以视为广义笛卡儿积的逆运算,因此,可以认为 $P \times S \subseteq R$,即 P 与 S 的广义笛卡儿积所得到的全部元组均属于 R。

除法运算也可以表示为基本运算的合成形式:

视频讲解

$$R \div S = \prod_{1,2,\cdots,r-s}(R) - \prod_{1,2,\cdots,r-s}\left(\left(\prod_{1,2,\cdots,r-s}(R) \times S\right) - R\right)$$

【例 2-7】 设关系 R、S 如表 2-19 和表 2-20 所示,求 $R \div S$ 的结果。

表 2-19　R 关系

A	B	C
a_1	b_1	c_1
a_1	b_2	c_2
a_1	b_3	c_3
a_2	b_2	c_2
a_3	b_3	c_3
a_4	b_4	c_4

表 2-20　S 关系

B	C
b_1	c_1
b_2	c_2

解:分析 R、S 中的属性,划分 X、Y 两部分,其中属性 A 对应为 X,属性 B 与 C 对应于 Y,得 $R(X,Y)$、$S(Y)$,则在关系 R 中,X 的取值范围 $\{a_1, a_2, a_3, a_4\}$。

对照关系 R,当 X 取值为 a_1 时,Y 对应的象集为 $\{(b_1, c_1), (b_2, c_2), (b_3, c_3)\}$;

当 X 取值为 a_2 时,Y 对应的象集为 $\{(b_2, c_2)\}$;

当 X 取值为 a_3 时,Y 对应的象集为 $\{(b_3, c_3)\}$;

当 X 取值为 a_4 时,Y 对应的象集为 $\{(b_4, c_4)\}$;

而 Y 在 S 上的投影 $S(Y)$ 为 $\{(b_1, c_1), (b_2, c_2)\}$。

根据除法定义,显然只有当 X 取值为 a_1 时,Y 对应的象集才包含 $S(Y)$,所以,$R \div S$ 的结果为 $\{a_1\}$。以二维表形式表示结果,仅有一列 A,其值为 a_1。

【例 2-8】 以高校图书管理系统为例,完成以下查询:

(1) 查询借阅了全部图书的读者卡号。

(2) 查询至少借阅了读者卡号为"2100002"的读者所借阅过的所有图书的读者卡号和姓名。

解:分析第(1)问,该查询的含义为在借阅关系中查找出读者卡号,要求这些读者卡号所对应的图书编号中包含全部图书的图书编号,而除法运算即为包含运算,用到投影、除法运算,涉及借阅、图书关系,关系代数表达式为

$$\prod_{\text{读者卡号,图书编号}}(借阅) \div \prod_{\text{图书编号}}(图书)$$

分析第(2)问,首先,在借阅关系中找到读者卡号为"2100002"的读者所借阅的所有图书编号,然后,查找借阅中包含所有这些图书编号的对应读者卡号,最后,再自然连接读者关系,找出目标列读者卡号与姓名。关系代数表达式为

$$\prod_{\text{读者卡号,姓名}}\left(\prod_{\text{读者卡号,图书编号}}(借阅) \div \prod_{\text{图书编号}}(\sigma_{\text{读者卡号} = \text{'2100002'}}(借阅))\right) \bowtie 读者$$

关系代数是在关系上定义一组运算,由已知关系经过有限次地运算可以得到目标关系。关系代数表达式查询思路清楚,提供了产生查询结果的过程序列。概括总结关系代数中基

本的运算符是∪、—、×、σ、π,从行列角度可划分关系代数运算如下。

(1) 水平方向的运算:即从行的角度进行运算,保留关系的原模式,水平方向运算有∪、∩、—、σ。

(2) 垂直方向的运算:即从列的角度进行运算,垂直方向的运算主要是π。

(3) 混合运算:即行、列角度都要进行的混合运算,主要有×、⋈、÷。

2.4 关系演算

关系代数是将关系看作变元,并以其作为基本运算单位,同时,以集合论为关系运算的理论基础。若将组成关系的基本结构如元组、属性域看作变元,同时,以谓词演算为理论基础,就得到了关系演算。

2.4.1 关系演算概述

将数理逻辑的谓词演算推广用于关系运算(即关系演算的概念)是 E. F. Codd 提出来的,关系演算运用谓词表达查询要求。按照谓词变元的不同,关系演算分为元组关系演算、域关系演算。

如果谓词中的变元是关系的元组,则得到元组关系演算;元组关系演算是以元组为对象的操作思维,取出关系的每一个元组进行验证,有一个元组变量则可能需要一个循环,多个元组变量则需要多个循环。

若谓词中的变元是关系中的属性域,则得到域关系演算;域关系演算是以域变量为对象的操作思维,取出域的每一个变量进行验证其是否满足条件。

2.4.2 元组关系演算

元组关系演算是非过程化的查询语言,它只描述所需信息,而不给出获取该信息的具体过程。元组关系演算通过元组关系演算表达式表示,其一般形式为

$$\{t \mid \Phi(t)\}$$

其中,t 是元组变量,$\Phi(t)$ 为元组关系演算公式,公式中可以出现多个元组变量,可理解成为程序设计语言中的条件表达式;$\{t \mid \Phi(t)\}$ 表示满足谓词公式 $\Phi(t)$ 的所有元组 t 的集合。

1. 原子公式

元组关系演算的公式由原子公式组成,原子公式有下列三种形式。

(1) $R(t)$。其中,t 是元组变量;$R(t)$ 表示 t 是关系 R 的一个元组。

(2) $t[i]\theta u[j]$。其中,t 和 u 是元组变量;θ 比较运算符;$t[i]\theta u[j]$ 表示 t 元组的第 i 个分量与 u 元组的第 j 个分量满足比较符 θ 条件。例如,$t[2]>u[3]$,表示"t 元组的第二个分量必须大于 u 元组的第三个分量"。

(3) $t[i]\theta c$ 或 $c\theta t[i]$。其表示 t 元组的第 i 个分量与常量 c 满足比较符 θ 条件。

在介绍公式定义之前,先理解自由变量和约束变量的概念,在一个公式中,如果对元组变量使用了存在量词或全称量词,则这些元组变量为约束变量,否则为自由元组变量。

2. 公式

根据以下规则,用原子公式构造元组关系演算公式。元组关系演算公式的定义是可递归的。

（1）每个原子公式都是公式。

（2）如果 Φ_1 和 Φ_2 是公式，则 $\neg\Phi_1$、$\Phi_1\wedge\Phi_2$、$\Phi_1\vee\Phi_2$ 也是公式。

（3）若 Φ_1 是公式，t 是 Φ_1 中的元组变量，则 $(\forall t)(\Phi_1)$ 和 $(\exists t)(\Phi_1)$ 也是公式。$(\forall t)$ (Φ_1) 表示对所有的 t，使 Φ_1 都为真，则 $(\forall t)(\Phi_1)$ 为真；否则 $(\forall t)(\Phi_1)$ 为假。$(\exists t)(\Phi_1)$ 表示若存在有一个 t 使得 Φ_1 为真，则 $(\exists t)(\Phi_1)$ 为真。

（4）在元组关系演算公式中，运算符优先级别由高到低依次为括号、算术运算符、比较运算符、存在量词与全称量词、逻辑非、逻辑与、或。

（5）所有公式是有限次应用上述规则复合求得，除此之外的都不是元组关系演算公式。

【例 2-9】 已知关系 R 如表 2-21 所示，按照元组关系演算表达式 $R_2=\{t\,|\,R(t)\wedge t[2]=$ $'f'\}$，求关系 R_2。

表 2-21 关系 R

A	B	C
a	e	8
c	f	6
d	b	4
d	f	3

解题说明：根据元组关系演算表达式，可以得到新关系 R_2 的元组，即 R 元组中，第 2 个分量 B 的值等于 f 的元组集合。结果如表 2-22 所示。

表 2-22 关系 R_2 结果表

A	B	C
c	f	6
d	f	3

3. 关系代数用元组关系演算公式表示

关系代数的五种基本运算 $\cup$、$-$、$\times$、π、σ，可以用元组关系演算公式表示。

1）并运算

$$R\cup S=\{t\,|\,R(t)\vee S(t)\}$$

表示由属于 R 的元组或属于 S 的元组组成，其中，R 与 S 相容。

2）差运算

$$R-S=\{t\,|\,R(t)\wedge\neg S(t)\}$$

表示由属于 R，但不属于 S 的元组组成，其中，R 与 S 相容。

3）广义笛卡儿积运算

$R\times S=\{t^{(m+n)}\,|\,(\exists u^{(n)})(\exists v^{(m)})(R(u)\wedge S(v)\wedge t[1]=u[1]\wedge t[2]=u[2]\wedge\cdots\wedge t[n]=u[n]\wedge t[n+1]=v[1]\wedge\cdots\wedge t[n+m]=v[m])\}$，其中，$R$ 是 n 元关系；S 是 m 元关系；$t^{(m+n)}$ 表示元组 t 的属性是 $m+n$ 个。

4）投影运算

$$\prod_{i_1,i_2,\cdots,i_k}(R)=\{t^{(k)}\,|\,(\exists u)(R(u)\wedge t[1]=u[i_1]\wedge t[2]=u[i_2]\wedge\cdots\wedge t[k]=u[i_k])\}$$

5）选择运算

$$\sigma_F(R)=\{t\,|\,R(t)\wedge F\}$$

表示从关系 R 中选择满足条件 F 的元组。

最后,还需讨论一个表达式安全问题,元组关系演算表达式可能会出现无限关系。如 $\{t\,|\,\neg R(t)\}$,表示所有不属于 R 的元组构成的集合,显然,不属于关系 R 的元组有无限多个,要求列出这些可能的元组是做不到的,所以,必须排除这类无意义的表达式,把不产生无限关系的表达式称为安全表达式,安全表达式一定包含有限的结果。限制在安全表达式范围内的元组关系演算与关系代数基本运算具有相同的表达能力。

4．元组关系演算实例分析

下面根据具体运算实例说明元组关系演算表示的实际意义,以高校图书管理数据库为例。

【例 2-10】 查询借阅了图书编号为"JSJ101"图书的读者卡号。

解题分析:借助关系代数思路理解元组关系演算的表达,该查询的关系代数表达式为

$$\prod_{\text{读者卡号}}(\sigma_{\text{图书编号}='JSJ101'}(\text{借阅}))$$

运用元组关系演算 $\{t\,|\,\Phi(t)\}$ 理解,即存在这样的元组 u 属于借阅关系,且 u 元组的第二个分量等于常量"JSJ101",则该元组的第一个分量送给 t 元组输出。查询表达式为

$$\{t\,|\,(\exists u)(\text{借阅}(u)\wedge u[2]='JSJ101'\wedge t[1]=u[1])\}$$

该查询的关系代数与元组关系演算表达式等价示意图,如图 2-3 所示。

图 2-3 关系代数与元组关系演算表达式等价示意图

【例 2-11】 查询作者"苗雪兰"编写的《数据库系统原理及应用》的图书单价。

解:

$$\{t\,|\,(\exists u)(\text{图书}(u)\wedge u[2]='数据库系统原理及应用'\wedge u[4]$$
$$='苗雪兰'\wedge t[1]=u[7])\}$$

【例 2-12】 查询借阅了图书编号为"JSJ101"图书的读者卡号和姓名。

解:

$$\{t\,|\,(\exists u)(\exists v)(\text{借阅}(u)\wedge \text{读者}(v)\wedge u[1]=v[1]\wedge u[2]$$
$$='JSJ101'\wedge t[1]=u[1]\wedge t[2]=v[2])\}$$

【例 2-13】 查询没有借阅图书编号为"JSJ101"图书的读者卡号。

解:

$$\{t\,|\,(\exists u)(\forall v)(\text{读者}(u)\wedge \text{借阅}(v)\wedge(u[1]$$
$$=v[1]\rightarrow v[2]\neq'JSJ101')\wedge t[1]=u[1])\}$$

一种典型的元组关系演算语言代表是 ALPHA 语言,该语言虽然没有实际实现,但是关系数据库管理系统 INGRES 最初用的 QUEL 演算语言就是参照它研制的,关于 ALPHA 语言的具体细节本书不做进一步介绍。

2.4.3 域关系演算

域关系演算以元组变量的分量(域变量)作为谓词变元的基本对象,而不是整个元组。在关系数据库中,关系的属性名可以视为域变量。域变量表达式的一般形式为

$$\{t_1 t_2 \cdots t_k \mid \Phi(t_1, t_2, \cdots, t_k)\}$$

其中,$t_1, t_2, \cdots, t_k$ 为域变量;Φ 为演算公式。

1. 原子公式

域演算公式由原子公式组成,原子公式有下列三种形式。

(1) $R(t_1, t_2, \cdots, t_k)$。其中,R 是 k 元关系;t_i 是域变量;$R(t_1, t_2, \cdots, t_k)$ 表示由分量 $t_1, t_2, \cdots, t_k$ 组成的元组属于关系 R。

(2) $t_i \theta u_j$。其表示分量 t_i 和 u_j 满足比较条件 θ。

(3) $t_i \theta c$ 或 $c \theta t_i$。其表示分量 t_i 和常量 c 满足比较条件 θ。例如,$t_3 = 28.0$ 表示域变量 t_3 的值等于常量 28.0。

2. 公式

基于域运算的公式,其定义也是递归的。

(1) 每个原子公式都是公式。

(2) 如果 Φ_1 和 Φ_2 是公式,则 $\neg \Phi_1$、$\Phi_1 \wedge \Phi_2$、$\Phi_1 \vee \Phi_2$ 也是公式。

(3) 若 $\Phi_1(t_1, t_2, \cdots, t_k)$ 是公式,则 $(\forall t_i)(\Phi_1)$ 和 $(\exists t_i)(\Phi_1)$ 也是公式,其中 $i = 1, 2, \cdots, k$。

(4) 在域关系演算公式中,运算符优先级别由高到低依次为括号,算术运算符,比较运算符、存在量词与全称量词,逻辑非,逻辑与、或。

(5) 所有公式是有限次应用上述规则复合求得,除此之外的都不是域关系演算公式。

约束域变量、自由域变量等概念与元组关系演算中介绍的类同,这里不再重复。在元组关系演算中提到可能会写出产生无限关系的表达式,域关系演算也有类似情况,同样,把不产生无限关系的表达式称为安全表达式,安全表达式一定包含有限的结果。限制在安全表达式范围内的域关系演算与元组关系演算具有相同的表达能力,对于元组表达式可以转换为域表达式,具体做法如下。

(1) 如 k 元关系的元组变量 t,可以引入 k 个域变量 $t_1 t_2 \cdots t_k$,转换元组变量 t。

(2) 元组表达式中元组分量 $t[i]$,可以用 t_i 替换。

【例 2-14】 已知关系 R,具体如表 2-23 所示,按照域关系演算表达式 $R_3 = \{t_1 t_2 t_3 \mid R(t_1 t_2 t_3) \wedge t_1 = 'd' \wedge t_3 \langle 8 \rangle$,求关系 R_3。

表 2-23 关系 R

A	B	C
a	e	9
c	f	6
d	b	4
d	f	3

解题说明: 根据域关系演算表达式,新关系 R_3 要求在关系 R 的基础上,其域变量 t_1(A 属性)等于常量 d,并且域变量 t_3(C 属性)小于 8,结果如表 2-24 所示。

表 2-24　关系 R_3 结果表

A	B	C
d	b	4
d	f	3

3. 域关系演算实例分析

下面仍以高校图书管理数据库为例说明域关系演算表示的意义。

【例 2-15】　查询借阅了图书编号为"JSJ101"图书的读者卡号。

解：

$$\{t_1 | (\exists u_1 u_2 u_3 u_4)(借阅(u_1 u_2 u_3 u_4) \land u_2 = \text{'JSJ101'} \land t_1 = u_1)\}$$

【例 2-16】　查询作者"苗雪兰"编写的《数据库系统原理及应用》的图书单价。

解：

$$\{t_1 | (\exists u_1 u_2 u_3 u_4 u_5 u_6 u_7 u_8)(图书(u_1 u_2 u_3 u_4 u_5 u_6 u_7 u_8) \land u_2$$
$$= \text{'数据库系统原理及应用'} \land u_4 = \text{'苗雪兰'} \land t_1 = u_7)\}$$

【例 2-17】　查询借阅了图书编号为"JSJ101"图书的读者卡号和姓名。

解：

$$\{t_1 t_2 | (\exists u_1 u_2 u_3 u_4)(\exists v_1 v_2 v_3 v_4 v_5 v_6 v_7)(借阅(u_1 u_2 u_3 u_4) \land 读者(v_1 v_2 v_3 v_4 v_5 v_6 v_7)$$
$$\land u_1 = v_1 \land u_2 = \text{'JSJ101'} \land t_1 = u_1 \land t_2 = v_2)\}$$

【例 2-18】　查询没有借阅图书编号为"JSJ101"图书的读者卡号。

解：

$$\{t_1 | (\exists u_1 u_2 u_3 u_4 u_5 u_6 u_7)(\forall v_1 v_2 v_3 v_4)(读者(u_1 u_2 u_3 u_4 u_5 u_6 u_7) \land 借阅(v_1 v_2 v_3 v_4) \land$$
$$(u_1 = v_1 \rightarrow v_2 \neq \text{'JSJ101'}) \land t_1 = u_1)\}$$

一种典型的域关系演算语言代表是 QBE,它具有屏幕编辑、人机交互的显著特点,其有关思想为众多的数据库管理系统所采纳,关于 QBE 的具体细节本书不做进一步介绍。

2.5　关系数据库的查询优化

查询处理是关系数据库管理系统执行查询语句的过程,具体指从数据库中获取查询数据时涉及的一系列活动,一般包括查询语法分析与翻译、查询优化、查询执行三个环节。

查询语法分析与翻译主要是借助数据字典信息来识别、检验查询语句的语法,验证关键字、表名等,检查安全性、完整性,通过后把查询语句翻译成系统的内部表示形式,一般为等价的关系代数表达式。关系数据库管理系统常用查询树来表示扩展的关系代数表达式。每一个查询都会有多个可供选择的执行策略与操作算法,查询优化就是选择一个高效执行的查询处理策略。按照优化的层级,查询优化一般分为代数优化、物理优化两类。最后的查询执行,即根据优化器得到的执行策略生成对应的执行计划,然后由代码生成器生成可执行代码,执行并返回查询结果。

数据查询是数据库系统中最基本、最常用和最复杂的操作,关系数据库的查询一般都使用结构化查询语言实现,针对一个查询要求,通常会有多种求解结果的方法,换言之,会对应转换为多个不同形式但相互"等价"的关系代数表达式。这些虽等价但形式不同的关系代数表达式,执行效率各不相同。先引入一个示例,感受一下查询执行的时间、空间代价。

示例:查询借阅了图书编号为"JSJ005"的读者姓名。经过分析,该查询的关系代数表达式如下。

$$E_1 = \prod_{\text{姓名}} (\sigma_{\text{借阅.读者卡号=读者.读者卡号} \wedge \text{图书编号='JSJ005'}} (\text{借阅} \times \text{读者}))$$

$$E_2 = \prod_{\text{姓名}} (\sigma_{\text{图书编号='ISI005'}} (\text{借阅} \bowtie \text{读者}))$$

$$E_3 = \prod_{\text{姓名}} (\sigma_{\text{图书编号='JSJ005'}} (\text{借阅}) \bowtie \text{读者})$$

当然,还可以写出其他等价的关系代数表达式,但分析这三种就足以说明问题了。在计算之前做以下统一约定,假设读者有 1000 个记录,借阅关系有 10 000 个记录,"JSJ005"图书的借阅记录为 500 个。

E_1 借阅与读者的笛卡儿积运算:1000×10 000;接下来选择运算扫描 1000×10 000 个记录,再投影,找到 500 个借阅"JSJ005"记录的读者姓名。

E_2 借阅与读者的自然连接运算,若采用嵌套循环算法,则 1000×10 000 次,根据连接属性匹配得到 10 000 个结果记录;接下来选择运算只需扫描 10 000 个记录,最后投影。

E_3 先从借阅关系做选择运算,扫描 10 000 行,得到 500 个记录;接下来自然连接运算,若同样采用嵌套循环算法,则 500×1000 次,得到 500 个记录,最后投影。

观察上述分析,E_3 关系代数表达式相比较 E_1 大大降低了基本运算的扫描次数,减少了中间结果元组,体现了较高的执行效率,这也充分说明了查询优化的必要性。在关系数据库中,查询优化是查询处理中一项重要和必要的工作,查询优化通过寻求好的查询路径或好的等价代数表达式来提高查询效率。

2.5.1 表达式的查询树

查询树是查询语句在系统的内部表现形式,本节主要介绍关系代数表达式的查询树,即表示关系代数表达式的树状结构,也称之为语法分析树。查询树具有以下特征。

(1)在查询树中,叶子结点(度数为 1 的结点)表示关系。

(2)非树叶的内结点表示关系代数操作。

由于关系代数表达式中操作运算主要是一元、二元运算,故查询树一般为二叉树。查询树以自底向上的方式执行,当一个内结点的操作分量可用时,这个内结点所表示的操作启动执行,执行结束后用结果关系代替这个内结点。根结点是最后运算的操作符,根结点运算之后,得到的是查询优化后的结果。

如何构造查询树?若查询语句是高级语言定义(如本书后续所讲 SQL),首先需要将高级语言定义的查询语句转换为关系代数表达式(SQL 语句转换为关系代数表达式,以 SELECT 子句对应投影运算,以 FROM 字句对应广义笛卡儿积运算,以 WHERE 子句对应选择运算);然后,再把关系代数表达式转换为查询树。

上述示例查询借阅了图书编号为"JSJ005"的读者姓名,举例列出 E_1、E_2、E_3 关系代数表达式所对应的查询树。具体如图 2-4～图 2-6 所示。

经过前面对 E_1、E_2、E_3 关系代数表达式的分析,E_3 关系代数表达的查询效率较高,执行开销较小,那么从 E_1 等价转换到 E_2,再到 E_3,其对应查询树也有相应的变换,这整个过程就是 2.5.2 节查询优化中的代数优化。

图 2-4 E_1 关系代数查询树　　图 2-5 E_2 关系代数查询树　　图 2-6 E_3 关系代数查询树

2.5.2 查询优化

关系系统的查询优化既是关系数据库管理系统实现的关键技术,又是关系系统的优点所在。对于关系型数据库而言,查询优化过程是由关系数据库管理系统自动完成的,而且系统优化后的程序通常比用户自己书写的语句表达做得更好,因为关系数据库管理系统中的查询优化器能够自动从若干候选查询计划中选取较优的查询计划(查询优化的搜索空间有时非常大,实际系统选择的策略不一定是全局最优的,而是较优的)。

查询优化有多种方法。按照优化的层级一般可分为代数优化和物理优化。

(1) 代数优化。代数优化是关系代数表达式的优化,即按照一定的启发式规则,改变关系代数表达式中操作运算的次序和组合,使查询执行得更高效。

(2) 物理优化。物理优化指存取路径和底层操作算法的优化。其选择可以是基于语义的,也可以是基于代价的,还可以是基于规则的。

实际优化过程一般都综合运用了这些优化技术方法,以获得最好的查询优化效果。

1. 代数优化

代数优化是基于关系代数等价变换规则的优化方法。关系代数具有五种基本运算,运算间满足一定的运算定律,如结合律、交换律、分配律和串接律等,也就是说,不同形式的等价关系代数表达式可以得到相同的结果。代数优化策略通过对关系代数表达式的等价变换来提高查询效率。

1) 关系代数表达式等价变换规则

关系代数表达式的等价是指用相同的关系代替两个表达式中相应的关系所得到的结果是相同的。两个关系表达式 E_1 和 E_2 是等价的,记为 $E_1 \equiv E_2$。

下面列出常用的等价变换规则。

(1) 广义笛卡儿积、连接的交换律。设 E_1 和 E_2 是关系代数表达式,F 是连接运算的条件,则下列等价公式成立。

$$E_1 \times E_2 \equiv E_2 \times E_1$$

$$E_1 \underset{F}{\bowtie} E_2 \equiv E_2 \underset{F}{\bowtie} E_1$$

$$E_1 \bowtie E_2 \equiv E_2 \bowtie E_1$$

(2) 广义笛卡儿积、连接的结合律。设 E_1、E_2、E_3 是关系代数表达式,F_1 和 F_2 是连接运算的条件,则下列等价公式成立。

$$E_1 \times (E_2 \times E_3) \equiv (E_1 \times E_2) \times E_3$$

$$E_1 \underset{F_1}{\bowtie} (E_2 \underset{F_2}{\bowtie} E_3) \equiv (E_1 \underset{F_1}{\bowtie} E_2) \underset{F_2}{\bowtie} E_3$$

$$E_1 \bowtie (E_2 \bowtie E_3) \equiv (E_1 \bowtie E_2) \bowtie E_3$$

举例说明高校图书管理系统中的读者、图书和借阅三个关系,其自然连接的结合律需要注意公共属性,如

$$读者 \bowtie (借阅 \bowtie 图书) \equiv (读者 \bowtie 借阅) \bowtie 图书$$

但不能写成为

$$读者 \bowtie (图书 \bowtie 借阅) \equiv (读者 \bowtie 图书) \bowtie 借阅$$

(3) 选择的串接定律。设 E 是关系代数表达式,F_1 和 F_2 是选择的条件,则下列等价公式成立。

$$\sigma_{F_1}(\sigma_{F_2}(E)) \equiv \sigma_{F_1 \wedge F_2}(E)$$

该定律说明选择条件可以合并处理,从而减少关系的扫描次数。例如:

$$\sigma_{性别='女'}(\sigma_{单位='数计学院'}(读者)) \equiv \sigma_{性别='女' \wedge 单位='数计学院'}(读者)$$

(4) 投影的串接定律。设 E 是关系代数表达式,其中 $A_i(i=1,2,\cdots,n)$,$B_j(j=1,2,\cdots,m)$ 是属性名,且 $\{A_1,A_2,\cdots,A_n\}$ 是 $\{B_1,B_2,\cdots,B_m\}$ 的子集,则下列等价公式成立。

$$\prod_{A_1,A_2,\cdots,A_n} \left(\prod_{B_1,B_2,\cdots,B_m}(E) \right) \equiv \prod_{A_1,A_2,\cdots,A_n}(E)$$

(5) 选择与投影的交换律。设 E 是关系代数表达式,F 是选择的条件,$A_i(i=1,2,\cdots,n)$ 是属性名,选择条件 F 只涉及了属性 $A_1,A_2,\cdots,A_n$,则下列等价公式成立。

$$\sigma_F \left(\prod_{A_1,A_2,\cdots,A_n}(E) \right) \equiv \prod_{A_1,A_2,\cdots,A_n}(\sigma_F(E))$$

若条件 F 中有不属于 $\{A_1,A_2,\cdots,A_n\}$ 的属性 $B_1,B_2,\cdots,B_m$,那么有更一般的规则:

$$\prod_{A_1,A_2,\cdots,A_n}(\sigma_F(E)) \equiv \prod_{A_1,A_2,\cdots,A_n} \left(\sigma_F \left(\prod_{A_1,A_2,\cdots,A_n,B_1,B_2,\cdots,B_m}(E) \right) \right)$$

(6) 选择与广义笛卡儿积的交换律。设 E_1、E_2 是关系代数表达式,F、F_1 和 F_2 是连接条件,则下列等价公式成立。

$\sigma_F(E_1 \times E_2) \equiv \sigma_F(E_1) \times E_2$,其中,$F$ 只涉及 E_1 的属性。

$\sigma_F(E_1 \times E_2) \equiv \sigma_{F_1}(E_1) \times \sigma_{F_2}(E_2)$,其中,$F=F_1 \wedge F_2$,且 F_1 只涉及 E_1 的属性,F_2 只涉及 E_2 的属性。

$\sigma_F(E_1 \times E_2) \equiv \sigma_{F_2}(\sigma_{F_1}(E_1) \times E_2)$,其中,$F=F_1 \wedge F_2$,且 F_1 只涉及 E_1 的属性,而 F_2 涉及 E_1 和 E_2 的属性。

举例借阅与读者关系的示例说明,$\sigma_{图书编号='JSJ005'}(借阅 \times 读者) \equiv \sigma_{图书编号='JSJ005'}(借阅) \times$ 读者。

(7) 选择对并、选择对差的分配律。设 E_1、E_2 是关系代数表达式,且相容;F 是选择条件,则下列等价公式成立。

$$\sigma_F(E_1 \bigcup E_2) \equiv \sigma_F(E_1) \bigcup \sigma_F(E_2)$$

$$\sigma_F(E_1 - E_2) \equiv \sigma_F(E_1) - \sigma_F(E_2)$$

先做选择可以减少读取写入的数据,因此减少磁盘 I/O 量,从而提高了效率。

(8) 选择对自然连接的分配律。设 E_1、E_2 是关系代数表达式,F 只涉及 E_1 与 E_2 的公共属性,则下列等价公式成立。

$$\sigma_F(E_1 \bowtie E_2) \equiv \sigma_F(E_1) \bowtie \sigma_F(E_2)$$

（9）投影对广义笛卡儿积的分配律。设 E_1、E_2 是关系代数表达式,其中 $A_1,A_2,\cdots,$ A_n 是 E_1 的属性,$B_1,B_2,\cdots,B_m$ 是 E_2 的属性,则下列等价公式成立。

$$\prod_{A_1,A_2,\cdots,A_n,B_1,B_2,\cdots,B_m}(E_1 \times E_2) \equiv \prod_{A_1,A_2,\cdots,A_n}(E_1) \times \prod_{B_1,B_2,\cdots,B_m}(E_2)$$

（10）投影对并的分配律。设 E_1、E_2 是相容的两个关系代数表达式,则下列等价公式成立。

$$\prod_{A_1,A_2,\cdots,A_n}(E_1 \bigcup E_2) \equiv \prod_{A_1,A_2,\cdots,A_n}(E_1) \bigcup \prod_{A_1,A_2,\cdots,A_n}(E_2)$$

【例 2-19】 查询读者"刘洋"在 2020-12-30 以后所借阅图书的图书编号。写出其查询的关系代数表达式,并进行等价变换。

解: 首先根据查询要求,得到最初的关系代数表达式为

$$\prod_{\text{图书编号}}(\sigma_{\text{借阅.读者卡号=读者.读者卡号} \land \text{姓名='刘洋'} \land \text{借书日期}>\text{'2020-12-30'}}(\text{借阅} \times \text{读者}))$$

$$\equiv \prod_{\text{图书编号}}(\sigma_{\text{姓名='刘洋'} \land \text{借书日期}>\text{'2020-12-30'}}(\sigma_{\text{借阅.读者卡号=读者.读者卡号}}(\text{借阅} \times \text{读者})))$$

$$\equiv \prod_{\text{图书编号}}(\sigma_{\text{姓名='刘洋'} \land \text{借书日期}>\text{'2020-12-30'}}(\text{借阅} \bowtie \text{读者}))$$

$$\equiv \prod_{\text{图书编号}}(\sigma_{\text{姓名='刘洋'}}(\text{读者}) \bowtie \sigma_{\text{借书日期}>\text{'2020-12-30'}}(\text{借阅}))$$

2）基于查询树的启发式优化

给出一组关系代数表达式等价变换规则,规则即保证了关系代数表达式所做变换是等价的,那怎样的变换使得执行代价更小呢? 这就要用到启发式规则,启发式规则一般都是基于经验与总结,系统将通过启发式规则来指导优化。

对关系代数表达式的查询树进行优化,典型的启发式规则如下。

（1）选择运算应尽可能先做。这是最重要、最基本的一条规则。

（2）把投影运算和选择运算同时进行。假设有若干个投影、选择运算,并且它们都对同一个关系操作,则可以在扫描此关系的同时完成所有这些运算。

（3）把投影同其前或后的二元运算结合起来。如广义笛卡儿积、连接等,可以有效减少关系的扫描次数。

（4）把某些选择同在它前面要执行的广义笛卡儿积结合,构成一个连接运算。同样,关系上连接运算要比广义笛卡儿积节省时间开销。

（5）找出公共子表达式。如果有这种重复出现的子表达式且其结果不是很大的关系,考虑从外存中读入这个关系比计算该子表达式的时间少得多,故可以先计算一次公共子表达式并把结果写入中间文件以备重复利用。

下面给出以关系代数表达式等价变换规则为基础,遵循上述启发式规则来优化关系代数表达式的算法。

算法输入：一个关系表达式的初始查询树。

算法输出：优化的查询树,即等价优化计算后的关系代数表达式。

具体方法：

（1）考虑选择运算,应尽可能先做。首先,应用等价变换规则中选择的串接定律,将 $\sigma_{F_1 \land F_2 \land \cdots \land F_n}(E)$ 转换为 $\sigma_{F_1}(\sigma_{F_2}(\cdots(\sigma_{F_n}(E))\cdots))$,即表示把选择条件分开写。然后,再利用等价变换规则(5)～(7)把每一个选择运算尽可能移向查询树的叶端方向。

（2）对查询树中的每个投影运算用等价变换规则(4)、(5)、(8)、(9),尽量把投影移向查

询树的叶端。该操作是为了屏蔽查询中不必要的属性,从而提高查询效率。

(3) 利用等价变换规则(3)～(5),把选择和投影的串接合并成单个选择、单个投影或一个选择后跟一个投影,使多个选择或投影能同时执行或在一次扫描中全部完成。

(4) 使用启发式规则,将查询树中的内点选择运算与它下方的内点广义笛卡儿积结合,构成连接运算。

(5) 针对上述操作,对所得查询树中的内结点进行分组,找出查询树中的公共子树,输出优化查询树。

【例 2-20】 下面给出例 2-19 中初始关系代数表达式的代数优化实例。

解:例 2-19 的初始关系代数表达式为

$$\prod_{\text{图书编号}}(\sigma_{\text{借阅.读者卡号}=\text{读者.读者卡号}\wedge\text{姓名}='\text{刘洋}'\wedge\text{借书日期}>'2020-12-30'}(\text{借阅}\times\text{读者}))$$

(1) 根据上述关系代数表达式构造初始查询树,如图 2-7 所示。

(2) 应用等价变换规则,选择的串接定律分解条件,再利用等价变换规则(5)～(7)把每一个选择运算尽可能移到查询树的叶端方向,如图 2-8 所示。

(3) 应用等价变换规则,尽量把投影移向查询树的叶子端,如图 2-9 所示。

(4) 使用启发式规则,得到优化后的查询树。如图 2-10 所示,最终的优化关系代数表达式为 $\prod_{\text{图书编号}}(\prod_{\text{读者卡号,图书编号}}(\sigma_{\text{借书日期}>'2020-12-30'}(\text{借阅}))\bowtie\prod_{\text{读者卡号}}(\sigma_{\text{姓名}='\text{刘洋}'}(\text{读者})))$。

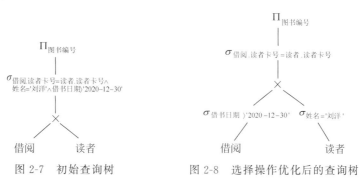

图 2-7 初始查询树　　　　　　图 2-8 选择操作优化后的查询树

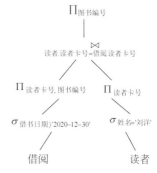

图 2-9 操作投影优化后的查询树　　图 2-10 算法优化后的查询树

2. 物理优化

在实际查询中,若只进行代数优化是不够的。代数优化属逻辑优化,它不涉及底层的存取路径。物理优化就是要选择高效合理的操作算法或存取路径,求得优化的查询计划,其主要流程是枚举各种待选的物理查询路径,并且根据上下文信息计算这些待选路径的代价,进而选择出代价最小的路径。

物理优化主要解决的关键问题是从可选的单表扫描方式中,如何挑选最优的单表扫描方式?对于两个表连接时,如何连接是最优的?物理优化选择的方法一般有:基于启发式规则的存取路径选择优化,基于代价估算的优化,或两者结合的优化方法。常常先使用启发式规则选取若干个较优的候选方案,减少代价估算的工作量,然后再分别计算这些候选方案的执行代价,较快地选出最终的优化方法。实际的优化过程都综合运用了这些优化技术,以获得最好的查询优化效果。

1) 基于启发式规则的存取路径选择优化

(1) 选择操作的启发式规则。通常情况下,若是较小的关系,则使用全表顺序扫描,扫描表的全部数据页面来获得所有的元组。对于大关系,如果表上有索引,并且约束条件满足索引的要求,在估算查询结果的元组数目比例较小(<10%)时,可以尝试索引扫描方法,否则还是使用全表顺序扫描。

对于逻辑"与"合取的选择条件,如果有涉及这些属性的组合索引,则优先采用组合索引扫描方法;如果某些属性上有一般索引,则可以使用索引扫描方法,否则使用全表顺序扫描。对于逻辑"或"连接的选择条件,一般使用全表顺序扫描。如果有特殊的约束条件,还可以尝试位图扫描或 TID 扫描(TID 实际上是元组在磁盘上的存储地址)等。

(2) 连接操作的启发式规则。连接操作是关系数据库中开销很大的操作,实现连接操作一般有嵌套循环连接、基于索引的连接、排序合并连接和散列连接。

如果连接的两个关系已经对连接属性排序,则选用排序合并方法。若一个关系在连接属性上有索引,则选用索引连接方法。如果上述两个规则都不适用,且其中一个关系较小,则选用散列连接方法。最后考虑若使用嵌套循环方法,则一般选较小的关系作为外循环的关系表。

2) 基于代价估算的优化

基于代价的优化方法要计算查询各种操作算法的执行代价,然后优化器选择一个代价最小的计划,作为后续执行计划。但数据库无法从感性的角度来衡量哪条物理路径的代价低,因此,它需要构建一个量化的模型,该代价模型一般从两个方面来衡量路径的代价,执行代价=I/O 代价+ CPU 代价。

物理路径代价的计算,需要参照关系表统计信息,因为无论 I/O 代价还是 CPU 代价,都建立在对数据处理的基础上,数据的存储分布、索引等统计信息会从很大程度上对代价产生影响。前面所提全表扫描算法、索引扫描算法、循环嵌套连接算法等操作算法都有相应的代价估算公式,而且在实际的关系数据库管理系统中代价估算公式更多、更复杂,深层次的理论本书不再进一步介绍,感兴趣的读者可参考有关书籍和文献。

习题 2

1. 选择题

(1) 用二维表结构表示实体集以及实体集联系的数据模型称为(   )。

    A. 网状模型   B. 层次模型   C. 关系模型   D. 面向对象模型

(2) 同一个关系模型的任意两个元组(　　)。

　　A. 不能全同　　　　　　　　　B. 可全同

　　C. 必须全同　　　　　　　　　D. 以上都不是

(3) 关系模式"列车运营",其属性有：车次、日期、实际发车时间、实际抵达时间、情况摘要等属性,根据实际情况分析,该关系模式的主码是(　　)。

　　A. 车次　　　　　　　　　　　B. 日期

　　C. 车次＋日期　　　　　　　　D. 车次＋情况摘要

(4) 关系模式的任何属性(　　)。

　　A. 可再分　　　　　　　　　　B. 不可再分

　　C. 命名在该关系模式中不唯一　D. 以上都不是

(5) 在关系数据库中为了简化用户的查询操作,而又不增加数据的存储空间,常用的方法是创建(　　)。

　　A. 基本表　　　B. 游标　　　C. 视图　　　D. 索引

(6) 假设有关系 $S(\underline{sno},sname,sage,sdept)$,$SC(\underline{sno},\underline{cno},grade)$,主码由下画线标识,$S$ 与 SC 两个关系之间存在着属性的引用,那么分析 SC 的外码是(　　)。

　　A. cno　　　　　　　　　　　　B. sno

　　C. grade　　　　　　　　　　　D. sno 与 cno 的组合

(7) (　　)运算是一元运算,它是在关系的水平方向上运算,其结果为原关系的子集。

　　A. 投影　　　B. 选择　　　C. 广义笛卡儿积　　D. 并

(8) 关系代数的五个基本操作是(　　)。

　　A. $\cup,\cap,\bowtie,\Pi$ 和 σ　　　　　　B. $\cup,-,\bowtie,\Pi$ 和 σ

　　C. $\cup,\cap,\times,\Pi$ 和 σ　　　　　　D. $\cup,-,\times,\Pi$ 和 σ

(9) 设关系 R 与 S 具有相同的目,且相对应的属性的值取自同一个域,则 $R-(R-S)$ 等于(　　)。

　　A. $R\cup S$　　　　B. $R\cap S$　　　　C. $R\times S$　　　　D. $R-S$

(10) 设有关系 $R(A,B,C)$ 和关系 $S(B,C,D)$,那么 R 与 S 自然连接的关系代数表达式是(　　)。

　　　A. $\Pi_{1,2,3,4}(\sigma_{2=1\wedge3=2}(R\times S))$　　　　B. $\Pi_{1,2,3,6}(\sigma_{2=1\wedge3=2}(R\times S))$

　　　C. $\Pi_{1,2,3,6}(\sigma_{2=4\wedge3=5}(R\times S))$　　　　D. $\Pi_{1,2,3,4}(\sigma_{2=4\wedge3=5}(R\times S))$

(11) 设关系 R 与 S 相容,分别有 m 和 n 个元组,那么 $R-S$ 操作的结果中元组个数为(　　)。

　　　A. $m-n$　　　　　　　　　　B. m

　　　C. 小于或等于 m　　　　　　D. 小于或等于$(m-n)$

(12) 设关系 $R(A,B,C)$ 和 $S(B,C,D)$,下列各关系代数表达式不成立的是(　　)。

　　　A. $\Pi_A(R)\bowtie\Pi_D(S)$　　　　　　B. $R\times S$

　　　C. $\Pi_B(R)\cap\Pi_B(S)$　　　　　　D. $R\bowtie S$

(13) 有两个关系 $R(A,B,C)$ 和 $S(B,C)$,则 $R\div S$ 结果的属性个数是(　　)。

　　　A. 3　　　　　　B. 1　　　　　　C. 2　　　　　　D. 不一定

(14) 下面选项不属于代数优化的启发式规则的是(　　)。

    A. 选择运算尽量先做

    B. 投影与选择运算同时进行

    C. 尽量先做广义笛卡儿积运算

    D. 把投影同其前或后的二目运算结合起来

(15) 查询树以(　　)方式执行。

    A. 自底向上   B. 自顶向下   C. 两端向中间   D. 中间向两端

2. 简答题

(1) 解释主码、候选码、外码、域、笛卡儿积、关系、属性、元组术语。

(2) 简述关系数据模型的三要素。

(3) 简述自然连接与等值连接的区别及联系。

(4) 举例说明关系参照完整性的含义。

(5) 简述视图与基本表的含义及区别。

(6) 简述查询处理的步骤环节。

(7) 简述查询优化的概念及分类。

3. 求解计算题

1) 计算题

已知关系 R、S 如表 2-25 和表 2-26 所示,求 $R \bowtie S$,$R \underset{R.C>S.C}{\bowtie} S$。

表 2-25　关系 R

A	B	C
2	4	6
2	5	6
3	4	7
4	4	7

表 2-26　关系 S

B	C	D
5	6	3
4	7	2
5	6	2
4	8	2

2) 问题求解

(1) 已知学生选课数据库 XSXK,数据库中有关系模式如下:

学生(学号,姓名,性别,年龄,所在院系)

课程(课程编号,课程名称,学分,任课教师,先行课)

选课(学号,课程编号,成绩)

用关系代数表达式完成下列①～⑧题。

① 查询性别为"男"的计算机系学生信息。

② 查询选修了课程编号为"C2"的学生学号和姓名。

③ 查询选修了课程名称为"数据库技术"的学生学号、姓名和所在院系。

④ 查询没有选修课程号为"C1"课程的学生学号。

⑤ 查询学分为 6 分或任课教师为"李静"的课程名称。

⑥ 查询既选修了课程号为"C1"，又选修了课程号为"C2"的学生学号。

⑦ 查询考试成绩不及格的学生的学号、姓名。

⑧ 查询选修了课程关系中所有课程的学生学号。

用关系演算表达式实现下列⑨～⑬题。

⑨ 用元组关系演算表达式查询年龄为 21 岁以上的女生的学号、姓名。

⑩ 用元组关系演算表达式查询选修了课程名称为"操作系统"课程的学生姓名和成绩。

⑪ 用元组关系演算表达式查询计算机系学生的学号和姓名。

⑫ 用域关系演算表达式查询选修了课程编号为"C2"课程的学生学号。

⑬ 用域关系演算表达式查询任课教师是"李斌"且课程名称为"离散数学"的课程学分、先行课。

（2）已知单位职工社团数据库，数据库中有三个关系模式如下：

职工（职工号，姓名，年龄，性别，部门）；

社会团体（社团编号，名称，活动地点）；

参加（职工号，社团编号，参加日期）。

用关系代数表达式完成下列①～⑤题。

① 查询年龄大于 40 岁的职工姓名、部门。

② 查询参加了社团编号为"XQXZ"的职工号。

③ 查询"合唱团"的活动地点。

④ 查询没有参加社团编号为"WDXZ"的职工号。

⑤ 查询参加了"舞蹈团"的职工姓名、性别及部门。

用关系演算表达式实现下列⑥～⑧题。

⑥ 用元组关系演算表达式查询年龄在 30～36 岁的女职工的职工号、姓名。

⑦ 用元组关系演算表达式查询参加了社团名称为"象棋团"的职工姓名。

⑧ 用域关系演算表达式查询职工号为"180029"所参加的社团名称。

（3）已知学生选课数据库 XSXK，数据库中有关系模式如下：

学生（学号，姓名，性别，年龄，所在院系）

课程（课程编号，课程名称，学分，任课教师，先行课）

选课（学号，课程编号，成绩）

现针对查询学生"王翔"所选课程成绩在 90 分以上的课程编号，给出初始的关系代数表达式 $\prod_{\text{课程编号}}(\sigma_{\text{学生.学号}=\text{选课.学号}\wedge\text{姓名}='王翔'\wedge\text{成绩}>90}(\text{学生}\times\text{选课}))$，试完成以下问题。

① 根据关系代数表达式等价变换规则对上述表达式进行等价变换。

② 试画出初始关系代数表达式的查询树。

③ 对初始查询树进行优化处理，画出优化后的查询树。

第3章

数据库设计

学习目标

- 理解数据库设计的特点；
- 掌握关系数据库设计的步骤,各个阶段的具体任务,特别是面向对象的需求分析、数据库的概念结构设计、逻辑结构设计的基本任务和设计的结果；
- 掌握 E-R 图的设计方法,E-R 图向关系模型的转换规则及关系模型的优化；
- 了解数据库物理结构设计的内容和方法,数据库的实施和维护；
- 掌握数据库设计的方法,根据实际应用需求,具备关系数据库设计的基本能力。

重点：需求分析、数据库的概念结构设计、数据库的逻辑结构设计。

难点：概念结构设计中的依赖实体集、强实体集、弱实体集、多值联系的建模。

在数据库领域内,通常把使用数据库的各类信息系统统称为数据库应用系统。数据库是数据库应用系统的重要组成部分,开发一个数据库应用系统一般都需要设计系统的数据库。数据库设计的好坏将直接影响着数据库的性能和程序编码的复杂程度,甚至影响整个数据库应用系统的稳定性。

3.1 数据库设计概述

如何设计第1章高校图书管理系统数据库结构？使用什么方法？按照什么流程完成数据库设计？有哪些步骤？每一步需要完成什么任务？这些问题将是本章需要解决的问题。

广义地讲,数据库设计是指设计整个数据库应用系统,包括数据库结构设计及其应用系统的设计；狭义地讲,数据库设计是指设计数据库本身,即设计数据库的各级模式并建立数据库,这是数据库应用系统设计的一部分。本章重点是讲解狭义的数据库设计。当然,设计一个“好”的数据库与设计一个“好”的一个数据库应用系统是密不可分的,一个好的数据库结构是应用系统的基础,在实际的系统开发中两者是密切相关、并行进行的。由于数据库应用系统结构复杂,应用环境多样,因此,设计时需要考虑的因素有很多。

3.1.1 数据库设计的基本任务和目标

在数据库设计之前,首先需要确定数据库应用系统需要解决哪些问题,达到什么目标。从本质上来讲,数据库设计实际上是指针对实际的应用问题和给定的应用环境,构造最优的数据库模式。通过对现实世界实际问题的分析,设计反映现实世界信息需求的数据库概念数据模型,并将其转换为逻辑数据模型和物理数据模型,最终建立能够服务现实世界实际问题的数据库。

1. 基本任务

一个数据库应用系统的各部分能否紧密地结合在一起以及如何结合,关键在于数据库。只有对数据库进行合理的逻辑设计和有效的物理设计,才能有效地存储和管理数据,满足各种用户对数据的需求和对数据操作的要求,从而开发出完善而高效的数据库应用系统。因此,数据库设计的基本任务就是根据用户的信息需求、数据操作需求,设计一个结构合理、使用方便、效率较高的数据库。

信息要求指在数据库中应该存储和管理哪些数据对象;数据操作要求指对数据对象需要进行哪些操作,如增加、删除、修改、查询和统计等。通常,在充分了解了用户的信息需求、数据操作要求的基础上,结合计算机硬件、软件环境以及 DBMS 的特性,通过设计得到相应的数据模型,然后,根据数据模型创建数据库及其数据库应用系统,达到有效存储数据、实现不同用户数据操作要求的目的。

2. 设计目标

数据库应用系统是以数据为中心的,而数据库是根据数据模型建立的,因此,数据库设计的核心问题是建立一个什么样的数据模型。一般而言,模型的设计不仅要考虑系统数据的特性,而且要考虑数据库数据的存取效率、数据库存储空间的利用率、系统运行管理的效率等。具体而言,数据模型应当满足以下目标。

1) 满足用户的应用要求

从系统开发的角度,设计数据库前首先需要通过采取多种调查方式了解用户的需求,用户的应用要求包括用户所需的全部数据以及支持用户所需要的系统必须完成的业务功能。由于用户往往不了解计算机和数据库,他们很难一次提出具体的完整要求,提出的需求一般具有模糊、片面、脱离实际等问题。因此,数据库设计人员必须学习相关用户现实环境的业务知识,充分理解各方面的要求与业务规则,并随时与用户进行沟通,了解情况,最终确定用户的应用要求,并得到用户的认可。

2) 准确模拟现实世界

模型是对现实的抽象和模拟,是对现实世界所关心的应用环境(现实系统)的本质特征的一种抽象、简化和描述。数据库是一个组织信息流的反映,模拟越准确,就越能反映实际情况,用户对数据库就更加信赖。所谓"好"模型,就是既能反映现实世界的本质特征,又具有简单直观的表示形式。要准确地反映现实世界,除了需要依赖于数据模型本身的表达能力,还需要数据库设计者充分理解用户要求,掌握系统环境,熟练使用良好的软件工程规范与建模工具,发挥 DBMS 的特点,才能设计出一个高质量的模型。可以说,在一定的数据模型下,数据库设计的质量取决于设计者的水平。

3) 能被某个 DBMS 所接受

数据库设计的结果是一个在确定的 DBMS 支持下能运行的数据模型,依照设计结果可以建立数据库。因此,在设计中必须充分掌握 DBMS 的特点,了解 DDL 和 DML、数据组织和数据存取方法、物理参数、安全性与完整性约束等,使设计结果扬长避短,充分发挥 DBMS 的特点。

4) 具有良好的性能,较好的质量

一个数据库的性能应该从存取效率、存储效率以及方便维护与扩充、较好的安全性与完整性、出现故障时恢复的难易程度等方面进行度量。而各个性能参数往往是相互冲突的、需要权衡得失、折中决定。

3.1.2　数据库设计的特点与方法

数据库设计涉及多学科的综合性技术,是一种技艺,如果缺乏科学理论和工程方法的支持,很难保证其设计的质量。

1. 数据库设计的特点

数据库建设是指数据库应用系统从分析、设计、实施到运行与维护的全过程。和一般的软件系统的设计、开发与维护有许多相同之处,也有其自身的一些特点。

1) 三分技术、七分管理、十二分基础数据

"三分技术、七分管理,十二分基础数据"是数据库建设的基本规律。要建设好一个数据库应用系统,开发技术固然重要,但是相比之下管理更为重要,管理不仅仅指项目的管理,而且更重要的是组织的业务管理。数据库结构的设计就是对组织中业务部门的数据以及各个业务部门之间数据联系的描述和抽象,而业务部门数据以及各个业务部门之间数据的联系是和各个部门的职能、整个组织的管理模式密切相关。因此,组织的业务管理对数据库结构的设计有着直接影响。

在数据库设计中,基础数据在数据库建设中的地位和作用更是不容忽视的,数据的收集、整理、组织和更新是数据库建设的重要环节。其中,基础数据的收集、入库是数据库建立初期工作量最大、最烦琐、最细致的工作;在数据库运行过程中需要不断地把新的数据加到数据库中,使数据库成为一个"活库"。如果数据库一旦成了"死库",系统也就失去了应用价值。试想,一个数据库应用系统如果不能及时更新"新"的数据,还有用户愿意去使用吗?

2) 结构设计和行为设计相结合

数据库设计要达到预期的目标,在整个设计过程中必须强调结构设计和行为设计相结合,这也是数据库设计的第二大特点。早期的结构化设计方法着重于数据处理过程的特性,即行为特性,一般把数据结构设计尽量推迟,这种方法对数据库应用系统的设计是不妥的。因此,要强调在数据库设计中把结构特性和行为特性结合起来,并将其作为数据库设计的重要特点。

结构设计是关键,因为数据库正是从分析用户的行为所涉及的数据汇总出来的。整个设计过程是一种"反复探寻、逐步求精"的过程,不能一蹴而就。数据库的逻辑模式设计要与事务设计结合起来,以支持全部事务处理的要求。因为,数据库并不是系统的全部,如果没有应用程序,只有数据存储,数据将是不可用的,如果没有期望实现的某个系统的行为,那么,数据库就失去了存在的价值。为了更有效地支持事务处理,还需要进行数据库的物理结构设计,以实现数据存取功能,数据库的子模式则是根据应用程序的需要而设计的。同时,在数据库库设计中,数据库设计者还应当具有战略眼光,考虑到当前、近期和远期某个时间段的对系统的需求,设计的系统应当完全满足用户当前和近期对系统的数据需求,对远期的数据需求有相应的处理方案。数据库系统设计者应充分考虑到系统可能的扩充与改变,使设计出的应用系统具有较长的生命力。

2. 数据库设计方法

数据库常常是在投入运行一段时间后又不同程度地发现各种问题,因而不得不进行修

改,甚至重新进行设计,增加了系统维护的代价。为此,人们努力探索,提出了各种各样的数据库设计方法,以及多种数据库设计的准则和规程,这些设计方法被称为规范化的设计方法。

1) 新奥尔良方法

新奥尔良(New Orleans)方法是规范设计法中比较著名的一种方法。该方法把数据库设计分为四个阶段:需求分析(分析用户要求)、概念设计(信息分析和定义)、逻辑设计(设计实现)和物理设计(物理数据库设计),同时,采用一些辅助手段实现每一个过程。其后,许多科学家对此进行了改进,认为数据库设计应分六个阶段进行,这六个阶段分别是需求分析、概念结构设计、逻辑结构设计、物理结构设计、数据库实施以及数据库运行和维护。

2) 基于 E-R 模型的数据库设计方法

在数据库设计的不同阶段,具有不同的具体实现方法,基于 E-R 模型的数据库设计方法设计数据库的概念模型,是数据库概念设计阶段广泛采用的方法。

3) 基于 3NF 的设计方法

基于 3NF(第三范式)的设计方法是一种结构化的设计方法,它以关系数据理论为指导来设计数据库的逻辑数据模型,是设计关系数据库时在逻辑阶段可以采用的一种有效方法。

4) 对象定义语言(object definition language,ODL)方法

ODL 方法是面向对象的数据库设计方法,该方法用面向对象的概念和术语描述数据库的结构,通过 UML(unified modeling language)的类图(对象模型)表示数据对象的汇集以及它们之间的联系。UML 是一种面向对象的、通用的、标准化的可视化图形建模语言,它提供了面向对象分析与设计方法建模结果的一种通用的符号表示。尽管其概念基于面向对象技术,但所得到的对象模型既可以用于设计关系数据库,也可以设计面向对象数据库以及对象关系数据库。

数据库工作者和数据库开发商一直在研究和开发数据库设计工具,经过多年的努力,数据库设计工具已经实用化和商品化。如 Oracle 公司开发的 Designer 2000、Sybase 公司推出的 Power Designer 等,都是比较成熟的数据库设计工具软件。这些数据库设计工具软件可以辅助数据库设计人员完成数据库设计过程中的很多任务,大大减轻了他们的工作量。目前,数据库设计工具的重要性已经被越来越多的人认识到,已经普遍应用于大型数据库设计中。

3.1.3 数据库设计步骤

按照规范化设计的方法,并遵循软件工程的思想与方法以及数据库设计的特点,考虑数据库及其应用系统开发的全过程,将数据库设计划分为六个阶段。在数据库设计之前,首先要选定参加设计的人员。

1. 准备工作

参与数据库设计的人员包括系统分析员、数据库设计人员、应用开发人员、DBA 和用户代表。其中:系统分析员和数据库设计人员是数据库设计的核心人员,他们自始至终都参与数据库设计,其水平将决定数据库系的质量;用户和 DBA 在数据库设计中也起着举足轻重的作用,他们主要参加需求分析和数据库的运行和维护,他们的积极参与不但能加速数据库设计,而且也是决定数据库设计质量的重要因素;应用开发人员负责编制程序和准备软/硬件环境,一般在系统实施阶段参与进来。

如果所设计的系统比较复杂,还应考虑是否需要使用数据库设计工具以及选用何种工具,以提高数据库设计质量并减少工作量。

2. 数据库设计的基本步骤

数据库设计可划分为六个阶段,如图 3-1 所示。

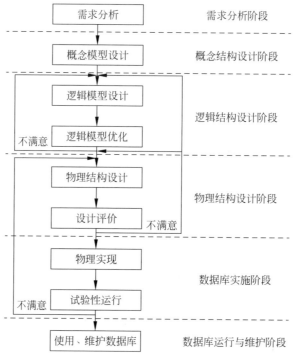

图 3-1 数据库设计步骤

在数据库设计过程中,需求分析和概念结构设计是独立于任何 DBMS 进行,逻辑结构设计与物理结构设计与选用的 DBMS 密切相关。

1) 需求分析阶段

获取需求是整个设计过程的基础。进行数据库设计时首先必须准确了解与分析用户的需求,弄清系统要达到的目标和实现的功能。面向对象方法通过用例模型描述系统功能需求。为了满足用户功能需求,还需要获取关于问题域本质内容的对象、对象的特征以及对象之间存在哪些关系和操作,从而确定系统的对象模型。建立对象模型的目的在于描述系统的构成方式,而不是系统如何协作运行。因此,对象模型设计是采用面向对象方法最终生成数据库的关键。

2) 概念结构设计阶段

概念结构设计的主要任务是根据系统分析建立的业务对象模型(实体对象),形成一个独立于具体 DBMS 的概念模型。此步骤即设计 E-R 模型。

3) 逻辑结构设计阶段

逻辑结构设计阶段的主要任务是将概念结构转换为某个 DBMS 所支持的数据模型,对于关系数据库来说,就是将 E-R 模型转化为关系模型,最终生成表,并确定表中的列,根据数据存取的性能要求优化关系模型。

4）物理结构设计阶段

数据库物理结构设计的主要任务是,为逻辑数据模型选取一个最适合应用环境的物理结构,包括数据存储结构和存取方法。真正实现规划好的数据库,是将一个满足用户信息需求的已确定的逻辑结构转换为一个有效的、可实现的物理数据库结构的过程。

5）数据库实施阶段

在数据库实施阶段中,系统设计人员要运用 DBMS 提供的数据操作语言,如 SQL 以及宿主语言,根据数据库的逻辑设计和物理设计的结果建立数据库、编制与调试应用程序、组织数据入库并进行系统试运行。

6）数据库运行和维护阶段

数据库应用系统经过试运行后即可投入正式运行。在数据库系统运行过程中,必须不断地对其结构性能进行评价、调整和修改。

设计一个完善的数据库应用系统不能一蹴而就,它往往是上述六个阶段的不断往复。需要指出的是,这六个设计步骤既是数据库设计的过程,也包括了数据库应用系统的设计过程。事实上,如果不了解应用环境对数据的操作要求或没有考虑如何去实现这些操作要求,不可能设计出一个良好的数据库结构。

本章主要讨论关于数据特性的描述以及如何在整个设计过程中参照操作要求来完善模型设计等问题,关于操作特性的设计方法和原理,需参照软件工程、信息系统分析与设计课程的相关知识,在此不做介绍。

3. 数据库设计过程中的各级模式

在数据库设计的不同阶段形成数据库的三层模型和数据库的各级模式之间的关系,如图 3-2 所示。

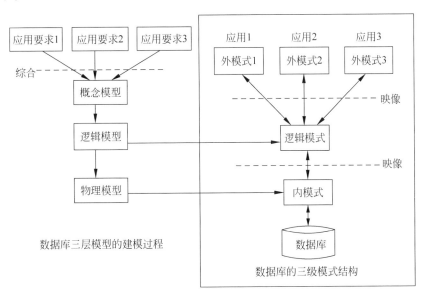

图 3-2 数据库的三层模型和各级模式之间的关系

图 3-2 表明,在需求分析阶段,设计的中心工作是综合不同的应用需求;在概念结构设计阶段,要形成与计算机硬件无关的、与各个 DBMS 产品无关的概念模型(即 E-R 图);在

逻辑设计阶段,要完成模式和外模式的设计工作,即系统设计者首先要将E-R图转换成具体的数据库产品支持的逻辑模型,形成数据库逻辑模式,然后根据用户处理的要求、安全性的考虑,在模式的基础上再建立必要的视图,形成各应用的外模式;在物理结构设计阶段,要根据DBMS特点和处理的需要,将逻辑模型转换为DBMS所支持的物理模型,进行物理存储安排,建立索引,得出数据库的内模式。

本章以图3-1所示的数据库设计步骤的设计过程为主线,以高校图书管理系统中的数据库设计为例,讨论数据库设计各阶段的设计内容、设计方法和工具。

3.2　需求分析

需求分析就是正确理解用户需求并表达用户的需求。正确理解需求并表达用户需求是成功开发系统的基础,作为"基地"的需求分析是否能够准确地反映用户的实际要求、是否做得充分与准确,将直接影响到后面各个阶段的设计,也决定着在其上构建数据库"大厦"的速度与质量,并影响到系统的设计是否合理和实用。也就是说,需求分析做得不好,会影响整个系统的性能,甚至会导致整个数据库设计工作重做。

3.2.1　需求分析的任务

系统开发的首要步骤是进行需求调研,了解系统所属组织的业务流程,并从用户那里提取准确的、必要的系统需求,然后以用户可以理解的方式描述需求,以便使需求得到用户的认可。

面向对象分析的主要工作是把问题域中的事物抽象为系统中的对象,并建立一个用面向对象概念表达的系统模型。面向对象的系统开发过程中,作为客户方和开发方契约的用例建模是面向对象方法分析用户需求的常用方法。传统的需求调研要么以组织的不同业务为基础,要么以组织现有的职能部门为基础确定系统的边界,划分系统功能,这种划分容易带来系统边界的不清晰和依赖关系复杂等问题。而用例方法完全站在系统外部用户的角度来描述系统功能,并指出各功能的参与者。从参与者的角度来看,他们所关心的是系统能够提供哪些服务,并不关心系统内部是如何完成所提供的功能的,这也是用例方法的基本思想。

因此,面向对象方法需求分析的主要任务如下。

1. 获取需求

系统开发的关键问题之一是获取用户的需求。分析用户需求,建立对需求的准确认识,形成对需求的规范化描述,是采用面向对象系统分析的基础。首先进行需求调研,确定系统边界,识别系统的参与者和用例,并确定系统中用例之间的关系以及各参与者和用例之间的联系,从用户的角度通过用例模型来理解用户需求。

通常,系统需求可以分为两类:功能性需求和非功能性需求。

(1) 功能性需求。功能性需求描述的是系统预期能够提供的功能或服务,包括系统需要哪些输入、对输入做出什么反应以及对系统具体行为的描述。面向对象方法是通过用例模型表达系统的功能性需求,其基本思想是考察系统边界以外的、与系统进行交互的参与者对每一项系统功能的使用情况,通过描述每一类参与者对系统功能的使用情况,便可定义系统的功能需求。用例把系统看作"黑盒",用例模型用来表示系统和参与者之间的交互,表达了用户对系统的功能需求,为面向对象的分析提供了良好的基础。

(2)非功能性需求。非功能性需求是系统特性和系统性能的需求。随着软件规模的不断扩大和应用环境的日趋复杂,确定非功能性需求的指标需要考虑的因素越来越多,其主要指标包括可靠性、可用性、响应时间、并发性、吞吐量和可移植性等,通常要靠一些技术手段才能得以实现,因此也称为技术需求。如果非功能性需求得不到满足,可能会造成系统部分功能或者整个系统都无法使用。

2. 确定对象及对象间的关系

以用户的观点对系统进行了用例分析后,还需要对用户需求进行深入研究。为了满足用户需求,应该从所研究问题领域中抽象出哪些对象来构成系统,获取关于问题域本质内容的对象、对象的特征以及对象之间存在哪些关系和操作,确定系统的逻辑结构,针对不同的问题选择不同的抽象层次,构造问题的对象模型,展示对象和类如何组成系统(静态模型),使该模型能够精确反映所要解决的"实质"问题。

面向对象方法中的所有对象都是通过类来描述的,其核心工作是分析和设计对象以及类,这是一个迭代的过程。类作为一个整体,贯穿从分析到实现的整个系统开发过程,但在每一个阶段其抽象层次是不同的。本书只讨论系统分析阶段所研究问题领域中有意义的概念类(概念类就是现实环境中存在的事物或发生的事件,如图书、读者就是图书管理系统的最重要的事物,借书、还书就是最重要的事件)、概念类之间的关系以及概念类的属性以及类的主要操作,其他细节及与实现有关的问题可以推迟到系统设计阶段再考虑。

3.2.2 用例建模

对于规模较大的系统,为了控制一次分析所考虑的范围,按照人们认识问题由简单到复杂的原则,也就是运用粒度控制的原则,可以采用自顶向下或自底向上的方法,把功能联系紧密的用例加以分组形成若干个主题(每一个主题就是一个局部应用),每个主题还可以进一步划分成子主题,形成主题的层次化结构,直到底层的一个主题的功能相对独立,便于理解。对于一般的小系统而言,无须划分。

使用"用例"方法描述系统需求的过程称作用例建模。用例建模通常由用例图和用例的详细描述(用例规约)组成。用例图的模型元素包括参与者、用例、用例与参与者之间关系以及用例之间的关系,图 3-3 给出了如何在用例图中表示一个用例以及各模型元素的表示法,其中矩形框表示系统的边界。

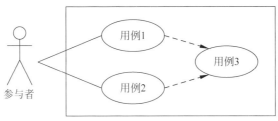

图 3-3　用例图的表示法

下面给出用例建模的主要步骤。

1．确定系统的参与者

通俗地讲,参与者就是定义系统的使用者。对于系统来说,都存在着一些与系统打交道的事物。所谓参与者是存在于系统之外并与系统进行交互的人或其他系统。边界之内的所有人和事物都不是参与者。参与者以某种方式参与用例的执行过程,通过向系统输入或请求系统输入某些事件来触发系统的执行。执行系统某些功能的参与者可能有多个,根据他们在与系统进行交互时的不同职责,参与者可以划分为主要参与者和次要参与者、发起参与者和参加参与者。参与者由参与用例时所担当的角色来表示。

2．确定需求用例

面向对象方法中,通过用例描述系统需求。用例是外部可见的系统功能单元,通常由系统用户来响应需求,是系统运行的活动。确定参与者后,可以根据参与者来确定系统的用例,主要是看每个参与者如何使用系统或者参与者需要系统提供什么样的服务,从而使得识别用例变得相对容易。

3．构造用例图

识别了参与者和用例后,就可以构造用例图。用例图中除了表示参与者和用例之间的通信关联关系外,还需要表示用例和用例之间的包含(include)、扩展(extend)和泛化关系以及参与者和参与者之间的泛化关系。利用这些关系可以调整初始的用例模型,把一些公共的信息抽取出来重用,使得用例模型更易于维护。

4．用例规约

用例图只是在总体上描述了系统所提供的服务,使我们对系统的功能有了一个整体的认识,但每个用例的细节并没有在用例图中表述出来。因此,还需对每个用例进行详细的描述,用例规约是以文档的形式详述用例,描述的是系统响应参与者的操作所依据的内部操作顺序,从而说明用例"做什么"的细节,一般采用自然语言表达,方便相关人员对需求的深入理解。目前没有一个标准的用例规约文档,但一般情况下用例规约应该包含用例名、参与者、前置条件、事件流和后置条件。

3.2.3 对象模型

尽管面向对象方法中的核心概念是对象,但对象是由它们所属的类来描述和创建的。一个类可以有很多对象实例,只要把对象所属的类描述清楚,由这个类创建的每个对象的属性、操作以及之间的关系就确定了。因此,将对象的描述方式上升为一种建模思想,就是在类的抽象层次建立以"类"为直接构造成分的系统模型,通过类以及类之间的关系描述系统中所有对象及其相互之间的关系。可以说,类是面向对象方法开发系统的基石,只有将系统的应用需求建立为对象模型(类图),系统的状态和行为才能变成可观察的。

获取用户的需求后,面向对象分析的主要工作是建立问题领域的对象模型。对象模型描述了现实环境中"类与对象"以及它们之间的关系,表示了系统的静态数据结构。因此,对象模型设计的主要任务是根据实际需求,通过分析找出对象和类,明确它们的含义和责任,确定属性和操作,并确定它们之间的关系,建立问题领域的对象模型,保证业务执行逻辑能够被对象很好地完成。

对于复杂的大系统来说,对象模型中类非常多,类之间的关系错综复杂,这样对模型的理解和阅读都非常困难。为了控制系统的复杂性,当考虑系统的全局时,首先着眼于系统的中高层次、大粒度的概念,进行宏观思考,在考虑各部分细节时,则集中于一个局部,围绕一个主题(控制一次分析所考虑的范围)进行微观思考。具体分析时,采用自底向上的方法,首先对相关的类进行归并,建立各个局部的对象模型,再由建立的若干对象模型构成整个系统的逻辑层次结构。

对象的发现建立在获取需求的基础上,可以从用例模型中的每一个用例的事件流中获得概念类,这些概念类经过完善后将形成对象模型中的类,因此,此阶段的对象模型也称作为分析层次类图。

下面阐述构造对象模型的主要步骤。

1. 识别对象和类

对象模型中所说的对象,不是一个个具体的对象,而是一组具有相似属性和服务的抽象对象——类。对象模型中所说的类分为两种:一种是对象类,另一种是抽象类。对象类是指含有对象实例的类,抽象类是指不含对象实例的类。对象模型中所说的类基本都是对象类。一个对象类都应包含类名、属性和服务三部分,通过一个矩形框来表示,矩形框被分为三部分:上部分表示对象类名,中间部分表示对象类的属性,下部分表示该对象类提供的操作。

类与对象在所研究问题领域中是客观存在的。系统分析师的主要任务就是通过分析找出这些类和对象。实际中,首先找出所有候选的类与对象,然后从候选类与对象中筛选掉不恰当的或不必要的。

发现对象和类的常用方法有名词短语法、用例驱动法和通用类模式法。

1)名词短语法

名词短语法依据需求陈述与用例描述中出现的名词或名词短语来提取实体对象,并将它们作为候选的概念类或属性,通过筛选明显无意义的名词或名词短语,确定最终的对象类。

2)用例驱动法

在使用了用例模型获取了系统需求后,把用户的需求落实到不同的用例中,用例规约又描述了用例中对象同系统的交互,每个用例也可采用动态模型中的顺序图和协作图进行补充说明用例中对象出现的步骤。因此,通过用例驱动法可以归纳并发现候选的对象类。

3)通用类模式法

通用类模式法是一种从对象的一般分类理论中发现问题域的候选类。候选对象可以从以下几个方面进行识别。

(1)人员类。人员类是人或组织在系统中扮演的角色,而不是具体的人,如图书馆的读者、图书管理员。

(2)组织类。在系统中发挥一定作用的组织机构,如企业中的部门、学校中的院系。

(3)实体类。需求分析包括的可以感知的物理实体或抽象的概念实体,如图书馆的图书、学校中的课程。

(4)事件类。需求分析所涉及的重要事件,也就是在系统中可能发生的事件或交易,如图书馆系统中的每次借书还书事件、银行系统中的客户提款事件、顾客在商场的购物事件。事件是指一个状态的改变或一个活动的发生。

(5)业务规则或政策。系统中经常使用的业务规则或政策的文字描述。

上述各种方法都有各自的优缺点,因此,实际识别对象和类时要各种方法综合使用。

2. 确定属性

属性是对象所具有的共同性质,描述对象静态特征的一个数据项。确定属性是为了在类中存储必要的描述数据,通过属性可以对类与对象的结构有更深入、更具体的认识。

在分析阶段,不可能找到对象类的所有属性,但需要确定每个对象类的基本的、重要的属性,以后再逐渐把其余属性增添进去。属性的确定既与问题领域有关,也和系统的任务有关,需要考虑的是与具体应用之间相关的属性,而不是考虑那些超出系统边界范围的属性。当然,实际确定属性时还需要借助于一些常识才能分析出需要的属性。

1) 发现属性的方法

与发现类与对象类似,可以通过需求描述中的名词短语的方法发现属性,也可以向用户提出问题,采用交谈的方式帮助发现对象的属性。针对每一类对象提出并回答以下问题,从而启发系统分析师从各种不同的角度发现对象的属性。

(1) 该类对象有哪些一般特征?例如,图书馆的图书一般需要描述的特征有书名、作者、出版日期、单价、出版社等。

(2) 在所研究的问题领域中对象还需具备什么特定的描述?如图书,为了了解图书的库存情况,除基本特征外还需描述图书的库存数量。

(3) 该对象在系统中的职责是什么?对象的有些属性,只有在明确了对象的职责时才能决定是否需要。例如,图书管理员需要向用户提醒还书功能,或者读者还书时,图书管理员需要查看是否超期,与该职责相关的就需要定义读者类别的借阅期限、读者借阅图书的借书日期。

(4) 建立这个对象需要长期保存和管理哪些信息?随着时间的推移,问题领域中的类始终保存稳定,但对象的特性却可能改变,但从历史来看这些特性还有用途,需要长期保存。

(5) 对象可能处于什么状态?是否需要增加描述对象状态的属性。对象的状态不同,可能执行的操作也不同。例如,图书馆中的图书就有入库、在库、破损等状态。

2) 确定属性需要注意的问题

属性的确定工作往往需要反复多次才能完成,但属性的修改通常并不影响系统的结构。在确定属性时应该注意以下问题。

(1) 仅定义与系统目标和任务相关的属性。对象的特征有很多方面,但只有在所研究的问题领域中有意义的属性才予以保留。例如,读者的属性有政治面貌、体重、身高、身体状况,但在图书管理系统中为读者设置这些属性显然没有意义。

(2) 误把对象当作属性。如果某个业务实体的独立存在比它的值更重要,则应该把它作为一个对象而不是对象的属性。例如,图书所属的属性"出版社",如果还需要强调出版社的地址、邮编、负责人、联系方式等信息,则出版社可以当作一个独立的对象,有自己的属性和服务。同一个实体在不同的应用领域中应该作为对象还是属性,需要具体分析才能确定。

(3) 误把关联类的属性当作对象的属性。如果某个性质依赖于某个关联的存在,则该性质是关联类的属性,不应该把它作为相互关联的两个对象类的属性。特别是在多对多的关联中,关联类属性非常明显。例如,借书日期和还书日期这两个属性是依赖于读者是否借阅图书,也就是说,读者对象是否与图书对象具有一个"借阅"关联实例。因此,可以创建一个关联类借阅记录,把借书日期和还书日期作为关联类"借阅记录"的属性,而不能作为读者或图书的属性。

(4)"属性"不能再具有需要描述的性质。"属性"必须是不可分割的数据项,不能包含其他属性。也就是说,属性不能包含一个内部结构,不能是另外一些属性的聚集。例如,如果把"地址"作为出版社的属性,那么就不能试图区分省、市、街道等。

(5)存在不一致的属性。类应该是简单而且一致的,如果得出一些看起来与其他属性毫不相干的属性,则应该考虑把该类分解为两个不同的类。

(6)如果一个属性能从模型中其他的属性推导得到,则应该取消。

属性的表示通常使用属性字典,属性字典是所有对象类的所有属性的数据类型和数据范围的定义。

3. 确定对象间的关系

一个系统中与其他对象没有任何关系的对象是无任何意义的,对象只有在与其他对象的相互联系、相互依赖中才具有实际意义。因此,对象之间存在着一定的关系。只有建立了对象之间的各种关系,系统中所有的对象才能构成一个有机的整体。由于对象是类的实例,因此,类与类之间的关系也就是对象与对象之间的关系。根据现实世界中的事物之间实际存在的各种关系,面向对象方法在分析阶段主要有三种表现形式表示对象之间的关系:关联关系、一般和特殊关系、整体和部分关系。

1) 关联关系

关联关系描述的是类和类之间的连接,表示的是对象类的实例之间的相互依赖、相互作用的关系。关联关系建立了对象类之间的逻辑连接关系。根据关联所涉及的类的数量,可以分为一元关联、二元关联和多元关联。最常见的是两个类之间的关联,即二元关联,有时也需要定义多个类之间的关联,即多元关联。下面以二元关联为例,讨论关联的设计。

(1)关联的表示法。类之间的连接关系在对象模型中一般使用一条连接对象类的直线(关联线)表示。二元关联的表示法如图3-4所示。

图3-4　二元关联的表示法

(2)关联的语义。关联的语义包含关联名称和关联角色。关联名称用于标记关联,建立了两个类的关联后,可以在关联线上的中部确定关联的名称;关联角色是关于关联关系中一个类对另一个类所表现出的职责,用于反映该端的对象在关联中扮演什么角色,在关联线的两端分别表明角色名称。两者不必同时使用,如果在关联上没有标出角色名,则隐含地用类的名称作为角色名。

(3)关联的多重性。关联的多重性表示参与关联的对象实例的数量约束。确切地说,就是表示一端的多少个对象可以和另一端的一个对象产生关系。多重性可以用来表示一个取值范围、特定值、无限定的范围或一组离散值。用".."分隔开的区间表示,其格式为$minimum..maximum$,其中,$minimum$和$maximum$都是整数,成对地显示在关联的尾部。多重性的值和含义如表3-1所示。

表 3-1　多重性值的含义

修　饰　符	语　　义	修　饰　符	语　　义
1..1 或 1	表示 1 个对象	0.. * 或 *	表示 0 到多个对象
0..1	表示 0 到 1 个对象	1.. *	表示 1 到多个对象

（4）关联的类型。根据发生关联关系的类之间所涉及的对象实例的数目,可以将关联关系分为一对一关联、一对多关联和多对多关联。

一对一关联是指关联两端的数量约束都是 1,即每一端的一个对象实例都只和另一端的一个对象实例相关联,如图 3-5 所示的班级类和班长类之间的关联。

图 3-5　一对一关联示意图

一对多关联指关联两端数量约束一端是 1,另一端是 * 。数量约束是 1 的类的一个对象实例可以和数量约束是 * 的类的多个对象实例相关联,数量约束是 * 的类的一个对象实例仅和数量约束是 1 的类的一个对象实例关联,如图 3-6 所示的班级类和学生类之间的关联。

图 3-6　一对多关联示意图

多对多关联是指关联两端的数量约束都是 * ,即任何一端类的一个对象实例都可以和另一端类的多个对象实例相关联,如图 3-7 所示的学生类和课程类之间的关联。

图 3-7　多对多关联示意图

（5）带有属性和操作的关联。在实际应用中,两个类之间的关联可能还需要描述更多的信息,即关联有可能有自己的属性或操作,对此,需要引入一个关联类来进行描述。例如,在用一个选课关联表示学生选修课程时,还需要给出选修的成绩等信息,于是可以引入“选课”关联类,成绩就是“选课”关联类的属性。

关联类附属于关联,通过其中的属性和操作来描述在关联上需要附加的更多信息。其表示方法是通过一条虚线悬挂在一个关联的连接线上,它的上、中、下三部分表示关联类的名称、属性和操作。关联类的表示如图 3-8 所示。

然而,关联类并不是面向对象方法的基本概念,在应用中,当认为一个关联上还需要增加一些信息时,运用面向对象的观点,可以分析出这些信息究竟描述了一种什么事物。把这

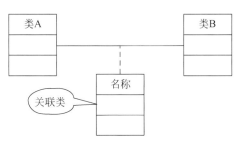

图 3-8 关联类的表示示意图

种事物抽象为对象,用类来表示,并分别建立新增加的类和原先的类之间的新的关联。也就是把关联类定义成一个普通的类来处理。图 3-7 所示学生类和课程类之间的关联选课,转换之后如图 3-9 所示。

图 3-9 关联类作为普通类表示的示意图

2) 一般和特殊关系

一般和特殊关系是指一个一般类和它的特殊类之间的二元关系。在面向对象方法中,"继承""分类"和"泛化"反映的是对象之间的一般特殊关系。一般类包含特殊类的共有属性和服务,特殊类不仅包含各自特殊的属性和服务,而且可以继承一般类共有的属性和服务。

由一组具有一般和特殊关系的类所形成的结构称为一般和特殊结构。

(1) 一般和特殊关系的表示法。一般和特殊结构的表示法如图 3-10 所示。特殊类和一般类用一个带箭头实线相连,其中,末端的小三角形指向一般类,从它引出的线条可以分出数量不等的分支,分别连接到每个特殊类。

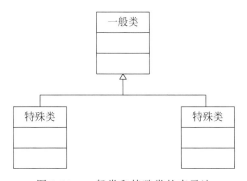

图 3-10 一般类和特殊类的表示法

(2) 一般和特殊关系的语义。其语义是"is a kind of"或"is a set of",中文含义是"……. 是一种……""……是一类……"。一般和特殊结构是所研究问题领域中各事物之间的客观存在的一种结构,建立这种结构,将使对象模型更清晰地反映问题领域中事物的"分类"关系,从而简化对系统的认识。

(3) 如何建立一般和特殊关系。可以使用两种方式建立一般和特殊关系。一是自底向上抽象出多个类含有的共同属性和操作,构成一个在概念上包含原先类的一般类,从而形成类的一般特殊结构。例如,系统中定义了"本科生"和"研究生"两个类,把它们的共性提取出来,构成一个"学生"类,则"学生"类就是一般类,而"本科生"和"研究生"就是"学生"类的两个特殊类,它们不仅可以继承"学生"类的属性,还可以有自己的属性。二是自顶向下把现有类细化成更具体的子类,也就是说,如果一个类的某些属性和操作只适合这个类的一部分对象,而不是全部对象,说明可以从这个类中划分出一些特殊类,建立一般特殊结构。同样,"学生"类如果有"导师"属性,而"导师"属性只能适合学生中的研究生。因此,应在"学生"类之下建立"研究生"这个特殊类。

一般特殊关系是利用继承机制共享性质,对系统中的类进行组织。利用这种关系,可以从系统中的类抽象出适用于整个领域的可复用类。但应避免过度细化,如果建立过深的继承层次,增加了系统的理解程度,或者一般类划分出过多的特殊类,使系统中的类太多,从而增加系统的复杂性。

3) 整体和部分关系

整体和部分关系是指一个类的某些对象实例是另一个类的某些对象实例的组成部分,这种关系在客观世界中非常常见。例如,计算机系统由主机、显示器、键盘等组成,一个大学由许多学院组成,一个社团包含指导老师和成员。在需求分析中,"组成""包含""是……部分"等经常设计为这种关系。根据整体和部分联系的强弱程度,整体和部分关系可分为聚合和组成关系。

聚合泛指所有的整体部分关系,整体和部分相互独立,一个部分可以是多个整体的组成部分,整体消失,部分实例依然存在。例如,一个学生可以同时是多个社团的成员。

组合专指紧密、固定的整体部分关系,是一种联系更强的聚合关系,又称为强聚合。整体拥有各个部分,在某一时刻部分只可能是一个整体的组成部分而且部分的存在依赖于整体,随着整体的创建而创建,随着整体的消亡而消亡。例如,一篇文章有摘要、关键词、正文、参考文献组成,如果文章不存在了,就不会有组成该文章的摘要等部分。

(1) 整体和部分关系的表示法。整体和部分结构的表示法如图 3-11 所示,在整体对象类和部分对象类之间画一条连接线,把靠近整体的一端画成菱形,其中,空心菱形表示聚合关系,实心菱形表示组成关系。和关联关系类似,也可以在连接线的两端标识关系的多重性,表明关系双方对象实例的数量约束。

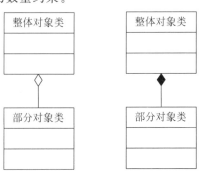

图 3-11　整体和部分关联的表示法

（2）整体和部分关系的语义。整体和部分的语义是"is a part of"或"has a"，中文含义是"……是……一部分""有一个"。整体部分结构是把一个复杂事物看成是由若干比较简单的事物组成，能够简化对复杂事物的描述，使系统模型更清晰地描述所研究问题领域中事物之间的组成关系。

（3）如何建立整体和部分关系。问题域中的事物，彼此之间都有可能存在整体部分关系。实际应用中，组织结构和它的下级组织、部门可以很好地表达它们之间的整体部分关系，团体与它的成员之间也是，物理上的整体事物和它的组成部分如果都需要作为系统中的对象，也可以建立它们之间的整体和部分关系。

在系统中采用关联、一般和特殊、整体和部分的形式将不同对象连接起来，促进对象之间的合作。这些关系在对象模型中是最必要的，尤其在持久的对象模型中是最为必要的一种联系。在分析确定对象之间的关系中，不必花费过多的精力去区分关联、聚合、组合等关系，建立不同的关系只是为了使对象模型更加明确，在分析阶段使用普通的关联关系即可。况且，问题领域的主体是对象，识别对象比识别关联更为重要，总之，要识别出问题领域中有关键作用的对象间的关系，而不是现实中的全部关系。

4. 确定服务

对象的服务是直接体现系统功能性需求的成分，"确定服务"的目标是将事物的动态特征抽象为对象和类的服务。通过审查用例模型图中所描述的每一项用户功能要求和对象在问题域中具有哪些行为，可以明确各个对象应该提供哪些服务。对象类的服务分为两大类：一类称作常规性服务或辅助性服务，主要包括每个对象类都有的创建对象服务、设置对象属性值的服务、获取对象属性值的服务、删除对象服务等；另一类称作为功能性服务或需求性服务，它反映了该类对象实例所具有的特殊功能。在分析阶段，确定服务主要是确定功能性服务，即只考虑对象固有行为的操作。常规性服务通常在实现阶段才具体考虑。

3.2.4　需求分析案例

图书馆是高校图书资料的情报中心，是为教学和科研服务的学术性机构。图书馆在正常运营中总是面对大量的业务信息。假设某大学图书馆需要开发一个图书管理系统，为了简化问题，现只考虑图书管理的核心业务图书信息、读者信息以及由两者相互作用产生的借书、还书等信息。为了简化问题，没有考虑实际系统可能还有的其他功能需求，如读者登录、读者预定图书、超期罚款处理、借书卡挂失、续借等，也不考虑同一个读者多次借阅同一本书的情况（或者读者每次还书时，图书管理员清除读者的借阅信息）。

1. 系统功能需求

经过需求调查，主要实现以下功能。

1）图书管理

图书管理员对馆内的图书按类别进行统一编号，并登记图书的主要信息，包括图书编号、书名、类别、作者、单价、出版社、出版日期和库存量等。所有图书由图书编号唯一标识。图书管理员、读者可以随时查询图书的信息。

2）读者管理

图书管理员为读者办理借书证，建立读者信息，包括读者卡号、姓名、性别、单位、办卡日期、卡状态和读者类别等,所有读者由借书卡号唯一标识。读者包括教师、研究生、本科生,根据读者的不同身份,读者具有不同的借阅权限,不同类别的读者一次借阅图书册数、借阅期限、借阅超期时的罚款金额不同。图书管理员可以随时查询读者的信息,读者也可以查询自己的信息。

3) 借书管理

系统能够判断读者的借阅证是否有效,能够记录读者的借书信息、借阅日期等流通信息。读者借书时,图书管理员能够查看该读者的借书卡,查询读者的借阅信息,统计读者已借书的数量及是否有超期的图书等,如果没有借书超量或超期的情况,办理借书手续。读者也可以查询自己的借阅情况。

4) 还书管理

读者还书时,图书管理员判断图书的合规性(如图书是否破损)、查询流通记录、修改流通状态等流通记录,并自动填写还书日期。如果读者未超期,则删除读者的借阅记录;如果读者超期,则按超期天数给出读者超期罚款金额。

2. 系统用例模型

1) 确定参与者和用例

参与者代表的是使用者在与系统交互时所扮演的角色,而不是某个具体用户,根据参与者的定义和参与者的确定方法(参考信息系统分析与设计、UML 相关课程知识),可以识别出系统最重要的参与者有读者、图书管理员。

实践表明,通过参与者来识别用例是非常有用的,面对一个大系统,要列出用例清单常常非常困难,而首先列出参与者清单,再对每个参与者列出它的用例,从而使问题变得容易。对读者来说,主要系统用例有查询图书、查询读者(本人)信息、查询借阅情况;对图书管理员来说,主要系统用例有办理借书证、借书处理、还书处理、查询图书信息、查询读者信息、查询借阅信息、统计馆藏图书。

2) 建立用例图

识别了参与者和用例,并确定了它们之间的关系后,就可以构造系统的用例图。用例图是描述参与者和用例之间关系的图形。在 UML 中,用类似小人符号表示参与者,用椭圆表示用例,用矩形框表示系统边界。系统用例图如图 3-12 所示。

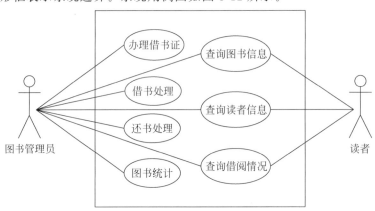

图 3-12　图书管理系统用例图

3）用例规约

用例规约是以文档的形式详细描述用例，描述用例也称为用例场景，即进行的业务事件以及如何同系统进行交互以完成任务的文字描述。没有描述的用例就像一本书的目录，只知道目录标题，并不知道这些目录标题对应的内容。以"借书处理"用例为例，说明用例规约的书写，如表3-2所示。

表3-2 "借书处理"用例说明

用例名称	借书处理	
用例描述	图书管理员将读者选择的图书进行借书处理	
参与者	图书管理员（主要参与者），读者（次要参与者）	
前置条件	图书管理员已经登录系统，并被授权	
后置条件	存储借书记录，更新图书库存数量	
主要事件流	参与者动作	系统响应
	（1）图书管理员将读者借书卡提供给系统	（2）系统验证读者类别身份和借书条件
	（3）图书管理员将读者所借图书输入系统	（4）系统记录读者借书记录，并修改图书的库存数量、累加读者的借书数量
	（5）重复（3）～（4），直到图书管理员确认全部图书登记完毕	（6）用例结束
备选事件流	备选流1：非法读者，系统显示错误，用例结束 备选流2：系统验证读者借书数量已达上限，系统显示错误，并拒绝借阅，用例结束	
业务实体	图书管理员、读者、图书、借阅单	

3. 系统对象模型

1）识别系统的对象和类

考虑到借阅过程中，图书管理员只是一个执行者，为了简化问题，在对象模型中，不考虑图书管理员。根据用例模型和确定类的方法，可以得出高校图书管理系统所涉及的类有读者类、图书类、读者类别类、借阅单类。其中，没有把读者的"借书卡"抽象为类，因为"借书卡"对象中除了"借书卡号"属性外，其余属性都与"读者"对象相同，因此，在"读者"类中增加"读者卡号"属性；也没有把"读者"类抽象为一般类，把"教师"类、"研究生"类和"本科生"类作为"读者"类的三个特殊类。如果把读者、教师、本科生、研究生抽象为四大类，并建立一般和特殊的关系结构，虽然一般类和特殊类之间在概念上是不同的，但在图书管理系统中，对教师、研究生、本科生这三类人员的管理没有什么不同，只是借书册数和借书期限不同，从系统功能的角度分析也没有必要做这样的区分，又由于教师、本科生、研究生这三类人员的可借阅天数、可借阅数量、超期罚款额不同，因此，用"读者类别"和"读者"这两个类就足够了。"借阅单"类是读者和图书类之间的关联，由于此关联需要描述借书日期、还书日期等特性，因此，把借阅关联作为一个关联类或一个普通类"借阅单"来处理。

2）确定属性

根据需求描述可以获取各个对象类的属性如下。

读者类别的属性：类别编号，类别名称，可借阅天数，可借阅数量，超期罚款额；

读者的属性：读者卡号，姓名，性别，单位，办卡日期，卡状态；

图书的属性：图书编号，书名，类别，作者，出版社，出版日期，单价，库存数量；

借阅单的属性：借书日期,还书日期。

3) 确定关系

两个类之间需不需要建立关联,完全取决于用户的业务需要,根据图书管理系统的实际业务需求,建立了读者类别和读者类之间的一对多的"拥有"关联,读者和图书之间建立了多对多的"借阅"关联,把"借阅"关联转换为一个普通类"借阅单",然后建立了"读者"类和"借阅单"之间的一对多关联和"图书"类和"借阅单"类之间的一对多关联。

4) 确定服务(操作)

通过分析对象在问题域中所呈现的行为以及对象所履行的系统责任来发现和定义对象的每个操作。对象提供的操作应尽可能准确地反映该操作所提供的功能,从各种不同的角度尽可能把所有可能的操作找到,然后确定哪些操作是真正有用的。通过分析高校图书管理系统各对象的主要操作如下。

读者对象主要操作：办理借书证,查询;

图书对象主要操作：入库,查询,统计;

读者类别对象主要操作：查询;

借阅单对象主要操作：借书,还书,查询。

通过以上分析,确定的高校图书管理系统的对象模型如图 3-13 所示。

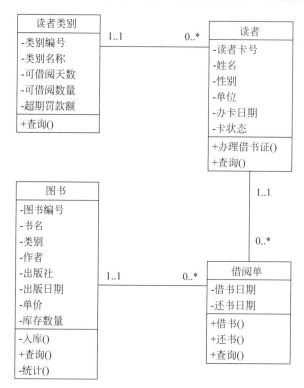

图 3-13　图书管理系统类图

5) 属性字典和服务说明

属性字典是说明对象模型属性的主要工具。通过属性字典可以对对象模型中所有对象类的所有属性的数据类型和数据范围定义。表 3-3 给出了图 3-13 所示的高校图书管理系统对象模型的部分属性字典。在此省略对所有对象类的服务说明。

表 3-3 属性字典

属 性	类	定义/范围	备 注
类别编号	读者类别	2 个字符	
类别名称		10 个字符	
可借阅天数		1B	
可借阅数量		1B	
超期罚款额		4B	
读者卡号	读者	10 个字符	
姓名		16 个字符	
性别		1 个字符	男、女
单位		30 个字符	
办卡日期		3B	yyyy-mm-dd
卡状态		5 个字符	
图书编号	图书	8 个字符	
书名		40 个字符	
类别		16 个字符	
作者		16 个字符	
出版社		20 个字符	
借书日期	借阅单	3B	yyyy-mm-dd
还书日期	借阅单	3B	yyyy-mm-dd

3.3 数据库概念结构设计

数据库的概念结构设计是将系统分析得到的用户需求抽象为反映用户观点的信息结构的过程,也就是将现实事物以不依赖于任何数据模型的方式加以描述,目的在于以符号的形式正确地反映现实事物及事物与事物间的联系。设计的结果是数据库的概念模型,即 E-R 模型。由于它是从现实世界的角度进行抽象和描述,所以,它与计算机硬件、数据库逻辑结构和支持数据库的 DBMS 无关。在数据库设计中应重视概念结构设计,它是整个数据库设计的关键,是为计算机存储数据做准备工作。

3.3.1 概念结构设计概述

只有将系统的应用需求抽象为信息世界的结构,也就是概念结构后,才能转换为机器世界的数据模型,并用 DBMS 实现这些需求。概念结构设计的目标在用例图和类图的基础上,产生反映企业组织信息需求的数据库概念结构,即概念模型。

1. 概念数据模型

概念模型最常用的表示方法就是实体联系(E-R)方法,其设计的内容就是如何根据应用需求设计系统的 E-R 模型。

1) 实体联系方法

实体联系方法采用了实体集、联系集和属性三个基本概念分别描述现实世界中事物、联系及其特征。由于此方法简单、实用,得到了非常普遍的应用,是目前描述信息结构最常用的方法。该方法使用的工具称作 E-R 图,E-R 图描述的结果称为 E-R 模型或概念模型。

E-R 模型是一种非常广泛的数据建模工具,它通过将现实世界中人们所关心的事物及其联系建模为实体、实体的属性和实体之间的联系,并通过 E-R 图进行描述,具有很强的语义表达能力。

目前还没有具体的数据库管理系统支持 E-R 模型,但有支持 E-R 模型的数据库设计工具,这种设计工具可以把 E-R 模型直接转换为具体的数据库管理系统上的数据模型,并生成建立数据库的目标代码,甚至可以直接建立数据库。如 Computer Association 公司的 Erwin 工具、Sybase 公司的 Power Designer 工具等。

2) 概念模型的表示

E-R 模型为数据库建模提供了三个基本的语义概念:实体集、属性和联系的表示方法。

(1) 实体集的表示。用长方形表示实体集,长方形内标明实体集名。

(2) 属性的表示。用椭圆形表示实体集的属性,并用线段将其与相应的实体集连接起来。属性下的下画线表示此属性为该实体的主标识符。例如,读者具有读者卡号、姓名、性别、单位四个属性,其实体属性如图 3-14 所示。

图 3-14 读者实体及属性

(3) 联系的表示。联系指实体集之间存在的相互关联关系,用菱形表示实体集之间的联系,菱形内写明联系名,并用线段分别与有关实体集连接起来,同时在线段旁标出联系的类型。

3) 实体集之间联系的类型

为了建立现实世界的完整模型,常常需要对联系分类,根据一个实体集中的实体可以和多少个另一类实体集中的实体相联系,可将联系分为如下几种。

(1) 二元联系。二元联系是指两个实体集之间的联系。两个实体集之间的关联关系可以概括为一对一、一对多、多对多三种。

① 一对一联系(1∶1):两个实体集 A 和 B,对于实体集 A 中的每一个实体,在实体集 B 中至多有一个(也可以没有)实体与之联系;反之,对于实体集 B 中的每一个实体,实体集 A 也至多有一个实体与之联系,则实体集 A 与实体集 B 之间的联系是一对一的联系,可写作 1∶1,如图 3-15(a)所示。

② 一对多联系(1∶n):两个实体集 A 和 B,对于实体集 A 的每一个实体,实体集 B 中有一个或多个实体与之联系,而实体集 B 中的每一个实体,实体集 A 中至多有一个实体与之联系,则实体集 A 与实体集 B 之间的联系是一对多的联系,可写作 1∶n,如图 3-15(b)所示。

③ 多对多联系(m∶n):两个实体集 A 和 B,对于实体集 A 的每一个实体,实体集 B

中有任意多个实体与之联系；而对于实体集 B 中的每一个实体，实体集 A 中也有任意多个实体与之联系，则实体集 A 与实体集 B 之间的联系是多对多联系，可写作 m：n，如图 3-15（c）所示。

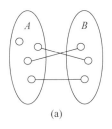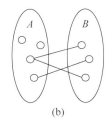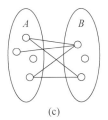

图 3-15　二元联系的类型

　　例如，学校里的单位、单位负责人两个实体，其语义为一个单位有一名单位负责人，而一名负责人只能管理一个单位的工作，则单位与负责人之间具有一对一的联系，E-R 图如图 3-16（a）所示。同样，针对班级和学生两个实体，其语义为一个班级有多名学生，而一名学生只能属于一个班级，则班级和学生之间具有一对多的联系，E-R 图如图 3-16（b）所示。一名学生可以选修多门课程，而一门课程可以被多名学生选修，则学生和课程两个实体之间具有多对多的联系，E-R 图如图 3-16（c）所示。

　　需要说明的是，联系也可以拥有属性，联系上的属性因联系发生而需要记录、存储的信息，联系和它所有的属性构成了联系的一个完整描述。因此，联系与属性间也有关系。例如，学生和课程之间的选课联系具有一个属性"成绩"。在 E-R 图中如果联系具有属性，则该属性也用椭圆表示，仍需要用线段将属性与其联系连接起来。联系的属性必须在 E-R 图上标出，如图 3-16（c）所示。

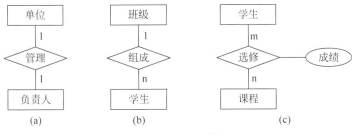

图 3-16　联系的例子

　　实际上，一对一联系是一对多联系的特例，而一对多联系又是多对多联系的特例。

　　需要注意的是，实体之间的联系类型并不取决于实体本身，而是取决于现实世界的管理方法，或者说取决于实际语义。同样两个实体，如果有不同的语义，则可以得到不同的联系类型，也就是说，给定的各实体之间可以有多种不同的联系，即多个不同的联系集可以定义在一些相同的实体集上，称之为实体之间的多联系。因此，有时在 E-R 图中，根据具体应用环境，两个实体集合之间的联系可以不只一个。例如，教师、学生两个实体集之间不仅存在授课联系集，也存在指导联系集（指导硕士研究生），E-R 图如图 3-17 所示。

　　（2）多元联系。多元联系指多个实体集之间的联系，即两个以上的实体集之间存在的联系，其联系类型为一对一、一对多和多对多三种。

图 3-17　两个实体集之间的不同联系

　　数据库系统中大多数联系都是二元的,也会涉及三个及三个以上实体之间的联系。例如,有三个实体:客户、订单和图书,其语义为:一个客户可以订购多个订单,一个订单可以包含多本图书,而一个订单只能属于一个客户,可以包含多本图书。每个客户订购都有订购日期。因此,对客户、订单和图书三个实体来说,就是多个实体之间的一对多联系,联系命名为订购。E-R 图如图 3-18(a)所示。

　　再如供应商、项目与零件三个实体,其语义为:每个供应商可以向多个项目供应多种零件,每个项目可以使用多个供应商供应的多种零件,每种零件可以由多个供应商供应给不同的项目,每个供应商向项目供应零件应提供供应数量。则供应商、项目与零件之间的联系就为三个实体之间的多对多联系,联系命名为供应,E-R 图如图 3-18(b)所示。

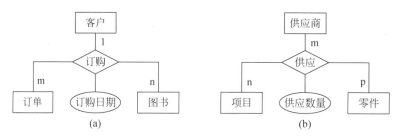

图 3-18　多元联系

　　(3) 递归联系。递归联系指实体集内部的联系,通常指用于组成实体的各元组之间的联系,也称为自身联系。实际上,在一个实体集的实体之间也可以存在一对多或多对多的联系。例如,学生是一个实体集,学生中有班长,而班长自身也是学生。学生实体集内部具有领导与被领导的联系,即某一个班长领导若干名学生,而一个学生仅被一个班长所管理,这种联系是一对多的递归联系,E-R 关系如图 3-19 所示。

图 3-19　同一实体集内部的一对多联

2. 概念结构设计的作用

　　在早期的数据库设计中,需求分析后,直接设计 DBMS 支持的关系模式,这样,注意力往往被牵扯到更多的细节限制方面,不能集中在最重要的信息组织结构和处理上。当外界环境发生变化时,设计结果就难以适应变化。

　　将概念结构从数据库设计中独立出来,对数据库设计人员来说,仅从用户的角度看待数据并处理需求和约束,可以使数据库设计各阶段的任务相对单一化,从而可以控制设计的复杂性,便于组织管理。其作用主要体现在以下几个方面。

1) 能真实地描述现实世界

概念结构能真实地反映现实世界事物和事物之间的联系,能满足用户对数据的处理要求,是现实世界的一个真实模型。

2) 易于理解

用 E-R 图来描述概念模型非常接近人的思维,是对现实世界的真实反映,容易被人们所理解。用户不需要掌握计算机等专业知识,也能够理解概念结构,利用概念结构,用户可以与设计者交换意见,参与到数据库的设计过程中。因此,概念结构是数据库设计人员与用户交互的最有效的工具。

3) 是各种数据模型的共同基础

概念模型最终要转换成不同 DBMS 所支持的数据模型,并且很容易就能向普遍使用的关系模型转换,所以是各种数据模型的基础。

(4) 有利于修改和扩充

由于现实世界的应用环境和应用要求会发生变化,发生变化时只需要改变概念模型,易于更改的概念模型更有利于扩充。

3. 概念结构设计的方法

概念模型是数据模型的前身,它比数据模型更独立于机器、更抽象,也更加稳定。概念结构设计的方法有如下四种。

1) 自顶向下的设计方法

首先定义全局概念结构的框架,然后逐步细化为完整的全局概念结构。

2) 自底向上的设计方法

首先定义各局部应用的概念结构,然后将它们集成起来,得到全局概念结构。

3) 逐步扩张的设计方法

首先定义最重要的核心概念结构,然后向外扩充,生成其他概念结构,直至完成总体概念结构。

4) 混合策略设计的方法

采用自顶向下与自底向上相结合的方法。混合策略设计的方法首先用自顶向下策略设计一个全局概念结构的框架,然后以它为主干,通过自底向上策略设计各局部概念结构。

最常采用的策略是自底向上的方法,即先自顶向下地进行需求分析,然后再自底向上地设计概念结构。

3.3.2　概念结构设计的任务

概念结构设计是根据分析阶段所得到的对象模型形成信息世界的实体、属性和实体标识符,确定实体之间的联系类型。在设计时,其注意力主要集中在怎样表达用户对信息的需求上,暂不考虑如何实现的问题。概念结构设计的一般步骤如下。

(1) 站在全局的角度,设计面向全局应用的整个系统的总体初步框架。

(2) 根据需求分析划分的局部应用,设计局部 E-R 图。

(3) 将局部 E-R 图合并,消除冗余和可能的矛盾,得到系统的全局 E-R 图,完成概念模型的设计。

（4）审核和验证全局 E-R 图。

1. 局部 E-R 图设计

局部应用的信息需求是构造全局概念模式的基础。因此,需要从单个应用的需求出发,为每个数据的观点与使用方式相似的用户建立一个相应的局部概念结构。设计局部 E-R 图的具体步骤如下。

1）划分用户组

划分用户组是设计分 E-R 图的前提,其实质是确定局部范围,一般将数据要求和处理要求接近的用户分成一组,同时,为了控制局部 E-R 图的复杂性,需要考虑用户组的规模,一般实体个数宜为 5～9。

2）确定实体、属性

实体和属性,只能根据对客观世界的理解和思维习惯与数据的逻辑关系来划分。实际上,实体和属性之间并不存在形式上可以截然划分的界限。但是,为了简化 E-R 图,区分实体属性时,应当遵循的一条原则是:"现实世界的事物能作为属性对待的尽量作为属性对待。"在给定的应用环境中,可遵循如下的基本准则来划分。

（1）属性不能再具有需要描述的性质。"属性"必须是不可分割的数据项,不能包含其他属性。也就是说,属性不能是另外一些属性的聚集。

（2）属性不能与其他实体具有联系。在基本的 E-R 建模中,所有联系必都须是实体间的联系,而不能有属性与实体之间的联系。

（3）对于同一个对象,如果需要进一步描述该对象,并需要处理该对象与其他实体间的联系,可以考虑将该对象作为实体;如果对象只是用来描述另一个实体,则将该对象抽象为属性。

例如,图书和出版社可以建模为两种形式:第一种形式中,出版社作为图书的一个属性存在,图书是一个实体,其属性包括图书编号、书名、作者和出版社;在第二种形式中,出版社作为一个单独的实体存在。其主要区别在于将出版社作为实体来建模可以描述关于出版社的额外信息,如出版社名称、地址、联系人等,这样比将其建模为一个属性更具有通用性。如果强调这种通用性,那么,将出版社作为实体就是合适的方式。如果不需要考虑出版社的其他信息,就没有必要把出版社作为一个实体对待,则出版社可以作为图书实体的一个属性对待,如图 3-20 所示。

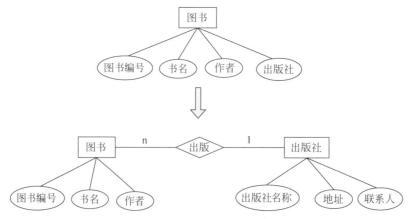

图 3-20　"出版社"由属性上升为实体的示意图

又如,在医院中,一个病人只能住在一个病房,病房号可以作为病人实体的一个属性。但如果病房还要与医生实体发生联系,即一个医生负责几个病房的病人工作,则根据第(2)条准则,病房应作为一个实体,如图 3-21 所示。

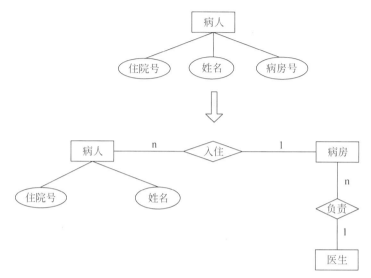

图 3-21 与"医生"产生联系的"病房"由属性转换为实体示意图

选择实体还是属性,应避免出现以下两个错误。

(1) 将一个实体的主标识符作为另一个实体的属性,而不是使用联系。

(2) 将相关实体的主标识符作为联系的属性。

3) 确定实体之间的联系、属性及其联系类型

不仅实体具有属性,而且联系也可以有属性。在确定实体和属性的同时,要通过分析确定实体之间的联系以及联系的属性,并根据语义确定联系的类型。例如,教师和课程两个实体具有语义:一个教师可以讲授多门课程,一门课程只能由一名教师讲授,则教师和课程的联系类型为 1∶n;如果语义是一个教师可以讲授多门课程,一门课程可以被多名教师以不同的开课班讲授,则两者的联系类型为 m∶n。

如果 E-R 图比较复杂,为了使 E-R 图简洁明了,常将图中实体的属性省略,而着重反映实体之间的联系。

4) 设计局部 E-R 图

在确定了实体、联系以及它们的属性之后,各个局部 E-R 图的设计就水到渠成了。

2. 全局 E-R 图设计

一个局部 E-R 图只反映了部分应用,面向的是部分用户的观点,并且各局部 E-R 图全局 E-R 图的设计就是把设计好的各局部 E-R 图综合(合并)成一个系统的总 E-R 图。合并时可以有两种方法:一种方法是多个局部 E-R 图一次集成;另一种方法是逐步集成,用累加的方法每次集成两个局部 E-R 图。无论采用哪种方法,在每次集成局部 E-R 图时,都要分两步进行。

1) 合并局部 E-R 图,生成初步全局 E-R 图

各局部 E-R 图进行合并时,要解决各局部 E-R 图之间的冲突问题,并将各局部 E-R 图

合并起来生成初步全局 E-R 图。

由于各个局部应用所面向的问题是不同的,而且通常是由不同的设计人员进行不同的视图设计,这样就会导致各个局部 E-R 图之间必定会存在许多不一致的地方,即产生冲突问题。如果各个局部 E-R 图存在冲突,就不能简单地把它们画到一起,必须先消除各个局部 E-R 图之间的不一致,形成一个能被全系统所有用户共同理解和接受的统一的概念模型,再进行合并。

各局部 E-R 图之间的冲突主要有三类:属性冲突、命名冲突和结构冲突。

(1) 属性冲突。属性冲突包括域冲突和属性取值单位冲突两种情况。

属性值的类型、取值范围或取值集合的不同都属于属性域冲突。例如,在大学里的教务管理系统、毕业设计管理系统、学籍管理系统等不同的应用中,对于学生的属性学号,可能会采用不同的编码形式,而且定义的类型各不相同,有的定义为整型,有的定义为字符型,这都需要各个应用或部门之间协商解决。

属性取值单位冲突,也就是同一属性在不同的应用中采用不同的度量单位,这样将会给数据统计造成错误。

(2) 命名冲突。命名冲突主要有同名异义冲突和异名同义冲突两种。

同名异义冲突是指不同意义的对象在不同的局部应用中具有相同的名字,即两个同名的实体、属性在不同的局部 E-R 图中含义是不同的。

异名同义冲突是指意义相同的对象在不同的局部应用中有不同的名字,即在不同的局部 E-R 图中含义相同的实体、属性,其命名不同。

命名冲突主要通过协商和调整解决。

(3) 结构冲突。结构冲突有以下三种情况。

① 同一对象在不同的应用中具有不同的抽象。例如,高校的人事管理局部应用中,工资可能作为教职工的一个属性对待,而在财务管理局部应用中,为了描述工资各方面的细节,如基本工资、补贴、实发工资等特性,则把工资作为实体对待。这就是抽象冲突。

② 同一实体在不同局部 E-R 图中的属性组成不一致,即所包含的属性个数和属性排列次序不完全相同,解决这类冲突的方法是使该实体的属性取各局部 E-R 图中属性的并集,再适当调整属性的次序,兼顾到各种应用。

③ 实体之间的联系在不同的局部 E-R 图中联系的名称、属性不同或呈现不同的类型,此类冲突解决方法是根据应用的语义对联系名称进行统一、对属性进行合并、对联系的类型进行综合或调整。

例如,对于高校,在学籍管理系统的局部应用中,学生的属性设计为学号、姓名、性别、出生日期、籍贯等,其实体属性图如图 3-22(a)所示;而在学校医院管理系统的局部应用中,学生的属性设计为学生学号、学生姓名、性别、年龄、身高、健康状态等,其实体属性如图 3-22(b)所示。

由图 3-22 可以看出,学生实体属性存在异名同义的命名冲突和结构冲突。异名同义的冲突是指在学籍管理系统中的学生的主标识符取名为学号,而在学校医院管理系统中学生的主标识符取名为学生学号,但两者描述的含义相同,需统一命名为学号。同样,姓名和学生姓名也属于异名同义的冲突,统一取名为姓名。在图 3-22(a)中学生属性有 5 个,

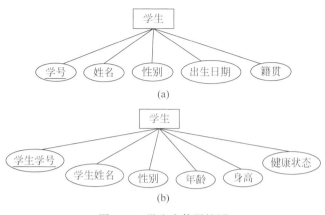

图 3-22 学生实体属性图

图 3-22(b)学生属性有 6 个，显然，因为属性个数不相同而存在结构冲突，应将学生实体的属性进行合并。经分析、调整消除冲突后，得到的学生实体属性图如图 3-23 所示。

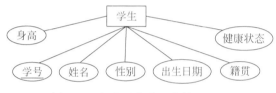

图 3-23 调整后的学生实体属性图

2）优化初步 E-R 图

初步 E-R 图优化指根据数据库应用系统的需求，在初步确定的全局 E-R 图的基础上，利用需求分析的结果，通过检测全局 E-R 图的数据冗余、联系冗余，从而消除相应的冗余数据，并最终形成独立于具体 DBMS 的整体概念结构的过程。

优化的目标是在全面准确地反映用户需求的基础上，使得系统尽量满足以下要求。

（1）属性尽可能少，即组成每一个实体的属性的个数尽量少。

（2）实体尽量少，即组成概念结构的实体的个数尽量少。

（3）联系尽量少，即组成概念结构的联系的个数尽量少。

优化指修改和重构初步 E-R 图，消除冲突的初步全局 E-R 图中可能存在冗余数据和实体间冗余的联系。冗余数据主要包括冗余属性和冗余实体。所谓冗余属性是指重复存在或可由基本数据导出的数据。例如，学生的出生日期和年龄都作为学生实体的属性，年龄就可以通过学生的出生日期获得，因此，优化时只保留其一；商品实体有单价、数量、总价属性，但根据分析，总价属性可由单价和数量属性导出，故应消除。冗余实体是指使用一个实体代替两个或多个实体（即合并实体），或者在极端的情况，可以利用多个实体导出的实体，对于合并实体，一般是指两个实体或多个实体具有相同的主标识符，则可以合并为一个实体，对于可由多个实体导出的实体，则可以直接消除。冗余的联系可由其他联系导出。

总之，冗余的存在容易破坏数据库的完整性，给数据库维护增加困难，应当消除。消除冗余的方法可以借助需求分析的结果采用分析方法，也可以用第 4 章的规范化理论。其中分析方法是消除冗余的主要方法，消除了冗余的初步 E-R 图就称为基本的 E-R 图。

在实际应用中,并不是要将所有的冗余数据与冗余联系都消除。有时为了提高数据查询效率、减少数据存取次数,在数据库时专门设计了一些数据冗余或联系冗余。因而在设计数据库结构时,冗余数据的消除或存在,需要根据用户的整体需要来确定。如果希望存在某些冗余,则应在数据字典中进行说明,并把保持冗余数据的一致作为完整性约束条件。

重组 E-R 图是指对于消除数据冗余后的全局 E-R 图,由于消除了不必要的冗余属性、冗余实体和冗余联系,因此需要根据应用系统的整体需求,再对全局 E-R 图进行整体统一的调整、重新组合和重新构造,从而形成优化的全局 E-R 图,即系统的整体概念结构。

3. 验证全局 E-R 图

经过优化的概念结构只有通过相关人员必要的审核和验证、确保无误后,才能作为下一阶段数据库逻辑结构设计的依据。验证全局 E-R 图时,确保满足下列条件。

(1) 全局 E-R 图必须具有一致性,不存在相互矛盾的表达。

(2) 全局 E-R 图能准确地反映原来每个局部应用的局部 E-R 图结构,包括实体、属性和联系。

(3) 能够满足需求分析阶段所确定的所有需求。

(4) 全局 E-R 图必须征求用户和相关人员的意见,需要经过评审、修改、优化,再确定作为数据库的概念结构,提交给用户。

综上所述,设计概念结构时,需要根据系统的应用需求和用户的最终要求,选择局部概念结构的范围,设计局部 E-R 图,合并局部 E-R 图和消除全局 E-R 图不必要的冗余,并将设计的结果向用户进行演示和解释,听取用户的意见,检查由此设计的数据库是否提供了用户所需要的全部信息。只有经过反复评审、修改和优化,才能保证所设计的概念数据模型是合理的。

3.3.3 概念结构设计案例

视频讲解

根据需求分析,利用数据库概念结构设计的方法,可以得出高校图书管理系统的数据库的各实体属性图如图 3-24～图 3-26 所示,E-R 模型如图 3-27 所示。

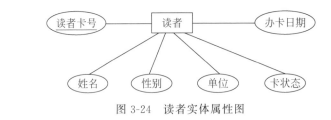

图 3-24 读者实体属性图

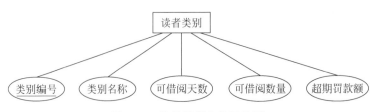

图 3-25 读者类别实体属性图

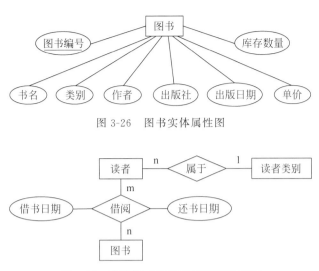

图 3-26　图书实体属性图

图 3-27　高校图书管理系统实体联系图

3.3.4　概念结构设计的其他问题

3.3.1 节讨论概念模型时,介绍了 E-R 方法及其基本内容。虽然已经满足数据库概念结构设计的基本要求,但在解决实际问题时,E-R 模型一些扩充的特征可以更恰当地反映数据库设计的需求。为此,对 E-R 模型中所涉及的其他一些概念做必要的补充。

1. 弱实体集与强实体集

实体是客观存在并可相互区分的客观事物或抽象事件。其中,可区分强调实体的唯一标识特征,即通过实体的标识符来区分不同的实体。在现实世界中,还存在一类实体,不能独立存在,其属性不足以标识实体特征,必须依赖于其他实体的存在而存在,这样的实体集合称为弱实体集(依赖实体集)。被依赖的实体集称为强实体集(主实体集),强实体集与其弱实体集之间的联系称为弱联系集。例如,如图 3-28 所示的大学选课系统中,"课程"实体集和"开课班"实体集的联系,由于一学期一门课程选修的人数比较多,需要一次同时开设多个"开课班"供学生选修,则"开课班"实体集的存在是依赖于"课程"实体集的,在"开课班"实体集中,假设"开课班号"的值是某门课程所开设的开课班的序号,则不同课程的"开课班号"可能有相同的值(当然,也可以假设"开课班"的"开课班号"的值是全局唯一的,则"开课班"就是强实体集)。因此",开课班号"就不能唯一标识"开课班"中的不同实体,而"开课班"实体集中的开课学年、开课学期、开课时间、开课地点等属性(假设一个开课班只有一个上课时间和上课地点)也不能唯一标识。因此,"课程"是强实体集,"开课班"是弱实体集。

既然弱实体集属性不足以标识自身,那么,如何标识弱实体集呢? 由于弱实体集是依赖于强实体集而存在,能否考虑用所依赖的强实体集的主标识符来标识其中的实体呢? 假设每门课程的"开课班号"可用来区分属于该门课程的不同"开课班",即每门课程不存在两个具有相同"开课班号"的"开课班",即可以使用"课程"强实体集中的主标识符"课程号"与"开课班号"结合来唯一标识弱实体集"开课班"。因此,弱实体集的标识是由强实体集中的主标识符与其自身的一个属性(部分标识符)共同构成。其中,弱实体的部分标识符使用虚下画线表示。

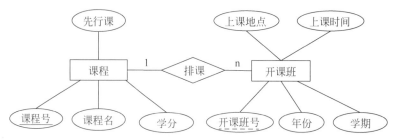

图 3-28　"开课班"弱实体集依赖于"课程"强实体集

对于弱实体集,必须满足以下限制。

(1) 强实体集和弱实体集的联系类型只能是一对多或一对一的联系。

(2) 弱实体集中的每个实体都参与到联系集中至少一个联系中。

2. 依赖实体集

对于图书管理系统的借阅业务,伴随着读者借阅图书业务的发生,会产生借阅单。如果将"借阅单"作为实体集对待,则"借阅单"实体集和"图书"实体集之间会存在多对多的"图书借阅"联系集,联系的属性包括借阅数量等,如图 3-29 所示。因此,"借阅单"实体集的存在是依赖于"图书借阅"联系集的存在。也就是说,没有"图书借阅"联系,就没有"借阅单"实体,即"借阅单"实体集与"图书借阅"联系集之间存在依赖约束,"借阅单"是依赖实体集。因此,所谓依赖实体集是指联系中一种实体的存在依赖于该联系集中联系的存在,将依赖于联系集而存在的实体集称为依赖实体集。

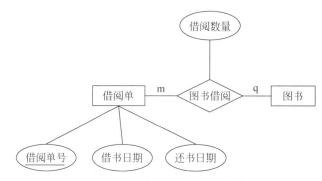

图 3-29　依赖于联系集的实体集

由此可以得出,依赖有以下两种约束情况。

(1) 实体集与实体集之间的依赖约束,即弱实体集依赖于强实体集。

(2) 实体集与联系集之间的依赖约束,即实体的存在依赖于联系集中的联系。

所谓依赖约束是指联系中一种实体的存在依赖于其他实体集中实体的存在或依赖于该联系集中联系。根据以上分析可以看出,依赖于联系集而存在的实体集一般是指伴随着业务发生形成的原始单据,具有独立的业务处理需求,是一个业务实体,即强实体,如入库单、存款单、销售单等。在 E-R 模型设计时,一般将依赖于业务而发生的一些单据直接建模为依赖实体集,同时,建立与所依赖的联系集的关联。

3. 多值联系的建模

多值联系指在同一个给定的联系集中,相关联的相同实体之间可能存在多个联系。如

图 3-27 所示的实体集读者和图书之间的多对多联系集,表示一个读者可以借阅多本图书,同一本图书可以在不同时间被多个读者借阅,借阅联系的属性有借书日期、还书日期。如果考虑一个读者在不同的时间可以借阅同一本图书,此时,E-R 模型存在以下问题。

当一个读者多次借阅同一本图书时(同一个读者在不同时间借阅了同一本图书),联系集中无法标识一个联系。也就是说,"借阅"联系不仅是一个多对多联系,而且是一个多值联系。为了唯一标识多值联系中的多个联系,即解决如图 3-27 所示的类似"借阅"联系的多值联系,可以将多值联系"借阅"建模为一个弱实体集或依赖实体集"借阅单"。如果建模为弱实体集,则"借阅单"依赖于与它关联的"读者"实体集和"图书"实体集;如果建模为依赖实体集,则"借阅单"依赖于与它关联的"拥有"和"包含"联系集。也就是说,多值联系的建模问题可转换为依赖约束的建模问题。在实际的 E-R 建模应用中,需要根据实际业务的语义,判断是将多值联系建模为弱实体集还是依赖实体集。图 3-30 所示是将"借阅单"建模为依赖实体集,从而解决了读者借阅图书的多值联系。

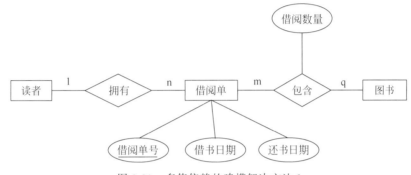

图 3-30　多值依赖的建模解决方法 1

因此,在数据库概念结构设计时,如果两个实体(可推广到多个实体)之间的联系非常复杂,它们之间就可能存在多对多的联系。处理多对多联系的方法,是在它们之间插入第三个实体(弱实体或依赖实体),使原来的多对多联系化解为一对多联系。当然,也可以根据实际情况,例如,考虑到数据库应用系统的查询效率,可以建立多个实体之间的多元联系。图 3-31同样解决了图 3-27 中读者和图书之间的多对多联系。

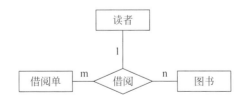

图 3-31　多值依赖的建模解决方法 2

4．实体的子类型和超类型

实体的子类型和超类型类似于对象模型中对象之间的一般和特殊关系。如果一个实体类型的全部实体也属于另一个实体类型,并且具有自己的特殊特征,则前者称为子类,后者称为超类。例如,前面提到的研究生、本科生都属于学生实体的子集,研究生不仅拥有学生的所有特性,而且也可定义自己的属性,如导师、研究方向等。因此,实体类型"学生"称为实体类型"研究生""本科生"的超类,而"研究生""本科生"就是实体类型"学生"的子类。子类自动继承超类的属性,子类也可有自己特殊的属性。

一个实体类型可以有子类,而子类也可以有自己的子类,这样便构成了实体类型的层次结构。在数据库建模中,实体集可以根据多个不同特征进行分类(自顶向下的设计过程),对高层实体集进行分类而产生若干低层实体集,也可以把具有相同属性的多个低层实体集进行综合(自底向上的设计过程),构成一个高层次的实体集。从一个实体集分出特化的实体集是为了强调低一层次的实体集之间的区别,这些低一层次的实体集可以有自己的属性,也可以参加某些联系,而高层次的实体集是提取低层次实体集的共性,隐藏之间的区别,从而简化模型。

E-R 模型使用实体集的继承和 ISA 联系来描述实体集特殊化和泛化的概念。如图 3-32 所示,描述了学生实体集的层次关系。

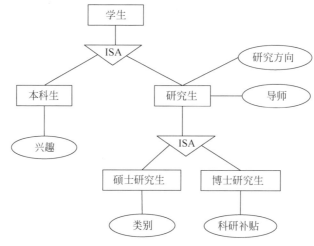

图 3-32　学生实体集的层次关系

5. 多元联系和二元联系

数据库中的联系一般都是二元联系。不过在很多场景下需要使用多元联系来表示几个实体集之间的相互关联关系。如图 3-18 所示的供应商、项目、零件之间的联系就是典型的多元联系。此时多元联系比通过建立相关实体之间的相邻二元联系集合具有更为精确的描述能力。图 3-18(b)所示的三元联系可以反映出某供应商对某个项目提供某种零件的信息。如果建模为如图 3-33 所示的实体间的相邻二元联系,则无法体现某供应商向某个项目供应某种零件的语义,从而无法实现相同的目的。因此,多元实体集之间的联系不能简单地用多个二元实体集之间的联系代替,一定要根据管理需求中多个实体间联系的语义描述,以及所涉及的实体,来确定是构造多元联系还是二元联系。

事实上,一个多元联系集也可以用一组不同的二元联系集代替。考虑一个抽象的三元联系集 R,它将实体集 A、B、C 联系起来。用实体集 E(为了表示联系集而创建的依赖实体集或弱实体集)替代联系集 R,并建立三个联系集:R_A(联系 E 和 A)、R_B(联系 E 和 B)、R_C(联系 E 和 C)。如果联系集 R 有属性,则将其属性赋给实体集 E,并为 E 建立一个特殊的标识属性(因为每个实体集都应该至少有一个属性,以区别实体集中的不同成员)。因此,图 3-18 所示的三元联系即可转换为图 3-34 所示的三个二元联系。

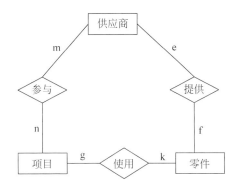

图 3-33 多元联系转换为实体间的相邻二元联系

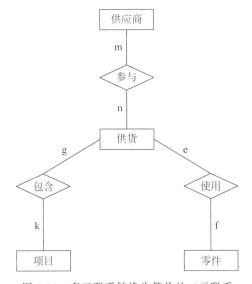

图 3-34 多元联系转换为等价的二元联系

需要注意的是,将多元联系转换为二元联系时,可能会带来如下问题。

(1) 为了表示联系集而创建的实体集可能需要额外的标识属性,增加了设计的复杂度及空间占用。

(2) 多元联系可以更清楚地表示多个实体对同一联系的共同参与,而转换为二元联系后,在 E-R 图中丢失了直接表示多个实体之间存在的多元联系手段。

(3) 在多元联系转换为二元联系时,需要注意保持原多元联系上的联系语义。在转换过程中,对多元联系上的约束可能无法转换为二元联系上的约束(即无法有效保留约束)。

在多元联系中,若只考虑两两实体集间的联系,可以采用多个二元联系来实现。

3.4 数据库逻辑结构设计

E-R 图表示的概念模型是用户数据要求的形式化,只是描述了数据库的概念模式。正如前面所述,它是独立于任何一种数据模型的概念信息结构,也不为任何一个 DBMS 所支持。为了能够用某一具体的数据库管理系统实现用户需求,使计算机能处理模型中的信息,被关系数据库所接受,必须进行信息化,将概念模型落实,进一步转换为更为具体的数据模型,即将 E-R 模型转换为关系数据库所支持的逻辑模式——关系模式。

3.4.1 逻辑结构设计的任务

从理论上讲,设计数据库逻辑结构的步骤应该是:首先,考虑实现数据库的数据库管理系统所支持的数据模型是什么;然后,按转换规则将概念模型转换为选定的数据模型,再从支持这种数据模型的各个 DBMS 中选出最佳的 DBMS,根据选定的 DBMS 的特点和限制对数据模型做适当修正。但实际情况常常是先给定了计算机和 DBMS,再进行数据库逻辑模型设计。由于设计人员并无选择 DBMS 的余地,所以,在概念模型向逻辑模型设计时就要考虑到适合给定的 DBMS 的问题。现行的 DBMS 一般只支持关系、网状或层次模型中的某一种,即使是同一种数据模型,不同的 DBMS 也有其不同的限制,提供不同的环境和工具。

通常把概念模型向逻辑模型的转换过程分为以下三步进行。

第一步:把概念模型转换成一般的数据模型。

第二步:将一般的数据模型转换成特定的 DBMS 所支持的数据模型。

第三步:通过优化方法将其转换为优换的数据模型。

概念模型向逻辑模型的转换步骤,如图 3-35 所示。

图 3-35 逻辑结构设计的步骤

目前设计的数据库系统大都采用支持关系模型的 RDBMS,因此,逻辑结构设计的任务就是把概念结构设计好的基本 E-R 图转换为与选用的某个具体的 DBMS 所支持的数据模型相符合的逻辑结构,针对关系型 DBMS 产品,逻辑结构设计的主要工作就是将概念模型转换为关系数据库所支持的关系模式。因此,关系数据库逻辑结构设计是指定义数据库中所包含的各关系模式的结构,包括各关系模式的名称、每个关系模式中各属性的名称、取值范围及约束、主码和外码等,设计的结果是一组关系模式。

3.4.2 概念模型转换为关系模型的方法

概念模型向关系模型转换需要解决的问题包括以下两个。

(1) 如何将实体集和实体集之间的联系转换为关系模式;

(2) 如何确定这些关系模式的属性、主码和外码。

关系模型的逻辑结构是一组关系模式的集合,将 E-R 图转换为关系模型实际上就是将实体集、属性以及联系集转换为相应的关系模式。这种转换要遵循一定的原则进行。

1. 实体集的转换规则

1) 强实体集转换方法

E-R 模型中的每一个强实体集转换为一个关系模式,该关系模式的名称为强实体集的名称,其属性就是原实体集中的属性,主码就是原实体集的标识符。

2）弱实体集转换方法

由于弱实体集的各实体需借助强实体集的主标识符进行标识。因此,弱实体集转换的关系模式的属性由弱实体集本身的描述属性与所依赖的强实体集的主标识符构成,主码由所依赖的强实体集标识符和弱实体集的标识符构成,外码是强实体集标识符,关系模式名就是弱实体集的名称。如图 3-28 所示的"开课班"弱实体集转换的关系模式为

开课班(<u>课程号,开课班号</u>,年份,学期,上课地点,上课时间)

其中,课程号和开课班号共同构成开课班关系模式的主码,课程号作为外码。

2. 实体集之间联系集的转换规则

E-R 模型向关系模型转换时,实体集之间联系集转换为关系模式有以下不同的情况。

1）联系类型 1∶1 的转换方法

联系类型为 1∶1 联系有两种转换方法。

（1）将联系转换为一个独立的关系模式。由联系转换的关系模式的属性是由联系本身的属性与参与该联系的各实体集的标识符构成,且每个实体集的标识符均可作为该关系模式的候选码,每个实体集的标识符均是外码。

（2）联系不单独转换为一个关系模式。将 1∶1 联系与任意一端实体集所对应的关系模式合并,则需要在被合并关系中增加属性,其新增的属性为联系本身的属性与联系相关的另一个实体集的标识符,新增属性后原关系模式的主码不变,增加的另一端实体集的标识符为关系模式的外码。

【例 3-1】 图 3-36 所示为某国内旅游管理信息系统数据库中涉及的旅游团和保险实体的 E-R 图,两实体的联系类型为一对一联系,将 E-R 图转换为关系模式。

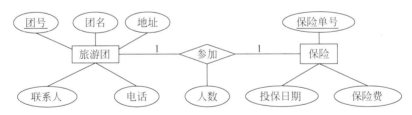

图 3-36 联系类型 1∶1 转换为关系模式的实例

解：（1）将两个实体集转换为两个关系模式：分别是旅游团关系模式和保险关系模式,其中关系模式中标有下画线的属性为候选码。

旅游团(<u>团号</u>,团名,地址,联系人,电话)

保险(<u>保险单号</u>,投保日期,保险费)

（2）将联系转换为关系模式,有三种方案。

方案 1 将联系形成一个独立的关系模式：

参加(<u>团号</u>,保险单号,人数)

方案 2 将参加与旅游团两个关系模式进行合并,则关系模式为

旅游团(<u>团号</u>,团名,地址,联系人,电话,人数,保险单号)

方案 3 将参加与保险两个关系模式进行合并,则关系模式为

保险(<u>保险单号</u>,投保日期,保险费,人数,团号)

将上面三种方案进行比较,不难发现在方案1中,由于关系多,增加了系统的复杂性;在方案2中,由于并不是每个旅游团都参加保险,这样就会造成方案2旅游团关系中的保险单号属性的NULL值过多;相比较起来,方案3比较合理。最终图3-36转换的关系模式集合为

　　旅游团(<u>团号</u>,团名,地址,联系人,电话)
　　保险(<u>保险单号</u>,人数,投保日期,保险费,人数,团号)

由此可以看出,保险关系模式不仅描述了保险单的信息,同时描述了保险和旅游团之间的关系,此联系是通过保险关系模式的外码(团号)属性联系起来。

2) 联系类型1∶n的转换方法

当E-R模型在向关系模型转换时,实体之间的1∶n联系可以有两种转换方法:

(1) 将联系转换为一个独立的关系模式。关系模式的属性由与该联系相连的各实体集的标识符以及联系本身的属性组成,关系模式的主码为n端实体集的标识符,每个实体集的标识符均是关系模式的外码。

(2) 联系不单独转换为一个关系模式。将联系和n端实体集对应的关系模式合并,需要在n端实体集对应的关系模式中增加联系的属性和1端实体集的标识符,新增属性后原关系模式的主码不变,外码则是1端实体集的标识符。

【例3-2】 图3-37给出了国内旅游管理信息系统数据库中涉及的旅游团和旅客实体的E-R图,两实体的联系类型为一对多联系,将E-R图转换为关系模式。

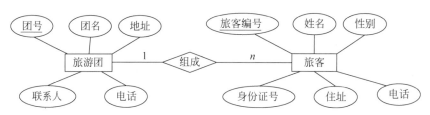

图3-37　联系类型1∶n转换为关系模式的实例

解:(1) 将两个实体转换为两个关系模式:分别是旅游团关系模式和旅客关系模式,其中关系模式中标有下画线的属性为主码。

　　旅游团(<u>团号</u>,团名,地址,联系人,电话)
　　旅客(<u>旅客编号</u>,姓名,性别,身份证号,地址,电话)

(2) 将联系转换为关系模式,有两种方案。

方案1 将联系形成一个独立的关系模式:

　　组成(<u>旅客编号</u>,团号)

方案2 将联系"组成"和旅客关系模式进行合并,则关系模式为

　　旅客(<u>旅客编号</u>,姓名,性别,身份证号,地址,电话,团号)

比较以上两种方案可以发现,方案1中使用的关系多;方案2中使用的关系少,特别适用于旅游团旅客变化小的应用场合。为了降低系统的复杂性,一般情况下采用第二种方案。最终图3-37转换的关系模式集合为

　　旅游团(<u>团号</u>,团名,地址,联系人,电话)
　　旅客(<u>旅客编号</u>,姓名,性别,身份证号,地址,电话,团号)

同样,两个关系模式的联系是通过旅客关系模式的外码"团号"联系起来。因此,如果两个实体之间是一对多的联系,且联系没有自身的属性,则联系不必转换为一个独立的关系模式,只需要将一方实体集的标识符加入多方实体集转换的关系模式中。

【例 3-3】　图 3-38 是同一实体集内部的一对多联系,将其转换为关系模式。

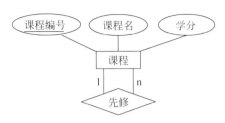

图 3-38　同一实体集内部的一对多联系

解:(1) 方案 1　转换为两个关系模式:

课程(<u>课程编号</u>,课程名,学分)

先修(<u>先修课程号</u>,课程编号)

(2) 方案 2　转换为一个关系模式:

课程(<u>课程编号</u>,课程名,学分,先修课程号)

其中,由于同一关系中不能有相同的属性名,故将课程的课程编号改为先修课程号。以上两种方案相比较,第二种方案的关系少,且能充分表达原有的数据联系语义,所以,采用第二种方案会更好些。

3) 联系类型 m∶n 的转换方法

一个 m∶n 联系转换为一个独立关系模式。关系模式的属性由参与 m∶n 联系的各实体集的标识符以及联系本身的属性构成,新关系的主码为各实体集的标识符组合(该关系模式的主码为多属性构成的组合码,也称多属性码),每个实体集的标识符均为该关系模式的外码。

【例 3-4】　图 3-39 给出了高校学生选课系统数据库所涉及的学生和课程的 E-R 图,两实体的联系类型为多对多联系,将 E-R 图转换为关系模式。

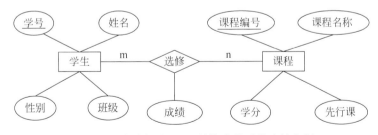

图 3-39　联系类型 m∶n 转换为关系模式的实例

解:根据实体间多对多的转换规则,转换的关系模式为

学生(<u>学号</u>,姓名,性别,班级)

课程(<u>课程编号</u>,课程名称,学分,先行课)

选修(<u>学号,课程编号</u>,成绩)

关系模式中标有下画线的属性为候选码,在此也作为主码。其中,联系"选修"关系模式

的候选码是学号和课程编号的组合,学号、课程编号分别作为选修关系模式的外码,必须满足关系的参照完整性约束。此题能否采用其他方案呢?

假如对联系选修不建立独立的关系模式,而是和学生或课程关系进行合并,则转换的关系模式为

学生(学号,姓名,性别,班级)
课程(课程编号,学号,课程名称,学分,先行课,成绩)

或

学生(学号,课程编号,姓名,性别,班级,成绩)
课程(课程编号,课程名称,学分,先行课)

这样,对于多个学生选修相同的课程或一个学生选修多门课程,分别存在相同课程、同一学生的信息重复存储多次的情形,造成数据存储冗余太大,给维护带来不便。

由此可以看出,对于实体之间 m:n 的联系类型,联系必须转换为一个独立的关系模式。

【例 3-5】 图 3-40 是同一实体集内部的多对多联系,将其转换为关系模式。

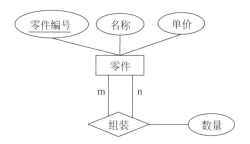

图 3-40　同一实体集内部的多对多联系

解:根据实体间多对多的转换规则,转换的关系模式为

零件(零件编号,名称,单价)
组装(组装件号,零件号,数量)

其中,组装件号为组装后的复杂零件号。由于同一个关系中不允许存在相同的属性名,因此,取名为组装件号。

4)三个或三个以上实体集之间多元联系的转换方法

(1)一对多的多元联系转换为关系模型的方法:按 1:n 联系的转换规则进行转换,即可将与联系相关的其他实体集的标识符和联系自身的属性作为新属性加入 n 端实体集中。

(2)多对多的多元联系转换为关系模型的方法:按 m:n 联系的转换规则进行转换,联系必须转换一个独立的关系模式,该关系的属性为多元联系相连的各实体的标识符及联系本身的属性,主码为各实体转换为各自关系模式主码的组合。

【例 3-6】 图 3-41 所示的 E-R 图给出了某公司网上采购系统数据库涉及的供应商、商品和采购员的三个实体之间的多对多的多元联系,将其 E-R 图转换为关系模式。

根据多实体间联系的转换规则,三个实体转换为三个关系模式,联系转换为一个独立的关系模式:

采购员(采购员编号,姓名,联系电话)
供应商(供应商号,供应名称,地址)

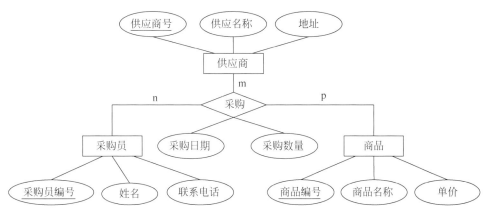

图 3-41　多实体之间多对多联系实例

商品(<u>商品编号</u>,商品名称,单价)

采购(<u>采购员编号</u>,<u>供应商号</u>,<u>商品编号</u>,采购日期,采购数量)

其中,关系模式中标有下画线的属性为候选码,也即主码。

3. 子类型和超类型的转换规则

将子类型和超类型转换为关系模式有两种方法。

(1) 超类实体和子类实体分别转换为单独的关系模式。其中,超类实体对应关系模式的属性为超类实体的属性(即公共属性),而各子类实体对应的关系模式的属性由该子类的特有的属性和超类实体的标识符属性组成,子类实体对应关系模式的主码、外码均是超类实体的标识符。

(2) 只将子类实体转换为关系模式。其属性包含超类实体的全部属性和子类的特有属性,其主码就是超类实体的标识符。

其中,方法(1)是通用的方法,任何时候都可以采用。方法(2)的缺陷之一是不能表示超类实体的其他子类实体。如果一个超类实体均是各子类实体时,其公共属性的值重复存储多次。因此,方法(2)应该有条件地使用。

在 E-R 模型转换为关系模型过程中,除了要遵循以上介绍的转换原则外,还应注意以下两点。

(1) 命名和属性域的处理。关系模式的命名,可以采用 E-R 图中原来的命名,也可以另行命名。命名应有助于对数据的理解和记忆,同时,应尽可能避免重名,具体的 DBMS 一般只支持有限的几种数据类型,而 E-R 图是不受这个限制的。如果 DBMS 不支持 E-R 图中的某些属性的域,则应做相应的调整。

(2) 非原子属性的处理。E-R 模型中允许非原子属性,这不符合关系的第一条性质——满足第一范式的条件。解决的办法是对 E-R 图中出现的非原子属性进行展开。

E-R 模型和关系模型相对于物理存储文件来说,都是对现实世界的抽象逻辑表示,例如,在数据库的三层模式中,概念模式和逻辑模式就是一回事。因此,两种模型采用类似的设计原则,可以将 E-R 图设计转换为关系的设计。将数据库的表示从 E-R 图转换为表的形式是由 E-R 图产生关系数据库设计的基础。

3.4.3　关系模型优化

数据库逻辑结构设计的结果不是唯一的。得到由 E-R 模型转换的初步关系模式后,为了提高数据库应用系统的性能,还应当适当地修改,调整关系模式的结构,这指关系模式的优化。关系模型优化通常以规范化理论为指导(参照第 4 章内容),在此主要介绍优化的具体方法和子模式的设计问题。

1. 优化方法

1) 确定数据依赖

用数据依赖分析表示数据项之间的联系,写出每个数据项之间的数据依赖,即根据需求分析阶段得到的语义,分别写出每个关系模式内部各属性之间的数据依赖,以及不同关系模式属性之间的数据依赖。

2) 消除冗余的联系

对于各个关系模式之间的数据依赖进行最小化处理,消除冗余的联系。

3) 分析数据依赖

按照数据依赖的理论,逐一分析构造的关系模式,检查是否存在部分函数依赖、传递函数依赖、多值依赖等。如果存在部分函数依赖、传递函数依赖,则要消除其中的依赖关系,确定关系模式分别属于第几范式。

4) 判断是否合并或分解

结合实际应用环境、数据库的规模及不同应用对数据处理的要求,分析这些关系模式是否适合具体的应用环境,确定是否需要对关系模式进行关系的合并或分解。如果两个关系模式的主码相同,则可以进行合并,而为了数据库的完整性,对于某些不满足 BCNF 的关系模式,可以考虑进行分解或合并,以提高数据操作效率和存储空间的利用率。

模式分解分为水平分解和垂直分解。

(1) 水平分解是指把原来关系的元组依据其使用的频率分为若干个子集合,定义每个子集合为一个子关系。大体上,水平分解适用于两种情形。

第一种情形:满足“80/20 原则”的应用。“80/20 原则”的含义是在一个大关系中,把经常被使用的数据分解出来,形成一个子关系模式,这部分数据大约占 20%。这样可以减少查询的数据量,提高整个系统的响应速度。

第二种情形:并发事务进程存取不相交的数据。如果关系 R 上具有 n 个事务,而且多数事务存取的数据不相交,则 R 可以分解为小于或等于 n 个子关系,使每个事务存取的数据对应一个关系。这样可以提高整个系统的并发响应效率。

(2) 垂直分解指根据属性的依赖程度,把关系模式 R 的属性分解为若干个子集合,形成若干个子关系模式。其一般原则是把经常在一起使用的属性从 R 中分解出来形成一个子关系模式。事实上,进行关系模式规范化的过程是利用垂直分解方法消除不必要的数据依赖,提高关系模式的范式等级。通过垂直分解可以提高某些事务的效率,但也可能使另一些事务不得不执行连接操作,从而降低了效率。因此,是否进行垂直分解取决于分解后 R 上的所有事务的总效率是否得到了提高。具体进行分解时,可以采用相应的分解算法确定分解的方案。当然,如果关系模式比较简单,也可以直接根据直观观察确定分解的方案,不管采用哪种方法,必须保证分解的无损连接性和函数依赖保持性。

需要注意的是,在应用规范化理论进行优化关系模式时,一定要分析应用环境,千万不要盲目追求高范式,这是因为并不是规范化程度高的关系模式就越优,由于规范化程度高,数据分离程度就越低,这对于查询操作会带来不利的影响。例如,当查询涉及两个或多个关系模式的信息时,系统就必须经常使用连接运算,而连接运算恰恰是一种代价高昂的运算。可以说,关系模型低效的主要原因就是由连接运算引起的,如果这种操作频繁出现,必将大大降低处理的速度,这时可以考虑将几个关系进行合并。尽管在理论上非 BCNF 的关系模式会存在不同程度的更新异常或数据冗余,但是如果在具体的应用中,该关系主要用于查询,不执行更新操作,那么更新异常等问题在实际应用中就不会产生影响。

因此,对于一个具体的应用来说,关系模式到底规范化到什么程度,需要权衡响应的时间和潜在的问题这两者的利弊决定。规范化理论为数据库逻辑设计的设计人员判断关系模式的优劣提供了理论标准,可用来预测模式可能出现的问题,使数据库设计工作有了严格的理论基础。

2. 用户子模式的设计

把 E-R 模型转换为全局的逻辑模型后,还应根据局部应用的需求,结合具体的 DBMS 的特点设计用户子模式。用户子模式也称外模式,是用户看到的数据模式,各类用户有各自的子模式。关系数据库管理系统中提供的视图是根据用户子模式设计的。设计用户子模式时只考虑用户对数据的使用要求、习惯及安全性要求,不用考虑系统时间效率、空间效率、易维护等问题。

用户子模式设计时应注意以下问题。

1) 使用更符合用户习惯的别名

在合并各分 E-R 图时应消除命名的冲突,以使数据库系统中同一关系和属性具有唯一的名字。这在设计数据库整体结构时是非常必要的。但命名统一后会使某些用户在使用上感到别扭,用户子模式(视图)的方法可以有效地解决该问题。必要时,可以设计视图重新定义命名,使其与用户习惯一致,以方便用户的使用。

2) 对不同级别的用户可以定义不同的子模式

由于视图能够对表中的行和列进行限制,所以它还具有保证系统安全性的作用。对不同级别的用户定义不同的视图,可以保证系统的安全性。

例如,假设有关系模式:

图书(图书编号,书名,类别,作者,单价,出版日期,出版社,地址,出版社负责人,联系电话,库存数量,读者卡号,借书日期,还书日期)

对一般读者来说,在借阅图书时,首先需要了解相关图书的信息,为一般读者建立视图:

图书 1　(图书编号,书名,类别,作者,单价,出版日期,出版社,库存数量)

对图书馆的图书管理员来说,需要查询图书的详细借阅及归还情况,为图书借阅部门建立视图:

图书 2　(图书编号,书名,类别,读者卡号,借书日期,还书日期)

对图书馆负责采购图书的采购部门来说,需要了解出版社的详细信息,为采购部门建立视图:

图书 3　(出版社,地址,出版社负责人,联系电话)

在建立视图后,图书 1 视图中包含了允许一般读者查询的图书属性;图书 2 视图中包含允许图书管理员查询图书借阅的属性;而对图书馆的采购部门,则可以利用图书 3 查询出版社的全部属性数据。这样,既方便了使用,又可以防止用户非法访问本来不允许他们查询的数据,保证了系统的安全性。

3) 简化用户对系统的使用

实际中,某些局部应用经常要使用某些复杂的查询,这些查询包括多表连接、限制、分组、统计等。为了方便用户,可以将这些复杂查询定义为视图,用户每次只对定义好的视图进行查询,避免每次查询都要对其进行重复描述,大大简化了用户的使用。

视频讲解

3.4.4　逻辑结构设计案例

由 3.3.3 节设计的高校图书管理系统的 E-R 图,可以得到如表 3-4 所示的高校图书管理系统的一组关系模式及相关信息。表中的一行为一个关系模式。

表 3-4　图书管理系统数据库的关系模式信息

数据性质	关系名	属性	说明
实体	读者类别	<u>类别编号</u>,类别名称,可借阅天数,可借阅数量,超期罚款额	别编号为与读者关系合并后的新增属性
实体	读者	<u>读者卡号</u>,姓名,性别,单位,办卡日期,卡状态,类别编号	
实体	图书	<u>图书编号</u>,书名,类别,作者,出版社,出版日期,单价,库存数量	
1:n 联系	属于	<u>读者卡号</u>,类别编号	与读者关系合并
m:n 联系	借阅	<u>读者卡号</u>,<u>图书编号</u>,借书日期,还书日期	

其中,带有下画线的属性为关系的码。

根据概念模型向关系模型的转换规则,三个实体转换为三个关系模式,1 个 m:n 联系转换为 1 个关系模式,1 个 1:n 联系形成的关系模式与相应的实体形成的关系模式进行合并,因此,经过优化后,该数据库可以设计为四个关系模式,分别是:

读者类别(<u>类别编号</u>,类别名称,可借阅天数,可借阅数量,超期罚款额)

读者(<u>读者卡号</u>,姓名,性别,单位,办卡日期,卡状态,类别编号)

图书(<u>图书编号</u>,书名,类别,作者,出版社,出版日期,单价,库存数量)

借阅(<u>读者卡号</u>,<u>图书编号</u>,借书日期,还书日期)

3.5　数据库的物理结构设计

数据库最终要存储在物理设备上。所谓物理结构设计,是指对于给定的逻辑数据模型,选取一个最适合应用环境的物理结构的过程。数据库的物理结构主要指数据库在物理设备上的存储结构与存取方法,它依赖于给定的计算机系统。设计的主要任务是选择合适的存储结构、存取方法和存取路径。

针对关系数据库系统而言,数据库的物理结构设计相对简单,主要解决的问题是物理存储结构的设计和数据库存取方法的设计,其中,物理结构设计解决数据文件中记录的存储问题,使应用要访问的记录尽量存储在同一磁盘块上;数据库存取方法的设计,解决如何快速

地找到所需的记录,使得磁盘 I/O 操作次数最少。数据库的物理结构设计主要任务是使用
SQL 创建数据库,定义数据库的三级模式结构;其主要的设计目标有两个。

(1) 提高数据库的性能,特别是满足主要应用的性能要求;

(2) 有效地利用存储空间。

这两个目标中,第一个目标更为重要,因为性能仍然是当今数据库系统的薄弱环节。

一般来说,物理结构设计与 DBMS 的功能、性能、DBMS 提供的物理环境和可利用的工
具、应用环境及数据存储设备的特性都有密切关系。数据库用户通过 DBMS 使用数据库,
物理结构设计比起逻辑结构设计更加依赖 DBMS,数据库设计者只能在 DBMS 提供的手段
范围内,根据需求和实际条件适当地选择,同时,必须仔细阅读 DBMS 的有关手册,充分了
解其限制条件,充分利用其提供的各种手段完成物理结构的设计。

不同的计算机系统提供的物理环境、存储结构和存取方法是不相同的,没有通用的物理
结构设计方法可供遵循,这里只介绍物理结构设计要考虑的因素及设计内容。

3.5.1 影响物理结构的主要因素

数据库的物理结构主要由以下因素决定。

1) 应用处理需求

在进行数据库物理结构设计前,应先弄清楚应用的处理需求,如吞吐量、平均响应时间、
系统负荷等,这些需求直接影响着物理结构设计方案的选择,而且会随着应用环境的变化而
变化。

2) 数据的特性

数据的特性主要指数据的结构、关系之间的联系、数据的检索频度等。数据本身的特性
对数据库物理结构设计也会有较大影响,例如,关系中每个属性值的分布和记录的长度与个
数也会影响到数据库的物理存储结构和存取方法的选择。在数据库设计阶段,数据特性很
难准确估计,会随数据库状态的改变而变化。

3) 数据的使用特性

数据的使用特性包括各个用户的应用所对应的数据视图、各种应用的处理频度、使用数
据的方法、对系统的重要程度,这些是对时空效率进行平衡和优化的主要依据。一般来说,
物理结构设计不能均等地考虑每一个用户,必须将用户分类,以保证重点用户的重点应用。

4) 可用性要求

数据库的可用性要求指适应用户的要求,维护数据库逻辑上、物理上的完整性的能力。
人们都希望数据库有较高的可用性,但为此必须付出较大的代价,所以必须权衡得失。

5) 应用环境

从整个计算机系统来说,数据库的应用仅是其负荷的一部分,数据库的性能不仅决定于
数据库的设计,而且与 OS、DBMS、网络的运行环境有关,受到计算机硬件资源的制约。
DBMS 的特性主要指 DBMS 的功能、提供的物理环境和工具,特别是存储结构和存取方法。
由于每一种 DBMS 都有自己的特点和不足,只有真正了解 DBMS 的特点,才能设计出一个
充分发挥 DBMS 特色的物理结构。

数据库的物理结构设计可以分为两步进行:

(1) 确定数据的物理结构,即确定数据库的存储结构和存取方法。

(2) 对物理结构进行评价,对物理结构评价的重点是时间和效率。

3.5.2 物理结构设计的任务

关系数据库的物理结构设计一般比层次、网状数据库的物理设计简单。数据库的存储管理主要由 DBMS 完成,既不用选择存取路径,又不用确定内部存储结构,关系数据库管理系统一般把数据的内部存储结构、存取路径完全向用户隐藏,一切都由 DBMS 自动进行,并且系统的内部都有优化程序,能够在进行路径选择时,先对各种路径的成本进行估算,然后自动选择最佳的路径,这恰恰是关系数据库系统的优越性之一。

关系数据库物理结构设计的任务主要是,数据库设计者利用 DBMS 提供的功能,使用 SQL 描述数据库三级模式结构,通过定义数据库、数据表、视图及索引等确定数据库的文件组织结构、文件存储结构和数据存取方法,并在创建数据库时制定数据库的存储策略,包括确定日志、备份等的存储安排和存储结构,确定系统配置等。本节重点介绍数据库的存储结构和数据存取方法。

1. 确定数据库的存储结构

存储结构的设计主要包括文件物理存储结构的设计和逻辑模式存储结构的设计。针对设计的存储结构,还需要合理安排数据的存放位置及各类文件的物理存储设备。确定存储结构和数据的存放位置要综合考虑存取时间、存储空间利用率和维护代价三方面的因素。这三个方面常常相互矛盾,需要进行权衡,选择一个折中方案。

1) 文件的物理存储结构

文件的物理存储结构即文件中的记录组织方式,是数据库物理结构设计的基础,它包括记录和块存储在磁盘上的方式,以及记录和块之间相互联系的方法。目前,文件中组织记录的常用方法有顺序文件、链式文件、B+树文件、散列文件和堆文件。

(1) 顺序文件。顺序文件指把数据表的元组按照某个属性或属性组的值的次序依次存放到存储介质上依次相连的存储块中的存储方式。其优点是结构简单,容易实现,检索效率高,不需要额外的开销,因为对每个文件要求存放在存储介质上的连续物理块中;其缺点是存储空间利用率不高,并且用户创建文件时要给出文件的大小,不利于文件的动态增加和修改。因此,顺序文件适合变化不大的顺序访问的文件。

(2) 链式文件。链式文件指用链表结构,并按照链表结点的地址把元组动态存放到存储介质上的不一定连续的存储块中的存储方式。链式文件结构不要求连续存放,其优点是存储空间利用率高,用户创建文件时不必指出文件的大小,文件容易动态扩充和修改。由于每个文件有一个索引表,而索引表也由物理块存储,因此存储开销大,需要额外的外存空间。

(3) B+树文件。磁盘的 I/O 操作次数对索引的使用效率至关重要。B+树作为关系数据库系统中使用最为广泛的一种索引结构,其查询效率高效、稳定。B+树文件结构中,非叶子结点仅用于索引,不保存数据记录;叶子结点存放若干条数据记录,而不是存放索引项和指向记录或物理文件块的指针,叶子结点按照索引项的大小从小到大顺序链接构成一个有序链表。这样,在磁盘页大小相同的情况下,树的深度更小,所需访问的磁盘 I/O 次数更少,从而保证 B+树索引结构具有良好的查询、插入和删除性能。由于 B+树结点大小一般等于磁盘块大小,因此将会造成空间浪费的缺点。

(4) 散列文件。散列文件是基于散列函数和桶的存储方式,把记录按照某属性(组)的值,依据一个散列函数计算其存放的位置桶号(块号)。虽然可以不通过索引就能够进行数据访问,但只适用于定长记录文件和按照记录随机查找的访问方式,而且需要解决散列函数的定义和冲突问题等。

(5) 堆文件。堆文件也称无序记录文件,磁盘上存储的记录是无序的,记录可存储于任意有空间的位置,更新效率高,但检索效率低。

2) 逻辑模式的存储结构

根据操作系统提供的文件物理结构,DBMS 提供了关于数据库、基本表、索引文件、日志文件等文件的存储结构。因此,针对具体的应用,需要进一步设计和设置相应文件的存储结构。

针对关系数据库来说,像数据库、基本表、索引文件、日志文件等文件的存储结构,通常使用 DBMS 的默认存储结构或做进一步设置。例如,在 SQL Server 2019 中,创建数据库时,可以设置数据库的大小限制、数据库的增长限制等,同时,可以设置日志文件的大小限制和日志文件的增长限制等。

逻辑模式的存储结构设计主要包括存储的关系模式,关系模式的数据项,数据项的类型、宽度,是否是主键、外键,是否是索引等。

3) 确定数据的存放位置

为了减少访问磁盘的 I/O 操作次数、提高系统性能,应该根据应用情况将数据的易变部分与稳定部分、经常存取部分和存取频率较低部分分开存放。对于有多个磁盘的计算机,可以采用下面几种存取位置的分配方案。

(1) 将表和索引放在不同的磁盘上,这样在查询时,两个磁盘驱动器并行工作,可以提高物理 I/O 读写的效率。

(2) 将比较大的表分别放在两个磁盘上,以加快存取速度,这在多用户环境中特别有效。

(3) 将日志文件、备份文件与数据库对象(表、索引等)放在不同的磁盘上,以改进系统的性能。

(4) 对于经常存取或存取时间要求高的对象(如表、索引)应放在高速存储器(如硬盘)上,对于存取频率小或存取时间要求低的对象(如数据库的数据备份和日志文件备份等,只在故障恢复时才使用),如果数据量很大,可以存放在低速存储设备上。

4) 选取存储介质

存储介质指用于存储系统各类文件的物理存储设备。通用的存储介质主要包括磁盘、磁带、光盘、磁盘阵列 RAID、网络存储等。

针对应用系统的具体需求,通过物理结构设计,根据目前常用存储介质的特征和性能指标,综合考虑应用需求、存储介质的容量、存取速度、费用、接口等因素,选择适用于应用需求的存储介质以及由存储介质组成的存储系统。

5) 确定系统配置

DBMS 产品一般都提供了一些系统配置变量和存储分配参数供设计人员和 DBA 对数据库进行物理优化。在初始情况下,系统都为这些变量赋予了合理的缺省值。但是,这些缺省值不一定适合每一种应用环境。在进行数据库的物理设计时,还需要重新对这些变量赋值,以改善系统的性能。

系统配置变量很多,如同时使用数据库的用户数、同时打开的数据库对象数、数据库的大小等,这些变量影响存取时间和存储空间的分配,在物理设计时就要根据应用环境确定这些变量,以使系统性能最佳。

在物理设计时对系统配置变量的调整只是初步的,在系统运行时还要根据系统实际运行情况做进一步调整,以期切实改进系统性能。

2. 关系模式存取方法的选择

存取方法是用户存取数据库数据的方法和技术。存取方法指对文件采取的存取操作方法,即进行增加、删除、修改操作时如何快速地"存",进行检索查询操作时如何快速地"取"。一种文件组织可以采取多种存取方法进行访问,存取方法的选择将直接影响数据的存取速度和吞吐量,需要考虑的因素主要包括访问类型(指定属性值的查询还是属性值范围的查询)、访问时间、插入删除时间和空间开销等。

为了给用户提供快速高效的数据库共享系统,DBMS需要提供支持多种存取方法的存取机制,使应用系统根据需要选择最佳性能的存取方法,实现对数据库的快速访问。

关系数据库常用的存取方法主要有索引方法、聚簇方法和Hash方法等。

1) 索引方法的选择

实现数据库快速访问的最有效方法是使用索引机制。索引机制指对数据库的数据表,根据查询需要,按照查询数据对应的关键属性,为数据表建立相应的用于快速检索的索引文件(索引文件是用于存储索引表的文件,索引表是由索引属性值与指向索引属性值所在数据页的物理地址的指针构成)。在执行查询操作时,先从索引文件中找到查询的元组在数据表中的地址,再根据这个地址,从数据表中直接取出元组数据。这种先查询索引文件,再从数据表中取值的检索机制称为索引机制。

索引是加到数据库内部的特殊数据结构,定义在数据表的基础之上,有助于无须检查所有记录而快速定位所需记录的一种辅助存储结构。几乎所有的关系数据库管理系统都建立有索引功能,选择索引方法实际上就是根据应用要求确定对关系的哪些属性列建立索引、建立多少个索引、哪些属性列建立组合索引、哪些索引建立唯一索引等。即索引的选择应考虑两个问题:一是对什么关系建立索引,二是选择哪个或哪些属性作为索引码。

选择索引方法的基本原则如下。

(1) 如果一个属性经常在查询条件中出现,则考虑在这个属性上建立索引;如果一组属性经常在查询条件中出现,则考虑在这组属性上建立联合(复合)索引。

(2) 如果一个属性经常作为最大值和最小值等聚集函数的参数,则考虑在这个属性上建立索引。

(3) 如果一个属性经常在连接操作的连接条件中出现,则考虑在这个属性上建立索引;同理,如果一组属性经常在连接操作的连接条件中出现,则考虑在这组属性上建立索引。

(4) 对经常需要执行查询、连接、统计操作而又记录较多的关系建立索引,经常进行插入、删除、修改操作或记录较少的关系和很少作为查询条件的列可避免建立索引。关系上定义的索引数要适当,并不是越多越好,因为系统维护索引要付出代价,更重要的是随着关系中数据的变化,索引需要维护更新以反映数据的变化。

B树索引是最常用的存取方法,而B+树基于B树做了改进,和B树索引的综合指标相比,B+树索引在查询性能上更稳定、更高效。因此,B+树已经被广泛地应用到 DBMS 中。

注意:索引文件需要配合数据文件一起使用,才能进行快速检索,就像一本字典,要实现字的查询,那么字典索引与字典正文必须一起使用。其中,字典索引相当于索引表,字典正文相当于数据表。因此,索引文件单独使用没有任何意义。

2) 聚簇方法的选择

在物理结构设计中,为了改善性能、提高处理效率,特别是为了提高某个属性或属性组的查询速度,把这个属性或属性组上具有相同值的元组集中存放在连续的物理块上的处理称为聚簇,这个属性或属性组称为聚簇码。

聚簇索引指按照关键属性对数据表建立索引时,数据表中的相应元组在磁盘上按照索引的排序方式进行存储,使索引的顺序与数据表中相应元组的物理顺序始终保持一致的索引过程。可以说,聚簇索引中的索引通常定义在聚簇码上,根据索引关键属性的值直接找到数据的物理存储位置,将相同聚簇码值的元组集中存放,减少访问磁盘的次数,从而达到快速检索数据的目的。

聚簇不仅适用于单个数据表,也适用于经常进行连接操作的多个数据表,即把多个连接表的元组按连接属性聚集存放,从而提高连接操作的效率。

因为数据记录只能有一种排序存储方式,所以一个数据表只能有一个聚簇索引,但一个数据库可以建立多个聚簇索引。选择聚簇方法就是确定需要建立多少个聚簇,确定每个聚簇中包括哪些属性。聚簇设计分两步进行。

(1) 根据规则确定候选聚簇,设计候选聚簇的原则如下。

① 对经常在一起进行连接操作的关系可以建立聚簇。

② 如果一个关系的一组属性经常出现在相等、比较条件中,则此单个关系可建立聚簇。

③ 如果一个关系的一个(或一组)属性上的值重复率很高,则此单个关系可建立聚簇。

④ 如果关系的主要应用是通过聚簇码进行访问或连接,而其他属性访问关系的操作很少时,可以使用聚簇。尤其当 SQL 语句中包含与聚簇有关的 ORDER BY、GROUP BY、UNION、DISTINCT 等子句或短语时,使用聚簇特别有利,可以省去对结果集的排序操作。反之,当关系较少利用聚簇码操作时,最好不要使用聚簇。

(2) 从候选聚簇中去除不必要的关系,检查候选聚簇,取消其中不必要关系的方法如下。

① 从聚簇中删除经常进行全表扫描的关系。

② 从聚簇中删除更新操作远多于连接操作的关系。

③ 不同的聚簇中可能包含相同的关系,一个关系可以在某一个聚簇中,但不能同时加入多个聚簇。要从多个聚簇方案(包括不建立聚簇)中选择一个较优的方案,其标准是在这个聚簇上运行各种事务的总代价最小。

(3) 建立聚簇应注意的问题如下。

① 聚簇虽然提高了某些应用的性能,但是建立与维护聚簇的开销是相当大的。

② 对已有的关系建立聚簇,将导致关系中的元组移动其物理存储位置,这样会使关系上原有的索引无效,要想使用原索引就必须重建原有索引。

③ 当一个元组的聚簇码值改变时,该元组的存储位置也要做相应移动,所以聚簇码值

应当相对稳定,以减少修改聚簇码值所引起的维护开销。

需要注意的是,聚簇索引虽然可以提高数据查询的效率,但是会改变数据的物理存储位置,而且会导致数据表的原有索引失效,同时维护费用很大,因此需要谨慎使用。

3)Hash方法的选择

Hash方法又称散列方法。虽然索引技术能够提高数据的访问效率,但是索引的维护费用比较高,查询数据需要首先访问索引文件,才能在主文件中定位记录。基于散列技术的文件组织方式,可以不通过索引就能够进行数据访问。此外,还提供了构造散列索引的方法,使对数据的访问更加快速有效。

散列方法是一种基于散列函数和桶的检索模式,按照这种模式组织的文件称为散列文件,散列文件支持快速存取。如果用该方法存取文件,必须指定文件的一个或一组域为查询的关键字,该域常称为 Hash 域,然后定义一个 Hash 域上的函数,即散列函数,利用散列函数计算出存储数据的桶的地址,再根据桶地址访问桶中的数据。

桶是散列方法的基本存储单位,指在存储介质上用于存储多个元组的存储空间,可以是存储介质上一个或者多个存储块。散列函数是该方法的核心内容,实现索引关键属性值到桶地址值之间的映射。

选择散列方法的规则如下。

如果一个关系的属性主要出现在相等连接条件、相等比较条件中,而且满足下列两个条件之一,则该关系可以选择散列方法。

(1)一个关系的大小可以预知,而且不变。

(2)关系的大小动态改变,而且 DBMS 提供了动态散列方法。

每一种存取方法都可以实现关系中数据的快速检索。由于每一种存取方法都有其自身的优点和缺点,因此针对实际问题,对于关系是否建立索引、建立什么索引、建立多少个索引等的选择是一个复杂的问题。通常根据应用需求并结合索引机制自身的优点进行综合考虑,并最终选择合理的索引机制。

3. 物理结构的评价

物理设计过程中需要对时间效率、空间效率、维护代价和各种用户要求进行权衡,其结果可能会产生多种设计方案。数据库设计人员必须对这些方案进行详细地评价,从中选择一个较优的方案作为数据库的物理结构。

评价物理结构的方法完全依赖于选用的 DBMS,主要是从定量估算各种方案的存储空间、存取时间和维护代价入手,对估算结果进行权衡和比较,选择出一个较优、合理的物理结构。如果该结构不符合用户需求,则需要修改设计。

因此,为了更好地进行数据库的物理结构设计,数据库设计者必须了解选用的 DBMS 的存储管理技术。为了提高系统的性能,物理结构设计应该根据应用系统的处理要求,生成不同的物理存储文件。

3.5.3　物理结构设计案例

视频讲解

本案例数据库的物理结构设计主要针对逻辑模式的存储结构,主要任务是依据逻辑结构设计的结果,确定数据库模式在 DBMS 中存储的逻辑结构。由 3.4.4 节逻辑结构设计阶段得到的高校图书管理数据库的关系数据库模式,在 SQL Server 2019 环境下,使用 T-SQL 定义图书管理数据库的三级模式结构,包括数据库名称,各关系模式的名称,属性的名称、数据类型、长度,该属性是否允许为空值、是否是主码、是否为索引项及约束条件等,确定视图名称、属性以及索引名称等。其中,名称的定义要符合标识符的命名规则,为了便于数据库的操作和维护,一般用英文单词代替,本书为了阅读方便,名称命名使用的是中文。表 3-5～表 3-8 详细列出了图书管理数据库中各关系模式的设计情况。

表 3-5 读者类别表

列　名	数据类型	长　度	列级约束	表级约束	备　注
类别编号	nvarchar	2	唯一,非空	主键	
类别名称	nvarchar	10	非空		
可借阅天数	tinyint	1	非空		
可借阅数量	tinyint	1	非空		
超期罚款额	smallmoney	4	非空		

表 3-6 读者表

列　名	数据类型	长　度	列级约束	表级约束	备　注
读者卡号	nvarchar	10	唯一,非空	主键	
姓名	nvarchar	16	非空		索引项(升序)
性别	nvarchar	1	非空		男,女
单位	nvarchar	30	非空		
办卡日期	date	3	非空		yyyy-mm-dd
卡状态	nvarchar	5	非空		
类别编号	nvarchar	2	非空	外键	

表 3-7 图书表

列　名	数据类型	长　度	列级约束	表级约束	备　注
图书编号	nvarchar	8	唯一,非空	主键	
书名	nvarchar	40	非空		索引项(升序)
类别	nvarchar	16	非空		
作者	nvarchar	16	非空		
出版社	nvarchar	20	非空		
出版日期	date	3	非空		
单价	smallmoney	4	非空		
库存数量	tinyint	1			

表 3-8 借阅表

列　名	数据类型	长　度	列级约束	表级约束	备　注
读者卡号	nvarchar	10	非空	主属性,外键	
图书编号	nvarchar	8	非空	主属性,外键	
借书日期	date		非空		yyyy-mm-dd
还书日期	date		非空		yyyy-mm-dd

3.6　数据库的实施

对数据库的物理设计进行初步评价以后,就可以进行数据库的实施了。数据库实施阶段的主要任务是根据数据库逻辑结构和物理结构设计的结果,在实际的计算机系统中建立数据库的结构、装载数据、测试程序、对数据库的应用系统进行试运行等。具体工作是:设计人员用 DBMS 提供的数据定义语言和其他实用程序将数据库逻辑设计设计和物理设计结果严格描述出来,使数据模型成为 DBMS 可以接受的源代码;再经过调试产生目标模式,完成建立定义数据库结构的工作;最后组织数据入库,并运行应用程序进行调试。

1. 建立数据库的结构

利用给定的 DBMS 提供的命令,建立数据库的模式、子模式和内模式。对关系数据库来说,就是创建数据库和建立数据库中包含的各个基本表、视图、索引。此部分内容将在第6 章详细介绍。

2. 数据的装载和应用程序的编制调试

数据的装载是数据库实施阶段最主要的工作,一般数据库系统中,数据量都很大,而且来源部门中各个不同的单位,分散在各种不同的单据或原始凭证中,数据的组织方式、结构和格式都与新设计的数据库系统有相当的差距,数据载入就是要将各种源数据从各个局部应用中抽取出来,输入到计算机后再进行分类转换,综合成符合新设计的数据库结构的形式,最后输入数据库。因此,数据转换和组织数据入库工作是一件耗费大量人力、物力的工作。

为提高数据输入工作的效率和质量,应该针对具体的应用环境设计一个数据录入子系统,由计算机完成数据入库的任务。为了防止不正确的数据输入到数据库内,应当采用多种方法多次地对数据检验。现有的 DBMS 一般都提供不同的 DBMS 之间数据转换的工具,若原有系统是数据库系统,就可以利用新系统的数据转换的工具,先将原系统中的表转换成新系统中相同结构的临时表,再将这些表中的数据分类、转换,综合成符合新系统的数据模式,插入相应的表中。

数据库应用程序的设计应该与数据库设计同时进行,因此,在组织数据入库时,还要调试应用程序。

需要注意的是,装载数据时,一般是分期分批地组织数据入库,先输入小批量数据进行调试,等系统试运行结束基本合格后,再大批量输入数据,逐步增加数据量,逐步完成运行评价。

3. 数据库的试运行

在原有系统的部分数据输入到数据库后,就可以开始对数据库系统进行联合调试,从而进入到数据库的试运行阶段。其主要工作如下。

1) 测试应用程序功能

实际运行数据库应用程序,执行对数据库的各种操作,测试应用程序功能是否满足设计要求,如果应用程序的功能不能满足设计要求,则需要对应用程序部分进行修改、调整,直到达到设计要求为止。

2) 测试系统的性能指标

测试系统的性能指标,分析其是否符合设计目标。由于对数据库进行物理设计时考虑的性能指标是估计的,和实际系统运行有一定的差距,因此必须在试运行阶段实际测试和评价系统性能指标。

在此阶段由于系统还不稳定,软、硬件故障随时都可能发生。同时,系统的操作人员对新系统还不熟悉,误操作也不可避免。因此,在数据库试运行时,应首先调试运行 DBMS 的恢复功能,做好数据库的转储和恢复工作,一旦发生故障,能使数据库尽快恢复,尽量减少对数据库的破坏。

3.7 数据库的运行和维护

数据库试运行合格后,即可投入正式运行了,这标志着数据库开发工作基本完成。但是,由于应用环境在不断变化,数据库运行过程中物理存储也会不断变化,对数据库设计进行评价、调整、修改等维护工作是一个长期的任务,也是设计工作的继续和提高。

在数据库运行阶段,对数据库经常性的维护工作主要是由 DBA 完成的。数据库的维护工作包括以下四项。

1) 数据库的转储和恢复

数据库的转储和恢复是系统正式运行后最重要的维护工作之一。数据库管理员要针对不同的应用要求制定不同的转储计划,以保证一旦发生故障尽快将数据库恢复到某种一致的状态,并尽可能减少对数据库的破坏。

2) 数据库的安全性、完整性控制

在数据库运行过程中,由于应用环境的变化,对安全性的要求也会发生变化。例如,有的数据原来是机密的,现在变成可以公开查询的,而新加入的数据又可能是机密的了。系统中用户的密级也会变化。这些都需要 DBA 根据实际情况修改原有的安全性控制。同样,数据库的完整性约束条件也会变化,也需要 DBA 不断修正,以满足用户要求。

3) 数据库性能的监督、分析和改造

在数据库运行过程中,监督系统运行、对监测数据进行分析并找出改进系统性能的方法是 DBA 的又一项重要任务。目前,有些 DBMS 产品提供了监测系统性能参数的工具,DBA 可以利用这些工具方便地得到系统运行过程中一系列性能参数的值。DBA 应仔细分析这些数据,判断当前系统运行状态是否是最佳,应当做哪些改进,如调整系统物理参数或对数据库进行重组织、重构造等。

4) 数据库的重组与重构

数据库运行一段时间后,由于记录不断地增加、删除和修改,会使数据库的物理存储情况变坏,降低数据的存取效率,数据库的性能下降。这时,DBA 就要对数据库进行重组织或部分重组织(只对频繁增删的表进行重组织)。数据库的重组指在不改变数据库逻辑结构和物理结构的情况下,删除数据库存储文件的废弃空间及碎片空间的指针链,使数据库记录在物理上紧连。DBMS 一般都提供数据重组用的实用程序。在重组的过程中,按原设计要求重新安排存储位置、回收垃圾等,以提高系统性能。

数据库的重构指当数据库的逻辑结构不能满足当前数据处理的要求时,对数据库的模式和内模式进行修改。由于数据库应用环境发生变化,如增加了新的应用或新的实体、取消了某些应用、有的实体与实体间的联系发生了变化等,使原有的数据库设计不能满足新的需求,需要调整数据库的模式和内模式。又如,在表中增加或删除某些数据项、改变数据项的类型、增加或删除某个表、改变数据库的容量、增加或删除某些索引等。当然,数据库的重构也是有限的,只能做部分修改。如果应用变化太大,重构也无济于事,说明此数据库应用系统的生命周期已经结束,应该设计新的数据库应用系统了。

一个好的数据库设计,不仅可以为用户提供所需的全部信息,而且必须提供准确、快速、安全的服务,数据库的管理和维护相对才会简单。对数据库应用系统来说,数据库是基础,只有把系统的数据库设计好,才可能实现一个实用的数据应用系统,否则,整个系统也是一个失败的系统。

习题 3

1. 选择题

(1) 用例图是用于数据库设计中( )阶段的工具。

    A. 概要设计   B. 逻辑设计   C. 程序编码   D. 需求分析

(2) 获取用户的需求后,面向对象分析的主要工作是建立问题领域的对象模型,对象模型的关键是确定( )。

    A. 对象所属的类   B. 对象的属性

    C. 对象的操作   D. 对象之间的关系

(3) 概念结构设计是通过对用户需求进行综合、归纳与抽象,形成一个独立于具体DBMS的( )。

    A. 数据模型   B. 概念模型   C. 层次模型   D. 关系模型

(4) 数据库设计人员和用户之间沟通信息的桥梁是( )。

    A. 程序流程图   B. 实体联系图   C. 模块结构图   D. 数据结构图

(5) 数据库设计的概念设计阶段,表示概念结构的常用方法和描述工具是( )。

    A. 层次分析法和层次结构图   B. 用例分析法和用例图

    C. 实体联系方法   D. 结构分析法和模块结构图

(6) 在关系数据库设计中,设计关系模式是数据库设计中( )阶段的任务。

    A. 逻辑设计阶段   B. 概念设计阶段

    C. 物理设计阶段   D. 需求分析阶段

(7) 在数据库设计中,将 E-R 图转换成关系数据模型的过程属于( )。

    A. 需求分析阶段   B. 逻辑设计阶段   C. 概念设计阶段   D. 物理设计阶段

(8) 在关系数据库设计中,对关系进行规范化处理,使关系达到一定的范式,如达到3NF,这是( )阶段的任务。

    A. 需求分析阶段   B. 概念设计阶段   C. 物理设计阶段   D. 逻辑设计阶段

(9) 设计子模式属于数据库设计的( )。

    A. 需求分析阶段   B. 概念设计阶段   C. 物理设计阶段   D. 逻辑设计阶段

(10) 数据库设计可划分为六个阶段,每个阶段都有自己的设计内容,"为哪些关系,在哪些属性上建什么样的索引"这一设计内容应该属于( )设计阶段。

    A. 概念结构设计   B. 逻辑结构设计   C. 物理结构设计   D. 全局结构设计

(11) 数据库设计中,确定数据库存储结构,即确定关系、索引、聚簇、日志、备份等数据的存储安排和存储结构,这是数据库设计的( )。

    A. 需求分析阶段   B. 逻辑设计阶段   C. 概念设计阶段   D. 物理设计阶段

(12) 数据库物理设计完成后,进入数据库实施阶段,( )一般不属于实施阶段的工作。

    A. 建立库结构   B. 系统调试   C. 加载数据   D. 扩充功能

(13) 在数据库设计中,子类与超类存在着( )。

    A. 相容性联系   B. 调用的联系   C. 继承性的联系   D. 一致性联系

(14) 当同一个实体集内部实体之间存在着一个 m∶n 的联系时,根据 E-R 模型转换成关系模型的规则,转换成关系的数目为( )。

    A. 1   B. 2   C. 3   D. 4

(15) 在 E-R 模型中,如果有四个不同的实体型,三个 m∶n 联系,根据 E-R 模型转换为关系模型的规则,转换为关系的数目是( )。

    A. 4   B. 5   C. 6   D. 7

(16) 从 E-R 图导出关系模型时,如果实体间的联系是 m∶n 的,下列说法中正确的是( )。

    A. 将 n 方码和联系的属性纳 m 方的属性中

    B. 将 m 方码和联系的属性纳入 n 方的属性中

    C. 增加一个关系表示联系,其中纳入 m 方和 n 方的码

    D. 在 m 方属性和 n 方属性中均增加一个表示级别的属性

(17) 下列有关 E-R 模型向关系模型转换的叙述中,不正确的是( )。

    A. 一个实体型转换为一个关系模式

    B. 一个 1∶1 联系可以转换为一个独立的关系模式,也可以与联系的任意一端实体所对应的关系模式合并

    C. 一个 1∶n 联系可以转换为一个独立的关系模式,也可以与联系的任意一端实体所对应的关系模式合并

    D. 一个 m∶n 联系转换为一个关系模式

(18) 对数据库的物理设计优劣评价的重点( )。

    A. 时空效率   B. 动态和静态性能

    C. 用户界面的友好性   D. 成本和效益

(19) 一个仓库可以存放多种零件,每种零件只能存放在一个仓库中,仓库和零件之间为( )的联系。

    A. 一对一   B. 一对多   C. 多对多   D. 多对一

(20) 当一个客户向同一个银行申请多笔贷款时,则贷款联系集转化关系模式的主码应该是( )。

    A. 客户编号   B. 客户编号+银行编号

    C. 银行编号   D. 客户编号+银行编号+贷款日期

2. 简答题

(1) 简述数据库设计的主要步骤和每一个阶段的具体任务。

(2) 简述面向对象方法需求分析阶段的主要工作。

(3) 试述数据库概念结构设计的重要性和设计步骤。

(4) 什么是 E-R 图,构成 E-R 图的基本要素是什么?

(5) 局部 E-R 图合并为全局 E-R 图时主要存在哪些冲突? 如何解决?

(6) 什么是关系数据库的逻辑结构设计? 试述其设计步骤。

(7) 影响数据库物理结构设计的主要因素有哪些?

3. 设计题

(1) 一个企业的职工信息管理数据库要求提供下述服务。

① 可随时查询各个部门的部门编号、部门名称、部门负责人等信息,以及现有职工的工号、姓名、性别、出生日期、所在部门等信息。并约定一个部门有多名职工,一名职工来自一个部门,一个部门只有一个负责人。

② 可随时查询企业的岗位设置情况,包括岗位编号、岗位名称、基本工资等,并约定一个岗位有多名职工,一名职工只能属于一个岗位。

③ 该数据库还可描述职工参加培训课程的情况,包括培训课程的课程号、课程名、学时以及培训成绩。并约定,在不冲突的情况下,一名职工可培训多门课程,同一门课程可同时安排多名职工进行培训。

根据以上情况,完成如下工作:

① 试为该企业的职工信息管理系统设计一个 E-R 模型,并在图上注明属性、实体主标识符、联系类型。

② 设计此数据库的关系模式,要求满足 3NF 范式以上,并标识主码和外码。

(2) 一个学校的师资管理数据库要求提供下述服务。

① 可随时查询各个院系的系编号、系名称、系负责人等信息,以及现有教师的教师工号、教师姓名、年龄、职称、所在教研室、聘用日期等信息。并约定一个系有多名教师,一名教师从属于一个系,一个系只有一个负责人。

② 可随时查询各个教师的任课情况,包括所授课程的课程编号、课程名、学分。并约定一个教师可教多门课程,每门课程可由多位教师担任。

③ 该数据库还可描述教师研究课题的情况,包括课题的课题号、课题名、计划完成日期、实际完成日期及研究课题的最终成果。并约定,一个教师可研究多个课题,一个课题可由多个教师完成。

根据以上情况,完成如下工作:

① 试为该学校师资管理部门设计一个 E-R 模型,并在图上注明属性、主标识符、联系类型。

② 将 E-R 模型转换成满足 3NF 的关系模式,并标识主码和外码。

(3) 某医院病房需要设计一个数据库系统来管理该医院病房的业务信息,涉及如下信息。

科室:科名,科地址,科电话,医生姓名;

病房:病房号,床位号,所属科室名;

医生:工作证号,姓名,职称,年龄,所属科室名;

病人:病历号,姓名,性别,诊断,主管医生,病房号。

其中,一个科室有多个病房、多名医生;一个病房只能属于一个科室;一名医生只能属于一个科室,但可负责多个病人的诊治;一个病人的主管医生只有一个。

根据以上情况,完成如下工作:

① 设计该系统的 E-R 模型,并在图上注明属性、联系类型、主标识符。

② 将 E-R 模型转换成满足 3NF 的关系模式,并标识主码和外码。

(4) 在一个软件开发公司中,有来自不同部门的程序员,他们共同完成软件整体开发。现要求从该软件开发公司中的数据库中提供下述服务。

① 可随时查询各个部门的编号、名称、部门负责人。一个部门有多个程序员,一个程序员只能属于一个部门。

② 可随时查询各个办公室情况,包括办公室编号、地点、电话。一个部门可有多个办公室,一个办公室只能属于一个部门。

③ 可随时查询每个程序员的信息,包括程序员编号、姓名、年龄、性别、职称、入职时间。

④ 该数据库还可提供软件项目的信息,包括项目编号、项目名称、版权等信息。在程序设计工作中,一位程序员可以参与多个项目,一个项目是由多位程序员共同完成。对每位程序员参与某个项目的设计要记录其开始时间及结束时间。

根据以上情况,完成如下工作:

① 试为该数据库设计一个 E-R 模型,并在图上注明属性、联系类型、主标识符。

② 将 E-R 模型转换成满足 3NF 的关系模式,并标识主码和外码。

(5) 有一田径运动会组委会需建立数据库系统进行管理,要求反映如下信息。

裁判员数据:姓名,年龄,性别,等级;

运动员数据:号码,姓名,年龄,性别,比赛成绩;

运动项目数据:名称,比赛时间,比赛地点,最高纪录。

其中,每个裁判员只能裁判一个运动项目。每个运动员可以参加多个运动项目,取得不同运动项目的比赛成绩。

根据以上情况,完成如下工作:

① 设计该系统的 E-R 模型,并在图上注明属性、主标识符、联系类型。

② 将 E-R 模型转换成满足 3NF 的关系模式,并标识主码和外码。

(6) 一个学校的社团管理数据库要求反映如下信息。

学生的属性有:学号,姓名,出生年月,班号,宿舍号;

班级的属性有:班号,班长,专业名,人数;

学院的属性有:学院编号,学院名称,办公地点;

学生社团的属性有:社团名称,成立年份,地点;

其中,一个学院有若干个班级,每个班级有若干学生。每个学生可以参加若干社团,每个社团有若干学生。学生参加某个社团有一个入会年份。

根据以上情况,完成如下工作。

① 设计该系统的 E-R 模型,并在图上注明属性、主标识符、联系类型;

② 将 E-R 模型转换成满足 3NF 的关系模式,并标识主码和外码。

第 4 章
关系数据库规范化理论

学习目标

- 理解关系模式规范化的必要性,理解数据依赖、函数依赖、逻辑蕴涵及范式的概念;
- 掌握各种范式判定的条件及关系数据库规范化的过程,并能够根据应用语义,完整地写出关系模式的数据依赖集合,同时,能根据数据依赖分析某一个关系模式满足第几范式;
- 掌握数据依赖的公理系统,属性集闭包的含义和作用,模式分解的准则;
- 了解满足不同范式要求的模式分解算法;
- 能够运用函数依赖理论对关系模式逐步求精,逐步掌握运用规范化理论设计满足实际应用需求的数据库。

重点:关系规范化的必要性,函数依赖、范式的基本概念和定义,关系规范化的方法。

难点:属性集闭包算法,逻辑蕴涵,模式分解算法。

一个关系数据库包含一组关系,关系模式是用来定义关系的,定义这组关系的关系模式的全体就构成了该数据库的模式。对于同一个组织管理的业务问题,不同的设计者可能会设计出不同的数据库模式。那么,什么样的数据库模式是一个"好"的模式?如何设计一个"好"的数据库模式?这正是本章需要解决的问题。

4.1　问题导入

关系数据库的设计归根结底是如何构造关系,也就是要研究面对一个现实问题,如何构造一个适合它的关系模式。而设计结构合理、简单实用的关系模式需要遵循一定的原则、符合一定的规范化要求。实际上,设计一种数据库应用系统,都会遇到如何构造合适的数据库模式即逻辑结构的问题。由于关系模型可以向其他数据模型转换,因此,人们就以关系模型为背景,形成了数据库逻辑设计的一个有力工具——关系数据库设计的规范化理论。

4.1.1　关系模式规范化的必要性

关系模式的集合就构成了关系数据库模式。由于现实世界的许多已有事实限定了关系模式所有可能的关系必须满足一定的完整性约束条件,这些约束要么通过属性的取值范围加以限定,要么通过属性值间的相互联系反映出来。属性值间的相互联系称为数据依赖,数据依赖是关系数据模式设计的关键。因此,关系模式应当描述它所包含的属性以及属性之间的联系。于是一个关系模式应当是一个五元组

$$R(U,D,DOM,F)$$

其中,R 为关系名;U 为关系 R 的全部属性集合;D 为 U 中属性所来自的域;DOM 为 U 与 D 之间映射;F 为 U 上的一组约束,即数据依赖的集合。

由于域以及它的属性之间的映射对关系模式的设计关系不大,因此,在本章中,把关系模式简化为一个三元组:$R(U,F)$,有时仅用 $R(U)$ 表示。

1. 导入案例

以高校图书管理系统的数据库为例,假如要为该系统设计一个数据库,为讨论问题方便,要求设计的数据库能够描述图书信息、读者信息、出版社信息以及读者借阅图书的详细信息。其中,图书信息包括图书编号、书名、类别、作者、单价、出版日期、库存数量等;出版社信息包括出版社名称、地址;借阅信息包括读者卡号、图书编号以及借书日期、还书日期等。

由现实世界的已知事实,可以得知:一个出版社拥有若干类别的若干图书,一本图书只能属于一个图书出版社,一个出版社拥有一个出版社地址(指总部地址),一个读者可以借阅多种类别的多本图书,读者借阅图书需要记录相应的借书日期和还书日期。

根据系统需求及需要描述的信息,如何给高校图书管理系统设计一个适合它的数据库,将是影响系统运行效率及系统成败的关键。

假如将数据库模式设计为一个关系,则关系模式为

图书管理(读者卡号,姓名,性别,办卡日期,图书编号,书名,类别,作者,单价,出版社名称,地址,出版日期,库存数量,借书日期,还书日期)

为了说明问题,对图书管理关系取若干实例,如表 4-1 所示。

根据实际的语义,可以得知"图书管理"关系模式的主码为(读者卡号,图书编号),仅从关系模式上看,该关系已经包括了系统需要获得的信息。如果按此关系模式建立关系,并对其进行深入分析,就会发现其中存在严重的问题。

2. 关系可能出现的问题

从表 4-1 中的数据情况可以看出,该关系模式在使用过程中会存在以下操作异常问题。

1) 数据冗余大

所谓数据冗余大指数据库中重复存储的数据过多。

如果一个读者借阅了多本图书,则同一个读者的信息,读者卡号、姓名、性别、办卡日期等就相应地重复存储多次,同一个读者信息重复存储的次数等于该读者借阅图书的册数,造成数据冗余。同样,同一书号的图书可能被多个不同读者借阅,则该图书的图书编号、书名、类别、作者、单价、出版社名称、地址的信息也要重复存储多次,并且出版社名称和地址冗余更大,因为存在多个读者借阅不同的图书来自同一个出版社的情况。

2) 插入异常

所谓插入异常,指在对数据库进行插入操作时,应该插入的数据插不进去。

如果出版社新出版了一批图书,但目前没有读者借阅,则图书的所有信息就无法插入,因为"图书管理"关系模式的主码是(读者卡号,图书编号),没有读者借阅图书,使得读者卡号的值为空。也就是说主属性的值为空,不满足关系的实体完整性规则,因此图书信息无法插入,从而引起插入异常。

表 4-1　图书管理关系

读者卡号	姓名	性别	单位	办卡日期	图书编号	书名	类别	作者	单价/元	出版社名称	地址	出版日期	库存数量	借书日期	还书日期
2100001	李丽	女	数计学院	2021-03-10	GL0003	管理学原理	管理	赵玉田	38.00	科学出版社	北京	2021-01-01	4	2021-04-10	2021-07-10
2100001	李丽	女	数计学院	2021-03-10	JSJ004	疯狂 Java 讲义(第5版)	计算机	李刚	139.00	电子工业出版社	北京	2020-04-10	4	2020-12-25	2021-02-10
2100002	赵健	男	数计学院	2021-03-10	JSJ001	Python 数据挖掘与机器学习	计算机	魏伟一	59.00	清华大学出版社	北京	2021-04-01	4	2021-04-10	
2100002	赵健	男	数计学院	2021-03-10	JSJ003	数据库应用与开发教程	计算机	卫琳	42.00	清华大学出版社	北京	2021-03-01	4	2021-04-10	
2100002	赵健	男	数计学院	2021-03-10	JSJ008	数据库原理及应用 SQL Server 2019(第2版)	计算机	贾铁军	65.00	机械工业出版社	北京	2020-03-01	4	2021-04-10	
2100003	张飞	男	数计学院	2020-09-10	GL0003	管理学原理	管理	赵玉田	38.00	科学出版社	北京	2021-01-01	3	2021-03-10	
2100003	张飞	男	数计学院	2020-09-10	JSJ001	Python 数据挖掘与机器学习	计算机	魏伟一	59.00	清华大学出版社	北京	2021-04-01	3	2021-04-06	
2100004	赵亮	男	数计学院	2021-03-10	GL0003	管理学原理	管理	赵玉田	38.00	科学出版社	北京	2021-01-01	2	2021-05-10	2021-07-10
2100004	赵亮	男	数计学院	2021-03-10	JSJ001	Python 数据挖掘与机器学习	计算机	魏伟一	59.00	清华大学出版社	北京	2021-04-01	2	2021-05-10	2021-07-10
2100004	赵亮	男	数计学院	2021-03-10	JSJ005	大数据分析	计算机	程学旗	48.00	高等教育出版社	北京	2021-03-01	4	2021-05-10	2021-07-10
2100005	张晓	女	管理学院	2021-09-10	GL0002	产品经理的自我修炼	管理	张晨静	52.00	人民邮电出版社	北京	2021-03-01	4	2021-03-20	2021-05-20
2100005	张晓	女	管理学院	2021-09-10	GL0003	管理学原理	管理	赵玉田	38.00	科学出版社	北京	2021-01-01	1	2021-03-20	
2200001	杨少华	男	管理学院	2021-09-10	GL0001	APP 营销实战	管理	谭贤	58.00	人民邮电出版社	北京	2021-03-01	4	2021-07-13	
2200001	杨少华	男	管理学院	2021-09-10	GL0002	产品经理的自我修炼	管理	张晨静	52.00	人民邮电出版社	北京	2021-05-01	3	2021-07-13	

3）删除异常

所谓删除异常，指在对数据库进行删除操作时，不该删除的数据却被删除掉了。

在图书管理数据库中，假如某个出版社的全部图书由于知识过于陈旧、技术过老等原因需要从库中全部删除时，则会随之删除出版社和出版社地址。但此出版社依然存在，而在数据库却无法找到该出版社的信息，即出现了删除异常。

4）更新异常

由于存在数据冗余，容易导致更新异常。例如，如果修改某一图书的出版社地址，就必须对数据库中的该出版社所有图书信息对应的地址进行修改，这不仅增加了代价，如果稍有不慎，还可能出现一部分数据元组修改了，而另一部分元组没有被修改的情况，存在潜在的数据不一致性问题，即出现了更新异常。

综上所述，尽管"图书管理"关系模式看起来比较简单，但存在的问题比较多，因此，上述设计的"图书管理"关系模式是不合理的。

4.1.2 关系模式的规范化

"图书管理"关系模式之所以不合理，存在多种操作异常，主要是因为关系模式的结构设计不合理，即关系中属性之间存在着过多不同程度的数据依赖关系。"读者"和"图书"的所有属性不是由"图书管理"的主码（读者卡号，图书编号）共同决定的。例如，某本图书所属的出版社和出版社地址仅仅通过图书编号就可以确定，而与读者卡号没有关系。也就是说，关系模式中除了所有属性对码属性的数据依赖外，还存在其他属性之间存在的数据依赖关系。

在上述"图书管理"关系模式中，只要确定了关系模式的主码，数据库中关系的整条记录就确定了，记录的分量自然而然也就确定了，也就是"图书管理"关系中所有其他属性都依赖于读者卡号和图书编号。但在现实世界，特别是在考虑这些实体对象的插入、删除、修改等动态属性时，可以看出，出版社有新书，只要图书管理员统一了图书编号，图书的其他信息就能够确定，便可以向数据库中录入相关图书信息，不需要等到读者借阅图书时才进行录入；出版社地址也不直接由图书编号决定，而是由出版社名称决定，只要给出出版社名称，就能找到对应的出版社地址等其他信息。因此，在"图书管理"关系模式中，存在多余的数据依赖关系与现实世界不相符的情况，在数据库设计中应该消除这些异常情况，使所设计的关系模式满足一定的要求，达到一定的规范程度，这样，便引入了关系的规范化理论。

将上面的"图书管理"关系模式通过投影分解为以下四个新的关系模式。

读者（读者卡号，姓名，性别，单位，办卡日期）；

图书（图书编号，书名，类别，作者，单价，出版社名称，出版日期，库存数量）；

出版社（出版社名称，地址）；

借阅（读者卡号，图书编号，借书日期，还书日期）。

这样的分解，将读者、图书、出版社、借阅四个相对独立的实体分开，体现了"一事一地"的原则，从而更加符合现实世界的客观情况。表 4-1 的数据按分解后的关系模式组织，得到如表 4-2～表 4-5 的四个关系。

表 4-2　读者关系

读者卡号	姓　名	性　别	单　位	办卡日期
2100001	李丽	女	数计学院	2021-03-10
2100002	赵健	男	数计学院	2021-03-10
2100003	张飞	男	数计学院	2021-09-10
2100004	赵亮	男	数计学院	2021-03-10
2100005	张晓	女	管理学院	2021-09-10
2200001	杨少华	男	管理学院	2021-09-10
2200002	王武	男	数计学院	2021-10-10

表 4-3　出版社关系

出版社名称	地　址
电子工业出版社	北京
机械工业出版社	北京
科学出版社	北京
清华大学出版社	北京
人民邮电出版社	北京
高等教育出版社	北京
南海出版社	海口
西安电子科技大学出版社	西安

表 4-4　图书关系

图书编号	书　名	类别	作者	单价/元	出版社名称	出版日期	库存数量
GL0001	APP 营销实战	管理	谭贤	58.00	人民邮电出版社	2021-03-01	4
GL0002	产品经理的自我修炼	管理	张晨静	52.00	人民邮电出版社	2021-03-01	3
GL0003	管理学原理	管理	赵玉田	38.00	科学出版社	2021-01-01	1
JSJ001	Python 数据挖掘与机器学习	计算机	魏伟一	59.00	清华大学出版社	2021-04-01	2
JSJ002	机器学习	计算机	赵卫东	58.00	人民邮电出版社	2020-09-01	5
JSJ003	数据库应用与开发教程	计算机	卫琳	42.00	清华大学出版社	2021-03-01	4
JSJ004	疯狂 Java 讲义（第 5 版）	计算机	李刚	139.00	电子工业出版社	2020-04-01	4
JSJ005	大数据分析	计算机	程学旗	48.00	高等教育出版社	2021-03-01	4
JSJ006	Web 前端开发	计算机	刘敏娜	49.00	清华大学出版社	2021-03-01	5
JSJ007	MySQL 管理之道：性能调优、高可用与监控	计算机	贺春旸	69.00	机械工业出版社	2021-01-01	5
JSJ008	数据库原理及应用 SQL Server 2019（第 2 版）	计算机	贾铁军	65.00	机械工业出版社	2020-08-01	4
SK0001	请不要辜负这个时代	社科	周小平	32.00	南海出版社	2020-11-01	5

表 4-5 借阅关系

读者卡号	图书编号	借书日期	还书日期
2100001	GL0003	2021-04-10	2021-07-10
2100001	JSJ004	2020-12-25	2021-02-27
2100002	JSJ001	2021-04-10	
2100002	JSJ003	2021-04-10	
2100002	JSJ008	2021-03-10	
2100003	GL0003	2021-03-10	
2100003	JSJ001	2021-04-06	
2100004	GL0003	2021-05-10	2021-07-10
2100004	JSJ001	2021-05-10	2021-07-10
2100004	JSJ005	2021-05-10	2021-07-10
2100005	GL0002	2021-03-20	2021-05-20
2100005	GL0003	2021-03-20	
2200001	GL0001	2021-07-13	
2200001	GL0002	2021-07-13	

对照表 4-1 和表 4-2～表 4-5 会发现,分解后的关系模式克服了原来设计的"图书管理"关系模式的存储异常问题。图书馆新增的图书不会因为没有读者借阅就不能录入到数据库中;一个出版社的基本信息也不会因为数据库中没有相关的图书信息就不存在,这样设计的关系模式更加合理和实用。因此,为了避免数据冗余、插入异常、删除异常和更新异常等情况的发生,在设计关系模式时,需要对关系模型进行合理地分解,即对关系模式进行规范化处理。

1. 关系模式规范化的概念

什么是关系模式的规范化呢？所谓规范化,就是把一个存在数据冗余大、插入异常、删除异常和更新异常等情况的关系模式通过模式分解的方法转换为"较好"关系模式的集合,这个过程叫作关系模式的规范化。

关系数据库的设计,主要是关系模式的设计。关系模式设计的"好坏"将直接影响数据库设计的成败。将关系模式规范化,使其达到"好"关系模式的唯一途径。否则,设计的关系数据库将会产生一系列的问题。

2. 关系模式应满足的基本要求

"好"的关系模式除了能满足用户对数据库信息存储和查询的基本要求外,还应当使设计的数据库满足如下的要求。

1）元组的每个分量必须是不可分割的数据项

关系数据库特别强调,关系中的属性是不可分割的,不能是组合属性,必须是基本项,并把这一要求规定为鉴别二维表格是否为"关系"的标准。如果二维表格结构的数据项都是基本项,则该二维表格为关系,它满足关系模式的第一范式的要求,关系的规范化就是在这个要求的基础上进一步地规范;如果二维表格中含有组合属性,必须将其转换为原子项,这是关系数据库最基本的要求。

换一种角度讲,假如"出版社"关系中出版社地址含有省、市两项,如表 4-6 所示。这样就会使关系结构变为多层次的混合结构。它将大大增加关系操作的表达、优化的难度,影响其执行速度,使有些问题变得非常难处理,所以,关系中必须遵守这一规定。

表 4-6 　出版社关系

出版社	出版社地址	
	省	市
西安电子大学出版社	陕西	西安
西南财经大学出版社	四川	成都

2) 数据库中的数据冗余应尽可能少

数据冗余是数据库最忌讳的问题。因为数据冗余大会浪费大量的存储空间,使系统负担加重,由于数据库中的数据量剧增,冗余还可能造成数据的不完整,增加数据维护的代价,使得数据库用户在对数据进行查询和数据统计操作时比较困难,并且容易导致错误的统计结果。主要表现在以下几个方面。

(1) 浪费存储空间。

(2) 可能造成数据的不一致性,产生插入、删除和更新异常。

(3) 增加了插入、删除和更新数据的时间。

表 4-7 所示的图书信息表中就存在同一个出版社的地址信息重复存储的问题。

需要说明的是,尽管关系数据库是根据外码建立不同关系之间的连接运算,外码数据是关系数据库不可消除的数据冗余,但在设计数据库时,应尽最大努力将数据冗余控制在最小的范围内,不必要的数据冗余应坚决消除。

表 4-7 　图书信息表

图书编号	书　名	作　者	单价/元	出版社名称	地　址
JSJ001	Python 数据挖掘与机器学习	魏伟一	59.00	清华大学出版社	北京
JSJ003	数据库应用与开发教程	卫琳	42.00	清华大学出版社	北京
JSJ006	Web 前端开发	刘敏娜	49.00	清华大学出版社	北京

3) 在插入数据时,数据库中的数据不能产生插入异常现象

由于关系的实体完整性规则要求关系的主属性不能为空,用以区分关系中的不同元组,在不规范的数据表中插入数据时,如果关系的主码为空或者只有主码的部分属性值,将会出现一些有用数据无法插入的情况。出现插入异常现象的主要原因是数据库设计时,多种信息混合放在一个表中,造成一种信息被捆绑在其他信息上而产生信息之间相互依附存储的问题,这使得应该插入的信息不能独立地插入数据库。如表 4-8 所示,图书关系的主码为图书编号,则插入新的出版社"北京大学出版社"时,由于还没有相应出版社的图书,图书编号为空值,所以无法插入。

表 4-8 　图书信息插入异常

图书编号	书　名	作　者	出版社名称	地　址
JSJ001	Python 数据挖掘与机器学习	魏伟一	清华大学出版社	北京
JSJ002	机器学习	赵卫东	人民邮电出版社	北京
JSJ003	数据库应用与开发教程	卫琳	清华大学出版社	北京
JSJ004	疯狂 Java 讲义(第 5 版)	李刚	电子工业出版社	北京
JSJ005	大数据分析	程学旗	高等教育出版社	北京
JSJ006	Web 前端开发	刘敏娜	清华大学出版社	北京
			北京大学出版社	北京

4）数据库中的数据不能在删除操作时产生删除异常现象

与插入问题相反,删除操作容易引起信息丢失。如表4-9所示,当删除图书表中最后一条记录图书编号为"SK0001"的图书信息时,相应的南海大学出版社的信息也被删除,由此引起删除异常。删除异常同样是由于数据库结构不合理而产生的。在不规范化的数据库表中,多种信息捆绑在一起,当被删除信息中含有关系的主码时,由于关系需要满足实体完整性规则,如果删除某条记录,会将有用数据一起删除。

表 4-9　图书信息删除异常

图 书 编 号	书　　　　名	作　　者	出版社名称	地　　址
JSJ001	Python 数据挖掘与机器学习	魏伟一	清华大学出版社	北京
JSJ002	机器学习	赵卫东	人民邮电出版社	北京
JSJ003	数据库应用与开发教程	卫琳	清华大学出版社	北京
JSJ004	疯狂 Java 讲义(第 5 版)	李刚	电子工业出版社	北京
JSJ005	大数据分析	程学旗	高等教育出版社	北京
SK0001	请不要辜负这个时代	周小平	南海大学出版社	北京

5）关系数据库不能因为数据更新而引起数据不一致问题

如果关系模式设计得不好,数据冗余大,当执行数据修改时,这些冗余数据就可能有些被修改,有些没有被修改,从而造成数据不一致的问题。数据不一致将影响数据的完整性,这会使得用户对数据库中数据信息的可信度产生怀疑。例如,需要查看图书的详细信息,结果查到同一个出版社,但出版社地址不同,表4-10所示的机械工业出版社出现了两个出版社地址。

表 4-10　数据不一致

图 书 编 号	书　　　　名	作　　者	出版社名称	地　　址
JSJ001	Python 数据挖掘与机器学习	魏伟一	清华大学出版社	北京
JSJ002	机器学习	赵卫东	人民邮电出版社	北京
JSJ003	数据库应用与开发教程	卫琳	清华大学出版社	北京
JSJ004	疯狂 Java 讲义(第 5 版)	李刚	电子工业出版社	北京
JSJ005	大数据分析	程学旗	高等教育出版社	北京
JSJ006	Web 前端开发	刘敏娜	清华大学出版社	北京
JSJ007	MySQL 管理之道:性能调优、高可用与监控	贺春旸	机械工业出版社	上海
JSJ008	数据库原理及应用 SQL Server 2019(第 2 版)	贾铁军	机械工业出版社	北京

6）数据库设计应考虑查询要求,数据组织要合理

在进行数据库设计时,数据库结构的完整性固然重要,但在实际应用中,还应考虑到用户对数据的使用要求,为了使数据查询和数据处理高效、简洁,特别是用户对一些查询实时性要求比较高、操作频度大的数据,有必要通过视图、索引和适当增加数据冗余的方法,来增加数据库的方便性和可用性。

因此,对"图书管理"数据库,把表 4-1 分解为表 4-2～表 4-5 对应的关系模式也不一定在任何情况下都是最优的,例如,当要查找某图书的借阅详细信息(如读者姓名、借阅的图书名称、图书的出版社地址、借书日期、还书日期)时,就必须将读者表、图书表、出版社表和借

阅表进行连接运算,而连接运算的代价一般是比较大的。相反,在原来的"图书管理"关系模式中却能直接找到这一结果。也就是说,原来的"图书管理"关系也有好的一面。为此,提出两个问题,这也是本章需要解决的问题。

① 针对设计的关系模式,怎样评价它的优劣?

② 什么样的关系模式是最优的呢? 如果不好,怎样将一个不太好的关系模式分解为一组较为理想的关系模式。

3. 关系规范化的意义

一个关系数据库中的关系都应满足一定的规范,才能构造出好的关系模式。建立关系数据库,应该遵循一定的原则,否则会出现各种各样的问题。关系规范化就是针对关系数据库设计的问题,从理论上给出指导,在实践中给出方法。关系规范化对实际应用有着极大的指导意义。

1) 数据库设计的标准

一个好的数据库设计时要遵循以下标准。

(1) 每个表应提供一个唯一的标识,用来区分不同的行。

(2) 每个表应当存储单个实体类型的数据。

(3) 每个表不应该出现值全部相同的行(或列)。

(4) 尽量避免接受 NULL 值(空值)的列。

(5) 尽量避免值的重复存储。

2) 规范化的意义

规范化的意义可以概括为以下四点。

(1) 把关系中的每一个数据项都转换成一个最小的数据项,即不可再分的数据项。

(2) 消除冗余,并使关系检索得到简化。

(3) 消除数据在进行插入、删除和修改时的异常情况。

(4) 关系模型灵活,易于使用非过程化的高级查询语言进行查询。

3) 关系规范化的方法

对于有异常问题的关系模式,可以通过模式分解的方法使之达到规范化。因此,规范化的过程就是用形式更为简洁、结构更加规范的关系模式取代原有关系模式的过程。

4.2　函数依赖及关系的范式

客观世界的事物之间有着错综复杂的联系。联系有实体之间的联系以及实体内部各属性之间的联系。数据之间存在的各种联系现象称为数据依赖,数据依赖是属性之间的一种约束,它是通过一个关系中属性之间值的相等与否体现出的数据间的相互关系,是现实世界属性间相互联系的抽象,是数据内在的性质,是语义的体现。现在已经提出了许多类型的数据依赖,其中,最重要的是函数依赖和多值依赖。

4.2.1　函数依赖的定义及分类

函数依赖(functional dependency,FD)是最基本的一种数据依赖形式,是关系模式中属性之间最常见的一种依赖关系,也是关系模式最重要的一种约束。

函数依赖反映了同一关系中属性间的相互依赖和相互制约,是属性间的一种联系,不是研究关系由什么属性组成或关系的当前值如何确定,而是研究关系所描述的信息本身所具有的特性,反映了同一关系中属性间一一对应的约束。正是这种约束,对数据库模式的设计产生了重大的影响。关系规范化的实质就是围绕着函数依赖进行的。4.1 节的"图书管理"关系中之所以存在数据冗余和插入等异常现象,与数据依赖有着密切的关联。本节的关系规范化理论就是致力于解决关系模式中不合适的数据依赖问题。

1. 函数依赖的定义

视频讲解

函数依赖其实质是刻画关系中各个属性之间相互制约而又相互依赖的关系,不言而喻,"码"在其中扮演了重要的角色,只要码的值一旦确定,其他属性的值就能随之确定。就像一般数学中的函数关系 $y=f(x)$ 一样,给出一个 x 值,便能找到一个确定的 y 值,y 是依赖于 x 的。然而,关系的码有单属性的码和多属性的码,导致关系的各属性相对于"码"有着不同的依赖情况。

下面给出关系中函数依赖的严格定义。

设 $R(U)$ 是属性集 U 上的关系模式,$X,Y \subseteq U$,对于 R 中任意一个可能的关系实例 r 及其中任意的两个元组 u、v,$u \in r$,$v \in r$,若有 $u[X]=v[X]$,就有 $u[Y]=v[Y]$,则称 X 函数确定 Y,或 Y 函数依赖于 X,记为 $X \rightarrow Y$。其中,X 称作决定因素(determinant),Y 称作依赖因素(dependent)。

函数依赖是属性和属性之间一一对应的关系,它要求按此关系模式建立的任何关系都应满足的约束条件。也就是说,如果 $X \rightarrow Y$,则 r 中不可能存在两个元组在 X 上的属性值相等,而 Y 上的属性值不等。也可以说得更具体些,对于 X 的每一个值,任何时刻只有一个确定的 Y 值与之对应。对于函数依赖,需要说明以下几点。

(1) 函数依赖指 R 的所有关系实例都要满足的约束条件,不是针对某个或某些关系实例满足的约束条件。也就是说,函数依赖关系反映的是属性之间的一般规律,而不是特殊规律,因此,函数依赖不能从关系模式 R 的一个特殊关系推导得出,必须在关系模式 R 的任意一个关系 r 中满足约束条件才能成立。

(2) 函数依赖和别的数据之间的依赖关系一样,是语义范畴的概念,人们只能根据数据的语义来确定函数依赖。例如,"读者姓名→单位",这个函数依赖只有在没有读者重名的约束条件下成立。如果有重名的读者,则"单位"就不再依赖于"读者姓名"。

(3) 数据库设计者可以对现实世界做强制的规定。例如,设计者可以强行规定不允许相同读者姓名的函数依赖出现,因而使"读者姓名→单位"成立。

(4) $X \rightarrow Y$,但 $Y \nsubseteq X$,则称 $X \rightarrow Y$ 是非平凡的函数依赖。对于任一个关系模式,平凡的函数依赖都是必然成立的,它不反映新的语义,因此,若不特别声明,总是讨论非平凡的函数依赖。

(5) $X \rightarrow Y$,但 $Y \subseteq X$,则称 $X \rightarrow Y$ 是平凡的函数依赖。

(6) 若 $X \rightarrow Y$,$Y \rightarrow X$,则 X 与 Y 相互函数依赖,记为 $X \leftrightarrow Y$。

(7) 若 Y 不函数依赖于 X,则记为 $X \nrightarrow Y$。

确定函数依赖关系,可以通过属性之间的联系加以确定。属性之间的三种联系,并不是每一种联系中都存在函数依赖。

(1) 如果两属性集 X、Y 间是 1:1 联系,则存在函数依赖 $X \leftrightarrow Y$。例如,课程关系中如果课程号和课程名都是唯一的,则有课程号↔课程名。

(2) 如果两属性集 X、Y 之间是 n:1 联系,则存在函数依赖 $X \rightarrow Y$。例如,读者关系模式中,读者卡号→单位,即不同的读者来自相同的单位。

(3) 如果两属性集 X、Y 间是 m:n 联系,则不存在函数依赖。例如,读者姓名和办卡日期。多个读者办卡日期是相同的,而同一个办卡日期对应多个不同的读者,因此,读者姓名和办卡日期之间是 m:n 联系,不存在函数依赖。

2. 函数依赖的类型

视频讲解

根据属性间依赖情况的不同,函数依赖可以分为完全函数依赖、部分函数依赖和传递函数依赖三种。

1) 完全函数依赖

设 $R(U)$ 是属性集 U 上的关系,$X' \subset X$,如果 $X \rightarrow Y$,并且,对于 X 的任何一个真子集 X',都不存在 $X' \rightarrow Y$ 成立,则称 Y 对 X 完全函数依赖,记为 $X \xrightarrow{f} Y$。

2) 部分函数依赖

设 $R(U)$ 是属性集 U 上的关系,$X' \subset X$,如果 $X \rightarrow Y$,并且对于 X 的任何一个真子集 X',存在 $X' \rightarrow Y$ 成立,则称 Y 对 X 部分函数依赖,也就是 Y 不完全函数依赖于 X,记为 $X \xrightarrow{p} Y$。

3) 传递函数依赖

在 $R(U)$ 中,$X, Y, Z \subseteq U$;如果 $X \rightarrow Y(Y \nsubseteq X)$,$Y \rightarrow Z(Z \nsubseteq Y)$,且 $Y \rightarrow X$ 不成立,则称 Z 对 X 传递函数依赖,记为 $X \xrightarrow{t} Z$。

需要注意的是:

如果 $Y \rightarrow X$ 成立,而 $X \rightarrow Y$,即 $X \leftrightarrow Y$,则 Z 直接依赖于 X;

如果 $Y \subseteq X$ 或 $Z \subseteq Y$,则 Z 直接依赖于 X。

以上定义比较抽象,下面举例说明。

【例 4-1】 某商业集团考核供应商供应商品情况的关系为 W,判断关系 W 的函数依赖情况。

W(供应商编号,供应商名,地址,商品号,商品名,规格,单价,产地,产地主负责人,月供应量)。

由于每个供应商每个月供应商品的月供应量情况不同,因此,为了识别不同供应商供应商品的月供应量,W 的主码是供应商编号和商品号的组合。从而根据语义可以得知 W 存在如下的函数依赖:

(供应商编号,商品号) $\xrightarrow{f}$ 月供应量;

供应商编号→供应商名,(供应商编号,商品号) $\xrightarrow{p}$ 供应商名;

商品号→产地,(供应商编号,商品号) $\xrightarrow{p}$ 产地;

产地→主负责人(因为一个产地只安排一个主负责人),商品号 $\xrightarrow{t}$ 主负责人。

显然,决定因素中只含单个属性的函数依赖必为完全函数依赖,而决定因素包含有两个或两个以上属性的函数依赖才可能存在部分函数依赖。

为了直观地表示出属性间的不同依赖情况,可以用函数依赖图来表示关系中的函数依赖关系。例 4-1 中函数依赖示意图如图 4-1 所示。图中虚线表示为部分函数依赖。

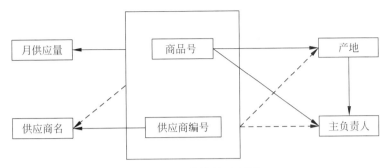

图 4-1 函数依赖示意图

由于 W 关系存在部分函数依赖、传递函数依赖,因此,会出现类似如表 4-1 所示的插入异常、删除异常、更新异常以及数据冗余大的问题。

为什么会出现种种操作异常现象呢?因为这个关系模式没有设计好,某些属性间存在着"不良"的函数依赖。如何改造这个关系模式,克服种种异常问题,是讨论函数依赖的根本原因。

3.码

前面已经说明,在关系属性中能够用来唯一标识元组的属性或属性集合称为关系的码。要判断一个关系的码,只能从构成关系的各个属性的语义出发,由数据库设计者规定并在关系描述中予以定义。例如,网上活期银行卡关系:

银行卡(账号,日期,户名,存取款,余额)

根据语义,能唯一标识银行卡关系任意一个元组的属性集合必须是账号和日期两属性的组合。对银行来说,单用"账号"无法区分一个储户多次"存取款";单用"日期"不能区别一天中不同储户"存取款"。两者的组合语义是"某年某月某日某储户"存取款,只有这样才能唯一确定关系中的一个元组(假定一个储户一天内最多存取一次款,否则再加时间属性进一步进行限定)。

在第 2 章中只是从语义上给出码的定义,这里用函数依赖的概念定义码。

设 k 为 $R(U,F)$ 中的属性和属性组合, $k' \subset k$,若 $k \rightarrow U$,且不存在 $k' \rightarrow U$ 成立,则 k 为 R 的候选码(candidate key),简称为码。

从码的定义,可以得出码具有以下两个性质。

(1) 决定性(标识的唯一性):对于 R 中的每一个元组, k 值确定后,该元组就确定了。

(2) 最小性(无冗余性):当 k 是属性集合时, k 的任何一部分都不能标识该元组。

4.2.2 关系的范式及其规范化

判断是否存在插入异常、删除异常和更新异常以及是否存在数据冗余可以成为关系模式的非形式化设计准则,也是一种直观判断一个关系模式设计质量的方法。

要想设计一个好的关系,必须使关系满足一定的约束条件,达到一定的规范化要求,那么,怎样判断设计的关系模式的规范化程度,有没有一种形式化的方法用于评价关系模式的

视频讲解

优劣呢?这里引入了范式,范式是衡量关系模式规范化程度的标准,达到范式的关系才是规范化的。

1. 什么是范式

所谓范式(normal form,NF),指数据依赖满足一定约束的关系模式。在对关系进行规范化时必须满足一定的约束,此约束已经形成了规范,分成了几个等级,一级比一级要求更严格,满足不同级别要求的称为不同的范式,这就是数据库专家研究的关系规范化理论。显然,满足最基本规范化的关系模式、最低一级的范式是第一范式。

E. F. Codd 最早提出了规范化的问题,给出了范式的概念,根据规范化程度的不同,1971—1972 年他系统地提出了第一范式(1NF)、第二范式(2NF)、第三范式(3NF),1974 年 Codd 与 Boyce 合作共同提出了 Boyce-Codd 范式(BCNF)等,直到第五范式。因此,可以把范式的概念理解成符合某一条件的关系模式的集合,这样,如果一个关系模式 R 为第 X 范式,就可以将其写成 $R \in X \text{NF}$。如果一个关系模式属于某个范式,指该关系模式满足某种确定的约束条件,具有一定的性质。

从低一级的关系范式通过模式分解达到若干高一级范式的关系模式的集合,这种过程叫作关系模式的规范化。

2. 范式的判定条件与规范化

对关系模式的属性间的函数依赖加以不同的限制,则形成不同的范式。

1) 1NF

1NF:在一个关系模式 R 中,如果 R 的每一个属性都是不可再分的数据项,则称 R 属于 1NF,记为 $R \in 1\text{NF}$。

当关系 R 的属性都是不可再分的最小数据单位时,就表示二维表格形式的关系中不再有子表。1NF 的关系是从关系的基本性质而来的,任何关系都必须遵守。为了与规范关系相区别,把表中有子表的二维表格称为非规范关系。例如,下面职工和部门关系模式由于存在属性再分的情况,因此不是第一范式。

职工(职工编号,姓名,工资(基本工资,补贴,奖金))

部门(部门编号,部门名称,负责人(正负责人,副负责人))

关系数据库中不允许非规范化的关系存在,凡是非规范化的关系都必须转化成规范化的关系。转化的方法比较简单,只需要去掉组项就行。例如,上述两个非规范的关系模式可以转化为如下的 1NF 的关系模式。

职工(职工编号,姓名,基本工资,补贴,奖金)

部门(部门编号,部门名称,正负责人,副负责人)

同样,表 4-6 的出版社关系也不满足 1NF 的要求。要满足 1NF,只需对表 4-6 进行横向展开,可转化为表 4-11 的符合 1NF 的关系。当然,转换的方法也不是唯一的,也可以把省市合并为出版社地址一个数据项。

表 4-11　出版社关系

出版社名称	出版社地址所在省	出版社地址所在市
西安电子大学出版社	陕西	西安
西南财经大学出版社	四川	成都

通过 4.1 节"图书管理"关系的分析,可以得知其满足 1NF 的要求。虽然"图书管理"关系满足 1NF,但"图书管理"关系依然存在数据冗余大、更新异常等许多问题,所以,满足 1NF 的关系并不是一个"好"的关系。

那么是什么原因造成的呢?从规范化的角度讲,可以说"图书管理"关系不够规范,即对"图书管理"关系的限制太少,造成关系存放的信息太杂,即关系模式的属性之间存在着完全、部分、传递三种不同程度的依赖情况,正是这种原因造成"图书管理"关系信息太杂乱。改进的方法是消除同时存在于一个关系中属性间的不同依赖情况,通俗地说,就是使一个关系表示的概念更单一、信息更单纯一些。

下面继续以"图书管理"关系为例讨论关系规范化的过程。

2)2NF

满足第一范式是对关系模式的最低要求,它仅仅保证没有组合项,但问题依然存在。原因分析如下:

"图书管理"关系的码是(读者卡号,图书编号)。

非主属性是:姓名、单位、书名、作者、出版社名称、出版社地址(以下简称地址)、借书日期、还书日期等。

非主属性对码的函数依赖集 F = {(读者卡号,图书编号)→姓名,(读者卡号,图书编号)→单位,(读者卡号,图书编号)→性别,(读者卡号,图书编号)→书名,(读者卡号,图书编号)→作者,(读者卡号,图书编号)→类别,(读者卡号,图书编号)→单价,(读者卡号,图书编号)→出版社名称,(读者卡号,图书编号)→地址,(读者卡号,图书编号)→借书日期,(读者卡号,图书编号)→还书日期}。

非主属性出版社名称、地址存在的函数依赖出版社名称→地址。

通过分析,诸如读者姓名、性别、单位只依赖于"码"的一部分读者卡号,而与图书编号没有依赖关系,同样,书名、作者、出版社名称、地址不依赖于读者卡号,只依赖于"码"的一部分图书编号。所以,在表 4-1 的"图书管理"关系中,存在着诸如(读者卡号,图书编号) $\xrightarrow{p}$ 姓名,(读者卡号,图书编号) $\xrightarrow{p}$ 出版社名称的部分函数依赖,存在(读者编号,图书编号) $\xrightarrow{f}$ 借书日期,(读者编号,图书编号) $\xrightarrow{f}$ 还书日期的完全函数依赖。函数依赖示意图如图 4-2 所示。

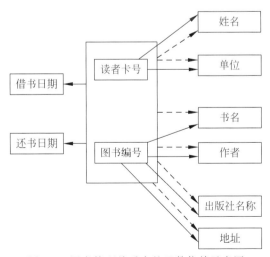

图 4-2 图书管理关系中的函数依赖示意图

为了消除关系中存在的部分函数依赖,从而引入了 2NF。

2NF:如果一个关系 $R \in 1NF$,且它的每一个非主属性都完全依赖于候选码,则 R 属于第二范式,记为 $R \in 2NF$。

显然,表 4-1 的"图书管理"关系模式不服从 2NF。

根据 2NF 的定义,将"图书管理"关系模式分解成满足 2NF 的关系模式集合如下:

读者(读者卡号,姓名,性别,单位,办卡日期)

图书(图书编号,书名,类别,作者,单价,出版社名称,地址)

借阅(读者卡号,图书编号,借书日期,还书日期)

推论:如果关系模式 R 满足 1NF,且它的每一个候选码都是单属性,则 $R \in 2NF$。

3)3NF

符合第二范式的关系模式仍可能存在数据冗余、更新异常等问题。

上面分解的关系模式图书(图书编号,书名,类别,作者,单价,出版社名称,地址)对应前面表 4-10 的数据信息,如果 100 个读者都借阅了来自同一个出版社的 5 本图书,则同一个出版社的出版社名称、地址就要重复存储 500 次,存在着较高的数据冗余。

原因分析如下。

"图书"关系的码是图书编号。

非主属性是书名、类别、作者、单价、出版社名称、地址。

非主属性对码的函数依赖 $F = \{$图书编号→书名,图书编号→类别,图书编号→作者,图书编号→单价,图书编号→出版社名称,图书编号→地址$\}$。

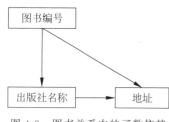

图 4-3　图书关系中的函数依赖

考察图书关系模式存在的函数依赖"图书编号→出版社名称",而通过语义可确定存在这样的函数依赖"出版社名称→地址",由传递函数依赖的定义,可以推出存在这样的传递函数依赖"图书编号 $\xrightarrow{t}$ 地址"。也就是说,出版社地址通过出版社函数依赖于图书编号,即图书编号→出版社名称、出版社名称→地址,是一个传递函数依赖的过程。图书关系模式中属性间的传递函数依赖可以用图 4-3 表示。

由此可以看出,满足第二范式的关系模式虽然不存在非主属性对码的部分函数依赖,但属性之间还可能存在传递函数依赖,传递函数依赖同样也会给数据库的维护操作带来一系列的问题。为了消除非主属性对码的传递函数依赖,从而引入了 3NF。

3NF:如果一个关系模式 $R \in 2NF$,并且每个非主属性都不传递函数依赖于候选码,则 R 属于第三范式,记为 $R \in 3NF$。

显然,图书关系不属于 3NF,如果对图书关系按 3NF 的要求进行分解,则分解后的关系模式为

图书(图书编号,书名,类别,作者,单价,出版社名称)

出版社(出版社名称,地址)

推论 1:如果一个关系模式 R 满足 1NF,并且它的每一个非主属性既不部分依赖于码,

也不传递依赖于任何候选码,则 $R \in 3NF$。

推论 2:如果一个关系模式 R 不存在非主属性,则 R 一定为 3NF。

如上所述,3NF 的关系已经排除了非主属性对于码的部分函数依赖和传递函数依赖,从而使关系表达的信息单一,因此,满足 3NF 的关系数据库一般情况下能达到满意的效果。但 3NF 仅对非主属性与码之间的依赖做了限制,而对主属性与码的依赖关系没有任何约束。这样,当关系具有几个组合候选码,而码内的属性又有一部分互相覆盖时,仅满足 3NF 的关系仍可能发生异常,从而给操作带来问题,这时,就需要用更高的要求约束关系模式。

4)BCNF

为了解决 3NF 的不彻底性,1974 年,由 Boyce 与 Codd 共同提出了 BCNF(boyce codd normal form),BCNF 是对第三范式的修正,有时也称为扩充的第三范式。

BCNF:如果关系模式 $R(U, F) \in 1NF$,若 F 中任一函数依赖 $X \rightarrow Y$ 且 $Y \not\subseteq X$ 时,X 必含有 R 的一个候选码,则 $R \in BCNF$。

也就是说,BCNF 通过消除决定因素不含码的函数依赖,从而消除主属性之间的部分和传递函数依赖。通常,BCNF 的条件有多种等价的描述,也就是说,若关系模式 R 属于第一范式,且每个属性都不部分依赖和传递函数依赖于码,则 R 属于 BCNF。

从定义可以看出,BCNF 既需要检查非主属性,又需要检查主属性,显然比第三范式的限制更为严格。当只检查非主属性而不检查主属性时,就成了第三范式。因此,可以说任何满足 BCNF 的关系模式必然满足第三范式。

【例 4-2】 关系模式 R(学号,课程号,课程名,成绩),假设课程号,课程名都具有唯一性,判断此关系满足第几范式。

由于课程号,课程名都唯一,则有函数依赖:课程号$\leftrightarrow$课程名,由语义得知该关系模式的候选码有两个,分别是(学号,课程号)和(学号,课程名)。

关系的主属性是:学号,课程号,课程名;

关系的非主属性是:成绩。

函数依赖集 $F = \{$(学号,课程号)$\xrightarrow{f}$成绩,(学号,课程名)$\xrightarrow{f}$成绩,课程号$\rightarrow$课程名,课程名$\rightarrow$课程号$\}$;

由此可以得出:存在主属性课程名对码(学号,课程号)的部分依赖,主属性课程号对码(学号,课程名)的部分依赖。不存在非主属性成绩对码的部分依赖和传递函数依赖,所以,此关系属于 3NF,但不属于 BCNF。

那么,满足 3NF 的关系模式存在哪些异常呢?针对例 4-2,如果 100 个学生选修了同一门课程,则课程号、课程名信息就要重复存储 100 次,数据冗余度大,如果数据库中新增一些新的课程,但暂且没有学生选修,则学号为空,那么新的课程信息将无法插入。当然,这里的冗余和操作异常并没有 1NF 和 2NF 的问题严重,但仍不可忽视。所以满足 3NF 的关系模式,仍然存在着一些操作异常现象。其原因就是在关系中存在着主属性对码的部分依赖和传递函数依赖,以及主属性对非主属性的函数依赖。解决以上操作异常问题的方法仍然是对关系模式进行分解,分解的目的是消除主属性对码的部分、传递函数依赖,以及主属性对非主属性的函数依赖,使关系模式达到更高的级别,即 BCNF。

据 BCNF 的定义,关系模式 R 分解为 BCNF 的关系模式如下:

课程(课程号,课程名)

选课(学号,课程号,成绩)

由以上分析可以得出关于 BCNF 的以下结论。

若 $R \in$ BCNF,则 R 中所有非主属性对每一个码都完全函数依赖。

所有主属性对每个不包含它的码都完全函数依赖。

R 中没有任何属性完全函数依赖于非码的任何一组属性。

因此,可以说 3NF 和 BCNF 是在函数依赖的条件下对模式分解所能达到的分离程度的一种度量。一个关系模式如果都满足 BCNF,那么,在函数依赖的范畴内已实现了彻底的分解。3NF 分解的不彻底主要表现在主属性对码的部分依赖和传递函数依赖上,以及主属性对非主属性的函数依赖。

【例 4-3】 假设高校图书管理数据库有关系模式:职工管理图书(仓库号,图书类别编号,职工号)。其中包含的语义为:一个仓库可以有多个职工;一名职工仅管理一个仓库;每个仓库的每类图书仅由一名职工负责(但每名职工可以负责不同类别的图书),判断此关系模式属于第几范式。

根据语义可以得到此关系模式的函数依赖:

职工号→仓库号

(仓库号,图书类别编号)→职工号

由码定义中应满足的两个条件可以确定该关系模式的码是(仓库号,图书类别编号)。

非主属性:职工号

主属性:仓库号,图书类别编号

又根据范式的定义,不存在非主属性对码的部分依赖和传递函数依赖,所以此关系模式属于 3NF,又因为存在主属性仓库号对非主属性职工号的依赖,即职工号→仓库号,据 BCNF 的定义,此关系模式不属于 BCNF。

通过表 4-12 示意的数据可以帮助理解以上的语义,例如,职工 Z1、Z2 只在 CK1 仓库工作,在 CK1 中图书类别为 LB1、LB3 只由职工 Z1 负责管理。

表 4-12　职工管理图书的示意数据

仓 库 号	职 工 号	图书类别编号
CK1	Z1	LB1
		LB3
	Z2	LB2
		LB4
		LB5
CK2	Z3	LB1
		LB2
	Z4	LB3
		LB4

将表 4-12 所示的数据排列成关系的形式,如表 4-13 所示。

表 4-13　职工管理图书关系

仓库号	图书类别编号	职工号
CK1	LB1	Z1
CK1	LB3	Z1
CK1	LB2	Z2
CK1	LB4	Z2
CK1	LB5	Z2
CK2	LB1	Z3
CK2	LB2	Z3
CK2	LB3	Z4
CK2	LB4	Z4

进一步地,从表 4-13 可以看出,该关系仍然存在操作异常问题,例如,一个职工新分配到一个仓库,但还没有安排负责具体图书的管理(主属性图书类别编号为空),这样的信息将无法插入。

另外,下面的记录也无法进行插入:

(CK3,LB2,Z4)

这样将使职工 Z4 既属于 CK2,又属于 CK3,显然违背了"一名职工仅管理一个仓库"的语义,这种错误记录的插入将使数据库中的数据产生矛盾。

思考:如何解决以上操作异常的问题,能否采用模式分解的方法消除主属性对非主属性的函数依赖?

5)多值依赖及 4NF

前面讨论的是函数依赖范畴内的关系规范化的问题。根据函数依赖集 F,一个关系模式可以分解成若干个服从 BCNF 的子关系模式。但即使一个关系模式服从 BCNF,是否就已经很完美了呢?事实上,在关系模式中除了函数依赖外,还存在着另外一类数据依赖——多值依赖(multivalued dependency,MVD)。为了改善关系模式的性能,还需要研究多值依赖以及基于多值依赖的第四范式问题。

(1)研究多值依赖的必要性。下面先通过一个具体实例来观察含有多值依赖的关系模式会出现什么问题。

【例 4-4】 以例 4-3"职工管理图书"关系模式为例,但在这里给它赋予新的语义:每个仓库可以存放多种类别的图书,每名职工管理一个仓库中的所有图书;每名职工可以管理多个仓库的图书;每类图书可以存放在多个仓库中。

通过表 4-14 所示的数据来理解以上的语义,表中的数据不是按照关系的形式排列的,但对我们理解语义很有帮助。例如,职工 Z1、Z2 管理 CK1 仓库中的图书,在仓库 CK1 中存放了 LB1、LB2、LB3 的图书类别。

表 4-14　管理信息表

仓库号	职工号	图书类别编号
CK1	Z1	LB1
		LB2
	Z2	LB3
CK2	Z1	LB2
	Z2	LB3

把表 4-14 转化成一张规范的二维表,如表 4-15 所示。

表 4-15　规范的信息表

仓　库　号	职　工　号	图书类别编号
CK1	Z1	LB1
CK1	Z1	LB2
CK1	Z1	LB3
CK1	Z2	LB1
CK1	Z2	LB2
CK1	Z2	LB3
CK2	Z1	LB2
CK2	Z1	LB3
CK2	Z2	LB2
CK2	Z2	LB3

根据以上语义,可以确定此关系模式的码是仓库号、图书类别编号、职工号,即由全部属性构成,这样的码也称为全码,又由于此关系没有非主属性,所以,不存在非主属性对码的部分函数依赖及传递函数依赖,也不存在主属性对码的部分和传递函数依赖,更不会存在主属性对非主属性的函数依赖。由 BCNF 的定义得出,该模式显然属于 BCNF。

那么,在这个关系中是否也存在操作异常现象呢?答案是肯定的。

例如,当 CK1 仓库增加一名职工时(如 Z3),因为每一名职工要管理 CK1 仓库的所有类别的图书,因此必须插入三个元组:

(CK1,Z3,LB1)
(CK1,Z3,LB2)
(CK1,Z3,LB3)

如果每个仓库有 N 种类别的图书,那么增加一名职工,就要插入 N 个元组。

同样如果 LB3 图书不再存放在 CK2 仓库,则要删除多个元组:

(CK2,Z1,LB3)
(CK2,Z2,LB3)

因此,从这个例子可以看出,虽然该关系属于 BCNF,但数据冗余非常明显,对数据的增加、删除操作很不方便,日积月累很有可能出现数据错误。之所以会这样,是因为在这个关系中存在着一种多值依赖。

(2) 多值依赖的定义。设有关系模式 $R(U)$,U 是属性集,$X,Y,Z \subseteq U$。如果 R 的任意

关系实例 r,在 (X,Z) 上的每一个值,都存在一组 Y 值与之对应,且 Y 的这组值又仅仅决定于 X 值而与 $Z=U-X-Y$ 的属性值不相关,则称 Y 多值依赖于 X 或 X 多值决定 Y,记为 $X\rightarrow\rightarrow Y$。

若 $X\rightarrow\rightarrow Y$,而 $Z=\varphi$,则称 $X\rightarrow\rightarrow Y$ 为平凡的多值依赖,否则称 $X\rightarrow\rightarrow Y$ 为非平凡的多值依赖。

例如,虽然与(仓库号,图书类别编号)对应的两个元组(CK1,LB1)、(CK1,LB2)在图书类别编号上的取值不同,但他们对应同一组职工号值(Z1,Z2),由此可以得出职工号多值依赖于仓库号,即仓库号 $\rightarrow\rightarrow$ 职工号。由多值依赖的定义可知,在上述的管理关系模式中还存在多值依赖:仓库号 $\rightarrow\rightarrow$ 图书类别号,即对于(仓库号,职工号)的一对给定值,都有一组图书类别编号与其对应,而图书类别编号仅仅决定于仓库号,与职工号之间不存在任何依赖关系,因此,图书类别编号多值依赖于仓库号。

如果用图 4-4 来表示这种对应,则对应 CK 的某一个值 CK_i 的全部 Z 值记作 $\{Z\}_{CKi}$(表示此仓库工作的所有职工),全部的 LB 值记作 $\{LB\}_{CKi}$(表示此仓库中存放的所有图书),应当有 $\{Z\}_{CKi}$ 中的每一个 Z 值和 $\{LB\}_{CKi}$ 中每一个 LB 值对应,于是 $\{Z\}_{CKi}$ 与 $\{LB\}_{CKi}$ 之间正好形成一个完全的二分图,因而仓库号 $\rightarrow\rightarrow$ 职工号,由于 Z 和 LB 的完全对称性,必然存在仓库号 $\rightarrow\rightarrow$ 图书类别号。

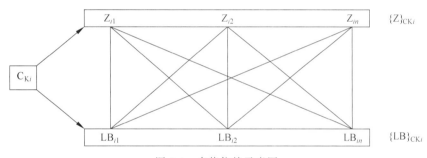

图 4-4 多值依赖示意图

多值依赖的另一种等价的形式化定义如下。

设有关系模式 $R(U)$,U 是属性集,X、Y、$Z\subseteq U$。对于 $R(U)$ 的任一关系 r,如果存在元组 u、v 使得 $u[X]=v[X]$,那么就必然存在元组 t、$s\in r$,(t、s 可以与 u、v 相同),使得 $t[X]=s[X]=u[X]$,而 $t[Y]=u[Y]$,$t[Z]=v[Z]$,$s[Y]=v[Y]$,$s[Z]=u[Z]$(即交换 u、v 元组的 Y 值所得的两个新元组必在 r 中),则称 Y 多值依赖于 X,记为 $X\rightarrow\rightarrow Y$,如表 4-16 所示。

表 4-16 多值依赖示意图

	X	Y	Z
u	x	y_1	z_1
v	x	y_2	z_2
t	x	y_1	z_2
s	x	y_2	z_1

(3) 多值依赖的性质如下。

① 多值依赖具有对称性。

若 $X \rightarrow\rightarrow Y$,则 $X \rightarrow\rightarrow Z$,其中 $Z = U - X - Y$。

② 多值依赖具有传递性。

若 $X \rightarrow\rightarrow Y, Y \rightarrow\rightarrow Z$,则 $X \rightarrow\rightarrow Z - Y$。

③ 函数依赖是多值依赖的特殊情况。

若 $X \rightarrow Y$,则 $X \rightarrow\rightarrow Y$。因为当 $X \rightarrow Y$ 时,对于 X 的每一个值 x,Y 有一个确定的值 y 与之对应,所以 $X \rightarrow\rightarrow Y$。

④ 若 $X \rightarrow\rightarrow Y, X \rightarrow\rightarrow Z$,则 $X \rightarrow\rightarrow Y \cup Z$(由 MVD 定义得出,$X \rightarrow\rightarrow Y \cup Z$ 为平凡的 MVD)

⑤ 若 $X \rightarrow\rightarrow Y, X \rightarrow\rightarrow Z$,则 $X \rightarrow\rightarrow Y \cap Z$。

⑥ 若 $X \rightarrow\rightarrow Y, X \rightarrow\rightarrow Z$,则 $X \rightarrow\rightarrow Y - Z, X \rightarrow\rightarrow Z - Y$

(4) 多值依赖与函数依赖的区别。

① 有效性。

多值依赖的有效性与属性集的范围有关。若 $X \rightarrow\rightarrow Y$ 在 U 上成立,则在 $W(XY \subseteq W \subseteq U)$ 上一定成立;反之则不然,即 $X \rightarrow\rightarrow Y$ 在 $W(W \subset U)$ 上成立,在 U 上并不一定成立。这是因为,在多值依赖的定义中不仅涉及属性组 X 和 Y,而且涉及 U 中其余属性 Z。

一般情况,函数依赖 $X \rightarrow Y$ 在 $W(W \subset U)$ 上成立,则在包含 U 的任一子集上也成立。

② 包含性(没有自反律)。

若函数依赖 $X \rightarrow Y$ 在 $R(U)$ 上成立,则对于任何 $Y' \subset Y$,均有 $X \rightarrow Y'$ 成立。多值依赖 $X \rightarrow\rightarrow Y$ 若在 $R(U)$ 上成立,不能断言对于任何 $Y' \subset Y$ 有 $X \rightarrow\rightarrow Y'$ 成立。

(5) 4NF。

设关系模式 $R(U, F) \in$ 1NF,如果对于 R 的每个非平凡多值依赖 $X \rightarrow\rightarrow Y(Y \not\subseteq X)$,$X$ 必含有码,则称 $R(U, F) \in$ 4NF。

说明:

① 对于每个非平凡的多值依赖 $X \rightarrow\rightarrow Y, X$ 又含有码,则 $X \rightarrow Y$。

② 4NF 只允许平凡的多值依赖。

③ 所有含有非平凡 MVD 不是 4NF。

根据定义,4NF 要求每一个非平凡的多值依赖 $X \rightarrow\rightarrow Y, X$ 都含有候选码,则必然是 $X \rightarrow Y$,所以,4NF 允许的非平凡多值依赖实际上是函数依赖。显然,如果一个关系模式属于 4NF,则必然也属于 BCNF。但是,如果一个关系模式属于 BCNF,则它不一定是 4NF。

非 4NF 的关系到 4NF 关系的转换仍然采用投影分解的方法,在分解过程中消除非平凡的且非函数依赖的多值依赖,表 4-15 所示的关系显然不是 4NF,此关系模式可以分解为

仓库职工(仓库号,职工号)

仓库图书类别(仓库号,商品号)

由于仓库号$\rightarrow\rightarrow$职工号,仓库号$\rightarrow\rightarrow$图书类别编号是平凡多值依赖,因此,分解的结果都属于 4NF 的关系,它们都是全码关系,在这两个关系上不再存在非平凡的多值依赖。

3. 数据库设计对规范化的要求

在进行数据库设计时,由于要考虑到后台数据库对前台用户的实时响应能力,特别是针

对用户的查询操作,在进行数据库设计时,如果查询涉及的后台数据库表的个数太多,那么,各个表之间就需要进行连接运算,而对关系数据库来说,连接运算是花费时间最长的,这势必降低了数据的检索效率,即使数据库设计时满足的范式级别越高,其数据处理的开销也越大。所以,在进行数据库设计时,并不是关系的范式级别越高越好;如果针对后台,在进行数据库设计时,应当考虑到在进行数据的增加、删除、修改时,数据库结构一定满足其完整性要求。因此,在具体设计时,规范化的基本原则是:由低到高、逐步规范、权衡利弊、适可而止。通常满足第三范式的基本要求,首先要满足一般关系模式的最基本要求,元组的每个分量都是不可再分的,其次,数据库在进行插入、删除、修改时不能出现异常现象,最后数据冗余不能太大,有时为了提高整个查询的速度及满足用户对数据的使用要求,可以适当地增加冗余,以空间换取时间上的快速响应,当然,在必要时可以通过视图、索引的方法,来增加数据库的方便性和可用性。

4. 规范化小结

从以上讨论中可以看出,规范化为判断数据库的逻辑设计的好坏提供了一种方法,其目的就是消除关系上的操作异常现象,也就是说,关系规范化是在逐步消除非主属性对码的部分函数依赖和传递函数依赖,以及主属性对码的部分函数依赖、传递函数依赖和非平凡的多值依赖的过程中进行的。采用的基本方法就是模式分解的方法,这中间涉及关系的两种运算——投影和连接,即通过投影进行分解,通过连接将分解后的关系恢复成原样。

图 4-5 说明了规范化的过程。

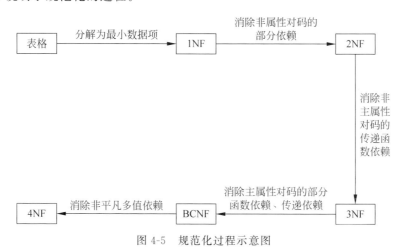

图 4-5 规范化过程示意图

首先,将复合数据项分解成最小数据项,这时表格将满足关系的定义,即 1NF 关系。如果是单属性码关系,该关系自然满足 2NF;否则检验是否有非主属性对码的部分函数依赖,如果有,则通过模式分解消除部分函数依赖,达到 2NF 关系。接着检验是否有非主属性对码的传递函数依赖,如果有,则通过模式分解消除传递函数依赖,达到 3NF 关系。当然,如果关系模式码是单属性,则关系自然是 BCNF,如果是复合码,则继续检验关系模式中是否有主属性对码的部分、传递函数依赖以及主属性对非主属性的依赖,如果存在,消除使其达到 BCNF 关系。最后,判断是否有非平凡且非函数依赖的多值依赖,如果有,同样通过分解得到 4NF 的关系。

综上所述,在对关系模式进行规范化时,在函数依赖的范畴内,满足 BCNF 的关系模式已经彻底地消除了关系中的各种异常现象。如果考虑多值依赖,则属于4NF的关系模式规范化程度是最高的。在理论上,数据依赖中除函数依赖和多值依赖外,还有其他数据依赖,如连接依赖。

5. 关系模式的反规范化

采用规范化设计方法,可以有效减少冗余、节省空间,保证数据库数据的完整性、一致性,增强了数据库的适应性,解决了数据插入、删除和更新时发生异常的现象。然而,规范化程度越高,数据越被拆分成更多更小的表,表的数量越多表的连接运算也越多,导致每进行一次操作,需要做大量的查询和连接才能获得需要的数据,这必然占用大量的CPU时间和I/O操作。当数据库规模很大时,必然降低数据库执行的速度,影响数据库的性能。这时,可以从实际出发进行反规范化的数据库设计。

1) 反规范化的关系模式的设计方法

所谓反规范化,指把设计的关系数据库中规范化的关系模式根据表间依赖关系还原成原有的没有利用函数依赖等做规范化处理之前的冗余的关系模式,也就是将规范化设计的高一级的关系范式降低为低一级的关系范式的操作。

在进行反规范的关系模式设计之前,需要充分考虑常用数据表的大小、系统数据的存取需求、数据的物理存储位置等。在数据库系统的关系模式设计中,常用的反规范化的设计方法有分割表、合并表、增加冗余列和增加派生列。

(1) 分割表。在数据库系统的设计中,分割表有时可以提高系统的性能。分割表包括水平分割和垂直分割。水平分割指根据一列或多列数据值把数据行放到多个独立的表中,一般用在表的数据量非常大或者表中有些数据常用,而相当一部分数据很少被访问到。例如,图书管理系统中的图书表可以根据借阅情况,把经常被读者访问的图书信息放在一个表中,而把很少有读者访问的图书放在另一个表中,以减少查询的数据量。分割后可以降低在查询时需要读的数据和索引的页数,同时也降低了索引的层数,提高查询速度。垂直分割指把一个表的主键和一些属性列放到一个表中,然后把主键和另外的列放到另一个表中。如果一个表中某些局部属性列被访问的频率高,而另外一些属性列被访问的频率低,则可以采用垂直分割。

(2) 合并表。合并表指把多个表合并成一个表,是对2NF或3NF以及BCNF的逆操作,在数据库系统的设计中,通过合并表可以减少查询时连接表的数量,从而提高查询的效率。虽然合并之后的关系模式存在某种数据依赖,范式级别低,但查询时涉及表的个数少,减少(或不需要)连接运算,提高了系统的性能。

(3) 增加冗余列。增加冗余列的实质仍然是避免数据操作时的连接运算。增加冗余列是指当更新或查询某个表时,总是会连接另一个表的列,可以考虑在表中增加这个冗余列,以减少连接。但增加冗余列则需要更多的磁盘空间,同时增加了对表维护的工作量。

(4) 增加派生列。增加派生列的实质同样是避免数据操作时的连接运算,与增加冗余列的区别是,新增加的列为几个表中某些属性列进行计算得到的结果,而不是增加已有的其他表中已有的列。增加派生列,不仅可以减少查询的连接运算,同时也避免使用统计函数及重复计算的代价,其缺点与增加冗余列类似。

2) 反规范化与规范化的对比分析

在进行数据库的关系模式设计时,规范化与反规范化并不是对立的,并不是规范化的程度越高(范式的级别越高),设计的关系模式就越好。在实际应用中,需要根据实际需求权衡处理。

规范化的关系模式的优点是形式简单,可以有效地减少数据库系统中的数据冗余,节约了存储空间,解决了数据插入异常、删除异常和更新异常问题,保证了数据的完整性,有利于数据的维护;缺点是数据库中表的数量太多、连接操作费时、影响系统的运行速度。而数据库系统开发的一个主要目的是提高系统的运行效率,使系统的性能达到最优。而关系模式的反规范化正是解决了规范化的这一缺点,反规范化的主要优点是减少了查询操作所需的连接运算,加快了数据库系统的响应速度,保证系统性能的正常发挥;但其缺点是增加了数据冗余、浪费了存储空间、降低数据更新的速度,可能会导致数据不一致。

一般情况下,如果数据库应用系统主要以查询操作为主,为了改进系统的性能,关系模式就没有必要为减少冗余而追求高范式,在设计时,故意保留非规范化的关系模式,或者规范化后又反规范化。如果数据库系统插入、删除和修改操作频繁,则关系模式必须进行必要的规范化处理,使之达到更高级别的范式要求。

综上所述,可以得出一个符合规范化设计的数据库,在实际应用中并不一定是最好的。因为在实际开发过程中,需要数据库设计者权衡处理空间和时间要求,不仅要兼顾数据库的基本原理,还要方便用户理解与操作,最终设计出系统性能最优的关系数据库模式。

4.3　函数依赖的公理系统

对于应用所表达的语义,用一组函数依赖是否能够充分表达关系模式属性之间的约束关系,即能否从给定的函数依赖集得到完整的函数依赖集,Armstrong 公理解决了这样的问题。

4.3.1　Armstrong 公理系统

已知关系模式 $R(U,F)$,如何通过已知的函数依赖求得其蕴涵的新的函数依赖,需要一套形式推理规则,这套规则就是函数依赖的公理系统。函数依赖公理系统最早由 W. W. Armstrong 于 1974 年提出,也称为 Armstrong 公理。这套公理系统也是模式分解的算法理论基础。

1. 函数依赖的逻辑蕴涵

有时需要根据给定的一组函数依赖来判断另外一些函数依赖是否成立,也就是从已知的函数依赖导出需要判定的函数依赖的问题,这就是函数依赖逻辑蕴涵所要研究的内容。

例如,关系模式 $R(U,F)$,$U=\{A,B,C\}$,$F=\{A \rightarrow B,B \rightarrow C\}$,判断 $A \rightarrow C$ 是否成立。这就需要有关函数依赖的逻辑蕴涵知识。

1) 逻辑蕴涵的定义

设有关系模式 $R(U,F)$,$X \subseteq U$,$Y \subseteq U$,如果从给定的 F 能推导出 $X \rightarrow Y$ 成立,则称 F 逻辑蕴涵 $X \rightarrow Y$,或称 $X \rightarrow Y$ 是 F 的逻辑蕴涵,记为 $F \models X \rightarrow Y$。

2) 函数依赖集的闭包

一般情况,被 F 逻辑蕴涵的函数依赖不止一个,F 逻辑蕴涵的所有函数依赖的集合,称为 F 的闭包(closure),记为 F^+。在一般情况下 $F \subseteq F^+$,如果 $F=F^+$,则称 F 为一个函数依赖的完备集。

现在的问题是如何有效而准确地计算一个给定函数依赖集 F 的闭包？可以通过反复运用 Armstrong 公理的推理规则计算 F^+。

2. Armstrong 公理的内容

Armstrong 公理体系中最基本的规则称为公理。

设有关系模式 $R(U,F)$，U 为关系模式 R 的属性集合，F 是 U 上的一组函数依赖集，$X \subseteq U$，$Y \subseteq U$，$Z \subseteq U$，对于 $R(U,F)$ 来说，有以下基本规则。

1）自反律（reflexivity）

如果 $Y \subseteq X \subseteq U$，则 $F \vDash X \to Y$。

2）增广律（augmentation）

如果 $X \to Y$ 为 F 所蕴涵，且 $Z \subseteq U$，则 $F \vDash XZ \to YZ$。

3）传递律（transitivity）

如果 $F \vDash X \to Y$、$F \vDash Y \to Z$，则 $F \vDash X \to Z$。

下面根据函数依赖的定义来证明公理的正确性。

证明：

1）自反律证明

对于关系模式 $R(U,F)$，t、s 是 R 的任一关系 r 中的任意两个元组。

如果 $t[X]=s[X]$，由于 $Y \subseteq X$，所以 $t[Y]=s[Y]$，根据函数依赖的定义可得 $X \to Y$ 成立，故 $F \vDash X \to Y$。

2）增广律证明

对于关系模式 $R(U,F)$，t、s 是 R 的任一关系 r 中的任意两个元组。如果 $t[XZ]=s[XZ]$，则有 $t[X]=s[X]$，$t[Z]=s[Z]$，又根据 $X \to Y$，则有 $t[Y]=s[Y]$；由 $t[Y]=s[Y]$ 和 $t[Z]=s[Z]$ 可得 $t[YZ]=s[YZ]$，即由 $t[XZ]=s[XZ]$ 推导出了 $t[YZ]=s[YZ]$，根据函数依赖的定义有 $XZ \to YZ$ 成立，故 $F \vDash XZ \to YZ$。

3）传递律证明

对于关系模式 $R(U,F)$，t、s 是 R 的任一关系 r 中的任意两个元组。如果 $t[X]=s[X]$，由于 $X \to Y$，有 $t[Y]=s[Y]$；同理由 $Y \to Z$，可得 $t[Z]=s[Z]$，即由 $t[X]=s[X]$，推导出 $t[Z]=s[Z]$，根据函数依赖的定义，$X \to Z$ 成立，故 $F \vDash X \to Z$。

注意：由自反律所得到的函数依赖都是平凡的函数依赖，自反律的使用不依赖于 F，是关系自身就有的性质。

3. Armstrong 公理的推论

根据 Armstrong 公理可以得出三条推论，也称为 Armstrong 公理的扩充规则。

1）合并规则（union rule）

如果 $X \to Y$、$X \to Z$，则 $X \to YZ$。

2）分解规则（decomposition rule）

如果 $X \to Y$，$Z \subseteq Y$，则 $X \to Z$。

3）伪传递规则（preudotransivity rule）

如果 $X \to Y$、$YW \to Z$，则 $XW \to Z$。

可用 Armstrong 公理直接证明这三个推论是正确的。也可以由合并规则和分解规则，得到这样的结论：$X \to Y_1 Y_2 \cdots Y_K$ 成立的充分必要条件是 $X \to Y_i$ 成立$(i = 1, 2, \cdots, k)$。

建立公理系统的目的在于有效而完备地计算函数依赖的逻辑蕴涵，即从已知的函数依赖推导出未知的函数依赖。有两个问题必须明确，一是 Armstrong 公理的有效性，二是 Armstrong 公理的完备性。

有效性是指由 F 出发根据 Armstrong 公理推导出来的每一个函数依赖一定在 F^+ 中。即能否保证按公理推导出的函数依赖都是正确的，也就是说，只要 F 中的函数依赖为真，则由根据公理系统推导出的函数依赖也一定为真。

完备性是指 F^+ 中的每一个函数依赖是否都能根据公理推导出来。如果 F^+ 中的每一个函数依赖，必定可由 F 出发根据 Armstrong 公理推导出来，则公理就是完备的，否则说明这些公理不够用、不完全，就必须补充新的公理。要证明完备性，首先，需要解决如何判断一个函数依赖是否属于由 F 根据 Armstrong 公理推导出的函数依赖集合 F^+。如果求出这个集合，问题便迎刃而解。

【例 4-5】 有关系模式 $R(U, F)$，其中 $U = \{A, B, C\}$，$F = \{A \to B, B \to C\}$，求关系模式 R 上的函数依赖集 F 的闭包 F^+。

解：$F^+ = \{\Phi \to \Phi,$

$A \to \varphi, B \to \varphi, C \to \varphi, AB \to \varphi, AC \to \varphi, BC \to \varphi, ABC \to \varphi,$

$A \to A, B \to B, C \to C, AB \to A, AC \to A, BC \to B, ABC \to A,$

$A \to B, B \to C, AB \to B, AC \to B, BC \to C, ABC \to B,$

$A \to C, B \to BC, AB \to C, AC \to C, BC \to BC, ABC \to C,$

$A \to AB, AB \to AB, AC \to AB, ABC \to AB,$

$A \to AC, AB \to BC, AC \to AC, ABC \to BC$

$A \to BC, AB \to AC, AC \to AB, ABC \to AC,$

$A \to ABC, AB \to ABC, AC \to ABC, ABC \to ABC\}$

以上所列的函数依赖都是由 Armstrong 公理及其推论得出的。由此可以看出，即使 F 不太大，只有两个函数依赖，F^+ 也可能很大。

4. 属性集闭包

由例 4-5 可知，要计算 F^+ 是非常复杂且困难的，也是非常麻烦的事情，而且 F^+ 中有许多冗余的信息。对于任意的函数依赖，如果通过求解 F 的闭包，看其是否在闭包中，来判断该函数依赖是否为 F 逻辑蕴含是很困难的，由此引入下面的属性集闭包，不用计算 F^+ 就可以判断出来。

视频讲解

1) 属性集闭包的定义

设关系模式 $R(U, F)$，F 是属性集 U 上的函数依赖集，$X \subseteq U$，由 F 根据 Armstrong 公理推导出的 X 确定的所有属性集合（$X \to A_i$ 所形成的属性集合 $\{A_i | i = 1, 2, \cdots\}$），称为属性集 X 关于函数依赖集 F 的闭包，记为 X_F^+。可以用集合的形式表示为

$$X_F^+ = \{A_i | X \to A_i \text{ 可由 } F \text{ 根据 Armstrong 公理导出}, A_i \in U\}$$

即

$$X_F^+ = \{A_i | X \to A_i \in F^+, A_i \in U\}$$

定理 1：关系模式 $R(U, F)$，F 是属性集 U 上的一组函数依赖，$X, Y \subseteq U$，$X \to Y$ 能由 F 根据 Armstrong 公理导出的充分必要条件是 $Y \subseteq X_F^+$。

证明:

(1) 充分性:设 $Y = A_1 A_2 \cdots A_m$,且 $Y \subseteq X_F^+$。由 X_F^+ 的定义知 $X \to A_i (i =, \cdots, m)$ 可由公理推出,由合并规则得 $X \to A_1 A_2 \cdots A_m$,即 $X \to Y$。

(2) 必要性:设 $F \models X \to Y$,根据分解规则,$X \to A_i (i =, \cdots, m)$ 成立,由 X_F^+ 的定义得 $A_1 A_2 \cdots A_m \subseteq X_F^+$,即 $Y \subseteq X_F^+$。

于是,判断 $X \to Y$ 是否由 F 根据 Armstrong 公理导出的问题,就转换为求出 X_F^+,判定 Y 是否为 X_F^+ 的子集问题。也就是说,可以用计算 X_F^+ 代替 F^+,通过判断是否满足 $Y \subseteq X_F^+$ 来判定 $X \to Y$ 是否为 F 的逻辑蕴涵。

属性集闭包的作用:不仅能够判断函数依赖的逻辑蕴含问题,而且可以将庞杂的函数依赖集的闭包 F^+ 等价地转换为多个属性集 X 关于 F 的闭包 X_F^+,可以方便 F^+ 的处理。

2) 属性集闭包的求解算法

求属性集 $X(X \subseteq U)$ 关于 U 上的函数依赖集 F 的闭包 X_F^+。

输入:X, F。

输出:X_F^+。

算法的实现流程:

(1) $X_F^+ := X$;

(2)
```
    repeat until( 没有变化或 = U) do
        for each Y→Z ∈ F
        do
          if Y then : = ⋃ Z
```

具体方法步骤如下:

(1) 令 $X^{(0)} = X, i = 0$。

(2) 令 $X^{(i+1)} = X^{(i)} \bigcup \{ Q \mid (\exists V)(\exists W)(V \to W \in F \wedge V \in X^{(i)} \wedge Q \in W) \}$。

(3) 判断是否 $X^{(i+1)} = X^{(i)}$。

(4) 若相等或 $X^{(i)} = U$,则 $X^{(i)}$ 就是 X_F^+,算法终止。

(5) 若 $X^{(i+1)} \neq X^{(i)}$,则 $i = i+1$,返回第(2)步。

【例 4-6】 已知关系模式 $R(U, F)$,其中,$U = \{A, B, C, D, E, M\}$,$F = \{AB \to C, C \to A, ACD \to B, D \to EM, BE \to C, CM \to BD, CE \to AM\}$,求 $(BD)_F^+$。

解: 设 $X^{(0)} = BD$。

计算 $X^{(1)}$:逐一扫描 F 集合中各个函数依赖,找左部为 D、B 或 BD 的函数依赖,有 $D \to EM$,于是 $X^{(1)} = BD \bigcup EM = BDEM$,因为 $X^{(1)} \neq X^{(0)}$。

计算 $X^{(2)}$:在 F 中再找出没有使用过的左部为 $X^{(1)}$ 子集的那些函数依赖,得到 $BE \to C$,于是 $X^{(2)} = X^{(1)} \bigcup C = BDEMC$,$X^{(2)} \neq X^{(1)}$。

计算 $X^{(3)}$:$X^{(3)} = X^{(2)} \bigcup A = BDEMCA$。

由于 $X^{(3)} = U$,算法终止,因此,$(BD)_F^+ = ABCDEM$。

思考: BD 是否为关系模式 R 的候选码?

计算属性集闭包的作用可归纳如下。

(1) 验证 $X \to Y$ 是否在 F^+ 中,只需要判断 $Y \subseteq X_F^+$。

(2) 判断 X 是否为关系模式 $R(U)$ 的超码:通过计算 X 的闭包 X^+,判断 X^+ 是否包含

R 的所有属性 U。如例 4-6 $(BD)_F^+ = ABCDEM = U$，则 BD 为 R 的超码。

（3）判断 X 是否为关系模式 $R(U)$ 的候选码：如果 X 是超码，可检验 X 的所有真子集的闭包是否包含 R 的所有属性。若不存在这样的真子集，则 X 是 R 的候选码。

因此，要判断例 4-6 BD 属性集是否为关系模式 R 的候选码，则还需要进一步求解 B^+ 和 D^+。经计算得到 $B^+ = B$，$D^+ = EM$，都不等于 $ABCDEM$，即 BD 的真子集都不能决定 U。因此，可以确定 BD 就是 R 的候选码。

给出关系模式 $R(U)$ 及函数依赖集 F，找出关系模式 R 的所有候选码的算法步骤如下。

（1）划分属性类别。对于给定的关系模式 $R(U, F)$，依照函数依赖集 F，将 U 中的属性分为以下四类。

L 类属性：在 F 中只出现在函数依赖的左部的属性。

R 类属性：在 F 中只出现在函数依赖的右部的属性。

LR 类属性：在 F 中的函数依赖左部和右部两边都出现的属性。

N 类属性：不在 F 中的函数依赖中出现的属性。

对于 L 类和 N 类属性集中的每一个属性都一定是候选码中的属性，而 R 类属性集中的属性不可能是候选码中的属性。LR 类属性不能确定是否在候选码中。令 X 为 L 类和 N 类属性的集合，Y 为 LR 类属性的集合。

（2）基于 F 计算 X^+，且 X^+ 包含了 R 的全部属性，则 X 是 R 的唯一候选码，算法结束。否则，转步骤（3）。

（3）逐一取 Y 中的单一属性 A，若 $(XA)_F^+ = U$，则 XA 为候选码，令 $Y = Y - \{A\}$，转步骤（4）。

（4）若已找出所有候选码，则转步骤（5）；否则，依次取 Y 中的任意两个、三个……属性，与 X 组成属性组 XZ，若 $(XA)_F^+ = U$，且 XZ 不包含已求得的候选码，则 XZ 为候选码。

（5）算法结束，输出结果。

【例 4-7】 设 $R(A, B, C, D, E, F)$，$G = \{AB \rightarrow E, AC \rightarrow F, AD \rightarrow B, B \rightarrow C, C \rightarrow D\}$，求关系模式 R 的所有候选码。

解：（1）R 中 L 属性：A，LR 类属性：B、C、D。

（2）$A_F^+ = A \neq U$。

（3）因为 $(AB)_F^+ = ABCDEF$；所以 AB 为候选码；

因为 $(AC)_F^+ = ABCDEF$；所以 AC 为候选码；

因为 $(AD)_F^+ = ABCDEF$；所以 AD 为候选码；

因此，关系模式 R 的所有候选码为 AB，AC，AD。

4.3.2 函数依赖集的等价和最小化

1. 函数依赖集的等价

定义：假设在关系模式 $R(U, F)$ 上有两个函数依赖集 F 和 G。如果 $F^+ = G^+$，则称 F 和 G 是等价的或称 F 与 G 相互覆盖。

定理 2：$F^+ = G^+$ 的充分必要条件是 $F \subseteq G^+$ 且 $G \subseteq F^+$。

证明：

必要性：任给一个函数依赖，$X \rightarrow Y \in F$，则 $X \rightarrow Y \in F^+$，又由 $F^+ = G^+$，得 $X \rightarrow Y \in$

G^+,故 $F\subseteq G^+$;同理可证 $G\subseteq F^+$。

充分性:先证 $F^+\subseteq G^+$,任取 $Y\in X_F^+$,根据闭包的定义,$F\models X\rightarrow Y$,又因为 $F\subseteq G^+$,G^+ 包含了所有 F 中的函数依赖,$X\rightarrow Y$ 也可以由 G^+ 逻辑地推出,即 $G^+\models X\rightarrow Y$。由闭包的定义,$G^+$ 可由 G 逻辑地推出,即 $G\models G^+$,由传递律可知 $G\models X\rightarrow Y$,即 $Y\in X_G^+$,故 $F^+\subseteq G^+$。同理可证 $G^+\subseteq F^+$,即 $F^+=G^+$。

由此可以看出,判定两个函数依赖集 F 和 G 是否等价并不困难,可以检查 F 中的每一函数依赖 $X\rightarrow Y$ 是否属于 G^+(即计算 Y 是否属于 X_G^+)。如果 F 中的每一个函数依赖 $X\rightarrow Y\in G^+$,则 $F\subseteq G^+$;然后,用同样的方法检查 G 中的每一个函数依赖,看其是否都属于 F^+,即检查 $G\subseteq F^+$。只有 $F\subseteq G^+$ 和 $G\subseteq F^+$ 都成立,F 和 G 才等价。

研究函数依赖集等价的目的是对指定的函数依赖集找出它的最小函数依赖等价集。下面给出最小函数依赖集的定义。

2. 最小函数依赖集

函数依赖集的闭包是给定的函数依赖所蕴含的全部的属性间的函数依赖关系。换一个角度,怎样用最少的函数依赖来表达全部的属性间的依赖关系?这就是最小函数依赖集讨论的内容。

定义:如果函数依赖集 F 满足下列条件,则称 F 为一个最小函数依赖集,也称为最小覆盖。

(1) F 中任一函数依赖的右部仅含有一个属性。

(2) F 中不存在这样的函数依赖 $X\rightarrow A$,使得 F 与 $F-\{X\rightarrow A\}$ 等价。

(3) F 中不存在这样的函数依赖 $X\rightarrow A$,X 有真子集 Z 使得 $(F-\{X\rightarrow A\})\bigcup\{Z\rightarrow A\}$ 与 F 等价。

上述定义中的三个条件不仅保证了最小函数依赖集中无冗余的函数依赖,而且每个函数依赖都具有简单的形式。具体而言,第一个条件保证最小函数依赖集中所有的函数依赖右部只有单属性,自然没有多余的;第二条件保证函数依赖集中没有多余的函数依赖;第三个条件保证函数依赖集中每一个函数依赖的左侧没有多余的属性。

定理 3:每一函数依赖集 F 均与其对应的最小函数依赖集 F_{min} 等价。

定理的证明就是给出求解最小函数依赖集的方法,如果方法存在,定理也就得到证明,为此,按三个条件对一个函数依赖集 F 进行最小化处理,找出 F 的一个最小函数依赖集。下面给出最小函数依赖集求解算法。

(1) 逐一检查 F 中每一函数依赖 $X\rightarrow Y$,若 $Y=A_1A_2\cdots A_m(m\geqslant 2)$,则根据分解规则,用 $\{X\rightarrow A_i|i=1,\cdots,m\}$ 替换 $X\rightarrow Y$。

(2) 逐一检查 F 中的每一函数依赖 $X\rightarrow A$,令 $G=F-\{X\rightarrow A\}$,若 $A\in X_G^+$,则从 F 中去掉 $X\rightarrow A$。

(3) 对 F 中每一函数依赖 $X\rightarrow A$,若 $X=B_1B_2\cdots B_n$,逐一考察 B_i,若 $A\in(X-B_i)_F^+$,则用 $(X-B_i)\rightarrow A$ 替换 $X\rightarrow A$,B_i 称为无关属性。

经过上面三步处理之后剩下的 F 一定是最小函数依赖集,并且与原来的 F 等价。但由于第二、第三步考察次序的不同,函数依赖处理的次序不同、各属性的处理顺序不同,都会产生不同的结果,所以最小函数依赖集不一定是唯一的。但一个函数依赖集 F 的所有最小函数依赖集是等价的(都等价于 F)。

【例 4-8】 设关系模式 $R(A,B,C,D,E)$ 上的函数依赖集 $F = \{A \rightarrow BC, BCD \rightarrow E, B \rightarrow D, A \rightarrow D, E \rightarrow A\}$,求 F 的最小函数依赖集。

解:

(1) 对每个函数依赖右部属性分离,得

$$F_1 = \{A \rightarrow B, A \rightarrow C, BCD \rightarrow E, B \rightarrow D, A \rightarrow D, E \rightarrow A\}$$

(2) 去掉左部冗余属性。

因为 $(BC)_F^+ = BCDEA, E \in (BC)_F^+$,因此,$BCD \rightarrow E$ 中的 D 为冗余,以 $BC \rightarrow E$ 取代 $BCD \rightarrow E$,得

$$F_2 = \{A \rightarrow B, A \rightarrow C, BC \rightarrow E, B \rightarrow D, A \rightarrow D, E \rightarrow A\}$$

(3) 去掉多余函数依赖

因为 $A \rightarrow B, B \rightarrow D$ 可以得到 $A \rightarrow D$,故 $A \rightarrow D$ 多余,去掉,得

$$F_{\min} = \{A \rightarrow B, A \rightarrow C, BC \rightarrow E, B \rightarrow D, E \rightarrow A\}$$

【例 4-9】 $F = \{A \rightarrow B, B \rightarrow A, B \rightarrow C, A \rightarrow C, C \rightarrow A\}$,求解 $F_{\min}$。

该例的结果不是唯一的,其中 $F_{\min 1}$、$F_{\min 2}$ 都是 F 的最小依赖集:

$$F_{\min 1} = \{A \rightarrow B, B \rightarrow C, C \rightarrow A\}$$
$$F_{\min 2} = \{A \rightarrow B, B \rightarrow A, A \rightarrow C, C \rightarrow A\}$$

如果对函数依赖集进行最小化处理后与原来的 F 相同,说明 F 本身就是一个最小函数依赖集。因此,最小函数依赖集的求解算法也是检验一个函数依赖集是否为最小集的一个算法。

4.4 关系模式的分解

数据库逻辑结构设计中如果关系模式设计得不好,往往会带来数据的冗余和操作上的异常。为了避免这些问题,有时需要把一个关系模式分解为若干个关系模式,这就是所谓的模式分解。规范化的过程实际上就是模式分解的过程。在对函数依赖的基本性质了解后,将具体讨论模式分解,并介绍模式分解的算法。

4.4.1 模式分解的准则

由于关系模式的属性之间存在各种依赖关系,因此,模式分解不是随心所欲地分解,必须受到各种各样的约束。这种约束就要求分解后的模式必须与原来的模式等价。等价涉及两个问题,首先,分解具有无损连接性,即分解之后的关系模式能通过自然连接恢复原来的关系,使得信息不失真,既不丢失信息也不增加信息;其次,要求分解具有函数依赖的保持性,即分解不破坏属性之间存在的依赖关系,使得 $F = F_1 \cup F_2 \cup \cdots \cup F_k$。无损连接性和函数依赖保持性是模式分解的两个重要准则。

1. 分解的无损连接性

1) 无损连接性的形式化定义

设有关系模式 $R(U,F)$ 的一个分解是指 R 为它的一组子集 $\rho = \{R_1(U_1, F_1), R_2(U_2, F_2), \cdots R_n(U_n, F_n)\}$ 所替代的过程。其中 $U = \bigcup_{i=1}^{n} U_i$,并且不存在 $U_i \subseteq U_j, 1 \leqslant i, j \leqslant n, i \neq$

j,如果对于关系 R 中的任一关系 r 都有

$$r = \prod_{U_1}(r) \bowtie \prod_{U_2}(r) \bowtie \cdots \bowtie \prod_{U_n}(r) = m\rho(r)$$

则称分解 ρ 具有无损连接性,其中 $\prod_{U_i}(r)$ 是关系 r 在 U_i 上的投影。

通过 4.1 节的案例可以说明,一个关系模式分解后,可以存放一些原来不能存放的信息,这是分解的优点之一,也是实际需要。而分解后的关系做自然连接必包含分解前的关系,也就是说,分解是不会丢失信息的。但有时分解有可能会增加信息。

例如,关系模式 $R(A,B,C)$,$\rho=\{R_1,R_2\}$ 为它的一个分解,$R_1(A,B)$,$R_2(B,C)$,r、r_1、r_2 分别是它们的关系,如表 4-17~表 4-19 所示,其中 $r_1 = \prod_{U_1}(r)$,$r_2 = \prod_{U_2}(r)$。而 r_1 和 r_2 自然连接的结果如表 4-20 所示。显然比 r 多了一个元组,由此可以断定对 R 的分解不具有无损连接性。

表 4-17　r

A	B	C
a_1	b_1	c_1
a_2	b_1	c_2
a_1	b_1	c_2

表 4-18　r_1

A	B
a_1	b_1
a_2	b_1

表 4-19　r_2

B	C
b_1	c_1
b_1	c_2

表 4-20　$m\rho(r)$

A	B	C
a_1	b_1	c_1
a_1	b_1	c_2
a_2	b_1	c_1
a_2	b_1	c_2

只有 $r=m\rho(r)$,分解才具有无损连接性。将一个关系模式分解为多个子关系模式,保证无损连接是很重要的,但是,根据定义通过具体关系的连接来判断一个分解的无损连接性,实际上是不可能的。因此,必须给出判定分解是否是无损连接的标准。

2) 判定一个分解的无损连接性算法

设有关系模式 $R(A_1,A_2,\cdots,A_n)$,$\rho=\{R_1,R_2,\cdots,R_k\}$ 为 R 的一个分解。F 是它的函数依赖集,$F=\{FD_1,FD_2,\cdots,FD_n\}$,(假设 F 为最小函数依赖集,若不是,求之,可提高求

解效率),并设 FD_i 为 $X_i \rightarrow A_i$。

输入:关系模式 $R(A_1, A_2, \cdots, A_n)$,R 上的一个分解 $\rho = \{R_1, R_2, \cdots, R_k\}$。$R$ 上的函数依赖集为 F。

输出:分解 ρ 是否具有无损连接性。

方法:

(1) 构造一个 k 行 n 列的表,其中,每一行对应分解后的一个关系模式,每一列对应一个属性。第 i 行对应分解后的关系模式 R_i,第 j 列对应于属性 A_j,如果属性 A_j 属于关系模式 R_i,则在表的第 i 行第 j 列位置填上 a_j,否则填上 b_{ij}。

(2) 根据 F 中的函数依赖对表的内容进行修改。修改规则为:考察 F 中的每一个函数依赖 $X \rightarrow Y$,在属性 X 所在的那些列上找具有相同符号的行,如果找到这样的行,则使这些行上属性 Y 所在的列元素相同,如果其中有一个为 a_j,则这些元素都填上 a_j,否则改为 b_{mj}。其中 m 为这些行的最小行号。(一趟 Chose 过程)

(3) 如果某次更改之后出现形如 $a_1, a_2, \cdots, a_n$ 的行,算法结束,说明分解 ρ 具有无损连接性;否则,继续下一趟 Chose 过程,直到一趟 Chose 之后表无变化时算法结束(此时未出现形如 $a_1, a_2, \cdots, a_n$ 的行),分解 ρ 不具有无损连接性。

【例 4-10】 已知 $R(U,F)$,$U = \{A, B, C, D, E, F\}$,$F = \{AB \rightarrow C, AC \rightarrow B, AD \rightarrow E, B \rightarrow D, BC \rightarrow A, E \rightarrow F\}$,$R$ 的一个分解 $\rho = \{R_1(A, B, C), R_2(A, C, D, E), R_3(A, D, F)\}$。判定分解 ρ 是否为无损连接的分解。

解:

(1) 构造初始表,如表 4-21(a)所示。

(2) 第一趟 Chose。

① 检查 $AB \rightarrow C$:无 AB 列上取值相同的行,不做修改。

② 检查 $AC \rightarrow B$:因为表中第一、二两行在 A、C 上的取值相同($R_1[AC] = R_2[AC]$),修改 b_{22} 使其值为 a_2,结果如表 4-21(b)所示。

③ 检查 $AD \rightarrow E$:因为第二、三行在 A、D 上的取值均为相同($R_2[AD] = R_3[AD]$),修改 b_{35} 使其值为 a_5,结果如表 4-21(c)所示。

④ 检查 $B \rightarrow D$:因为第一、二两行在 B 上的取值相同($R_1[B] = R_2[B]$),修改 b_{14} 使其值为 a_4,结果如表 4-21(d)所示。

⑤ 检查 $BC \rightarrow A$:A 上的值全是 a_1,不用修改。

⑥ 检查 $E \rightarrow F$:第二、三行在 E 上的取值均为相同($R_2[E] = R_3[E]$),修改 b_{26} 使其值为 a_6,结果如表 4-21(e)所示。

表 4-21 分解的无损连接判断表

(a)						
	A	B	C	D	E	F
$R_1(A,B,C)$	a_1	a_2	a_3	b_{14}	b_{15}	b_{16}
$R_2(A,C,D,E)$	a_1	b_{22}	a_3	a_4	a_5	b_{26}
$R_3(A,D,F)$	a_1	b_{32}	b_{33}	a_4	b_{35}	a_6

续表

(b)						
	A	B	C	D	E	F
$R_1(A,B,C)$	a_1	a_2	a_3	b_{14}	b_{15}	b_{16}
$R_2(A,C,D,E)$	a_1	a_2	a_3	a_4	a_5	b_{26}
$R_3(A,D,F)$	a_1	b_{32}	b_{33}	a_4	b_{35}	a_6

(c)						
	A	B	C	D	E	F
$R_1(A,B,C)$	a_1	a_2	a_3	b_{14}	b_{15}	b_{16}
$R_2(A,C,D,E)$	a_1	a_2	a_3	a_4	a_5	b_{26}
$R_3(A,D,F)$	a_1	b_{32}	b_{33}	a_4	a_5	a_6

(d)						
	A	B	C	D	E	F
$R_1(A,B,C)$	a_1	a_2	a_3	a_4	b_{15}	b_{16}
$R_2(A,C,D,E)$	a_1	a_2	a_3	a_4	a_5	b_{26}
$R_3(A,D,F)$	a_1	b_{32}	b_{33}	a_4	a_5	a_6

(e)						
	A	B	C	D	E	F
$R_1(A,B,C)$	a_1	a_2	a_3	a_4	b_{15}	b_{16}
$R_2(A,C,D,E)$	a_1	a_2	a_3	a_4	a_5	a_6
$R_3(A,D,F)$	a_1	b_{32}	b_{33}	a_4	a_5	a_6

（3）表4-20(e)的第二行出现a_1,a_2,a_3,a_4,a_5,a_6，所以此分解ρ为无损连接分解。

无损连接性的判定算法可检验任意的分解，如果关系模式R分解为两个子关系模式，则可用下面的定理来检验是否是无损连接分解。

定理4：关系模式$R(U,F)$的一个分解$\rho=\{R_1(U_1,F_1),R_2(U_2,F_2)\}$具有无损连接性的充分必要条件是$U_1\cap U_2\rightarrow U_1-U_2\in F^+$或$U_1\cap U_2\rightarrow U_2-U_1\in F^+$。

需要说明的是：

（1）单独的一个条件是充分条件而非必要条件；

（2）此定理可用于一分为二的模式分解无损连接性的判定。

2．分解的函数依赖保持性

函数依赖实际上是对给定关系模式的完整性约束，因此，人们不仅希望分解具有无损连接性，而且希望分解时不破坏函数依赖的关系，保证关系数据库的完整性。

1）保持函数依赖分解的形式化定义

关系模式$R(U,F)$的分解$\rho=\{R_1(U_1,F_1),R_2(U_2,F_2),\cdots,R_k(U_k,F_k)\}$，$F_i$是$F^+$中所有只包含$R_i$属性的函数依赖集合，记为$F_i=\{X\rightarrow Y\mid X\rightarrow Y\in F^+\wedge XY\subseteq U_i\}$。当且仅当$F^+=(\bigcup_{i=1}^{k}F_i)^+$，此分解为保持函数依赖的分解。

从定义可以看出，如果分解后的所有关系模式的函数依赖集合与原来关系模式的函数

依赖集 F 等价,则说明分解保持了函数依赖或者说,分解没有丢失原关系模式的语义。

2) 判定保持函数依赖的算法

定理 2 给出了判断两个函数依赖集等价的方法。因此,也给出了判定关系模 R 的分解是否保持函数依赖的方法。

4.4.2　模式分解的算法

对于一个关系模式的分解是多种多样的,要求分解后的模式具有无损连接性、保持了函数依赖性,还是既要保持函数依赖性,又要具有无损连接性?按照不同的分解准则,模式所能达到的分离程度各不相同,各种范式就是对分离程度的测度。

为了得到更高范式的关系进行的模式分解,是否总能保持函数依赖性,又具有无损连接性?答案是否定的。无损连接性和函数依赖保持性是从不同的角度对分解提出的要求,它们是两个不同的概念。一个无损连接的分解不一定具有函数依赖保持性;同样,一个保持函数依赖的分解也不一定具有无损连接性。而且有些实用的分解算法也往往顾此失彼,难以兼顾。下面给出关于模式分解的几个重要事实:

(1) 如果要求分解保持函数依赖,那么分解总可以达到 3NF,但不一定达到 BCNF;

(2) 如果要求分解具有无损连接性,那么分解一定可达到 BCNF;

(3) 如果既保证无损连接性,又保持函数依赖性,那么分解可以达到 3NF,不一定能达到 BCNF。

1. 3NF 保持函数依赖的分解算法

算法 1:对于给定的关系模式 $R(U,F)$,将其转换为 3NF 保持函数依赖的分解算法如下。

(1) 求解函数依赖集 F 的最小函数依赖集 $F_{\min}$ 替代 F,$\rho = \Phi$。

(2) 找出所有不出现在 F 中的属性(称为 N 类属性)构成一个关系模式,则 $\rho = \rho \cup \{N\}$,并令 $U = U - N$,转下一步。

(3) 如果 $X \rightarrow A \in F$,且 $XA = U$,则 $\rho = \rho \cup \{XA\}$,算法结束;否则转下一步。

(4) 如果 $X \rightarrow A_1, X \rightarrow A_2 \cdots X \rightarrow A_i \in F$,则分解应包括模式 $XA_1A_2 \cdots A_i$,对每一函数依赖 $X \rightarrow Y$,令 XY 构成属性组 U_i,$\rho = \rho \cup U_i$,若存在属性组 $U_i \subseteq U_j (i \neq j)$,去掉 U_i,算法结束。

2. 3NF 既具有无损连接性又能保持函数依赖的分解算法

算法 2:对于给定的关系模式 $R(U,F)$,将其转换为既具有无损连接性又保持函数依赖的 3NF 的分解算法如下。

(1) 设分解 $\rho = \{ R_i(U_i, F_i) \mid i = 1, \cdots, k \}$ 是按算法 1 得到的保持函数依赖的分解,则令其中 X 为码。

(2) 设 X 是 $R(U,F)$ 的码,并令 $\tau = \rho \cup \{R_X(X, F_X)\}$。

(3) 若对某个 U_i 使得 $X \subseteq U_i$,则将 R_X 从 τ 中减掉,或 $U_i \subseteq X$,则将 R_i 从 τ 去掉;τ 即为所求的分解。

3. BCNF 无损连接的分解算法

算法 3:对于给定的关系模式 $R(U,F)$,将其转换为 BCNF 的无损连接分解算法如下。

(1) 求 F 的最小函数依赖集 F_{min} 并替代 F。

(2) 令 $\rho=\{\ R(U,F)\}$。

(3) 如果 ρ 中各关系模式都属于 BCNF,算法结束。

(4) 如果 ρ 中某个 $R_i(U_i,F_i)\notin$ BCNF,则必有一函数依赖 $X\rightarrow A\in F_i^+(A\in X)$,且 X 非 R_i 的码,对 R_i 分解为 $R_{i1}(XA)$ 和 $R_{i2}(U_i-A)$,(则 R_{i1} 必定为 BCNF)转步骤(3)。

因为关系模式中属性为有限个,算法会在有限次循环后结束。

在实践中 BCNF 的意义并不大,因为对模式分解的要求总是既要保证分解的无损连接性,又要保持函数依赖性。如例 4-3 的"职工管理图书"关系模式属于 3NF,但不满足 BCNF 的要求,为了达到 BCNF 就必须进行分解,但任何分解都会破坏函数依赖(仓库号,图书类别编号)→职工号,也就是说由 3NF 到 BCNF 的分解不能保证保持函数依赖,但可以保证无损连接。所以,为保持函数依赖,就必须放弃 BCNF。但非 BCNF 可能会存在操作异常现象,解决这一问题的方法是,保持 3NF,警惕主属性对非主属性的函数依赖带来的操作异常,可以通过为关系模式建立触发器来实现对数据的完整性约束,以此拒绝操作异常现象。

当一个关系模式是 3NF 时:

(1) 码是单属性,该关系模式自然是 BCNF;

(2) 码是复合属性,并且不存在主属性对非主属性的函数依赖,该关系模式是 BCNF;

(3) 码是复合属性,并且至少存在一个主属性对非主属性的函数依赖,则为了保持函数依赖,模式分解无法达到 BCNF。

习题 4

1. 选择题

(1) 关系数据库规范化是为解决关系数据库中( )。

    A. 插入、删除和数据冗余问题而引入的

    B. 提高查询速度问题而引入的

    C. 减少数据操作的复杂性问题而引入的

    D. 保证数据的安全性和完整性问题而引入

(2) 规范化过程主要为克服数据库逻辑结构中的插入异常,删除异常以及( )。

    A. 数据的不一致性   B. 结构不合理

    C. 冗余度大   D. 数据丢失

(3) 关系数据库的规范化理论主要解决的问题是( )。

    A. 如何构造合适的数据逻辑结构

    B. 如何构造合适的数据物理结构

    C. 如何构造合适的应用程序界面

    D. 如何控制不同用户的数据操作权限

(4) 关系规范化中的插入操作异常是指( )。

    A. 不该删除的数据被删除   B. 不该插入的数据被插入

    C. 应该删除的数据被删除   D. 应该插入的数据未被插入

(5) 关系规范化中的删除操作异常是指(　　)。

　　A. 不该删除的数据被删除　　　　　　B. 不该插入的数据被插入

　　C. 应该删除的数据被删除　　　　　　D. 应该插入的数据未被插入

(6) 在关系模式中,如果属性 A 和 B 存在一对一的联系,则说明(　　)。

　　A. $A \rightarrow B$　　　　B. $B \rightarrow A$　　　　C. $A \leftrightarrow B$　　　　D. 以上都不是

(7) 当 B 属性函数依赖于 A 属性时,属性 A 与 B 的联系是(　　)。

　　A. 一对多　　　　B. 多对一　　　　C. 多对多　　　　D. 以上都不是

(8) 在关系模式 R 中,函数依赖 $X \rightarrow Y$ 的语义是(　　)。

　　A. 在 R 的某一关系中,若两个元组的 X 值相等,则 Y 值也相等

　　B. 在 R 的每一关系中,若两个元组的 X 值相等,则 Y 值也相等

　　C. 在 R 的某一关系中,Y 值应与 X 值相等

　　D. 在 R 的每一关系中,Y 值应与 X 值相等

(9) $X \rightarrow Y$,当(　　)成立时,称为平凡的函数依赖。

　　A. $X \in Y$　　　　B. $Y \in X$　　　　C. $X \bigcap Y = \Phi$　　　　D. $X \bigcap Y \neq \Phi$

(10) 关系数据库中的关系应满足一定的要求,最低的要求是达到 1NF,即满足(　　)。

　　A. 每个非主属性都完全依赖于主属性　　B. 主属性唯一标识关系中的元组

　　C. 关系中的元组不可重复　　　　　　　D. 每个属性都是不可分解的

(11) 下列陈述中,错误的是(　　)。

　　A. 2NF 必然属于 1NF　　　　　　　　B. 3NF 必然属于 2NF

　　C. 3NF 必然属于 BCNF　　　　　　　D. BCNF 必然属于 3NF

(12) 当关系模式 $R(A, B)$ 已属于 3NF,下列说法正确的是(　　)。

　　A. 它一定消除了插入和删除异常　　　　B. 仍存在一定的插入和删除异常

　　C. 一定属于 BCNF　　　　　　　　　　D. A 和 C 都是

(13) 设计性能较优的关系模式称为规范化,规范化主要的理论依据是(　　)。

　　A. 关系规范化理论　　　　　　　　　　B. 关系运算理论

　　C. 关系代数理论　　　　　　　　　　　D. 数理逻辑

(14) 设有关系模式 $R(A, B, C, D)$,其数据依赖集:$F = \{(A, B) \rightarrow C, C \rightarrow D\}$,则关系模式 R 的规范化程度最高达到(　　)。

　　A. 1NF　　　　　　　　　　　　　　　　B. 2NF

　　C. 3NF　　　　　　　　　　　　　　　　D. BCNF

(15) 已知学生关系:R(学号,姓名,系名称,系地址),每一名学生属于一个系,每一个系有一个地址,则 R 属于(　　)。

　　A. 1NF　　　　　　　　　　　　　　　　B. 2NF

　　C. 3NF　　　　　　　　　　　　　　　　D. BCNF

(16) 在订单管理系统中,客户一次购物(一张订单)可以订购多种商品。有订单关系 R(订单号,日期,客户名,商品编号,数量),关系 R 属于(　　)。

　　A. 1NF　　　　B. 2NF　　　　C. 3NF　　　　D. BCNF

(17) 关系模式 R 中的属性全是主属性,则 R 的最高范式必定是(　　)。

　　A. 1NF　　　　B. 2NF　　　　C. 3NF　　　　D. BCNF

(18) 已知关系模式 $R(A,B,C,D,E)$ 及其上的函数依赖集合 $F=\{A{\rightarrow}D,B{\rightarrow}C,E{\rightarrow}A\}$,该关系模式的候选码是(   )。

    A. AB   B. BE   C. CD   D. DE

(19) 有关系模式 $A(C,T,H,R,S)$,其中各属性的含义是:C—课程,T—教员,H—上课时间,R—教室,S—学生。根据语义有如下函数依赖集 $F=\{C{\rightarrow}T,(H,R){\rightarrow}C,(H,T){\rightarrow}R,(H,S){\rightarrow}R\}$。关系模式 A 的码是(   )。

    A. C   B. (H,R)   C. (H,T)   D. (H,S)

(20) 在(19)题的基础上,现将关系模式 A 分解为两个关系模式 $A_1(C,T)$,$A_2(H,R,S)$,则其中 A_1 的规范化程度达到(   )。

    A. 1NF   B. 2NF   C. 3NF   D. BCNF

(21) 对于(19)题的关系模式 A,其规范化程度最高达到(   )。

    A. 1NF   B. 2NF   C. 3NF   D. BCNF

(22) 对于下列条目正确的是(   )。

①任何一个二目关系是属于3NF。②任何一个二目关系是属于BCNF。③任何一个二目关系是属于4NF。

    A. 只有①正确   B. 只有①和②正确

    C. 只有③正确   D. 都正确

(23) 如果 $X{\rightarrow}Y$ 能从推理规则导出的充要条件是(   )。

    A. $X{\subseteq}Y^+$ B. $X{\subseteq}Y$

    C. $Y{\subseteq}X^+$ D. $Y{\subseteq}X$

(24) 在最小依赖集 F 中,下面叙述不正确的是(   )。

    A. F 中每个函数依赖的右部都是单属性

    B. F 中每个函数依赖的左部都是单属性

    C. F 中没有冗余的函数依赖

    D. F 中每个函数依赖的左部没有冗余的属性

(25) 下面关于函数依赖的叙述中,不正确的是(   )。

    A. 若 $X{\rightarrow}Y,Y{\rightarrow}Z$,则 $X{\rightarrow}YZ$ B. 若 $XY{\rightarrow}Z$,则 $X{\rightarrow}Z,Y{\rightarrow}Z$

    C. 若 $X{\rightarrow}Y,Y{\rightarrow}Z$,则 $X{\rightarrow}Z$ D. 若 $X{\rightarrow}Y,Y'$包含Y,则 $X{\rightarrow}Y'$

2. 理解并给出下列术语的定义

(1) 函数依赖;

(2) 部分函数依赖;

(3) 完全函数依赖;

(4) 传递函数依赖;

(5) 多值依赖;

(6) 范式;

(7) 关系的规范化;

(8) 函数依赖的逻辑蕴涵;

(9) 属性集闭包;

(10) 无损连接性。

3．简答题

（1）如何判断关系模式的优劣？对一个不理想的关系模式如何转换成一个较好的关系模式？

（2）为什么引入关系的规范化？关系规范化主要解决数据库设计中的哪些问题？

（3）简述在函数依赖范畴内各范式之间的关系。

（4）如何判断一个函数依赖是已知函数依赖集的逻辑蕴涵？

4．解答题

（1）设关系模式 $R(A,B,C)$，F 是 R 上成立的函数依赖集，$F=\{C\rightarrow B,B\rightarrow A\}$。

① 试求 R 的候选码。

② 判断 R 是不是 3NF，并说明理由。

③ 若不是，试把 R 分解成 3NF 的模式集。

（2）设有关系模式 $R(A,B,C,D,E,F)$，函数依赖集 $F=\{AB\rightarrow E,AC\rightarrow F,AD\rightarrow B,B\rightarrow C,C\rightarrow D\}$。

① 求出关系模式所有候选码。

② 并说明主属性 C 和属性集 AB 和属性集 AD 的关系。

（3）设有关系模式 $R(A,B,C,D)$，函数依赖集 $F=\{A\rightarrow C,C\rightarrow A,B\rightarrow AC,D\rightarrow AC,BD\rightarrow A\}$

① 计算 $(AD)^+$。

② 求关系模式 R 的候选码。

③ 求 F 的最小等价函数依赖集。

④ 将 R 分解为 3NF，使其既具有无损连接性又具有函数依赖保持性。

（4）设关系模式 $R(C,D,M,N)$，其函数依赖集合为 $F=\{M\rightarrow C,D\rightarrow CM,N\rightarrow CM,C\rightarrow M\}$。

① 求关系模式的候选码。

② 求 F 的最小等价依赖集。

③ 判断关系模式 R 属于第几范式。

（5）已知关系模式 $R(A,B,C,D,E,F)$，其上的函数依赖集 $F=\{A\rightarrow B,C\rightarrow F,E\rightarrow A,CE\rightarrow D\}$。

① 求出 R 的所有候选码。

② 验证下列两个分解的无损连接性：

$$\rho_1=\{R_1(CF),R_2(BE),R_3(CDE),R_4(AB)\}$$
$$\rho_2=\{R_5(ABE),R_6(CDEF)\}$$

③ R_3、R_5、R_6 各为第几范式的关系？

5．应用题

（1）根据下列给出的数据之间的函数依赖集合 F，设计一个数据库模式，要求每一个关系模式满足 3NF。

其中，数据集 $U=\{$学号，姓名，性别，出生日期，所在单位，导师姓名，学期号，课程号，课程名，学分，成绩所$\}$，U 上的函数依赖集合 $F=\{$学号→姓名，出生日期，性别，所在单位，导师姓名；导师姓名→所在单位；课程号→课程名，学分；（学号，课程号，学期号）→成绩$\}$

（2）设有如表 4-22 所示的关系 R。

表 4-22　关系 R

课 程 号	课 程 名	教 师 名	教师职称	所 在 单 位
10172501	Java 语言	李强	副教授	信管系
10172502	数据结构	王丽华	副教授	计算机系
10172503	数据库原理	李强	副教授	信管系
20172102	数据结构	张华	讲师	计算机系
10172500	管理学	吴伟	副教授	信管系

试问：

① 讨论这些数据的语义，并写出相应的函数依赖.

② 此关系模式 R 是否存在数据冗余、操作异常？如果存在，何时发生？

③ 关系模式 R 满足第几范式？为什么？

④ 把此关系模式分解为满足高一级别的范式。

（3）设工厂里有一个记录职工每天日产量的关系模式：R（职工编号，日期，日产量，车间编号，车间主任）。如果规定：每个职工每天只有一个日产量；每个职工只能隶属于一个车间；每个车间只有一个车间主任。试回答下列问题。

① 根据上述规定，写出关系模式 R 的基本函数依赖。

② 求解关系模式 R 的候选码。

③ 判断 R 是否是 2NF，如果不是，把其分解成满足 2NF 的关系模式集。

④ 进而再分解成满足 3NF 的关系模式集。

（4）设学校里有一个记录教师每学期教学总工作量的关系模式：R（教师编号，学期，教学工作量，所在教研室，教研室主任）。如果规定：每个教师每学期只记录一次教学工作量；每个教师只能从属于一个教研室；每个教研室只有一个教研室主任。试回答下列问题。

① 根据上述规定，写出关系模式 R 的基本函数依赖。

② 求解关系模式 R 的候选码。

③ 判断 R 是否是 2NF，如果不是，把其分解成满足 2NF 的关系模式集。

④ 进而再分解成满足 3NF 的关系模式集。

第 5 章
数据库管理系统SQL Server 2019

学习目标

- 理解 SQL Server 2019 体系结构和数据库引擎的作用;
- 掌握 SQL Server 2019 常用管理工具及其操作;
- 掌握 SQL Server 2019 数据库服务器的配置和连接方法;
- 掌握 SQL Server 2019 组成数据库的各种对象的类型和作用;
- 掌握 SQL Server 2019 提供的系统内置数据类型;
- 熟练使用 SQL Server Management Studio 图形化工具管理数据库和数据库基本对象的方法。

重点:重点掌握表、视图、索引的创建和维护,特别是数据完整性约束的定义。

难点:完整性约束定义的方法。

SQL Server 2019 是 Microsoft 公司 2019 年 11 月发布的新版本(15.0),是在早期版本的基础上构建,旨在将 SQL Server 发展成一个平台,以提供开发语言、数据类型、本地或云环境以及操作系统选项。此版本的 SQL Server 专注于 Hadoop、Apache Spark 等分布式文件系统之间的数据交换,与大数据的连接,在易用性、可伸缩性、安全性、可靠性等方面的优异性能,能够为企事业单位的信息管理系统提供一个全面、安全、可靠的数据库平台,满足各种类型单位构建网络数据库的需求,使其成为客户构建、管理商业数据库的最佳选择方案之一。因此,SQL Server 2019 数据库管理系统正被越来越多的用户使用,已成为企业级数据库管理系统的主流产品。

SQL Server 2019 作为一款面向企业级应用的关系数据库产品,以其强大的功能、简便的操作和可靠的安全性,赢得了很多用户的认可,在各行各业和各种软件产品中得到了广泛的应用。作为全新的企业级信息平台,SQL Server 2019 不仅延续了现有信息平台的强大能力,支持云技术,而且引入了大数据群集和智能化数据管理等新特性。本章主要介绍 SQL Server 2019 的基础知识和使用方法,包括服务器管理、常用管理工具的使用以及数据库和数据库对象的管理与操作。

5.1　SQL Server 2019 简介

作为世界数据库三大巨头之一的 SQL Server,其高效的数据处理、强大的功能、简易而统一的界面操作受到众多软件厂商和企业的青睐。SQL Server 2019 不仅延续现有数据平台的强大能力,更是一款面向数据云服务的信息平台,实现企业内部与外部的数据集成,实现私有云与公有云之间数据的扩展与应用的迁移。同时,新版本还引入了大数据集群和智能化数据管理等新特性,以满足不同人群对数据以及信息的需求。针对大数据以及数据仓库,SQL Server 2019 提供从 TB 到数百 TB 全面端到端的解决方案。

5.1.1　SQL Server 2019 的体系结构

SQL Server 2019 功能很多,但总体来说可以分为两大类:实例功能和共享功能模块。

实例功能包含数据库引擎服务、分析服务,其中,数据库引擎服务包含 SQL Server 复制、机器学习服务和语言扩展、全文和语义提取搜索、数据质量服务;共享功能包括数据质量客户端、机器学习服务器(独立)、集成服务、主数据服务等。SQL Server 2019 的体系结构如图 5-1 所示。

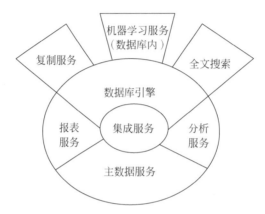

图 5-1　SQL Server 2019 的体系结构

1. 数据库引擎

数据库引擎(SQL server database engine,SSDE)是 SQL Server 2019 用于存储、处理和保护数据的核心服务,也是传统意义上的数据库管理系统。使用数据库引擎可以创建用于联机事务处理或联机分析处理的关系数据库,包括创建用于存储数据的基本表和用于查看、管理和保护数据安全的数据库对象。例如,查询数据、创建数据库、创建表、视图及索引和存储过程等操作,都是由数据库引擎完成的。在大多数情况下,使用数据库系统,实际上就是使用数据库引擎。SQL Server 数据库引擎服务包括 SQL Server 复制、全文和语义提取搜索,以及使用关系数据运行 Python 和 R 脚本的机器学习服务等可选功能。

2. 分析服务

分析服务(SQL server analysis services,SSAS)包括一些工具,可用于创建和管理联机分析处理(OLAP)以及数据挖掘应用程序。也就是说,SSAS 为各种商业智能提供联机分析处理和数据挖掘功能,可以支持用户建立数据库,使用分析服务,可以设计、创建和管理包含来自其他数据源数据的多维结构,还可以完成数据挖掘模型的构造和应用,实现知识发现、表示和管理,以更有效的方式提供给决策分析者。其中,联机分析处理承载多维数据库,将数据存储在多维数据集中,而数据挖掘提供了分析数据集的方法,用这种方法可以找出数据中的一些非显性模式。例如,在电子商务系统中,可以使用分析服务完成对客户购物的数据挖掘分析,发现隐藏在大量数据中的模式和关系,获取更多有价值的信息,从而使决策者更加合理地安排不同商品的管理。

3. 报表服务

报表服务(SQL server reporting services,SSRS)是基于服务器的,能为用户提供支持Web方式的企业级报表功能,包括用于创建、管理和部署表格报表、矩阵报表、图形报表以及自由格式报表的服务器和客户端组件。报表服务包含一整套用于创建、管理和传送报表的工具以及允许开发人员在自定义应用程序中集成或扩展数据和报表处理的 API,通过图形方式或编程生成,以. rdl 文件格式存储在 SQL Server 的报表服务数据库。报表服务工具在 Microsoft Visual Studio 环境中工作,并与 SQL Server 工具和组件完全集成。报表服务还是一个可用于开发报表应用程序的可扩展平台。使用报表服务可以从包含关系数据源、多维数据源和基于 XML 的数据源中获取报表的内容,能用自己需求的不同格式创建数据表格、图形等各种样式的报表,并可以通过 Web 连接来查看和管理这些报表。

4. 集成服务

集成服务(SQL server integration services,SSIS)是一个用于生成高性能数据集成和工作流解决方案的数据平台,几乎可以在任何类型的数据源之间移动数据,是 SQL Server 的数据提取—转换—加载(ETL)工具。使用集成服务可以解决复杂的业务问题,具体表现为:管理 SQL Server 对象和数据,复制或下载文件,发送电子邮件以响应事件,执行 FTP执行等。也可以提取和转换来自多种源的数据,如 Oracle、XML 文档、文本文件等数据源中的数据或者用它来清理、聚合、合并、复制数据。总之,数据转换、收集来自许多不同数据源的数据或搜集可用分析服务进行分析的数据仓库数据,集成服务在这些操作中非常有用。

5. 主数据服务(master data services,MDS)

MDS 是针对主数据管理的 SQL Server 解决方案。可以配置 MDS 来管理任何领域(产品、客户、账户);MDS 中可包括层次结构、各种级别的安全性、事务、数据版本控制和业务规则以及可用于管理数据的用于 Excel 的外接程序。

6. 机器学习服务

机器学习服务(数据库内)支持使用企业数据源的分布式、可缩放的机器学习解决方案。机器学习服务器(独立)支持在多个平台上部署分布式、可缩放机器学习解决方案,并可使用多个企业数据源,包括 Linux 和 Hadoop。在 SQL Server2016 中,支持 R 语言。SQLServer 2019(15. x)支持 R 和 Python。

7. 复制服务

SQL Server 复制服务通常可用于移动数据。可以将数据和数据库对象从一个数据库复制和分发到另一个数据库,然后,在数据库之间进行同步,以保持它们的一致性。只要有网络,都可以使用复制服务把数据分发到不同的位置,包括移动用户。

8. 全文搜索

SQL Server 的全文搜索可以将 SQL Server 表中纯字符的数据以词或短语的形式执行全文查询。一旦创建了全文搜索功能,SQL Server 查询就可以搜索全文搜索索引,并返回高性能字符串的字符索引。全文搜索与 SQL 中的 Like 语句不同,它是先将数据库中的文本数据创建索引,然后,根据特定语言的规则对词和短语进行搜索,其速度快,形式灵活,使用方便。

5.1.2 SQL Server 2019 的主要亮点

作为全新的企业级信息平台,SQL Server 2019 不仅延续了现有信息平台的强大能力,支持云技术,而且引入了大数据群集和智能化数据管理等新特性,还为 SQL Server 数据库引擎、分析服务、SQL Server 机器学习服务、Linux 上的 SQL Server 和主数据服务提供了附加功能和改进。特别是 SQL Server 2019 引入的大数据集群,将为使用大数据、大数据集和 AI 提供良好的支持。

当代企业通常掌管着庞大的数据资产,这些数据资产由托管在整个公司的孤立数据源中的各种不断增长的数据集组成。利用 SQL Server 2019 大数据群集,可以从所有数据中获得近乎实时的分析,该群集提供了一个完整的环境来处理包括机器学习和 AI 功能在内的大量数据。

总之,SQL Server 2019 已成为数据库领域稳定性、可靠性、安全性最高和应用性最广泛的数据库管理系统。其主要亮点如下。

1. 分析所有类型的数据

使用内置有 Apache Spark 的 SQL Server 2019,跨关系、非关系、结构化和非结构化数据进行查询,从所有数据中获取见解,从而全面了解业务情况。

2. 灵活选择语言和平台

通过开源支持,可以灵活选择语言和平台。在支持 Kubernetes 的 Linux 容器上或在 Windows 上运行 SQL Server。

3. 依靠行业领先的性能

利用突破性的可扩展性和性能,改善数据库的稳定性并缩短响应时间,而无须更改应用程序。让关键型应用程序、数据仓库和数据湖实现高可用性。

4. 安全性持续领先,值得信赖

该数据库过去九年来被评为漏洞最少的数据库,可实现安全性和合规性目标。可以使用内置功能进行数据分类、数据保护以及监控和警报,实现快人一步。

5. 更快速地做出更好的决策

使用报表服务的企业报告功能在数据中找到问题的答案,并通过随附的 Power BI 报表服务器,使用户可以在任何设备上访问丰富的交互式 Power BI 报表。

5.2 SQL Server 2019 常用管理工具

SQL Server 2019 提供了各种帮助数据库管理员和开发人员提高工作效率的工具,通过这些工具可以完成数据库的配置、管理和开发等任务。因此,在使用 SQL Server 2019 之前,认识各种工具及其特性是非常重要的。

5.2.1 SQL Server Management Studio

SQL Server Management Studio(SSMS)是 SQL Server 2019 中最重要的一个集成环境管理工具,用于访问、配置、控制、管理和开发 SQL Server 的所有组件。它继承了 SQL Server 低版本的操作风格,将早期的 SQL Server 2000 中所包含的企业管理器、查询分析器

和 Analysis Manager 功能整合到同一环境中,使得 SQL Server 中的所有组件协同工作,形成了用于数据库管理的功能丰富的图形工具与脚本编辑器,为开发人员及管理人员提供对 SQL Server 的访问。作为开发和管理 SQL Server 数据库对象的有效工具,SQL Server Management Studio 可以完成对 SQL Server 2019 的管理,例如,管理 SQL Server 服务器,创建和管理数据库,创建与管理表、视图、存储过程、角色、规则等数据库对象以及用户自定义的数据类型,备份数据库等。

下面简要介绍 SQL Server Management Studio 的使用方法。

1. SQL Server Management Studio 的启动

在 SQL Server 2019 中,SQL Server Management Studio 需要单独下载并安装,安装完成后可以通过如下步骤启用 SQL Server Management Studio。

(1)开始启动。执行"开始"→"程序"→Microsoft SQL Server Tools 18→SQL Server Management Studio 18 命令,打开如图 5-2 所示的"连接到服务器"对话框(由于 SQL Server Management Studio 是客户端工具,通过 SQL Server Management Studio 管理和操作 SQL Server 服务,需要先连接服务器)。

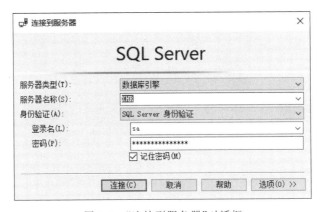

图 5-2 "连接到服务器"对话框

(2)连接服务器。选择服务器的类型是数据库引擎,服务器的名称是安装运行了数据库服务器的计算机机器名(XHR 是笔者主机的名称)或 IP,该名由系统自动查找并显示。如果安装数据库时使用的不是默认实例,而是命名实例,则服务器名称还要包括实例名。

连接服务器的属性设置。单击图 5-2 的"选项"按钮,可以对要连接的服务器进行属性设置,如网络协议、网络数据包大小、连接超时值选项等,如图 5-3 所示。

(3)身份验证。如果在安装时配置了 sa 的登录密码,可以使用 SQL Server 身份验证,在用户名中输入 sa,然后输入设置的密码,单击"连接"按钮,连接到指定的 SQL Server 服务器。与服务器连接之后的 SQL Server Management Studio 的集成环境窗口如图 5-4 所示。

2. SQL Server Management Studio 的基本操作

SQL Server Management Studio 管理工具采用微软统一的界面风格,是 SQL Server 2019 图形使用界面的集成管理环境,由一个或多个子窗口组成,可以通过同一个工具来访问、设置、管理和开发 SQL Server 组件。由图 5-4 可以看出,SQL Server Management Studio 管理工具类似 Windows 文件资源管理器,窗口最上面分别是菜单栏和工具栏,左侧

图 5-3　连接服务器的属性设置

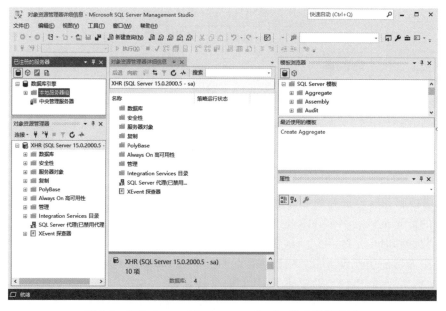

图 5-4　SQL Server Management Studio 集成环境窗口

是已注册的服务器,对象资源管理器窗口,所有已经连接的数据库服务器及其对象以树状结构显示在该窗口中。中间区域是 SSMS 的主要区域,SQL 语句的编写、表的创建、数据表的展示等都在该区域完成。主区域采用选项卡的方式在同一区域实现这些功能。右侧是模板浏览器、属性区域等,模板浏览器提供多项常用操作的模板,属性区域用于查看和修改某对象的属性作用。

　　SSMS 是一个功能强大而且灵活的工具,由于集成了很多窗口,将所有窗口的属性对话框都打开的话,就会占用整个屏幕。为了更好地利用屏幕空间,可以关闭、隐藏或移动这些组件对话框。通过菜单栏上的"视图"菜单可以进行定制。

SSMS 的主要窗口介绍如下。

(1) 已注册服务器窗口。已注册服务器窗口用于显示所有已注册的服务器,可以在此添加和删除服务器。

(2) 对象资源管理器窗口。对象资源管理器是服务器中所有数据库对象的树形结构视图,用于管理服务器的相关对象项目,包括数据库、安全性、服务器对象、复制等。用户可以通过该窗口操作数据库,如创建、修改、删除数据库、表、视图等数据库对象,创建登录用户和授权,进行数据库的备份和恢复操作。

(3) 模板资源管理器。SQL Server 为了便于用户使用,提供了多项常用操作的模板。如数据库创建、数据库备份等,这些模板都集中在"模板资源管理器"中。用户可以根据需要选择对应的模板,再修改模板提供的代码来完成所需的操作。如双击某个模板就会自动打开查询分析器,显示模板对应操作的代码。

(4) 查询编辑器窗口。SSMS 集成了用于编写 Transact-SQL(T-SQL)查询语句的窗口查询编辑器。查询编辑器窗口是一个提供了图形界面的查询管理工具,它与 SQL Server 2000 中的查询分析器类似,是数据库管理员或开发人员执行 T-SQL 语句的工具。在开发和维护应用系统时,查询编辑器窗口是最常用的工具之一。其具体启动过程如下:

在图 5-4 所示窗口的工具栏中单击"新建查询"按钮,在 SSMS 主窗口的右边产生一个新的查询编辑器代码窗口,如图 5-5 所示。其中右上方是 SQL 代码区域,用于输入 SQL 的语句;右下方是结果区域,也称结果窗格,用于显示结果和分析结果。多次单击"新建查询"按钮,将会出现多个查询编辑器代码窗口,单击"查询编辑器代码"窗口上的选项卡可以选择不同的查询编辑器代码窗口来编辑 T-SQL 语句。

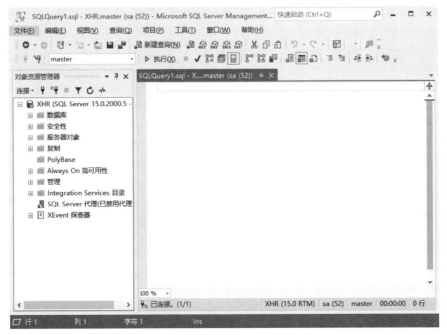

图 5-5　查询编辑器代码窗口

要使用查询编辑器代码窗口,用户必须掌握 T-SQL 语句。在查询编辑器代码窗口中输入 T-SQL 语句,输入完毕后,单击"SQL 查询编辑器"工具栏上的"分析"按钮 ✔,检查输入 T-SQL 语句是否有语法错误,如果有语法错误,则进行修改;如果语句分析正确,则单击工具栏的"执行"按钮 ▶ 执行(X),可以执行该 T-SQL 语句,并打开查询"结果窗格",显示结果。

对于 T-SQL 的执行结果,在"结果窗格"中可以通过执行菜单"查询"→"将结果保存到"命令,选择有不同的输出形式,常用的输出结果的形式有以文本形式显示结果、以网格形式显示结果,将结果保存到文件。

注意:SSMS 中各窗口和工具栏的位置并不是固定的,用户可以根据自己的喜好将窗口拖动到主窗体的任何位置,甚至悬浮脱离主窗体。

5.2.2 SQL Server 2019 的配置工具

SQL Server 2019 的配置工具包括 SQL Server Configuration Manager、Reporting Services 配置、Notification Services 命令提示、SQL Server 错误和使用情况报告。

1. SQL Server Configuration Manager

SQL Server Configuration Manager(SQL Server 配置管理器)是一个管理工具,用于管理 SQL Server 的服务,网络配置和客户端配置,如 SQL Server 客户端计算机连接服务器端计算机的连接配置。SQL Server Configuration Manager 实际上是将 SQL Server 2000 中的"服务管理器""服务器网络实用工具"和"客户端网络实用工具"三个工具集成在了同一个工具中,可以完成三个工具所能完成的工作。

完成了 SQL Server 2019 的安装后,首要的问题是配置 SQL Server 2019。执行"开始"→"程序"→Microsoft SQL Server 2019→"Microsoft SQL Server 2019 配置管理器"命令,启动 SQL Server 配置管理器(SQL Server Configuration Manager),如图 5-6 所示。SQL Server 在服务器后台要运行许多不同的服务。SQL Server 配置管理器中可配置的项目包括 SQL Server 服务、SQL Server 网络配置、SQL Native Client 11.0 配置等项。

图 5-6 SQL Server"配置管理器"窗口

1) SQL Server 2019 的服务配置

SQL Server 服务可以对 SQL Server 2019 提供的各项服务进行管理,包括启动、停止、暂停等。配置 SQL Server 2019 服务的步骤如下。

(1) 在图 5-6 所示的 SQL Server 配置管理器的左窗格中,单击"SQL Server 服务"结点,如图 5-7 所示。在右窗格中以列表的形式展示当前计算机中所安装的可配置的 SQL

Server 2019 服务项目及服务的状态、启动模式、登录身份、进程 ID 和服务类型。列表中的服务项目与安装时所选择的功能项目相对应。

图 5-7　SQL Server 2019 服务

（2）右击需要设置的服务项，在弹出的快捷菜单中选择"属性"命令，如图 5-8 所示。打开服务项的属性对话框，在该对话框中可以修改服务的登录身份、启动模式和其他高级选项，其中"登录"选项卡如图 5-9 所示。

图 5-8　选择"属性"命令

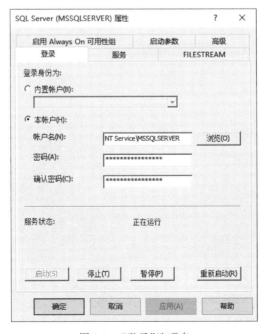

图 5-9　"登录"选项卡

2）SQL Server 2019 的网络配置

SQL Server 2019 的网络配置可以用来配置服务器端的网络协议和连接选项。SQL Server 服务允许通过多种网络协议来响应客户端的请求。

SQL Server 2019 网络配置的步骤如下。

（1）在图 5-6 所示的配置管理器中，单击左窗格的"SQL Server 网络配置"，将其展开可以看到"MSSQLSERVER 的协议"结点，窗口右边列出了当前实例所应用的协议及其运行状态，如图 5-10 所示。

图 5-10　配置 SQL Server 协议

（2）如果要启用某一项网络协议，可以右击该协议，在弹出的快捷菜单中可以启用或禁用该协议，配置该协议的属性。如果要对选中的网络协议进行设置，可右击该网络协议，在弹出的菜单中选择"属性"命令，在打开的协议属性对话框中进行设置，其中，TCP/IP 是应用最广的协议，TCP/IP 属性对话框如图 5-11 所示。

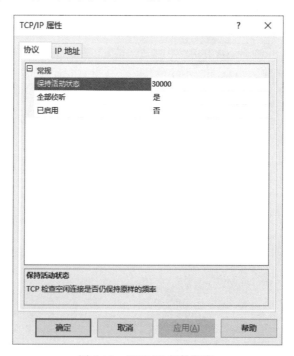

图 5-11　TCP/IP 属性配置

3）SQL Native Client 配置

SQL Native Client 配置与 SQL Server 2019 网络配置相似，不同的是，该工具配置的是客户端连接服务时的协议，并且可以配置协议的顺序，创建客户端的别名。

在图 5-2 所示的配置管理器中，单击左窗格的"SQL Native Client 的网络配置"，展开后可以配置 SQL Server 2019 客户端协议，如启用、设置协议顺序等及根据协议设置一个预定义的客户端和服务器端之间连接的别名。

2. SQL Server 错误和使用情况报告

通过设置 SQL Server 错误和使用情况报告，可以将错误报告发送到微软公司错误报告服务器。SQL Server 2019 的错误和使用情况报告的方式有两种：一是将 SQL Server 2019 的所有组件和实例的错误报告发送到 Microsoft 公司或错误报告服务器；二是将 SQL Server 2019 的所有组件和实例的功能使用情况报告发送到 Microsoft。Microsoft 公司希望可以收集到错误信息和使用情况，以便改进 SQL Server。

启动 SQL Server 2019 的错误和使用情况报告的操作步骤如下。

（1）执行"开始"→"程序"→Microsoft SQL Server 2019→"SQL Server 错误和使用情况报告"命令，打开"错误和使用情况报告设置"窗口。

（2）单击"选项"按钮，在窗口下方会出现组件和实例列表，用户可以根据需要选择是否使用情况报告或错误报告。选择想要的发送方式，单击"确定"按钮完成设置。

3. Reporting Services 配置

Reporting Services 配置也就是报表服务器配置，其作用是配置和管理 SQL Server 2019 的报表服务器。

5.2.3　SQL Server Profiler

SQL Server Profiler 是用于从服务器上跟踪和记录 SQL Server 2019 事件的工具。能够通过监控数据库引擎实例或 Analysis Services 实例的运行状态，来识别影响性能的事件，提高系统运行的可靠性。捕获后的事件保存在一个跟踪文件中，通过事件探查器来创建管理事件跟踪文件，根据这个跟踪文件，可以分析有问题的查询并找到问题的所在，查找导致 SQL Server 运行缓慢的查询，捕获导致某个问题的 T-SQL 语句，以及监视 SQL Server 的性能。

启动 SQL Server Profiler 的方法如下。

方法一：在 SSMS 窗口，选择菜单命令"工具"→SQL Server Profiler 命令。

方法二：执行"开始"→"程序"→Microsoft SQL Server TooLS 18→SQL Server Profiler 18 命令。

创建跟踪的操作方法步骤如下。

（1）打开 SQL Server Profiler，在菜单栏中执行"文件"→"新建跟踪"命令。

（2）打开"连接到服务器"对话框，连接到服务器后，打开"跟踪属性"窗口。"跟踪属性"窗口有两个选项卡，其中"常规"选项卡可以设置跟踪名称、使用模板、保存到文件的地址和名称等属性，如图 5-12 所示；"事件选择"选项卡可以设置跟踪的事件和事件列，对每个事件，可以选择需要监视的信息，如计算机名、用户名、命令文本、CPU 的使用情况等，如图 5-13 所示。

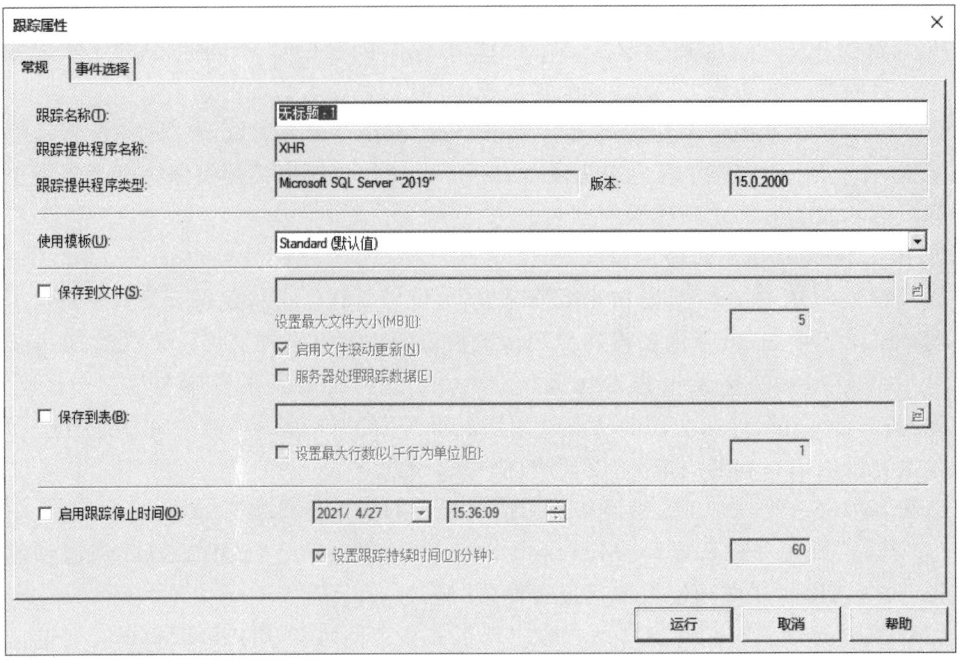

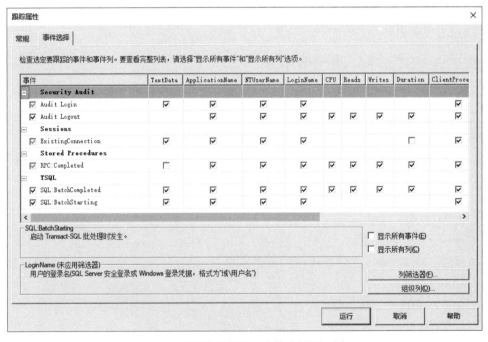

图 5-12 "跟踪属性"的"常规"选项卡

图 5-13 "跟踪属性"的"事件选择"选项卡

（3）选择完毕后，单击"运行"按钮，启动跟踪事件的变化情况，并在跟踪窗口中显示出来，可以根据结果分析出现问题的原因。

5.2.4　数据库引擎优化顾问

数据库引擎是用于存储、处理和保护数据的核心服务。数据库引擎优化顾问是对 SQL Server 服务器应用过程中承受的工作负荷进行分析、提出优化方案的工具。数据库引擎优化顾问可以让数据库管理员不必精通数据结构、T-SQL，也可以完成对数据库的优化。

执行"开始"→"程序"→Microsoft SQL Server Tools 18→"数据库引擎优化顾问"命令，打开"数据库引擎优化顾问"程序，与 SQL Server 服务器建立连接后，则会出现"数据库引擎优化顾问"窗口，如图 5-14 所示。在该窗口中，可以设置会话的名称、工作负荷所用的文件或表，选择要分析的数据库和表，然后单击"开始分析"按钮，进行分析。分析完毕后可以看到 SQL Server 2019 给出的优化建议及优化报告。

图 5-14　"数据库引擎优化顾问"窗口

5.3　SQL Server 2019 服务器的管理

SQL Server 2019 是服务器级的系统软件，它以服务形式响应客户端数据处理的请求，对外提供数据存储、维护和管理等各种服务。通过 SQL Server Management Studio 工具，可以将本地或远程的 SQL Server 服务器注册到本地 SQL Server Management Studio 中，对 SQL Server 服务器和服务器中的资源进行管理。

5.3.1　服务器组的创建与删除

在多 SQL Server 服务器实例的应用环境中，可以根据管理的实际需要，将大量的服务器按照不同的用途和类型组织在几个易于管理的组中，以提高管理的效率。

1. 创建服务器组

创建服务器组可以将众多的已注册的服务器进行分组化管理。而通过注册服务器，可以存取服务器连接信息,以供在连接服务器时使用。

可以在 SSMS 中创建服务器组,并将服务器放在该服务器组中。创建服务器组的操作步骤如下。

(1) 执行"开始"→"程序"→Microsoft SQL Server Tools 18→SQL Server Management Studio 18 命令。

(2) 打开如图 5-2 所示"连接到服务器"对话框,单击对话框的"取消"按钮,打开如图 5-15 所示的 SSMS 管理工具。

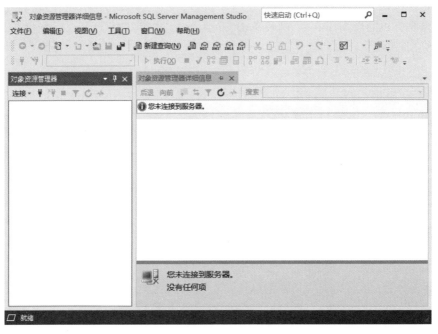

图 5-15　SQL Server Management Studio 管理工具

(3) 执行 SSMS 中的菜单"视图"→"已注册的服务器"命令,则在 SSMS 管理工具中出现"已注册的服务器"窗口,在"已注册的服务器"窗口中选择相应的服务器类型"数据库引擎"→"本地服务器组",右击"本地服务器组",在快捷菜单中选择"新建服务器组属性"命令,弹出"新建服务器组"属性对话框。

(4) 依次输入新建的服务器组名称 Group1,如图 5-16 所示,输入服务器组的描述信息。

图 5-16　"新建服务器组属性"对话框

(5) 单击"确定"按钮,成功地创建了一个服务器组 Group1,该服务器组没有数据库服务器,结果如图 5-17 所示。

图 5-17　新建的 Group1 服务器组

2. 删除服务器组

删除服务器组的具体操作步骤如下。

(1) 按照创建服务器组时打开的"已注册服务器"窗口的步骤打开"已注册服务器"窗口。

(2) 选择需要删除的服务器组,在弹出的菜单中选择"删除"命令。

(3) 弹出"确认删除"对话框,单击"是"按钮即可完成服务器组的删除。

注意:在删除服务器组的同时,也会将该组内所注册的服务器一同删除。

5.3.2　服务器的注册、删除和连接

注册服务器是为 SQL Server 客户/服务器确定一台数据库所在的机器,该机器作为服务器,可以响应客户端的各种请求。

1. 注册服务器

SQL Server 2019 可以管理多个不同的服务器实例,为了让 SQL Server 管理工具实现对后台数据库的管理,必须对需要进行管理的本地或远程服务器进行注册。在注册服务器时必须指定服务器名称、登录到服务器时使用的安全类型,注册服务器后如果建立了服务器分组方案,可以将该服务器加入对应的服务器组中。

注册服务器就是将服务器实例的信息添加并保存在 SQL Server Management Studio 中。注册服务器的具体操作步骤如下。

(1) 按照创建服务器组时打开的"已注册服务器"窗口的步骤打开"已注册服务器"窗口。

(2) 右击"已注册服务器"窗口的空白处或右击新建的服务器组 Group1,在弹出的快捷菜单中选择"新建"→"服务器注册"命令。

(3) 打开"新建服务器注册"对话框,该对话框中有"常规""连接属性"、Always Encrypted 和"其他连接参数"四个选项卡。

"常规"选项卡用于设置服务器类型、名称、登录时身份验证方式,已注册的服务器名称等信息,如图 5-18 所示。

"连接属性"选项卡用于设置所要连接服务器中的数据库、使用的网络协议、连接时等待建立连接的时间、连接后等待任务执行的时间等信息。

Always Encrypted 设置。Always Encrypted 用于保护敏感数据的功能。启用 Always Encrypted 可以允许客户端应用程序对敏感数据进行加密和解密,而 SQL Server 服务器端数据库内只能看到加密后的数据,从而有效实现了敏感数据与高权限之间的隔离。

图 5-18　"常规"选项卡

　　其他连接参数。除了对前三个选项卡进行设置外,如果还需要设置更多连接参数时,可以在"其他连接参数"选项卡中输入需要的参数。

　　设置完成后,单击"测试"按钮测试是否与所注册的服务器连接,如果成功连接,会弹出"连接测试成功"提示信息的对话框。

　　单击"确定"按钮。返回"新建服务器注册"对话框,单击"保存"按钮,确定注册,在 SQL Server Management Studio 窗口中会出现新注册成功的服务器图标。

2. 删除服务器

删除服务器具体操作步骤如下。

(1) 在"已注册服务器"窗格中选择需要删除的服务器,在弹出的菜单中选择"删除"命令。

(2) 在弹出的"确认删除"对话框中单击"是"按钮,即可完成服务器的删除。

3. 服务器的连接

在对象资源管理器中,单击工具栏的"连接"下拉按钮,在下拉菜单中选择要连接的服务器类型(如数据库引擎),如图 5-19 所示,打开"连接到服务器"窗口,根据要连接的服务器在注册时设置的信息,正确选择服务器类型、名称和身份验证模式。单击"连接"按钮,连接成功后,在 SQL Server Management Studio 窗口中会出现所连接的数据库服务器上的各个数据库实例及各自的数据库对象。

图 5-19 选择连接的服务器类型

4. 服务器选项的配置

为了确保 SQL Server 服务拥有足够的资源，调整 SQL Server 服务的运行行为，进而取得整体性能的优化，就需要对 SQL Server 所需资源进行配置。

通过 SQL Server Management Studio 中配置服务器选项，具体操作步骤如下。

在"对象资源管理器"窗口中，右击需要配置的服务器，在快捷菜单中选择"属性"命令，在如图 5-20 所示的"服务器属性"窗口中完成各项配置。各选项包括常规项配置、内存项、处理器、安全性、连接等。

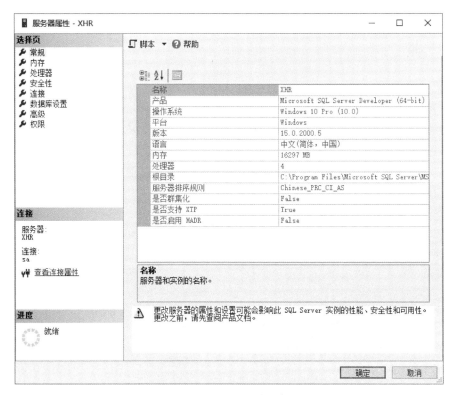

图 5-20 "服务器属性"窗口

常规项配置：由系统安装时设置或由服务器的硬件、操作系统类型决定。通过常规选项卡,可以了解当前服务器的基本情况。

内存项配置：可以设置 SQL Server 使用的内存。包括最小服务内存、最大服务内存、创建索引占用的内存、每次查询占用的最小内存等。

处理器：为 SQL Server 分配处理器资源。

安全性：用于设置与 SQL Server 服务登录身份验证等相关的安全性设置。

5.3.3　启动和关闭 SQL Server 2019 服务器

通常情况下,SQL Server 服务器被设置为自动启动模式,在系统启动后,会以 Windows 后台服务的形式自动运行。但某些服务器的配置被更改后必须重新启动才会生效,此时,需要数据库管理员先关闭服务器,再重新启动服务器。SQL Server 2019 的服务器可以通过 SQL Server Management Studio、SQL Server Configuration Manager 管理工具和后台三种方式进行启动或关闭。

1. 在 SSMS 中关闭、启动服务器

在成功连接到 SQL Server 2019 数据库服务器后,打开 SQL Server Management Studio 窗口,可以对服务进行各种管理。

1) 关闭服务器

在"对象资源管理器"窗格中,右击需要关闭的服务器,在弹出的菜单中选择"停止"命令,出现"是否确实要停止服务器"的提示信息,单击"是"按钮,即可关闭选中的服务器,并停止相应的服务。服务器关闭后,其左侧的图标带有红色矩形的停止符号 🛑 。

2) 启动服务器

启动服务器的操作与关闭服务类似,右击需要启动的服务器后,弹出的快捷菜单中选择"启动"命令,即可启动选中的服务器。服务器启动后,其左侧的图标带有绿色箭头的运行符号 ▶ 。

2. 在 SQL Server Configuration Manager 中关闭和启动服务器

利用 SQL Server Configuration Manager 启动和关闭服务器其操作类似于 SQL Server 2019 的服务配置,按照 SQL Server 2019 服务配置的步骤,打开"SQL Server 2019 服务"结点,在右侧窗格中右击需要关闭的服务器,在弹出的快捷菜单中(见图 5-8)选择"停止"命令,即可关闭选中的服务器。要启动服务器,只要右击需要启动的服务器,在弹出的快捷菜单中选择"启动"命令即可。

3. 通过后台启动和关闭服务器

后台关闭和启动服务器是指用户可以通过"控制面板"进行启动或关闭 SQL Server 服务。其操作步骤是,执行"开始"→"控制面板",在打开的"控制面板"窗口中双击"管理工具"选项,打开的"管理工具"窗口,在"管理工具"窗口中,双击"服务"选项,打开的"服务"窗口,找到并右击需要启动或关闭的 SQL Server 2019 服务,在弹出的快捷菜单中选择"启动"或"停止"命令,即可启动或关闭服务器。

5.4　SQL Server 2019 数据库的创建与管理

数据库是 SQL Server 2019 最基本的操作对象之一,数据库在运行过程中,能否及时、

准确地为各个应用程序提供所需的数据,关系到系统的性能。数据库的创建、删除、修改、查看、收缩、分离和附加是 SQL Server 2019 的最基本操作,是进行数据库管理与开发的基础。

本节主要介绍 SQL Server 数据库与架构,数据库的组成和存储,数据库的创建与数据库的管理等。

5.4.1 SQL Server 数据库与架构

SQL Server 2019 中的数据库可分为系统数据库、示例数据库和用户数据库。示例数据库是系统为了让用户学习和理解 SQL Server 2019 而设计的。SQL Server 2019 的示例数据库仍然是 Adventure Works。但安装包中并没有提供示例数据库,如果需要使用,则需在安装完 SQL Server 后安装示例数据库。用户数据库是用户根据事务管理需求创建的数据库,如图书管理数据库、商品销售数据库等,而系统数据库是 SQL Server 内置的,主要用于系统管理,是在安装系统 SQL Server 2019 时自动安装的。

1. 系统数据库

SQL Server 2019 中主要包括 master、model、tempdb 和 msdb 四个系统数据库。

1) master 数据库

master 数据库由一些系统表组成,这些系统表负责跟踪整个数据库系统安装和随后创建的其他数据库,对其他的数据库实施管理和控制。作为 SQL Server 2019 中最重要的系统数据库,它是整个数据库服务器的核心功能,同时记录了 SQL Server 中所有系统级的信息,如 SQL Server 的初始化信息、所有的登录账户信息、所有的系统配置设置信息以及用户数据库信息。

如果在计算机上安装了 SQL Server 2019,那么,系统首先会建立一个 master 数据库来记录系统的有关登录账户、系统配置、数据库文件等初始化信息,如果用户在这个 SQL Server 系统中建立一个用户数据库,系统马上将用户数据库的有关用户管理、文件配置、数据库属性等信息写入 master 数据库。系统根据 master 数据库中的信息来管理系统和其他数据库,如果 master 数据库信息被破坏,则 SQL Server 将无法启动。由于 master 数据库对系统来说至关重要,所以,随时都应该保存一个当前环境的备份。

2) model 数据库

model(模板)数据库是 SQL Server DBMS 为用户创建数据库提供的模板,它包含了用户数据库中应该包含的所有系统表,即新建的数据库中的所有内容都是从模板数据库中复制过来。当用户创建数据库时,系统会自动地把 model 数据库中的内容复制到新建的用户数据库中。如果 model 数据库被修改了,那么以后创建的所有数据库都将继承这些修改。

因此,利用 model 数据库的模板特性,通过更改 model 数据库的设置,并将经常使用的数据库对象复制到 model 数据库中,可以简化数据库及其对象的创建、设置工作,为用户节省大量的时间。

3) tempdb 数据库

tempdb 数据库是一个临时数据库,用于保存所有的临时表、临时数据以及临时创建的存储过程。使用 SQL Server 系统时,经常会产生一些临时表和临时数据库对象等。例如,用户在数据库中修改表的某一行数据时,在修改数据库这一事务没有被提交的情况下,系统内就会有该数据的新、旧版本之分,修改后的数据表往往构成了临时表,所以,系统要提供一个空间来存储这些临时对象,这就是 tempdb 数据库。

因为 tempdb 数据库中记录的信息都是临时的,每当连接断开时,所有临时表和存储过程都将自动丢弃,所以每次启动时 tempdb 数据库里都是空的,上一次的临时数据库都被清除掉了,需要重新创建。默认情况下,SQL Server 在运行时 tempdb 数据库会根据需要自动增长。但是,与其他数据库不同,每次启动数据库引擎时,它会重置初始大小。

4) msdb 数据库

msdb 数据库是代理服务数据库,通常由 SQL Server 代理用来管理警报和作业。当多个用户在使用一个数据库时,经常会出现多个用户对同一个数据的修改而造成数据不一致的现象,或是用户对某些数据和对象的非法操作等。为了防止上述现象,SQL Server 提供了一套代理程序,代理程序能够按照系统管理员的设定监控上述现象,及时向系统管理员发出警报。当代理程序调度警报作业、记录操作时,系统要用到或实时产生许多相关信息,这些信息一般存储在 msdb 数据库中。

2. 常用的数据库对象

SQL Server 数据库中的数据在逻辑上被组织成一系列对象,当用户连接到数据库后,该用户所看到的是逻辑对象,而不是物理的数据库文件。数据库对象指具体数据库管理的内容,也就是存储、管理和使用的不同结构形式,包括数据库关系图、表、视图、同义词、可编程性、代理服务、存储和安全性八类。如图 5-21 所示的窗口的对象资源管理器中,可以看到 SQL Server 将服务器的数据库组织成一个树形逻辑结构,在该结构中有若干结点,每个结点又包括很多子结点,它们代表与该特定数据库有关的不同类型的对象。

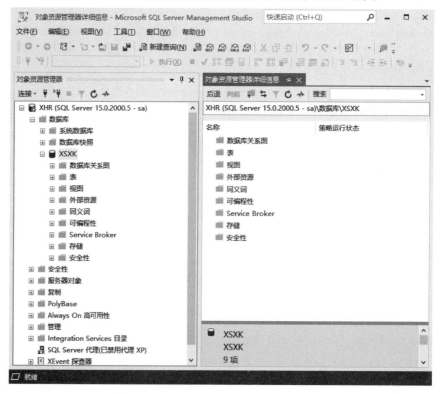

图 5-21　SQL Server 2019 的数据库对象

3. 数据库对象的架构

架构(schema)是 SQL-99 规范的概念,可以用来群组数据库对象,如表、视图等,类似于. NET Framework 的命名空间。架构的作用是将多个数据库对象归属到架构中,以解决用户与数据库对象之间因从属关系而引起的管理问题。SQL Server 架构通常使用在大型数据库的多个表,除了可以有效分类表外,还可以避免名称重复的问题。

从 SQL Server 2005 起,架构不再等效于数据库用户,现在,每个架构都是独立于创建该数据库用户而存在,架构与用户的分离方便了数据库的管理,架构与数据库用户是不同的命名空间。在 SQL Server 2005 及以后的版本中,架构既是一个容器,又是一个命名空间,是一种允许用户对数据库对象进行分类的容器对象,是形成单个命名空间的数据库对象的集合。命名空间是一个集合,其中的每个元素的名称都是唯一的。架构也类似于文件系统中的文件夹,作为容器可以保存和放置下层对象。因此,在同一架构中不能有相同类型、相同名称的数据库对象。例如,为了避免名称冲突,同一架构中不能有两个同名的表,两个表只有在位于不同的架构中时才可以同名。

架构对如何引用数据库对象具有很大的影响,在 SQL Server 2019 中,数据库对象除了在命名时需要遵循命名规则之外,在引用时,同样需要遵循引用规则。一个数据库对象通过四个命名部分组成的结构来引用,引用数据库的语法格式如下所示。

<服务器名>.<数据库名>.<架构名>.<数据库对象名>

上述名称使用句号运算符“. ”来连接。由此可以看出,架构是指包含表、视图、存储过程等数据库对象的容器。从包含关系上来讲,架构从属于数据库的内部,而数据库从属于SQL Server 服务器内部。这些实体就像嵌套框放置在一起。架构下面可以包含很多安全对象,但不能包括其他架构。

在 SQL Server 2019 中,系统默认的架构是 dbo(database owner),如果在创建数据库对象时没有指定架构,那么,默认的数据库对象放在 dbo 架构中。如果是访问默认架构中的对象则可以忽略架构名称,否则在访问表、视图等对象时需要指定架构名称。例如,引用服务器 XHR 上的图书管理(books)数据库中的图书表(book)时,完整的引用为 XHR. books. dbo. book。虽然 SQL Server 对数据库对象的引用包括四个部分,但在实际运用中,在能够区分对象的前提下,前三个部分是可以根据情况省略的,往往可以将其简写。当要访问的数据库对象在当前数据库上,则可以省略服务器名和数据库名,但要指定架构名;当要访问的数据库对象与正在使用的数据库对象有相同的架构时,则可以只写数据库对象名。如 dbo. 图书表,即省略了服务器和数据库名。

通过对架构安全对象进行管理,可以提高 SQL Server 的安全性。SQL Server 2019 的架构管理详见本书 8.1.4 节内容。

5.4.2 SQL Server 2019 的数据库基本结构

数据库是 SQL Server 服务器管理的基本单位,在 SQL Server 环境下,如何使用数据库表示和管理数据? 数据库在磁盘上是以文件为单位存储的,SQL Server 2019 将数据库映射为一组操作系统文件。

1. 数据库的组成

SQL Server 2019 数据库主要由文件和文件组组成,数据库中的所有数据和数据库对象都以文件的形式存储在磁盘中。

1) 数据库文件

数据库文件指数据库中用来存放数据库数据和数据库对象的文件,在 SQL Server 2019 系统中,一个数据库在磁盘上可以保存为一个或多个数据库文件,一个数据库文件只能属于一个数据库。当有多个数据库文件时,有一个文件被定义为主数据文件。数据和日志信息分别存储在不同的文件中,而且每个数据库都拥有自己的数据和日志信息文件。SQL Server 数据库文件根据其作用的不同,可以分为主数据文件、次数据文件、事务日志文件三种类型。

(1) 主数据文件(primary file):主数据文件是数据库的起点,指向数据库文件的其他部分。主数据文件是用来存放数据和数据库的初始化(启动)信息和部分或全部数据,是 SQL Server 数据库的主体,它是每个数据库不可缺少的部分,每个数据库有且仅有一个主数据文件,用户数据和对象也可以存储在此文件中,主数据文件的文件扩展名为.mdf。

(2) 次数据文件(secondary file):次数据文件用来存储主数据文件没有存储的其他数据和对象。如果数据库中的数据量很大,主数据文件不能满足数据存储的需求,需要增加次数据文件,以保存用户数据;如果主数据文件足够大,能够容纳数据库中的所有数据,则该数据库不需要次数据文件。使用次数据文件是因为数据量太过庞大,可以将数据分散存储在多个不同磁盘上以方便进行管理、提高读取速度。每个数据库可以有多个次数据文件,次数据文件的扩展名为.ndf。

(3) 事务日志文件(transaction log file):用来记录数据库更新情况的文件,SQL Server 2019 具有事务功能,可以保证数据库操作的一致性和完整性,用事务日志文件来记录所有事务及每个事务对数据库进行的插入、删除和更新操作。事务日志是数据库的重要组件,如果数据库遭到破坏,可以根据事务日志文件分析出错的原因;如果数据丢失,可以使用事务日志恢复数据库内容。每个数据库至少拥有一个事务日志文件,也可以拥有多个日志文件。事务日志文件的文件扩展名为.ldf。

在建立数据库时,需要注意以下两点。

(1) SQL Server 2019 不强制使用.mdf、.ndf、.ldf 文件扩展名,但使用这些扩展名可以帮助标识文件的用途。

(2) SQL Server 2019 的每个数据库文件都有逻辑文件名和物理文件名两种名称。物理文件名是数据库文件在操作系统中存储的文件名,是操作系统文件的实际名称,每个物理文件名都有明确的存储位置(文件所在的路径),其文件名称比较长,在 SQL Server 内部访问非常不便。因此,每个数据库又有逻辑文件名,逻辑文件名只在 T-SQL 语句中使用,是实际磁盘文件名的代号,比较简单,引用起来比较方便,一个物理文件名对应一个逻辑文件名。

2) 数据库文件组

为了方便数据库管理员管理多个数据文件,可以将多个数据库文件集合起来形成一个整体,称为文件组。文件组是 SQL Server 2019 数据文件的一种逻辑管理单位,对文件分组的目的就是便于进行管理和进行数据分配。可以将文件组中的文件存放在不同的磁盘,以便提高数据库的访问性能。

每个文件组对应一个组名,SQL Server 2019 提供了两种类型的文件组,包括主

（primary）文件组、用户自定义（user-defined）文件组，还有一个特殊的默认（default）文件组。

（1）主文件组：当创建数据库时，如果用户没有定义文件组，系统会自动建立主文件组，当数据文件没有指定文件组时，默认都在主文件组中。主文件组包含了所有的系统表、主要数据文件和所有没有包含在其他文件组的次数据文件。主数据文件只能置于主文件组。

（2）用户自定义文件组：用户创建的文件组也称为次文件组，包含所有在使用 create database 或 alter database 的 SQL 语句，使用 filegroup 关键字来指定文件组的文件，该组包含逻辑上一体的数据文件和相关信息。一个数据库中，用户可以根据需要创建多个自定义文件组，创建用户自定义文件组的主要目的是便于数据分配。

（3）默认文件组：如果在创建数据文件时没有明确指定所属的文件组，则该数据文件会被放置在默认文件组中。在每个数据库中，每次只能有一个文件组是默认文件组。可以将用户自定义文件组指定为默认文件组，如果没有指定默认文件组，则系统将主文件组设置为默认文件组。

大多数数据库只需要一个文件组和一个日志文件就可以很好地运行，如果数据库中的文件很多，则需要创建用户自定义文件组。

使用数据库文件和文件组时，必须遵循以下规则。

（1）一个数据文件只能存在于一个文件组中，不能存在于两个或两个以上的文件组中。

（2）一个文件组也只能被一个数据库使用。

（3）日志文件不属于任何文件组。

2．数据库的存储

数据库是以文件的方式存储到磁盘中，其中数据文件和日志文件的结构不同，存储方式也不一样。

1）数据文件的存储结构

SQL Server 为了兼顾存取效率，在存储空间分配中使用了较小的数据存储单元，即页和盘区。也就是说，数据库对应磁盘文件在逻辑上可以被划分为多个页，SQL Server 在执行底层的磁盘 I/O 操作时以页为单位。

页是 SQL Server 数据文件存储数据的基本（最小）单位。SQL Server 数据文件的内容在逻辑上是分成连续的页，当数据库配置文件的磁盘空间时，就是配置 $0 \sim n$ 页的连续页，数据库的数据表或索引就是使用这些分页来存放数据。

数据文件划分为不同的页，每个页的大小为 8KB，128 页等于 1MB 空间。当在数据文件新建记录时，如果在空数据文件新建第一笔记录时，不论记录大小，SQL Server 一定配置一页给数据表来存储这笔记录，其他记录则会按照顺序存入分页配置的可用空间中。

对于分页中尚未使用的空间，SQL Server 可以用来存入其他新记录，如果可用空间不足以存入一条记录时，SQL Server 就会配置一个新分页存储这笔记录。也就是说，表中每一行的数据不能跨页存储，分页中的记录一定是完整记录，不会只记录部分字段数据。

盘区是管理存储空间的基本单位，SQL Server 将 8 个连续的页组成一个盘区，即盘区是 8 个连续页的集合。因此，SQL Server 分配存储空间是以 1 盘区/次为单位进行分配的。为了提高空间的利用率，SQL Server 在为数据库中的某个数据表分配存储空间时，采用两种不同的策略。根据实际保存数据的不同,盘区可以划分为统一盘区(单一盘区)和混合盘区。统一盘区存放的数据为一个数据库对象所有,如某个盘区 8 个连续的页,存放的都是"读者表"的数据。混合盘区可以分配给不同的对象,由多个对象共同使用,如存放"图书表"和"读者表"的数据等。为了提高数据访问的效率,SQL Server 对表或索引进行存储空间分配时,前 8 页都会分配到一个混合盘区中,直到第 9 页需要分配时,才使用统一盘区。也就是说当混合盘区的表或索引的大小增长到 8 页时,系统会将表或索引存放到统一盘区中。

2) 日志文件的存储结构

SQL Server 数据库中的事务日志以日志行为单位,每条日志行是由一个日志序列号(log sequence num,LSN)标识,每一日志中都包含该日志行所属的事务 ID。每条新日志行均写入日志的逻辑结尾处,并使用一个比前一行 LSN 大的 LSN。SQL Server 的日志文件中包含着一系列日志行,日志行按照顺序存储到实现事务日志的物理文件集中。

5.4.3　用户数据库的创建与修改

为了创建完善的数据库管理机制,SQL Server 设计了严格的对象命名规则。在创建数据库、数据库对象或引用数据库实例时,必须遵守 SQL Server 的命名规则。

1. 数据库的命名规则

在 SQL Server 中创建数据库时,其名称必须遵循 SQL Server 2019 的标识符的命名规则。数据库的命名规则取决于数据库的兼容级别。兼容级别可以为 80、90、100、110、120、130、140、150,一般来说,SQL Server 2000 使用的是 80 级别,SQL Server 2019 默认和支持的数据库兼容级别为 150 级别,当兼容级别为 150 时,其命名规则如下。

(1) SQL Server 数据库管理系统中的数据库对象名称长度为 1~128,不能超过 128 个字符,本地临时表(临时对象)的名称不能超过 116 个字符,不区分大小写。

(2) 名称的第一个字符不可以使用数字、下画线、@、♯、$ 等符号。

(3) 在中文版的 SQL Server 2019 中,可以直接使用中文名称。

(4) 名称不建议使用 T-SQL 关键词,因为 T-SQL 不区分大小写,因此,不建议包含任何大小写的关键词。

(5) 名称中不能有空格、特殊字符开头,否则需要使用界定标识符"' '"或方括号"[ ]"将名称括起来。

需要注意的是:在 T-SQL 中,以"@"开头的变量表示局部变量,以"@@"开头的变量表示全局变量,以"♯"开头的表示全局临时对象,所以,用户在命名数据库时最好不要以这些字符开头,以免引起混乱。

2. 创建数据库

视频讲解

在开发 SQL Server 2019 数据库应用程序之前,首先要设计数据库结构并创建数据库。创建数据库时需要对数据库的属性进行设置,包括数据库的名称、所有者、大小以及存储数据库的文件和文件组。

在 SQL Server 2019 中创建数据库有两种方法,一种是使用 SQL Server Management Studio 创建数据库,此方法是图形化操作界面、简单、直观,适合初学者学习;另一种是使用 T-SQL 语句创建数据库,此方法难度稍大,需要对 T-SQL 语法和语句非常熟悉,但可以将数据库的脚本保存下来,在其他计算机上运行以创建相同的数据库,对于高级用户,此方法使用起来更加得心应手。

本节主要介绍使用 SQL Server Management Studio 图形管理界面创建数据库,第二种方法将在 6.2.1 节详细介绍。

1)创建数据库的步骤

在 SQL Server Management Studio 中创建数据库的具体步骤如下。

(1)启动 SQL Server Management Studio,并连接到 SQL Server 2019 中的数据库,在"对象资源管理器"中展开"服务器"→"数据库",右击"数据库"选项,在弹出的快捷菜单中选择"新建数据库"命令,打开如图 5-22 所示的"新建数据库"窗口。该窗口有三个选项:常规、选项和文件组。

图 5-22 "新建数据库"窗口

(2)单击"常规"选项,在"数据库名称"文本框中输入要创建的数据库名称"图书管理"。数据库名称设置完成后,SQL Server 2019 自动在数据库文件列表中产生一个主数据文件"图书管理.mdf"和一个日志文件"图书管理 log.ldf",同时显示文件组、自动增长和路径的默认值,用户可以根据需要修改这些默认设置,也可以单击右下角的"添加"按钮添加数据文件。这里均采用默认值。

(3)在"新建数据库"窗口中单击"选项"选项,设置数据库的排序规则、恢复模式、兼容性级别和其他选项,如图 5-23 所示,这里采用默认设置。

(4)在"新建数据库"窗口中,单击"文件组"选项,设置或添加文件组的属性,如是否只读、是否为默认文件组,如图 5-24 所示,单击"添加"或"删除"按钮即可添加或删除用户自定义的文件组。

(5)在"新建数据库"对话框的"常规"选项中,分别为各个文件指定文件组。

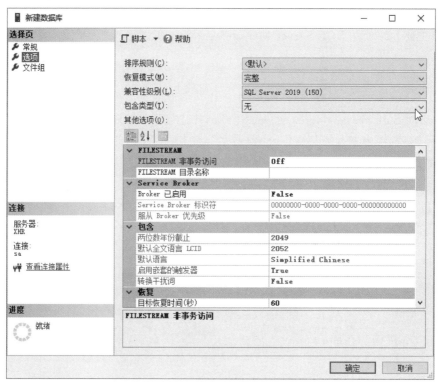

图 5-23　"选项"选项

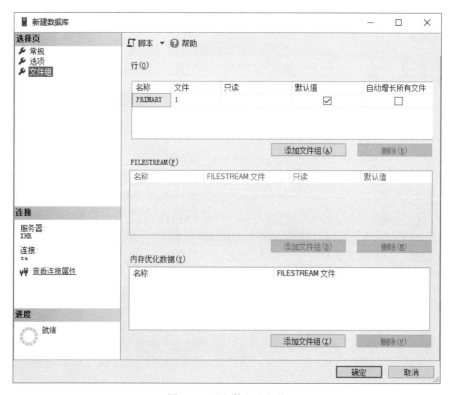

图 5-24　"文件组"选项

（6）设置完上面的参数，单击"确定"按钮，系统开始创建数据库。SQL Server 2019 在执行创建过程中将对数据库进行检验，如果存在一个相同名称的数据库，则创建操作失败，并提示错误信息。创建成功后，刷新"对象资源管理器"窗口的"数据库"结点的内容，再展开"数据库"结点，则会显示出新创建的数据库"图书管理"。

2）创建数据库的基本信息说明

（1）"新建数据库"窗口中的"常规"选项中"所有者"可以是任何具有创建数据库权限的登录名，对数据库有完全操作权限的用户。在"所有者"文本框中可以输入数据库的所有者，也可以单击 [...] 按钮，打开"选择数据库所有者"对话框，选择数据库的所有者。默认值表示当前登录到 SQL Server 上的账户，如 sa。

（2）数据库文件的逻辑名称：默认情况下，数据文件的逻辑文件名和数据库同名，创建数据库时，系统会以数据库文件名作为前缀创建主数据文件和日志文件，日志文件的逻辑名称加上"_log"，也可以为数据文件和日志文件指定其他合法的逻辑名称。

（3）路径：数据库文件存放的物理位置，默认情况下，SQL Server 2019 将数据文件保存在安装目录下的 data 文件中，用户可以根据需要修改。

（4）文件名：数据文件和日志文件的物理文件名，默认时与数据库同名，主数据文件名的扩展名是 .mdf，日志文件名在主数据文件名上加上"_log"，其扩展名是 .ldf。

注意：数据文件尽量不要保存在系统盘上，并与日志文件保存在不同的磁盘区域中。

5.4.4　数据库的管理

随着数据库的增长或变化，用户需要用手动方式对数据库进行管理，数据库的管理包括修改数据库的配置、删除数据库、查看数据库的属性、更改名称、扩充或收缩数据库与日志文件等。

1. 查看和修改数据库参数

对于已有的数据库，可以查看数据库的属性，在数据库创建完成后，又可能因为种种原因，需要修改数据库的设置，修改数据库的主要内容包括扩充数据库的数据或事务日志的存储空间，增加或减少数据文件和事务日志文件，更改数据库的名称、数据库的配置，收缩数据库或事务日志空间。

查看和修改数据库参数可以在 SQL Server Management Studio 中进行，也可以用 T-SQL 语句完成。在此介绍第一种方法。

在 SQL Server Management Studio 中查看和修改数据库的步骤如下。

（1）打开 SQL Server Management Studio 窗口，在"对象资源管理器"中展开服务器，定位到要查看的数据库"图书管理"。

（2）右击目标"图书管理"数据库，在弹出的快捷菜单中选择"属性"命令，打开如图 5-25 所示的"数据库属性"窗口。

（3）在该窗口的"常规"选项中，可看到该数据库的基本信息，如数据库的名称、状态、所有者、创建数据库的时间、大小、数据文件和日志文件剩余的可用空间、数据库的备份、连接数据库的用户数等信息。

（4）在"文件"选项中，可以添加、删除数据库文件以及修改数据库文件的初始大小和自动增长属性等相关属性。

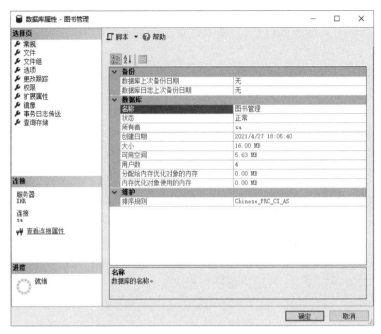

图 5-25　"数据库属性"窗口

(5) 在"文件组"选项中,可以添加、删除文件组以及修改文件组的相关属性。

(6) 在"选项"选项中,可以控制数据库是单用户使用模式还是多用户使用模式,数据库是否仅可读,设置此数据库是否自动关闭、自动收缩和数据库的兼容级别、限制用户对数据库的访问等。这里对"图书管理"数据库进行"限制访问"设置,选择"状态"→"限制访问"下拉列表框,出现三个选项,如图 5-26 所示。

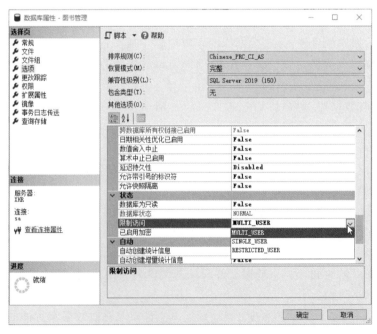

图 5 26　"限制访问"设置

其中,MULTI_USER 指数据库处于正常生产状态,允许多个用户同时访问数据库;SINGLE_USER 指定一次只能允许一个用户访问,其他用户的连接被中断,拥有对数据库的独占访问权限;RESTRICTED_USER 是限制除数据库所有者、数据库创建者和系统管理员以外的角色成员访问数据库,但对数据库的连接不加限制,一般用于维护数据库时的设置。

(7) 设置好后,单击"确定"按钮即可。

2．收缩用户数据库

当为数据库分配的磁盘空间过大时,为了节省存储空间,可以收缩数据库。SQL Server 允许收缩数据库以及数据库文件以删除未使用的页,该活动在后台进行,并不影响数据库内的用户活动。在收缩数控之前,可以先查看数据库磁盘的使用情况。

1) 查看数据库磁盘使用情况

SQL Server 提供了丰富的数据库报表,可以查看数据库的使用情况。具体操作：右击要查看的数据库,如"图书管理"数据库,在弹出的快捷菜单中依次选择"报表 Reports"→"磁盘使用情况",或"报表 Reports"→"标准报表命令",出现磁盘使用情况报表。根据磁盘使用情况报表可以查看到数据库、数据文件以及事务文件的空间使用量,并且以饼图的方式显示各文件的空间使用率,根据报表,以便决定是否需要收缩数据库。

2) 设置自动收缩数据库

设置数据库的自动收缩,可以在数据库的属性窗口的"选项"选项卡页面中进行设置,将选项中的"自动收缩"设置为 True 即可。

3) 手动收缩数据库

手动收缩用户数据库的步骤如下。

(1) 在 SQL Server Management Studio 中,右击需要收缩的用户数据库,如图书管理数据库,从弹出的快捷菜单中依次选择"任务"→"收缩"→"数据库"命令。

(2) 打开"收缩数据库"窗口,如图 5-27 所示,选中"在释放未使用的空间前重新组织文件"复选框,设置其下的"收缩后文件中的最大可用空间"为 60％,表示将数据库的可用空间从原先收缩到 60％。

(3) 单击"确定"按钮,即可完成数据库的收缩操作。

(4) 如果单击"脚本"按钮,则会在"新建查询"界面中显示出收缩数据库操作的脚本。

4) 手动收缩数据库文件

手动收缩数据库文件的步骤如下。

(1) 在 SQL Server Management Studio 中,右击需要收缩的用户数据库,如图书管理数据库,从弹出的快捷菜单中依次选择"任务"→"收缩"→"文件"命令。

(2) 打开收缩文件的窗口,在此窗口中,可以对指定的数据文件、日志文件分别进行收缩,收缩操作可在三种选择其一。

(3) 单击"确定"按钮,即可完成操作。

(4) 如果单击"脚本"按钮,则会在"新建查询"界面中显示出收缩文件操作的脚本。

3．重命名数据库

在 SQL Server 2019 中,用户可以根据需要修改数据库的名称,其名称可以包含任何符合标识符规则的字符。

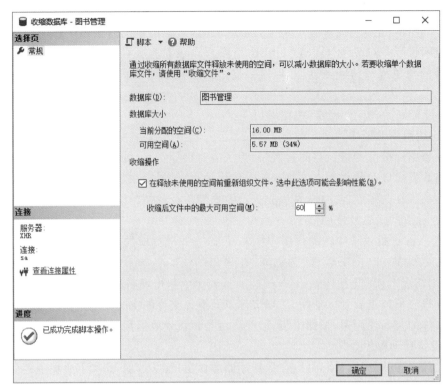

图 5-27 "收缩数据库"窗口

更改数据库的名称可以在 SQL Server Management Studio 的"对象资源管理器"窗格中修改,也可以用 T-SQL 语句。

在 SQL Server Management Studio 中修改数据库的步骤如下。

(1) 打开 SQL Server Management Studio 窗口,在"对象资源管理器"中展开数据库结点。

(2) 右击需要重命名的"图书管理"数据库,在弹出的快捷菜单中选择"重命名"命令,此时,数据库名处于可修改的状态,直接输入修改后的数据库名称,然后按 Enter 键进行确认即可。

注意: 在数据库重命名之前,应确保没有人使用该数据库,而且该数据库设置为单用户模式。

4. 删除数据库

删除数据库也是数据库管理中重要的操作之一,如果用户不再需要某一数据库就可以将其从 SQL Server 服务器上删除,以释放该数据库所占有的磁盘空间。

删除数据库一定要慎重,因为数据库的删除是彻底地将相应的数据库文件从物理磁盘上删除,是永久性的。一旦删除,与此数据库有关联的数据库文件和事务日志文件都会被删除,存储在系统数据库中有关该数据库的所有信息也被删除;如果数据库正在被用户使用,则无法将其删除,删除数据库仅限于 dbo(database owner)和 sa(super administrator)。

在 SQL Server Management Studio 中删除数据库的步骤如下。

(1) 打开 SQL Server Management Studio 窗口,在"对象资源管理器"中展开数据库

结点。

(2) 右击需要删除的数据库,在弹出的菜单中选择"删除"命令,弹出"删除对象"窗口。单击"确定"按钮,即可删除数据库。

如果在"删除对象"窗口的下方选中了"删除数据库备份和还原历史记录信息"复选框,则在删除数据库的同时,也将从 msdb 数据库中删除该数据库的备份和还原历史记录。

如果选中了"关闭现有连接"复选框,在删除数据库前,SQL Server 会自动将所有与该数据库相连的连接全部关闭后,再删除数据库。如果没有选中该复选框,而且有其他活动连接在要删除的数据库时,将会出现错误信息。

注意:系统数据库 msdb、model、master、tempdb 无法删除,删除数据库后应立即备份 master 数据库,因为删除数据库将更新 master 数据库中的信息。

5. 分离和附加数据库

分离和附加是数据库开发过程中的重要操作。如果需要将数据库从一台服务器复制到另一台服务器,或者需要从一个硬盘或分区迁移到另一个硬盘或分区时,可以使用分离和附加数据库的方法,将用户数据库从 SQL Server 服务器的管理中分离,同时保持数据文件与日志文件的完整性和一致性,之后,使用附加数据库的方法将分离后的数据库文件附加到任何 SQL Server 实例中。

1) 分离数据库

如果不需要对数据库进行管理,又希望保留其数据,可以对其执行分离操作。

分离数据库是指将数据库从 SQL Server 实例中删除。也就是说,分离实际上只是从 SQL Server 的 master 等系统数据库中删除与被分离数据库的有关信息,并没有删除磁盘上的数据库文件,但分离之后的数据库无法在当前服务器上使用。

在 SQL Server Management Studio 中分离数据库的具体操作如下。

(1) 在对象资源管理器中,展开"服务器名称"→"数据库"结点,右击需要分离的数据库,如图书管理,从弹出的快捷菜单中选择"任务"→"分离"命令,打开"分离数据库"窗口。

(2) 在"分离数据库"窗口中,设置分离参数。如果看到"消息"栏中有"活动链接"的消息,说明已有用户连接到数据库,需要选中"删除连接"(表示分离数据库时需要先把当前的连接删除)。"更新统计信息"指在分离之前选择是否更新过时的优化统计信息,若"状态"显示为"就绪",即可以进行分离该数据库。

(3) 单击"确定"按钮,分离数据库。

分离数据库后,在对象资源管理器中将不再出现该数据库。用户可以将该数据库的数据文件及日志文件拷贝到移动硬盘或 U 盘,以便在需要时附加该数据库所用。

说明:分离数据库时,需要拥有对数据库的独占访问权限。如果要分离的数据库正在使用,则必须将数据库设置为 SINGLE_USER 模式,才能进行分离操作。

2) 附加数据库

分离后的数据库如果需要重新使用,可以被重新附加到当前或其他 SQL Server 实例中。附加就是将数据库的信息保存到 SQL Server 的 master 等系统数据库中,以便 SQL Server 可以再次使用和管理这个数据库。

在 SQL Server Management Studio 中附加数据库的具体操作如下。

(1) 在对象资源管理器中,展开"服务器名称"→"数据库"结点,右击"数据库"结点,从弹出的快捷菜单中选择"附加"命令,打开"附加数据库"窗口。

(2) 在"附加数据库"窗口中,单击"添加"按钮,弹出"定位数据库文件"窗口,在该窗口中查找并选择要附加的主数据文件"图书管理.mdf"。

说明:该对话框默认只显示数据库的主数据文件,如图书管理_data.mdf,只要选择了主数据文件,数据库的日志文件会自动加载到"数据库详细信息"列表框中。

(3) 单击"确定"按钮,在"附加数据库"窗口中会根据添加的主数据文件,更新"要附加的数据库列表"和"数据库详细信息"列表,如图 5-28 所示。其中,"附加为"表示最终附加的数据库名称,可以与默认的"数据库名称"相同,也可以根据需要更改名称。

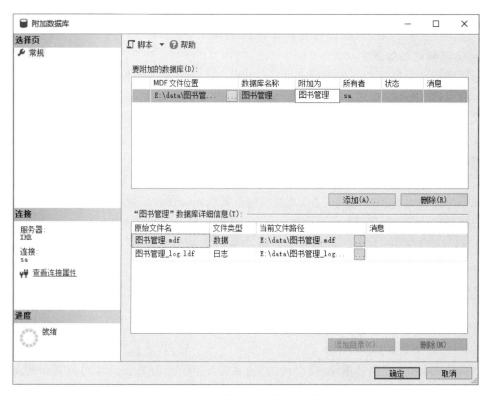

图 5-28　添加了数据文件的"附加数据库"窗口

(4) 确认信息无误后,单击"确定"按钮,执行附加数据库操作。操作完成后,在对象资源管理器中将显示所附加的数据库。

需要强调的是,数据库的主数据文件中存放了其他文件的相关信息,因此附加数据库时,只要指定主数据文件即可,但在分离数据库后,数据库的主数据文件与日志文件应该成对存放在同一文件夹下,如果移动了日志文件,在数据库附加时就会出现文件"找不到"的提示。

5.5　SQL Server 2019 数据库基本对象操作

数据库创建好后,就可投入使用,用户可以根据需要在数据库中建立相关的对象,SQL Server 2019 的数据库对象包括基本表、视图、索引、存储过程、触发器、规则、用户、角色、架构等。本节主要介绍最常用的基本表、视图、索引等。数据库是表的集合,所以用户在建立数据库时首先要定义表。在创建表时,需要确定表的结构,也就是确定表中的各列及各列的数据类型,例如,是字符型、货币型还是数值型。只有设计好表的结构,系统才会在磁盘上开辟相应的空间,用户才能在表中填写数据。因此,在创建表之前,首先介绍 SQL Server 2019 的数据类型。

5.5.1　SQL Server 2019 的数据类型

数据类型是指用于存储、检索及解释数据值的类型的预先定义的命名方法,决定了数据在计算机中的存储格式,代表不同的信息类型。SQL Server 数据类型可以定义数据表字段能够存储哪一种数据和使用多少字节来存储数据,即数据的范围。为表中的各列选择合适的数据类型尤为重要,因为它影响着系统的空间利用、性能和是否易于管理等特性。SQL Server 2019 数据类型可分为两种:系统内置数据类型和用户自定义数据类型。

1. 系统数据类型

SQL Server 2019 提供了丰富的系统数据类型,可以支持大部分数据库应用系统。按系统数据的表现形式和存储方式分为整数型字符型、日期型、数值型、货币型和二进制等。下面介绍几种 SQL Server 比较常用的数据类型。

1) 整数数据类型

整数数据类型可以存储整数数值数据。SQL Server 提供数种数据类型来存不同范围的整数数据,实际应用时,可以按照字段取值的范围决定使用哪一种整数数据类型,如表 5-1 所示。

表 5-1　整数数据类型

类型名称	取值范围	字节
int	可存储 $-2^{31} \sim 2^{31}-1$ 范围的整数数据	4
smallint	可存储 $-2^{15} \sim 2^{15}-1$ 范围的整数数据	2
tinyint	可存储 $0 \sim 255$ 之间的所有整数	1
bigint	可存储 $-2^{63} \sim 2^{63}-1$ 范围的整数数据	8
bit	可存储取值为 1、0 或 NULL 的整型数据	

2) 精确小数数据类型

精确小数数据类型可以存储包含小数的数值数据,而且完全保留数值数据的精确度。SQL Server 提供两种精确小数数据类型,如表 5-2 所示。

表 5-2　精确小数数据类型

类型名称	取值范围	字节
decimal(p,s)	可存储 $-10^{38}+1 \sim 10^{38}-1$ 范围的数据	占 5~17 字节
numeric(p,s)	可存储 $-10^{38}+1 \sim 10^{38}-1$ 范围的数据	占 5~17 字节

其中,p 为精度,指定小数点左边和右边可以存储的十进制数字的最大个数;s 为小数位数,指定小数点右边可以存储的十进制数字的最大个数。

3) 浮点数数据类型

浮点数数据类型可以用来存储拥有小数点的数值数据,此类型也称为不精确小数数据类型,因为当数值非常大或非常小时,其存储的数据是一个近似值,如表 5-3 所示。

表 5-3　浮点数数据类型

类 型 名 称	取 值 范 围	字　节
float(n)	可存储-1.79E+308~1.79E+308	占 4 或 8 字节
real	可存储-3.40E+38~3.40E+38	占 4 字节

其中,float 数据类型可以指定存储数值数据的位数 n,n 的值如果是 1~24,SQL Server 使用 24,占用 4 字节;n 的值如果是 25~53,则使用 53,占用 8 字节,是默认值。当使用 float 和 real 数据类型来定义数据表字段时,如果数值超过精确度的位数,就会四舍五入而产生误差的近似值。

4) 货币数据类型

在 SQL Server 中可以使用 money 和 smallmoney 两种数据类型存储货币数据或货币值,这些数据类型可以使用常用的货币符号,如¥、$。货币数据类型如表 5-4 所示。

表 5-4　货币数据类型

类 型 名 称	取 值 范 围	字　节
money	可存储$-2^{63}\sim2^{63}-1$ 范围的货币型数据,精确到千分之十	占 8 字节
smallmoney	可存储-214748.3468~214748.3467 范围的货币型数据	占 4 字节

货币型常量可以包含小数点,都可以精确到小数点后 4 位。实际上,可以使用 decimal 数据类型来存储货币数据。

5) 字符串数据类型

字符串数据类型是用来存储由字母、符号和数字组成的字符串数据。在 SQL Server 中,字符的编码方式有两种:ASCII 码和 Unicode 码。ASCII 码指的是不同国家或地区的编码长度不一样,如英文字母编码是 1 字节(8 位),中文汉字的编码是 2 字节(16 位)。Unicode 码存储的是统一字符编码的字符串数据,解决字符集不兼容问题,不管对哪个地区、哪种语言所有的字符均使用双字节(16 位)编码。常用的字符串数据类型的说明如表 5-5 所示。

表 5-5　字符串数据类型

类 型 名 称		取 值 范 围	字　节
ASCII 码	char(n)	存放 1~8000 固定长度的字符	n
	varchar(n)	存放 1~8000 可变长的字符	最大 n 个节
	varchar(max)	存放 2G 个字符	最大 2GB
Unicode 码	nchar(n)	存放 1~4000 固定长度的字符	n×2
	nvarchar(n)	存放 1~4000 可变长的字符	n×2
	nvarchar(max)	存放 1G 个字符	最大 2GB
二进制码	binary	存放 1~8000 字节的定长二进制数据	n
	varbinary	存放 1~8000 字节的变长二进制数据	最大为 n 字节
	varbinary(max)	存放变动长度为二进制字符串 2G 字节	最大 2GB
	image	存放长度可变的二进制数据	最大 2GB

字符串数据类型常量需用定界符(单引号)括起来。

6) 日期数据类型

日期数据类型可以存储日期与时间数据,SQL Server 提供了 datetime 和 smalldatetime 两种数据类型,在 2008 后的版本中新建了 date、time、datetime2 和 datetimeoffset 四种日期数据类型。常用的日期时间数据类型如表 5-6 所示。

表 5-6　日期数据类型

类 型 名 称	取 值 范 围	字　　节
datetime	日期从 1/1/1753 到 12/31/9999,时间精确到 3.33ms	8
smalldatetime	日期从 1/1/1900 到 6/6/2079,时间精确到分	4
date	日期从 1/1/0001 到 12/31/9999	3
time(n)	表示一天中的某个时间,使用 24 小时表示	3~5
datetime2(n)	日期从 1/1/0000 到 12/31/9999,时间精确到 100ns	6~8
datetimeoffset	日期从 1/1/0000 到 12/31/9999,时间精确到 100ns	10

注意:在定义某一具体的日期时间时可以使用字符串按照日期时间的格式进行定义,系统将自动把该字符串转换为日期时间类型。

2. 自定义数据类型

SQL Server 2019 除了系统提供的数据类型外,还支持用户自定义数据类型。允许用户根据需要定义自己需要的数据类型,并且可以用自定义数据类型来声明变量或字段。但用户自定义数据类型是使用 SQL Server 2019 系统提供的原生数据类型为基础来创建,由系统已有的数据类型来派生,而不是定义一个具有新的存储及检索特性的类型。更确切地说,用户自定义数据类型是在创建别名数据类型,是一种数据类型的别名。

当多个表中的列要存储同样类型的数据,且想确保这些列具有完全相同的数据类型、长度和是否为 NULL 属性时,可以使用自定义数据类型。例如,在一个数据库中,有许多表都需要用到 vchar(10)的数据类型,那么用户就可以自己定义一个数据类型,例如,用 vc10 代表 vchar(10)的数据类型,在表需要用到 vchar(10)的列时,都可以将其设为 vc10。

创建用户自定义数据类型时必须提供名称、新数据类型所依据的系统数据类型、是否允许为空值。可以使用 SQL Server Management Studio 或 T-SQL 语句来创建,用户自定义数据类型一旦创建成功,就可以像使用系统数据类型一样使用。

下面利用 SQL Server Management Studio 为数据库图书管理创建基于 varchar 型的用户自定义数据类型 address_code,长度为 20,允许为空。其操作步骤如下。

(1) 打开 SQL Server Management Studio 窗口,在"对象资源管理器"中展开"图书管理"→"可编程性"→"类型"→"用户自定义数据类型"结点。

(2) 右击"用户自定义数据类型",从弹出的快捷菜单中选择"新建用户自定义数据类型"命令,打开 "新建用户自定义数据类型"对话框。

(3) 在 "新建用户自定义数据类型"对话框中进行如下设置。

① 在"名称"文本框中输入类型名称 address_code。

② 在"数据类型"下拉列表框中选择 varchar 数据类型。

③ 在"长度"数值框中输入 20。

④ 选中"允许为空"复选框,表示此数据类型定义的列可以不输入数据。

(4) 设置完毕后,单击"确定"按钮,即创建了自定义的数据类型 address_code。

5.5.2　表的创建和维护

表(Table)是 SQL Server 数据库系统的基本信息存储结构。SQL Server 数据库中的表是一个非常重要的数据库对象,是数据存放的地方,也称基本表。用户所关心的数据都存储在表中,对数据的访问、维护都是通过对表的操作实现的,一个数据库管理员在数据库中打交道最多的也是表。因此,掌握数据库表的操作就显得尤为重要。本节主要介绍如何利用 SQL Server Management Studio 的对象资源管理器创建"图书管理"数据库的四个基本表:读者类别表、读者表、图书表和借阅表。各表的基本结构见 3.5.3 节。

表的创建一般要经过定义表的结构,设置约束和添加数据三个步骤,其中设置约束可以在定义表结构时进行,也可以在表结构定义完成后,在已创建好的表结构上通过修改表的方式添加约束。

1. 表结构的创建、修改和删除

表是包含数据库中所有数据的数据库对象,与平常所说的表类似,但必须遵循关系的性质,也是由行和列组成,用于组织和存储数据。表的创建首先要设计和定义表的结构,即录入数据的表的框架,有多少列组成,每列的数据类型,有无约束等。如果表结构创建好后,还可以根据实际需要进行表结构的修改或删除,如新增某些列或约束。

1) 创建表结构

表定义为列的集合,创建表结构也就是定义表中各列的过程,如添加字段、设置字段的主键等属性。

使用 SQL Server Management Studio 可以非常方便地创建表结构,下面以读者信息表为例,介绍创建表结构的具体步骤。

(1) 打开 SQL Server Management Studio 窗口,在"对象资源管理器"中依次展开需要创建表的数据库,如"数据库"→"图书管理"→"表"结点。右击"表"结点,从弹出的快捷菜单中选择"新建"→"表"命令,打开如图 5-29 所示的表设计器窗口。通过表设计器可以进行表结构的创建、修改。

表设计器主要分为上下两部分。上部分用来定义表的列(字段),包括列名、数据类型、允许空属性;下部分用来设置列的其他属性,如是否使用默认值、是否为"标识列"等。

用户可用鼠标、Tab 键或方向键在单元格间移动和选择,完成"列名""数据类型""长度""允许空"栏中相关数据的输入。需要注意的是,有些数据类型的长度是固定的,不能修改。

(2) 各字段设置完成后,右击字段"读者卡号",在弹出的快捷菜单中选择"设置主键"命令或使用工具栏上的"设置主键/取消主键"按钮 🔑 ,将"读者卡号"设置为读者表的主键,设置好后读者卡号左侧显示有一个小钥匙图标,如图 5-30 所示。

(3) 执行主菜单中"视图"→"属性窗口"命令或使用 F4 键,打开属性面板。在该面板中可以设置新建表的名称、架构等。在表名称中输入"读者",架构使用默认的 dbo。

(4) 执行"文件"→"保存"命令或者单击工具栏的"保存"按钮 💾 ,打开"选择名称"对话框,如图 5-31 所示。

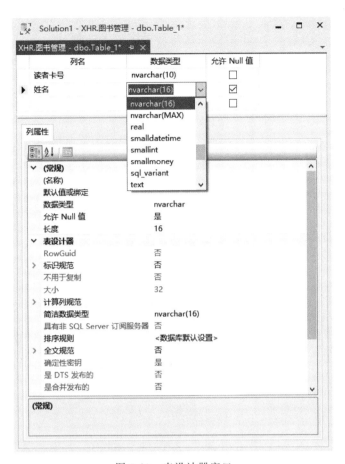

图 5-29　表设计器窗口

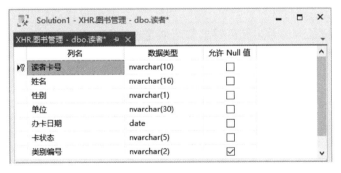

图 5-30　设置表的主键

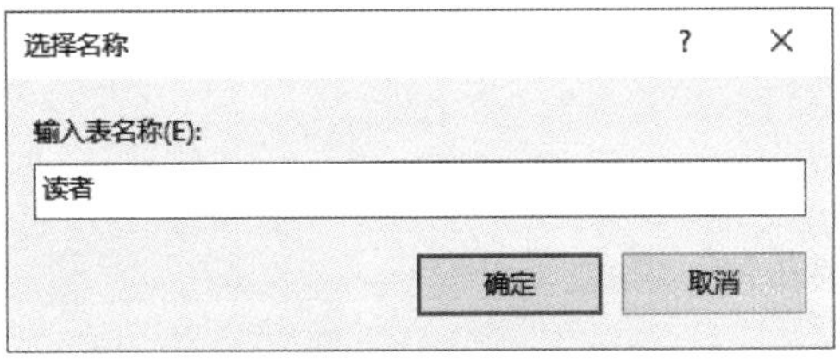

图 5-31　"选择名称"对话框

图 5-32 "图书管理"数据库
中的四张表

（5）在文本框中输入要保存的数据表名称"读者"，单击"确定"按钮即可完成表的创建。关闭表设计器之后，展开图书管理数据库，在表结点下可以看到创建的表。

同样的方法，可以创建"图书管理"数据库中的其他表，图书管理数据库各表的创建结果如图 5-32 所示。

2）修改表结构

在使用数据表的过程中可以根据需要随时对表的列、约束等属性进行修改。修改操作包括增加或删除列，修改列的名称、数据类型、长度，修改表的名称等。在 SQL Server Management Studio 中修改表结构的操作步骤如下。

（1）打开 SQL Server Management Studio 窗口，在"对象资源管理器"中依次展开"数据库"→"图书管理"→"表"结点。鼠标右击需要修改的表，从弹出快捷菜单选择"修改"命令，打开"表设计器"。

（2）如果要增加一列，首先选择新增加列的位置，然后右击，在弹出的快捷菜单中选择"插入列"命令，这时在选定的列的上面会出现一个空行，在空行中输入新增加列的信息。

（3）如果要删除一列，右击需要删除的列，在弹出的快捷菜单中选择"删除列"命令。

（4）如果要修改某一列的名称、数据类型、数据长度以及是否为空值，可以直接在表设计器中修改。

（5）修改完后，单击工具栏上的"保存"按钮即可。

如果在保存修改时出现如图 5-33 所示的对话框，是因为 SQL Server 默认设置启动了"阻止保存要求重新创建表的更改"选项，该选项会阻止保存对表的修改操作。要更改此项设置，可以在 SQL Server Management Studio 中，通过选择菜单"工具"→"选项"命令，打开如图 5-34 所示的"选项"对话框，选择左侧的"设计器"→"表设计器和数据库设计器"。在右边的"表选项"中不要选中"阻止保存要求重新创建表的更改"复选框。

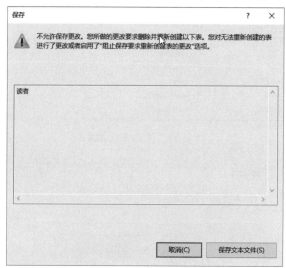

图 5-33 阻止保存修改内容的警告

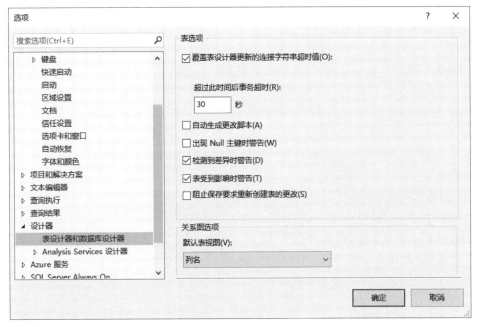

图 5-34 "选项"对话框

注意：在 SSMS 中可以对表中字段的顺序进行调整，只需要选中要调整顺序的列左边的方块，然后通过拖动的方式便可以实现列顺序的调整。

3）删除表结构

对于数据库中不需要的数据表可以将其删除，以释放存储空间，删除表时，表的结构定义、数据、约束等都将永久地从数据库中删除。删除基本表同样可以在 SQL Server Management Studio 的对象资源管理器中删除，其操作步骤是右击需要删除的表，从弹出快捷菜单选择"删除"命令，打开"删除对象"对话框，单击"确定"按钮，即可删除。

2．SQL Server 的表约束

为了减少输入错误、防止出现非法数据，在创建表结构时可以在列字段上设置约束，以保证数据库中数据的一致性和完整性。SQL Server 2019 中的约束包括主键约束、唯一性约束、空值约束、默认值约束、检查约束、外键约束六种。

约束可以实施在列级和表级两个层次上：列级约束只涉及所约束的一个列，表级约束是指对表中各元组之间、若干关系之间的约束，如果约束条件表达式需要涉及多列属性，应当作为表级完整性约束来定义。

1）主键约束

主键约束是能够唯一地标识表中的每一条记录的列或列的组合，即主键的列不能为空值，也不能为重复的值。例如，读者表的读者卡号列上可以设置主键约束，保证该列没有空值和重复值。主键约束实现了实体完整性规则，每一个表只能定义一个主键，并且系统自动为其创建主索引（主索引是建立在有序数据表的基于主键的排序字段上，即主索引的索引字段与主文件数据表的主键有对应关系）。主键约束设置完成后，可以在数据表结点下的"键"结点中查看主键约束情况。

2）唯一性约束

唯一性约束用于保证属性列中不会出现重复的属性值。在一个表中可以定义多个唯一性约束，定义了唯一性约束的列可以取空值。

唯一性约束分为 UNIQUE 约束和主键约束。

唯一性约束与主键约束的区别有两点：一是一个表可以定义多个唯一性约束，但只能定义一个主键约束；二是定义了唯一性约束的列可以输入空值，而定义了主键约束的列不能取空值。

使用 SQL Server Management Studio 的对象资源管理器为读者表添加唯一性约束的操作步骤如下。

（1）右击"读者"表，在弹出的快捷菜单中选择"设计"选项，进入读者表的设计窗口。

（2）在"表设计器"窗口中，右击表设计器空白区，选择快捷菜单的"索引/键"命令（或者在"表设计器"工具栏中单击"管理索引/键"按钮），系统弹出"索引/键"对话框，如图 5-35 所示。此时，读者表只是将读者卡号作为主键，还没有创建唯一性约束。

图 5-35　"索引/键"对话框

（3）在"索引/键"对话框中单击"添加"按钮，在左边列表中将会新建一行默认名称为 IX_读者的索引键，选中 IX_读者，然后在右边的属性窗口中，设置"类型"为"唯一键"，将"是唯一的"选项改为"是"，单击列后的按钮，打开如图 5-36 所示的"索引列"对话框，指定列名为"姓名"，排序顺序为"升序"，单击"确定"按钮，返回到"索引/键"对话框。

（4）可以通过右侧属性列表框中的"名称"项进行索引/键的名称修改，修改为 IX_name，设置结果如图 5-37 所示。

（5）单击"关闭"按钮，保存表设计，此时唯一性约束已经创建完成。在对象资源管理器中展开"图书管理"数据库→"表"→"读者"→"索引"结点，可以看到唯一性约束。

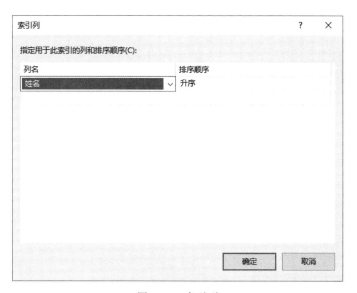

图 5-36　索引列

图 5-37　修改索引/键的名称

3）空值约束

空值约束限制属性值允许为空或不允许为空，其值为 NULL，表示该列允许为空；其值为 NOT NULL，表示不能为空，必须填入内容，否则输入数据时不能被数据库接收。

尽量避免使用空值，因为空值会使查询和更新变得复杂，而且空值列与非空值列不能一起使用建立主键约束。

4）默认值约束

默认值约束即 DEFAULT 约束，一般将属性列中使用频率最高的属性值定义为 DEFAULT 约束中的默认值，以减少数据输入的工作量。在 SQL Server 2019 中，可以给列设置默认值。如果某列已设置了默认值，当用户在表中插入记录时，如果没有给该列输入数据,系统会自动为该列输入默认值。每列只能有一个默认约束。

5）检查约束

检查约束即 CHECK 约束,用于指定表中属性列值应满足的条件,是所有约束中最灵活的约束,不仅可以对一列的输入进行检查,也可以对多列进行约束。通过在列上设置逻辑表达式来限制列上可以输入的数据值,以此判断输入数据的合法性。检查约束实现域完整性规则。

视频讲解

可以在 SQL Server Management Studio 的对象资源管理器中设置表的 CHECK 约束。创建的操作步骤如下。

（1）打开表设计器对话框,右击表设计器的空白处,在弹出的快捷菜单选择"CHECK 约束"命令,或工具栏中单击"管理 CHECK 约束"按钮,打开"CHECK 约束"对话框。单击"添加"按钮,设置表的 CHECK 约束对话框如图 5-38 所示。

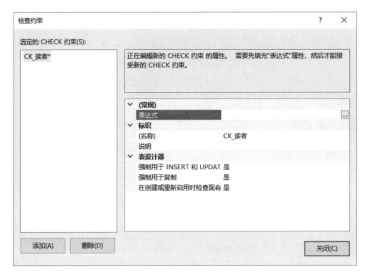

图 5-38　添加 CHECK 约束

（2）在表达式文本框中输入 CHECK 表达式,或单击"表达式"右边的按钮,打开"CHECK 约束表达式"对话框,如图 5-39 所示。

（3）在图 5-39 的表达式文本框中进行 CHECK 约束设置,如对性别进行 CHECK 约束,则约束表达式为性别 in（'男','女'）,表示性别只能取"男"或"女"两个值。

图 5-39　CHECK 约束表达式

（4）约束表达式确定后，单击图 5-39 的"确定"按钮，返回到 CHECK 约束对话框，单击"关闭"按钮返回到表设计器窗口，保存对基本表的修改，完成 CHECK 约束的创建。

6）外键约束

外键约束是基于表间的约束关系，实现关系数据库中表与表之间的关联关系，如果某列是表的外键，则需要指定该外键要关联到哪一个表的主键字段上。外键约束实现了参照完整性规则。

视频讲解

使用 SQL Server Management Studio 的对象资源管理器创建外键约束，以借阅表建立外键约束为例，创建的操作步骤如下。

（1）右击借阅表，在弹出的快捷菜单中选择"设计"选项，进入借阅表的设计窗口。

（2）选择菜单"表设计器"→"关系"命令，弹出"外键关系"对话框。

也可以在对象资源管理器中展开图书管理数据库中的表"借阅"→"键"，右击快捷菜单的"新建外键"命令，打开"外键关系"对话框。

（3）单击"添加"按钮，系统将在左边"选定的关系"区域中新建一个关系 FK_借阅_借阅，如图 5-40 所示。在右侧的属性窗口中选中"表和列规范"选项，并单击旁边的按钮 ，系统弹出"表和列"对话框。

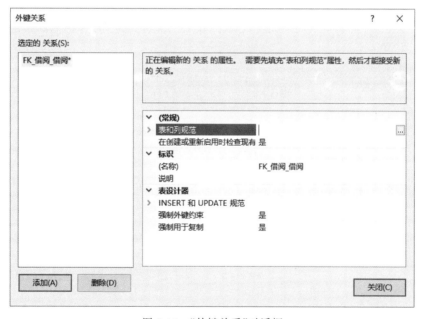

图 5-40   "外键关系"对话框

（4）选择读者表为主键表，读者卡号作为参照列，选择借阅表为外键表，读者卡号为引用列，如图 5-41 所示。

（5）单击"确定"按钮，返回到外键关系窗口。

（6）展开"INSERT 和 UPDATE 规范"，可设置更新和删除规则。如将"删除操作"设置为"级联"，即级联删除，如图 5-42 所示。所谓级联删除，表示当删除主键表数据时，引用主键表数据的外键表数据也同步删除。

（7）单击"关闭"按钮，返回到"表设计器"窗口，单击工具栏"保存"按钮。

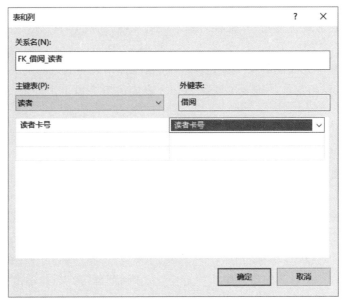

图 5-41　"表和列"对话框

图 5-42　设计外键删除规则

3. 管理表中的数据

创建表结构的目的是利用表来存储和管理数据,没有数据的表只是一个空的表结构,没有实际意义。因此,完成数据表结构的创建后,就可以在表中添加数据,也可以根据用户的需要进行记录的更新和删除操作。

1) 插入数据

使用 SQL Server Management Studio 进行数据的插入,具体步骤如下。

（1）打开 SQL Server Management Studio 窗口，在"对象资源管理器"中依次展开数据库"图书管理"→"表"结点，定位到"读者类别"表结点上。

（2）右键单击"读者类别"表，在弹出的快捷菜单中选择"编辑前 200 行"命令，右窗格显示如图 5-43 所示的数据表编辑窗口，该窗口与电子表格类似，可以看到每一行为一笔记录的编辑窗口。

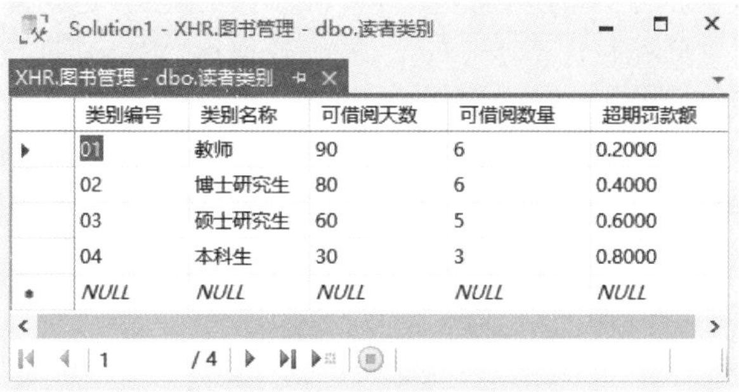

图 5-43　数据表编辑窗口

图 5-43 的编辑窗口下方是工具栏，可以显示目前数据表的记录数和当前指向的记录，使用工具栏按钮就可以移动和添加记录。在最后"＊"行的字段直接输入记录的值，或单击下方工具栏"移动到新行"按钮 ▶*|，就可以增加数据表记录。

（3）输入各记录的字段值后，只要将光标定位到其他记录上，或关闭"结果窗格"窗口，新记录就会自动保存。

在输入新记录时，需要注意以下几点。

① 输入字段的数据类型要和字段定义的数据类型一致，否则会出现警告提示框。

② 不能为空的字段，必须输入内容。

③ 有约束的字段，输入的内容必须满足这些约束；输入的值如果是 NULL 或拥有默认值，可以不用输入任何数据，因为在保存记录时，系统会自动填入 NULL 或默认值。

④ 如果不想新增记录，按 X 键放弃新增记录。

2）更新数据

打开数据表后，找到要修改的记录，然后可以在记录上直接修改字段内容，修改完毕后，只需将光标从该记录上移开，定位到其他记录上，SQL Server 就会自动保存修改的记录。

同样，需要注意修改后的数据记录的合法性，否则系统也会报错。

3）删除数据

删除数据时，选中要删除的一行或多行连续的记录，然后右击鼠标，在弹出的快捷菜单中选择"删除"命令，弹出删除确认对话框，单击"是"按钮，确认删除，单击"否"按钮则取消删除。

需要注意的是，记录删除后不能再恢复，所以删除前一定要确认。也可以按 Shift 键或 Ctrl 键一次删除多条记录。

5.5.3　数据库关系图的创建和维护

数据库关系图是 SQL Server 的一种数据库对象。关系图工具提供了可视化定义数据库中表间的约束方法和形象地表示数据库中基本表的逻辑关系。SQL Server Management Studio 提供了数据库关系图功能,可以使用符号图形显示数据库的数据表内容与其关系。不仅如此,数据库关系图也提供了编辑功能,可以直接在数据库关系图的编辑画面创建数据表、创建关系和约束。

1. 创建数据库关系图

以"图书管理"数据库为例,说明建立数据库关系图的方法,建立关系图的步骤如下。

(1) 在 SSMS 的对象资源管理器窗口下,展开数据库"图书管理"→"数据库关系图"结点,右击"数据库关系图"命令。

(2) 如果第一次执行,可以看到需要创建支持对象的信息窗口,如图 5-44 所示。

图 5-44　信息窗口

(3) 单击"是"按钮,创建支持对象,同时可以看到"添加表"对话框,如图 5-45 所示。

图 5-45　"添加表"对话框

(4) 在"添加表"对话框中,选中关系图中的基本表后,单击"添加"按钮,完成后,关闭"添加表"对话框,可以看到创建的数据库关系图如图 5-46 所示。

(5) 单击工具栏的"保存"按钮 存储数据库关系图,可以看到"选择名称"对话框。输入数据库关系图的名称为"图书管理系统的数据库关系图",如图 5-47 所示。

(6) 单击"确定"按钮,存储数据库关系图。在对象资源管理器中展开数据库"图书管理"→"数据库关系图"结点,可以看到新建的数据库关系图。

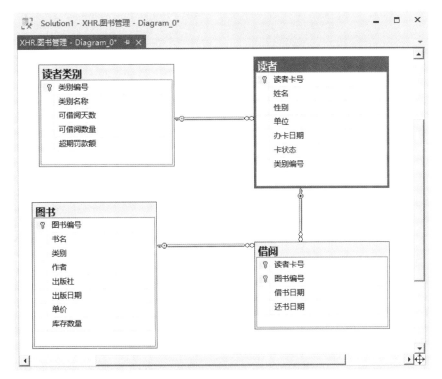

图 5-46 添加的数据库关系图

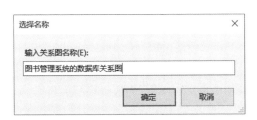

图 5-47 "选择名称"对话框

需要说明的是,如果各表之间没有设置外码约束,则图 5-46 的关系图窗口只包含图表中的表结构,各表之间没有连线,此时,需要通过在图表间拖拉字段和填写外键关系对话框的方法解决建立表之间的关联。

2. 修改和删除数据库关系图

要修改和删除一个数据库关系图,可以在 SSMS 中选中数据库关系图,右击要编辑的关系图,弹出快捷菜单。如果要修改关系图,选择快捷菜单的"修改"项,则会弹出关系图编辑框,在数据库关系图的空白部分右击打开快捷菜单命令,可以新建表或添加表。选数据表图标的指定列,可以编辑定义数据、创建约束和关系。如果要删除关系图,则选择"删除"项。

5.5.4 索引的创建和维护

数据库中的索引与书籍中的目录类似,一本书中,利用目录可以快速查找到需要的信息,无须阅读整本书;在数据库中,索引使数据库程序无须对整个表进行扫描,就可以在其中找到需要的数据。当创建数据库并优化其性能时,应该为数据查询使用表的"列"创建索引。

索引(index)是一个单独的、存储在磁盘上的物理数据结构,是影响数据库性能的一个重要因素。在实际的数据库应用中,在表上创建和维护索引是一项重要的工作。通过建立表的索引,可以帮助数据库引擎在磁盘中定位记录数据,以便在数据表的庞大数据中快速找到数据。换句话说,创建数据表的索引可以提升 SQL 查询效率,让用户更快速地得到查询结果。一个数据表中可以针对不同的属性或属性组合建立不同的索引。

1. 索引的类型

从功能逻辑上讲,索引主要有四种,分别是普通索引、唯一索引、主键索引和全文索引。

普通索引是基础的索引,没有任何约束,主要用于提高查询效率。唯一索引就是在普通索引的基础上增加了数据唯一性约束,对一个数据表可以建立多个唯一索引。主键索引是在唯一性索引的基础上增加了不为空的约束,也就是 NOT NULL+UNIQUE。全文索引可以用专门的全文搜索引擎,如 ES(Elasticsearch)和 Solr。显然,普通索引、唯一索引、主键索引都一类索引,只不过对数据的约束逐渐提升。

由于数据存储在文件中只能按照一种顺序进行存储,所以一张数据表最多只有一个主键索引,但可以有多个普通索引或多个唯一索引。

按照物理实现方式,索引可以分为聚集索引和非聚集索引。

聚集索引(clustered index)是指数据表的记录按索引字段的排序方式进行存储,也就是说,数据表中记录的物理顺序和索引文件中行的顺序是相同的,或者说索引文件中邻近的记录在数据表中也是临近存储的。由于数据行本身只能按一种顺序存储,因此,每个表只能创建一个聚集索引。

非聚集索引(nonclustered index)是指数据表中记录的物理顺序和索引文件中行的顺序不相同。由于非聚集索引不涉及数据表中数据按索引字段进行重新排序,即不决定和影响数据存储,只能用于查询,指出已存储记录的位置,因此可以对数据表创建多个非聚集索引。

创建索引时,可以先创建一个聚集索引,再创建非聚集索引。

2. 创建索引

视频讲解

不同的数据库管理系统提供了不同的索引类型,SQL Server 2019 中的索引主要有聚集索引和非聚集索引两种,两者的主要区别是在物理数据的存储方式上。

除了聚集索引和非聚集索引外,SQL Server 2019 中还提供了其他的索引类型,如唯一索引、全文索引、空间索引等。

下面简单介绍使用 SQL Server Management Studio 图形化界面方式创建索引的步骤。

(1) 打开 SQL Server Management Studio 窗口,在"对象资源管理器"中展开要创建索引的"图书"表结点。

(2) 右击"图书"表结点下面的"索引"结点,在弹出的快捷菜单中选择"新建索引"→"非聚集索引"命令,打开如图 5-48 所示的"新建索引"窗口。

(3) 在"新建索引"窗口的"常规"选项卡中,可以配置索引名称、索引类型、是否唯一、添加索引键列和包含性列、字段的排列顺序等,单击"添加"按钮,打开选择添加索引的列窗口,从中选择要添加索引的表中的列,如图 5-49 所示。这里选择图书表的"书名"列,表示在此列上添加索引。如果是创建复合索引,可再加选其他字段。

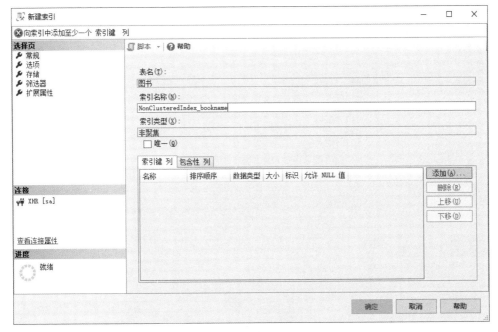

图 5-48　"新建索引"窗口

图 5-49　选择索引列

（4）选择索引列后，单击"确定"按钮，返回"新建索引"窗口，如图 5-50 所示。单击该窗口中的"确定"按钮，返回对象资源管理器，可以在索引结点下面看到新建的索引，如图 5-51所示，说明该索引创建成功。

3. 管理和维护索引

由于在数据表中进行录入、删除或更新操作时，会使索引页出现碎块，因此为了提高系统的性能，索引创建之后可以根据需要对数据库中的索引进行管理，包括修改索引、删除索引、显示索引信息、索引的性能分析和维护等。

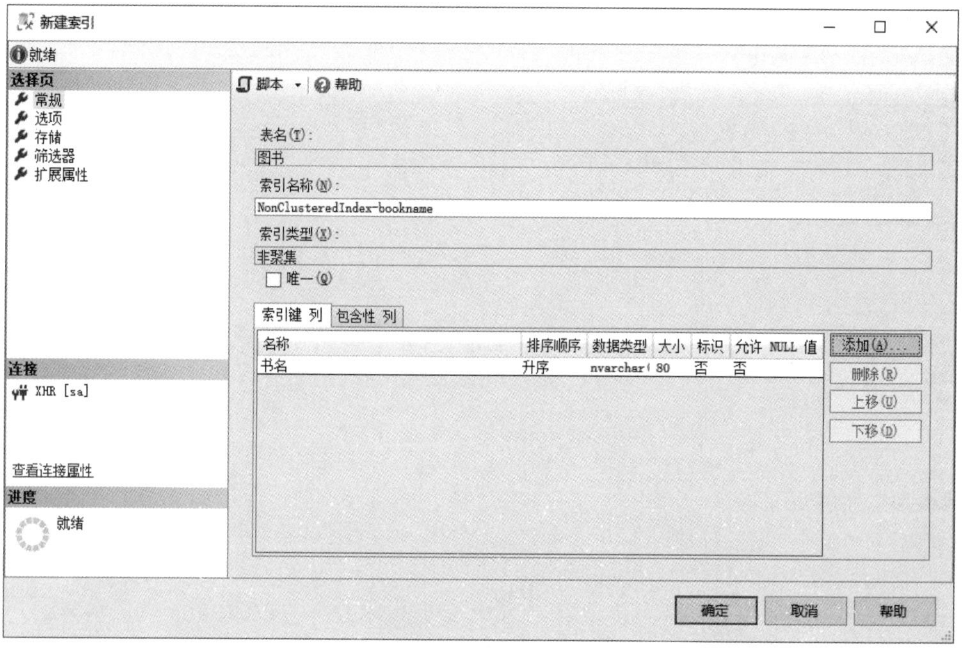

图 5-50　新建索引

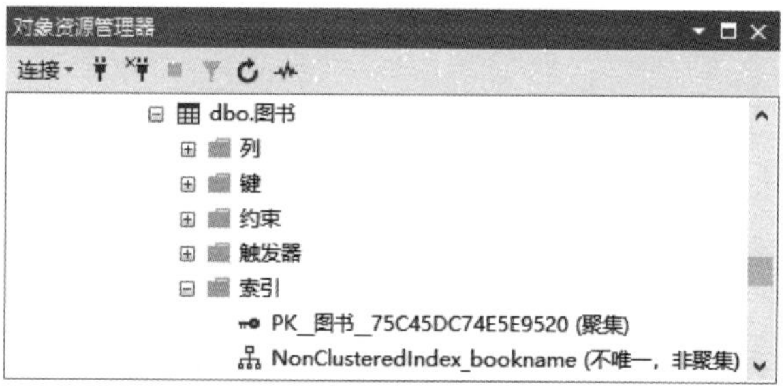

图 5-51　创建的非聚集索引

修改索引就是更改索引属性,在 SSMS 的"对象资源管理器"窗口依次展开数据库"图书管理"→"图书"表→"索引",右击已创建的非聚集索引 NonClusteredIndex_bookname,打开快捷菜单的"属性"命令,可以看到"索引属性"窗口,如图 5-52 所示。在窗口左边选择选项卡,在窗口右边字段修改数据表索引的相关属性,如更改"升序""降序"排序顺序。

修改索引也可以在修改数据表字段定义数据时,执行"表设计器"→"索引/键"命令,打开"索引/键"对话框进行修改。

由于创建索引需要额外的磁盘空间和维护成本,当不再需要某个索引时,可以将其删除。

4. 数据表的索引规划

索引的建立由 DBA 或表的创建者负责,不管是主索引还是用户创建的索引,DBMS 都将自动维护索引,使其和基本表保持一致。DBMS 在存取数据时,会自动选择合适的索引作为存取路径。虽然建立索引可以提高查询速度,但过多建立索引会占用很多的磁盘空间,

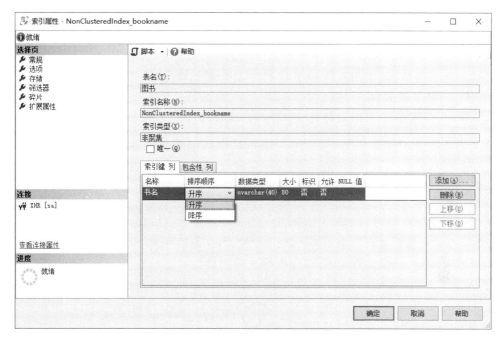

图 5-52　"索引属性"窗口

给维护带来麻烦。所以,需要权衡利弊,合理规划和使用索引。

1) SQL Server 建立索引的原则

建立索引是加快数据查询的有效手段。基本上,SQL Server 数据表的所有字段都可以选择创建索引(除了已经建立约束的字段),或作为索引的组成字段创建联合索引。在数据表中选择索引字段,就是判断指定字段是否应该创建索引加速查询。

(1) 根据查询要求建立索引。对于数据表中查询频率高、实时要求高、更新不频繁的字段,应该为这些字段创建索引,如主键、外键、经常需要连接查询的字段、排序、分组的字段和需要查询指定范围的字段。一般来说,数据表的主键建议创建聚集索引,SQL Server 默认将主键自动创建为聚集索引,但主键并不等同于聚集索引。

(2) 索引不是万能的,不合理的索引设计可能会阻碍数据库和业务处理的性能。对于数据表查询时很少引用到的字段、数据大量重复的字段和取值较少的字段,不应该为其建立索引。

(3) 大表应当建索引,小表则不必建索引。一般来说,如果数据表的数据量太小,索引能够改进数据访问的效率十分有限,可以不必创建索引。

(4) 对于一个基本表,不要建立过多的索引。使用索引可以快速定位需要查找的数据,但也存在一些不足,索引文件需要占用文件目录和存储空间,索引过多会使系统负担过重。索引需要自身维护,当基本表的数据增加、删除或修改时,索引文件随之变化,数据库引擎需要花费额外时间和资源来更新索引数据,因此索引需要额外的磁盘空间和维护成本。显然,索引过多会影响数据的增加、删除和修改的速度。

2) 创建索引的注意事项

SQL Server 创建索引前需要了解一些注意事项,即索引的约束,具体如下。

(1) 一个数据表最多只能有一个聚集索引和 999 个非聚集索引。

(2) 由于数据表的记录数据和聚集索引的顺序一致,因此每一个数据表只能创建一个聚集索引,但是可以在数据表的多个字段创建多个非聚集索引。

(3) 可以选择数据表的多个字段集合来创建联合索引(联合索引是指索引字段超过一个的索引),但联合索引最多只能有 16 个字段,按照最左优先的方式进行索引的匹配(最左匹配原则)。由于联合索引的索引字段尺寸通常比较大,需要更多的磁盘读取,因此会影响整体的执行性能。

3) 索引的作用

索引可以加快数据的访问,数据库引擎可以通过索引结构快速找到指定记录,能够让 SQL 的连接查询、排序操作更加有效。索引的作用主要表现在以下三个方面。

(1) 使用索引可以明显地加快数据查询的速度。对于数据文件大的基本表,如果没有建立索引,在进行数据查询时则需要将数据文件分块,逐个读到内存,进行查询的比较操作。而使用索引后,先将索引文件读入内存,根据索引项找到记录的地址,然后根据地址将记录直接读入计算机。由于索引文件小,只包含索引项和记录地址,一般可一次读入内存,并且索引文件的索引字段是经过排序的,可以快速地找到索引字段值和记录地址。因此,使用索引大大减少了磁盘的 I/O 次数,从而加快查询速度。

(2) 使用索引可以加快数据库中基本表的连接速度。在进行关系的连接操作时,系统需要在连接关系中对每一个被连接字段进行查询操作,如果没有在连接字段上建立索引,则数据的连接操作速度非常慢,而在连接字段上建立了索引,则可大大提高连接操作。因此,许多系统要求连接文件必须有相应索引,才能执行连接操作。例如,要实现图书和借阅关系的连接操作,就要求在借阅表中必须在图书编号上建立索引,加快连接速度。

(3) 使用索引可保证数据的唯一性。索引的定义包含定义数据唯一性的内容。当定义了数据唯一的功能后,在对相关的索引项进行数据输入或更改时,系统需要进行检查,确保满足数据唯一性要求。

5.5.5　视图的创建和维护

视图(view)是从一张或多张表中导出的表,是用户查看数据库中数据的一种方式,其结构和数据内容建立在对表的查询基础上,由查询语句执行后得到的查询结果构成。与表一样,视图包含一系列带有名称的字段和记录数据,只是这些字段和记录来源于其他被引用的表或视图,通过视图看到的数据只是存放在基本表中的数据。所以,视图在数据库中并不是真实存在的,数据库中存在的只是视图的定义,视图是一个虚拟的表。

如果通过视图需要对看到的数据进行修改时,相应地,基本表的数据也要发生变化,如果基本表的数据发生变化时,从视图中查询出的数据也随之发生变化。

视图一经定义,就可以和基本表一样被查询和删除,并且可以在视图之上再定义新的视图。

1. 视图的创建、删除和修改

1) 创建视图

对于其他基本表来说,视图的作用类似于筛选。用户创建的视图可以基于表,也可以基于其他视图。在 SQL Server 2019 系统中,只能在当前数据库中创建视图,但定义视图的筛选可以来自当前数据库或其他数据库中的一个或多个表,或者其他视图。

通过图形化工具 SQL Server Management Studio 创建视图的步骤如下。

(1) 启动 SQL Server Management Studio 窗口,在"对象资源管理器"中展开目标数据库"图书管理"→"视图"结点,右击"视图"结点,在弹出的快捷菜单中单击"新建视图"命令,打开如图 5-53 所示的"添加表"对话框,可从对话框中的四个选项卡中选择在新视图中包含的元素,在"表"选项卡中列出了用来创建视图的基本表,在列表框中选中读者表和读者类别表,单击"添加"按钮,然后关闭该对话框。

图 5-53　"添加表"对话框

(2) 打开"视图设计器"窗口,如图 5-54 所示。

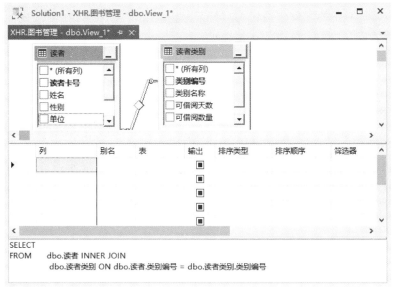

图 5-54　"视图设计器"窗口

"视图设计器"窗口默认包含了三个区域,上方区域是"关系图"窗格,"关系"图窗格使用数据库关系图方式显示数据表,可以在此窗格中添加或删除表,选择视图中包含的列;中间区域是"条件"窗格,用于显示视图需要输出的列、排序类型、筛选条件等;下方区域是"SQL语句"窗格,根据在"关系图"窗格和"条件"窗格中的设置,自动在"SQL语句"窗格生成相应的 T-SQL 代码,用户也可以在此区域直接编写或修改视图定义中的查询语句。

(3)在"关系图"窗格区域中,单击表中字段左边的复选框选择需要的字段,"条件"窗格自动显示输出,"SQL 语句"窗格生成相应的 T-SQL 代码,如图 5-55 所示。

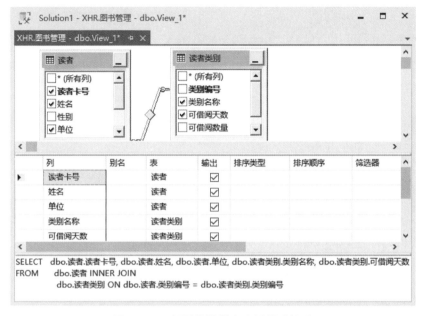

图 5-55　　视图设计器中选择所需的列

(4)单击工具栏中的"保存"按钮 ⊟,打开"选择名称"对话框,在输入视图名称下的文本框中输入视图名为 View_ddxx,并单击"确定"按钮,完成视图的创建。之后,在数据库"图书管理"→"视图"结点下可以看到新创建的视图 View_ddxx。

(5)右击创建的视图 View_ddxx,单击快捷菜单"设计",打开视图设计器,右击视图设计器的空白区域,在弹出的快捷菜单中选择"执行 SQL"命令,运行视图,在视图设计器的底部区域的"结果"窗格中显示执行结果,如图 5-56 所示。也可以在新建查询窗口中执行代码 select ＊ from View_ddxx,显示相同的结果。

可以看到,不管是视图执行结果显示的列,通过查询结果显示的列,还是视图设计器选中的列都是相同的,因此,可以通过视图而不是基本表查询数据,以满足不同用户对数据的不同需求。

2)修改视图

创建好的视图也可以根据实际需要进行修改,以满足新的需求。如果基表发生变化,或者要通过视图查询更多的信息,就可以根据需要修改视图的定义。

修改视图的方法和创建视图相同,右击需要修改的视图,在弹出的快捷菜单中选择"设计"命令,打开视图设计器窗口,可以按照创建视图的方法修改视图。

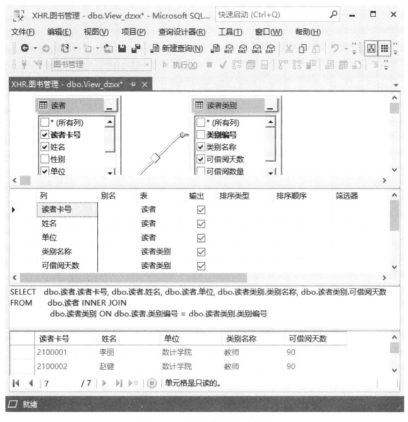

图 5-56　视图的执行结果

注意：由于视图可以被另外的视图作为数据源使用，所以修改视图时要小心。如果删除了某列输出，而该列正好在其他视图中使用，那么，在修改该视图后，其他关联的视图将无法再使用。

3）删除视图

创建好的视图，如果不再需要，或想清除视图定义及与之相关联的权限，则可以删除该视图。删除视图后，表和视图基于的数据并不受影响，删除的是一个对象，因此任何基于已删除视图的查询将会失败。

删除视图同创建视图一样，也可以在 SQL Server Management Studio 的"对象资源管理器"窗口中，打开视图所在数据库结点，右击需要删除的视图，在弹出的快捷菜单中选择"删除"命令，在弹出的"删除对象"对话框中单击"确定"按钮即完成视图的删除。另外，还可以在该对话框中单击"显示依赖关系"按钮，查看删除该视图对数据库的影响。

2. 通过视图修改数据

视图除了可以用来查看数据外，还可以利用视图对创建它的数据源进行一定的修改，如插入新的数据记录、删除记录和更新记录，但通过视图添加、更新和删除数据时，与表相比有一些限制，要求所建的视图必须满足源数据表的完整性约束条件，关于视图更新的限制详见6.2.4 节。

修改视图仍可以使用 SQL Server Management Studio 图形化界面方式和 T-SQL 语

句。通过图形化方式修改视图和创建视图类似,右击要修改的视图,在弹出的快捷菜单中选择"编辑前200行"命令,在打开的视图中直接添加、删除、修改数据。

总之,视图作为一种数据库对象,提供了数据的访问控制能力,即允许用户通过视图访问数据,但用户没有得到访问视图的基本表的权限,以防止用户非法存取数据,在一定程度上保护了数据的安全性。

3. 视图的用途

视图实现了数据库管理系统三级模式中的外模式,其主要作用表现在如下四个方面。

1) 视图能够简化用户的操作

视图是对SQL查询的封装,简化了用户对数据库的操作,因为定义视图的本身就是一个复杂的查询结果集,这样在每一次执行相同查询时,不必重写这些复杂的查询语句,只用一条简单的查询视图语句即可,隐藏了表与表之间的复杂连接操作。

2) 视图可以使用户以不同的方式(多个角度)看待同一数据

当多个不同用户共享数据库的数据时,视图能够实现让不同用户以不同的方式看到不同的或相同的数据集合。通过定义视图,使用户着重其感兴趣的数据,可以提高数据的查询效率。

3) 视图在一定程度上保证数据的逻辑独立性

对于视图的操作,例如,查询只依赖于视图的定义,当创建视图的基本表需要修改时,只需要修改视图定义中的子查询部分,而基于视图的查询不用改变,从而使外模式保持不变,原有的应用程序通过视图重载数据,保证数据的逻辑独立性。

4) 视图可以对机密的数据提供安全保护

视图可以作为一种安全机制。在设计数据库应用系统时,针对不同的用户开放不同的数据查询权限,则可通过为不同用户定义不同的视图,使用户只能看到与自己有关的数据,其他数据库或表不可见也不可访问,视图引用表的访问权限与视图权限的设置互不影响,这在一定程度上也保证了数据表的安全性。

5.5.6　存储过程的创建和维护

存储过程(stored procedure,SP)是数据库中运用十分广泛的一种数据库对象,已成为数据库管理人员的重要工具。存储过程实际上就是一组预先编译好的、为了实现某种特定功能的T-SQL语句集合,包括查询、插入、删除和更新等操作,经编译后以名称的形式存储在SQL Server服务器端的数据库中,而不是单独的文件中。用户可以使用应用程序或其他SQL脚本通过指定存储过程的名称调用并执行存储过程中的语句,类似于应用程序中的程序调用子程序。对于需要经常执行的操作,可以将所需的SQL语句都编写在一个存储过程中,然后由前台应用程序执行存储过程即可。

1. 存储过程的优点

一般来说,客户端程序有两种方式执行T-SQL语句。其一是在客户端创建应用程序后,使用ADO.NET等组件发送T-SQL语句到SQL Server,然后在SQL Server数据库引擎执行T-SQL语句。其二是SQL Server先将欲执行的T-SQL语句创建为存储过程,客户端程序可以直接执行位于SQL Server的存储过程。

在客户端执行存储过程与存储在客户机的本地T-SQL语句相比,具有以下四个优点。

1）改善系统性能，提高执行效率

存储过程只在创建时编译一次，就可多次执行，减少了编译花费的时间，当重复执行时，因为不需要重新编译，提高了执行 T-SQL 语句的效率，从而改善系统的性能。系统在创建存储过程时会对其进行分析和优化，并将编译生成的执行计划驻留于系统缓存中，用户使用时，会直接从缓存中读取（除非用户有重新编译的需求），以加速存储过程的后续执行。

2）减少了网络通信的数据流量

创建存储过程后，网络中传送的只是调用存储过程的语句，而不是从客户端发送数百行的 SQL 语句，客户端应用程序只需一条语句就可执行位于 SQL Server 服务器端的存储过程，实现相同的功能，减少了客户端与服务器网络传送过程中的数据流量。很多情况下，数据库应用系统的设计者用存储过程实现复杂的查询和统计，只将最终的处理结果返回给客户端，从而免去客户端的大量编程。

3）提供了一种安全机制

存储过程作为 SQL Server 的数据库对象，存放在数据库中且在服务器端运行；对于不允许用户直接操作的表或视图，可通过授予存储过程的执行权限间接地访问这些表或视图，避免非授权用户访问在定义存储过程中被引用对象的数据，达到一定程度的安全性。拥有参数的存储过程还可以保护客户端应用程序的安全性，相比单纯使用 T-SQL 代码，能够有效防止 SQL 注入式攻击，降低黑客攻击 SQL Server 服务器的可能性。

4）模块化的程序设计

存储过程可实现模块化的程序设计，一个存储过程就是一个模块，可用来封装并实现特定的功能，实现业务逻辑较为复杂的应用。也就是说，可将经常执行的 T-SQL 语句或复杂的业务操作编写为多个存储过程的模块，放在数据库中，供用户多次调用，为用户提供统一的数据库访问接口，进而改进应用程序的部署和可维护性。而业务操作对用户是不可见的，达到业务操作封装的效果，提高程序的重用和可移植性，并且存储过程与调用该存储过程的应用程序相分离，减少了应用程序和数据库之间的耦合。

2. 创建存储过程

在 SQL Server 2019 系统中，存储过程主要分为系统存储过程和用户定义存储过程。

系统存储过程由 SQL Server 2019 自身提供，用户可以直接使用。使用系统存储过程完成数据库服务器的管理工作，为系统管理员提供帮助，为用户了解系统信息、查看数据库对象提供方便。系统存储过程位于数据库服务器中，并且以 sp_开头，其定义在系统数据库和用户定义的数据库中。SQL Server 2019 服务器中的许多管理工作都是通过执行系统存储过程完成的，许多系统信息也可以通过执行系统存储过程获得，由于系统存储过程在服务器启动后被加载到系统缓存中，因此执行效率高。

启动 SQL Server Management Studio，并连接到 SQL Server 2019 中的数据库，在"对象资源管理器"中展开"服务器"→"数据库"→"图书管理"→"可编程性"→"系统存储过程"，可以看到系统提供的存储过程。

用户定义存储过程是用户根据数据管理和某一特定业务需求需要创建的存储过程。即在用户数据库中，用户使用 T-SQL 语句编写的实现某一特定业务需求 SQL 语句集合。用户自定义存储过程可以接受输入参数、向客户端返回结果和信息、返回输出参数等。本节主要介绍用户定义存储过程。

使用 SQL Server Management Studio 窗口创建存储过程的步骤如下。

(1) 打开 SQL Server Management Studio 窗口,在"对象资源管理器"中依次展开要创建存储过程的"图书管理"数据库中的"可编程性"→"存储过程"结点。右击"存储过程"结点,从弹出的快捷菜单中选择"新建存储过程"命令。

(2) 选择"新建存储过程"命令后,打开"创建存储过程的查询编辑器"窗口。在该窗口中,系统自动生成有提示的 CREATE PROCEDURE 语句的存储过程模板,用户可以根据模板提示补充输入存储过程包含的相应语句。当然,也可以直接输入 T-SQL 语句。

说明:因为 SSMS 创建存储过程就是编译和执行 SQL 脚本文件,换句话说,可以直接单击"新建查询"按钮,打开查询编辑窗口后自行输入 CREATE PROCEDURE 语句创建存储过程。本质上,使用 SSMS 创建存储过程与直接使用 CREATE PROCEDURE 语句创建存储过程是一样的,只是有些参数可以用模板添加而已。

(3) 在此根据需要创建名称为 pro_dzjyxx 的无参数存储过程,实现读者借阅信息的功能。在"创建存储过程的查询编辑器"窗口中,输入创建存储过程的 SQL 语句(相关 SQL 语句在第 6 章详细介绍)。

(4) 单击"SQL 编辑器"工具栏上的"分析"按钮,检查输入的 T-SQL 语句是否有语法错误,确认无错误后,单击"执行"按钮完成存储过程的创建。在数据库"图书管理"→"可编程性"→"存储过程"下可以看到已创建的 pro_dzjyxx 存储过程。

3. 执行存储过程

在 SQL Server 中,打开 SQL Server Management Studio 窗口,在"对象资源管理器"中依次展开要创建存储过程的"图书管理"数据库中的"可编程性"→"存储过程"结点。在 pro_dzjyxx 存储过程上,执行右键快捷菜单的"执行存储过程"命令后,可以看到"执行过程"对话框。在"执行存储过程"窗口中(如果是带参的存储过程,输入执行所需的参数),单击"确定"按钮即可执行存储过程,可以看到运行结果。

4. 管理存储过程

对于现有的存储过程,可以使用 SSMS 管理存储过程,管理存储过程包括修改存储过程、删除存储过程、查看存储过程和重命名存储过程。其操作步骤是在"对象资源管理器"窗口的存储过程中,执行右键快捷菜单的对应命令,完成相应的操作。管理存储过程类似于创建触发器的步骤,在此不再阐述。

5.5.7　触发器的创建和维护

触发器(trigger)是针对数据表的特殊存储过程,主要是通过事件触发而被自动执行的程序。它是一个功能强大的工具,数据库管理员可以用它在修改数据时自动执行所需操作。

触发器和存储过程都是由 SQL 语句和流程控制语句组成的。触发器也是一种特殊的存储过程,一般的存储过程通过过程名直接调用,而触发器的特殊性表现在:它是在执行某些特定的 T-SQL 语句时通过事件触发而被执行,它与表紧密相连,当用户对表中的数据进行插入、删除和修改时,触发器就会自动激活执行定义的 SQL 语句,以保证数据的完整性和一致性。所以,不能像存储过程一样,由用户自行执行触发器。

1. 触发器的作用

SQL Server 2019 中,可以用约束和触发器两种方法强制执行业务规则和保证数据的完整性。但触发器可以实现比约束更为复杂的数据完整性约束,实现由主键和外键不能保证的复杂的参照完整性和数据的一致性,能够对数据库中的相关表实现级联更改,提供比CHECK 约束更为复杂的数据完整性,并自定义错误信息。其主要作用如下。

1) 强制数据完整性

触发器可以实现比约束更为复杂的数据约束。在数据库中要实现数据的完整性约束,可以使用CHECK 约束或触发器实现。触发器包含了使用 T-SQL 语句的复杂处理逻辑,不仅支持约束的所有功能,还可以实现更为复杂的数据完整性约束。例如,在 CHECK 约束中不允许引用其他表中的列完成检查工作,而触发器可以引用其他表中的列完成数据的完整性约束。

2) 自动执行

触发器不需要用户调用,是通过事件触发而自动执行,只要对表中的数据进行了修改,触发器就会立即被激活。

3) 实现数据库中多张表的级联更改

触发器虽然是基于一个表建立的,但可以对多个表进行操作,用户可以通过触发器对数据库中的相关表进行级联修改,而且可以评估数据修改前后表的状态,并根据其差异采取对策。例如,对读者表创建一个级联删除的触发器,要求删除读者表中记录时要把借阅表中相应的借阅记录也删除。

4) 维护非规范化数据

用户可以使用触发器来保证非规范数据库中的低级数据的完整性。维护非规范化数据与表的级联是不同的。表的级联是指不同表之间的主外键关系,维护表的级联可以通过设置表的主键与外键的关系来实现。而非规范数据通常是指在表中派生的、冗余的数据值,维护非规范化数据应该通过使用触发器来实现。

5) 返回自定义的错误信息

约束是不能返回信息的,而触发器可以。例如,当插入一个违背完整性约束的数据值时,可以返回一个具体的友好的错误信息给前台应用程序。

2. 触发器的分类

在 SQL Server 2000 支持 DML 触发器,在 2005 版增加了 DDL 触发器。目前,SQL Server 支持的触发器有三种:DML 触发器、DDL 触发器和 LOGON 触发器,说明如下。

1) DML 触发器

DML 触发器是当数据库服务器中发生数据操纵语言(data manipulation language,DML)事件时执行的存储过程,DML 事件包括在指定表或视图中修改数据的 INSERT 语句、UPDATE 语句或 DELETE 语句。DML 触发器依据触发时机不同又分为 AFTER 触发器和 INSTEAD OF 触发器。

(1) AFTER 触发器。AFTER 触发器又称后触发器,当执行 INSERT、UPDATE 和DELETE 命令且记录已经改变完后(AFTER),才被激活执行,主要用于记录变更后的处理或检查,如果有错误,更改的数据可以恢复至更改前的值。需要注意的是,AFTER 触发器只能定义在表上,不能在视图上定义 AFTER 触发器。

(2) INSTEAD OF 触发器。INSTEAD OF 触发器又称前触发器,在记录变更之前被触发,并取代原来 SQL 语句里变动数据的操作(INSERT、UPDATA 和 DELETE 语句),而去执行触发器本身定义的操作。这类触发器一般用来验证数据或替换原本需要执行的操作,也就是说,用触发器程序取代相应的操作。

2) DDL 触发器

DDL 触发器是在响应数据定义语言(data definition language,DDL)事件时执行的存储过程,主要包括 CREATE、ALTER、DROP 语句,用于执行数据库的管理工作,如防止数据库表结构的修改、审核和规范数据库操作。

3) LOGON 触发器

LOGON 触发器可以响应 LOGIN 事件跟踪登录活动、限制登录 SQL Server 或特定登录的会话数,也就是说,LOGON 触发器可以防止非法用户成功连接数据库引擎。

3. 创建触发器

触发器的创建和存储过程的创建类似,使用 SQL Server Management Studio 对象资源管理器,创建触发器的步骤如下:

在对象资源管理器中依次展开"数据库"→"表"→"要创建触发器的表结点"→"触发器",右击"触发器",在弹出的快递菜单中选择"新建触发器"命令,打开"创建触发器的查询编辑器"窗口,在查询编辑器窗口中显示"触发器"模板,用户根据模板输入触发器的 T-SQL 语句,当语句执行成功后,触发器创建成功。

因为在 SSMS 中新建触发器和存储过程的步骤类似,这里不再说明其创建步骤。

4. 管理触发器

对应现存的触发器,可以使用 SSMS 管理触发器,管理触发器包括修改触发器、删除触发器、查看触发器、启用和禁用触发器。

当触发器不满足需求时,可以修改触发器的定义和属性。当触发器不再需要使用时,可以将其删除,删除触发器不会影响其操作的数据表。如果触发器创建之后暂时不需要使用,可以将其禁用。禁用后,当用户执行触发操作时,触发器不会被调用,但它仍作为对象存储在当前数据库中。

习题 5

1. 简答题

(1) 简述组成 SQL Server 2019 物理数据库的文件类型及其作用。

(2) SQL Server 2019 有哪些系统数据库? 它们的作用是什么?

(3) 什么是基本表? 什么是视图? 二者有什么区别与联系?

(4) 简述索引和视图的主要作用。

(5) 客户端程序通常使用哪两种方式执行 T-SQL 语句? 存储过程的优点是什么?

(6) 什么是触发器? 目前 SQL Server 支持哪几种触发器? 触发器有什么作用?

2. 上机操作题

(1) 创建数据库。

使用 SQL Server Management Studio 创建一个名为 XSXK 的数据库(学生选课数据库系统),要求包含三个数据文件,其中,主数据文件初始大小为 20MB,最大限制为 50MB,每次增长 2MB;次数据文件为 10MB,最大大小不受限制,每次增长 20%;事务日志文件为

20MB,最大大小为 50MB,每次增长 1MB。

(2) 创建表。

使用 Server Management Studio 的对象资源管理器为 XSXK 数据库创建三张表,分别为学生表、课程表、选课表,各表的结构要求如表 5-7~表 5-9 所示。

表 5-7　学生表的结构

字 段 名 称	数 据 类 型	大　　小	备　　注
学号	char	10	主键
姓名	char	8	非空
性别	char	2	
出生日期	date		
所在院系	char	30	
联系电话	char	13	

表 5-8　课程表的结构

字 段 名 称	数 据 类 型	大　　小	备　　注
课程编号	char	10	主键
课程名称	char	16	非空
学分	smallint		
任课教师	char	8	
先行课	char	10	

表 5-9　选课表的结构

字 段 名 称	数 据 类 型	大　　小	备　　注
学号	char	10	主属性,外键
课程编号	char	10	主属性,外键
成绩	smallint		

(3) 通过图形化的对象资源管理器为学生表的姓名建立名称为 Uni_xm 的唯一性索引,在姓名和所在院系字段上建立名称为 Ind_xmbj 的非聚集组合索引。

(4) 建立性别只能为"男"和"女"的约束,成绩取值范围为 0~100 的约束。

(5) 在 SQL Server Management Studio 管理工具下,分别为 XSXK 数据库中的学生表、课程表、选课表中输入若干条记录,然后删除和修改特定记录。注意实体完整性和参照完整性约束对数据更新的影响。

(6) 创建视图。

① 创建一个名为 view_xs 的视图,用来查看数计学院所有学生的信息。

② 创建一个名为 view_xk 的视图,用来查看每名学生的选课信息,只显示学生学号、课程名和成绩。

第6章

T-SQL在SQL Server 2019中的应用

学习目标
- 理解 T-SQL 的特点;
- 掌握使用 T-SQL 语句创建数据库及数据库对象的方法;
- 熟练掌握 SELECT 语句的使用和各种查询语句的设计方法;
- 掌握 T-SQL 语句进行数据插入、删除和修改的方法;
- 了解使用 T-SQL 语句进行数据库操作权限的设置。

重点:数据库、数据库对象创建的 T-SQL 语句,数据操作的 T-SQL 语句,各种数据查询语句的设计。

难点:数据完整性约束的定义和数据查询语句中相关子查询。

第 5 章主要介绍使用 SQL Server Management Studio 图形化管理工具创建数据库和数据库基本对象的方法和步骤,作为 SQL Server 核心的 T-SQL,同样能够灵活、方便地访问 SQL Server 数据库,本章主要介绍使用 T-SQL 操作数据库及数据库对象的方法。

6.1 SQL 概述

结构化查询语言(structured query language,SQL)作为关系型数据库管理系统的标准语言,强调的是语言的结构化和对以二维表为基础的关系数据库的操作能力,其主要功能就是同各种数据库管理系统建立联系、进行沟通,实现不同数据库系统之间的相互操作。

6.1.1 SQL 的发展历程

SQL 作为一种使用关系模型的数据库标准语言,其历史与称为 System R 的 IBM 项目紧密相关,该项目的目的是开发一个试验性关系数据库服务器,该服务器的名称与项目名称相同,即 System R。System R 在 20 世纪 70 年代由 IBM 公司开发出来时,把 SEQUEL 作为其原型关系语言,主要用于关系数据库中的信息检索,这就是 SQL 的原型。

1986 年 10 月美国国家标准局(American National Standard Institute,ANSI)的数据库委员会批准并颁布了关系数据库语言标准——结构化查询语言(SQL),并确认了 SQL 作为数据库系统的工业标准,同年公布了 SQL 标准文本(简称 SQL-86),1987 年国际标准化组织(International Organization for Standardization,ISO)也通过了这一标准,称为 SQL1。

1987 年,在完成了 SQL1 之后,标准化组织立即着手制订新的标准,此后 ANSI 不断修改和完善 SQL 标准,增强完整性的特征,并于 1989 年公布了 SQL-89 标准,在 1992 年又公布了功能更为强大的 SQL-92 标准,在该标准中,添加了一些新的语句并对已有的一些语句进行了扩充,称为 SQL2。

　　甚至在完成 SQL2 之前,ANSI 就已着手开发 SQL3,在 1999 年,该标准发布并更名为 ANSI SQL-99,形成新标准 SQL3,SQL3 是在 SQL2 的基础上增加了面向对象的内容。

　　2006 年,推出了 SQL 的新版本及其他文献的新版本,如 SQL/Schemata。这时,这组文献可视为国际 SQL 标准的最新版本,将之称为 SQL 2006。

　　SQL 自从推出以来,就得到了广泛的应用,国际上很多计算机公司在他们开发和经销的数据库管理系统产品中都支持 SQL 的各种版本软件。目前广泛应用的,无论是像 Oracle、Sybase、SQL Server、Informix 这些大型的数据库管理系统,还是像 PowerBuilder、Visual Foxpro、Access 这些微机上常用的数据库开发系统,都支持 SQL 标准。但由于其标准过于庞大,一般没有一个数据库管理系统产品完全支持,各 DBMS 供应商的 SQL 版本都只实现了它们的子集,一方面采纳了 SQL 作为自己的数据库操作语言,另一方面时又都或多或少地对 SQL 增加了自己独特的功能和语句,并对 SQL 语言进行了扩展。这些扩展的 SQL 语言,不仅遵循 SQL 语言规定的功能,而且增加了各自的特色,赋予 SQL 不同的名字,例如,Oracle 将 SQL 称为 PL/SQL,Microsoft SQL Server 将 SQL 称为 Transact-SQL,简写为 T-SQL。

　　T-SQL 是 SQL Server 数据库管理系统支持的语言,是 Microsoft 对 SQL 的扩展,所有与 SQL Server 通信的应用程序都通过发送 T-SQL 语句到服务器完成对数据库的操作,因此,可以说 T-SQL 是 SQL Server 与应用程序之间的语言,掌握 T-SQL 同样有利于更深入使用其他数据库产品。

6.1.2　T-SQL 组成和特点

　　T-SQL 是一种交互式查询语言,具有功能强大、简单易学的特点。作为 SQL 的一种实现形式,它是应用程序与 SQL Server 服务器沟通的主要语言。该语言既允许用户直接查询存储在数据库中的数据,也可以把语句嵌入某种高级程序设计语言中。

1. T-SQL 的组成

T-SQL 作为 SQL Server 的专用语言,包括如下两部分。

1) SQL 语句的标准语言部分

T-SQL 包含了标准的 SQL 部分,标准的 SQL 语句几乎完全可以在 T-SQL 执行。SQL 语句的标准语言部分主要用于编写应用程序和脚本,利用编写好的程序和脚本可以自如地移到其他的关系型数据库管理系统中执行。

2) 在标准 SQL 语句上的扩充

标准 SQL 语句的形式简单,不能满足应用程序编程的需要,因此各厂商都针对各自的数据库管理系统软件版本做了某些程度的扩充和修改。

Microsoft 公司在标准 SQL 语句上增加了许多新的功能,如语句的注释、变量、运算符、函数和流程控制语句,而且拥有基本的程序设计能力,可以创建功能强大的批处理、存储过程和触发器,增加了可编程性和灵活性。

2. T-SQL 的特点

T-SQL 之所以成为国际上的数据库主流语言,是因为它是一个综合、功能极强、简单易学的语言。与程序设计语言一样,T-SQL 有自己的关键字、数据类型、表达式和语句结构。当然,T-SQL 和其他语言相比要简单得多。除了具有一般关系数据库语言的特点外,T-SQL 具有以下五个特点。

1) 一体化的特点

一体化特点主要体现在 T-SQL 集数据定义语言、数据操纵语言、数据控制语言和附加语言为一体,可以独立完成数据库生命周期中的全部活动,从查询到数据库管理和程序设计,无所不能,功能丰富。

2) 具有交互式和嵌入式两种使用方式

交互式使用方式使用户可以在终端键盘上直接输入 SQL 命令对数据库操作,适合非数据库专业人员使用;嵌入式使用方式使 SQL 语句能够嵌入到高级语言(如 Java、Python等)程序中,供程序员设计程序时使用,能够增强应用程序的处理能力,适合数据库专业开发人员使用。嵌入式 SQL 中的高级语言作为主语言控制程序流程,SQL 语句直接与 DB 打交道,对 SQL 语句执行的结果进行处理。两种使用方式的语法结构相同,使用灵活、方便。

3) 高度非过程化、采用集合的操作方式

SQL 作为非过程化的语言,与过程化语言最大的区别就是只需要提出"干什么",而不需要指出"如何干",语句的操作过程由系统自动完成,这样既减轻了用户负担,又有利于提高数据的独立性。因为 SQL 本是基于关系模型和集合论的数据库语言,因此其操作的方式采用集合的方式,即操作对象、操作的初始数据、中间数据和结果数据都是元组的集合。

4) 语言简洁、易学易用

T-SQL 类似于人的思维习惯,容易理解和掌握,完成核心功能的语句只用了九个动词,T-SQL 的命令动词及其功能如表 6-1 所示。

表 6-1　T-SQL 的命令动词

SQL 功能	命令动词
数据定义(数据模式定义、删除、修改)	CREATE、DROP、ALTER
数据操纵(数据查询和维护)	SELECT、INSERT、UPDATE、DELETE
数据控制(数据存取控制授权、收权)	GRANT、REVOKE

5) 支持三级数据模式结构

(1) 全体基本表构成了数据库的全局逻辑模式。基本表是独立的表,SQL 中的一个关系对应一个基本表,基本表是按数据全局逻辑模式建立的。

(2) 视图和部分基本表构成了数据库的外模式。视图是虚表,能够满足用户和应用程序的数据格式要求。当基本表不适合用户直接查询的操作要求时,需要定义视图,以方便用户的查询操作。在数据查询时,T-SQL 对基本表和视图等同对待。在 SQL 中,基本表可以直接被用户操作,这些被直接使用的基本表也是外模式的一部分。直接使用的基本表和视图构成了关系数据库的外模式,T-SQL 支持关系数据库的外模式结构。

（3）数据库的存储文件和索引文件构成了关系数据库的内模式。一个关系对应一个表，一个或多个表对应一个存储文件，一个表可以带若干索引，索引也存放在存储文件中。存储文件的结构组成了关系数据库的内模式。

T-SQL 对关系数据库三级模式结构的支持，如图 6-1 所示。

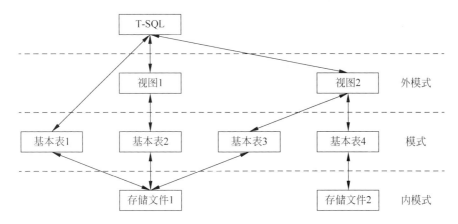

图 6-1　T-SQL 对关系数据库三级模式结构的支持

6.1.3　T-SQL 的基础知识

与其他语言一样，要想灵活地掌握 T-SQL，首先要了解语言的基本知识，如语法、运算符、常量、变量、常用的函数、流程控制等。在此做简单介绍。

1. T-SQL 的语法格式约定

任何一种语言都会有语法约定，T-SQL 也不例外，表 6-2 给出了 T-SQL 的语法使用规范。

表 6-2　T-SQL 的语法约定

约　　定	说　　明
大写	T-SQL 关键字
|（竖线）	分隔语法项目，只能选择一个项目
[ ]（方括号）	可选语法项目，使用时不必输入方括号，只写方括号里的内容
{ }（大括号）	必选语法项，使用时不必输入大括号
[,. n]	表示前面的项可以重复 n 次，每一项由逗号隔开
[. n]	表示前面的项可以重复 n 次，每一项由空格隔开
[;]	表示 T-SQL 的终止符，是可选的，使用时不必输入方括号

2. T-SQL 的运算符

运算符是一种用来指定要在一个或多个表达式中执行某种操作的符号，是 T-SQL 的重要组成部分。T-SQL 使用的运算符可以分为算术运算符、赋值运算符、按位运算符、比较运算符、逻辑运算符、字符串连接运算符和一元运算符七种。运算符类别和每一类别包含的运算符如表 6-3 所示。

表 6-3　T-SQL 的运算符

运算符类别	所包含的运算符
赋值运算符	＝(赋值)
算术运算符	＋(加)、－(减)、*(乘)、/(除)、%(取模)
位运算符	&(位与)、|(位或)、^(位异或)、～(求反)
字符串连接运算符	＋(连接)
比较运算符	＝(等于)、>(大于)、>＝(大于或等于)、<(小于)、<＝(小于或等于)、<>(或!＝,不等于)、!<(不小于)、!>(不大于)
逻辑运算符	ALL(所有)、AND(与)、ANY(任意一个)、BETWEEN(两者之间)、EXISTS(存在)、IN(在范围内)、IS NULL(是空值)、LIKE(字符匹配)、NOT(非)、OR(或)、SOME(任意一个)
一元运算符	＋(正)、－(负)、～(取反)

下面简要介绍每种运算符及各运算符的优先级。

1) 运算符类型

(1) 算术运算符。算术运算符是对两个表达式执行数学运算,这两个表达式可以是精确数字型或近似数字型,其中,取余运算符两边的表达必须是整型数据。

(2) 赋值运算符。"＝"是 T-SQL 语句唯一的一个赋值运算符,用来给表达式赋值,也可以在 SQL 的查询语句 SELECT 子句中将表达式的值赋给某列的标题。

(3) 位运算符。位运算符是在两个表达式之间按位进行逻辑运算,这两个表达式可以是整数或二进制数据类型。

(4) 比较运算符。比较运算符用于判断两个表达式是否相同,结果返回 TURE 或 FALSE 的布尔数据类型的值。除了 text、ntext 和 image 数据类型的表达式外,比较运算符可以用于所有的表达式。

(5) 逻辑运算符。逻辑运算符用于对某些条件进行判断或测试,以获得真实的情况。与比较运算符一样,返回的是带有 TURE 或 FALSE 值的布尔型数据类型。

(6) 字符串连接运算符。T-SQL 中只有一个字符串连接运算符,就是加号"＋",字符串连接运算符的作用是将两个或两个以上的字符串串联起来。

(7) 一元运算符。一元运算符只能对一个表达式进行操作。

2) 运算符的优先级

当一个复杂的表达式中有多个运算符时,运算符的优先级决定了表达式计算和比较操作的先后次序。如"1＋2 * 3",是先进行哪种运算,用户在编程时一定要注意,如果希望某部分能够优先运算的话,可以用小括号括起来,否则可能得不到预期的运算结果。在有多层小括号存在时,内层的运算优先。

SQL Server 2019 对运算符的优先执行顺序进行了规定,下面给出了按优先级由高到低的排列顺序。

(1) ＋(正)、－(负)、～(取反);

(2) *(乘)、/(除)、%(取模);

(3) ＋(加)、－(减)、＋(连接);

（4）＝（等于）、＞（大于）、＞＝（大于或等于）、＜（小于）、＜＝（小于或等于）、＜＞（或！＝，不等于）、！＜（不小于）、！＞（不大于）；

（5）＆（位与）、｜（位或）、＾（位异或）；

（6）NOT、AND；

（7）ALL（所有）、ANY（任意一个）、BETWEEN（两者之间）、EXISTS（存在）、IN（在范围内）、LIKE（匹配）、SOME（任意一个）、IS NULL（是空值）、OR；

（8）＝（赋值）。

在表达式中,各类运算符的优先级遵循的原则可总结为：在对较低级的运算符运算之前先对较高等级的运算符进行求值；如果表达式含有相同优先级的运算符,将按照它们在表达式中的位置从左到右进行求值。

3. 函数

与其他编程语言一样,SQL Server 2019 系统为 T-SQL 提供了许多数据操作函数,每个函数都能实现不同的功能,用户可以利用这些函数完成特定的运算和操作及各种数据管理工作。SQL Server 数据库管理人员必须掌握 SQL Server 的函数功能,并将 T-SQL 程序或脚本与函数相结合,以提高数据管理工作的效率。

常用的函数包括聚合函数、字符串函数、日期和时间函数、数学函数、数据类型转换函数,除此之外,用户还可以根据自己需要利用 SQL 命令创建自定义函数。函数用函数名标识,在函数名后有一对括号"()",通常是用来存放参数的,但有些函数是不要参数的。关于用户自定义函数的内容详见 7.4 节内容。

6.1.4 批处理和脚本

SQL Server 中,脚本是批处理的存在方式,一个或多个批组织到一起就形成一个脚本。

1. 批处理

批处理（batches）是指一条或多条 T-SQL 语句的集合,是应用程序将 T-SQL 语句提交给 SQL Server 数据库引擎执行的基本单位。根据业务需求,代码编写者可以将一些逻辑相关的业务操作放在同一个批处理中,SQL Server 将批处理中的多条 T-SQL 语句作为一个整体,创建并编译成一个可执行单元,称为"执行计划"（查询计划）,然后依次执行"执行计划"中的所有语句。

1）批处理的标记和执行

一个完整的批处理需要使用 GO 命令作为结束标记。GO 命令是分隔脚本文件的一至多个批的符号,它并不是 T-SQL 命令,只是使 SQL Server 实用工具将当前 GO 命令之前与上一个 GO 命令之后的所有 SQL 语句作为一个批处理发送到数据库引擎。

新建查询编辑器可以编辑并执行批处理程序,在程序开发过程中,通常通过在查询编辑器中调试 SQL 程序并观察运行结果。批处理之间是独立的,SQL Server 实用工具在提交 SQL 脚本到数据库引擎之前,先将脚本内容进行分析,根据 GO 命令将脚本分为多个批,并分别依次提交到数据库引擎。也就是说,查询编辑器遇到 GO 命令,先将 GO 命令之前的语句传递给 SQL Server 编译并运行,然后再读取 GO 命令之后的语句,第二次遇到 GO 命令,把两个 GO 命令之间的语句传递给 SQL Server 编译并运行。如果用户一次提交两个批处理,其中一个批处理出现错误而第二个批处理正确,并不会影响第二个批的正确执行。

2)批处理提交服务器后的错误处理

批处理中的语句是一起提交给服务器的,所以可节省系统开销。可以在应用程序使用批处理,因为批处理由多条 T-SQL 语句包裹起来。所以,SQL Server 数据库引擎在解析、编译和执行批处理时,如果有错误产生,其处理方式如下。

(1)编译时错误:如果批处理中的语句有语法错误,编译时出现错误,则终止编译,不产生执行计划,批处理中的任何一个命令语句都不会执行,但不会影响其他批的正确执行。

(2)运行时错误:如果批处理完成编译并创建执行计划后,在运行时发生错误,则中止执行批处理中当前语句,但不会影响该语句之前语句的正常执行,该语句之后的语句在大多数情况下也不能正常执行,只有少数情况下能正常执行,也就是说,发生运行时错误,在遇到运行错误的语句之前执行的语句不受影响(除了批处理位于事务中且发生错误导致事务回滚)。

3)批处理应遵循的原则

(1)创建数据库相关对象的语句不能在批处理中与其他语句组合使用,只能单独使用。如果需要一起执行,必须使用 GO 命令。

(2)如果 EXECUTE 语句是批处理中的第一个语句,则可省略 EXECUTE 关键字。如果不是批处理的第一个语句,则需要 EXECUTE 关键字。

(3)不能在批处理中引用其他批处理中所定义的变量。

2. 脚本

SQL Server 脚本(scripts)是存储在文件中的一系列 T-SQL 命令语句,其扩展名是.sql,在脚本中可以使用系统函数和局部变量。T-SQL 脚本包含一个或多个批处理,脚本是批处理的存在方式。可以使用 Windows 记事本或其他程序代码编辑器工具创建和编辑 T-SQL 脚本。T-SQL 脚本主要有如下用途。

(1)在服务器上保存用来创建数据库及其操作所执行的 T-SQL 脚本文件,其功能如同数据库备份。

(2)可以在不同计算机或服务器之间交换、传送和执行 T-SQL 脚本文件。

(3)可以方便调试、了解或修改脚本。

6.2   数据定义语言在 SQL Server 2019 中的使用

第5章主要使用 SQL Server Management Studio 图形化界面方式创建数据库对象,本章主要介绍使用 T-SQL 语句创建数据库及其对象。作为数据库管理系统的一部分,数据定义语言 DDL 是用于描述数据库中要存储的现实世界实体的语言。

通过表 6-1 可知,定义数据库及数据库对象使用 T-SQL 提供的动词 CREATE。

6.2.1   数据库定义

定义数据库是在系统磁盘上划分一块区域用于数据的存储和管理,创建时需要指定数据库的名称、文件名称、数据文件的大小、初始大小、是否自动增长等内容。

1. 使用 T-SQL 语句创建数据库

使用 T-SQL 语句创建数据库的命令动词为 CREATE,其语法格式如下:

```
CREATE DATABASE 数据库名称                      -- 设置数据库的名称
[ ON                                          -- 定义数据库的数据文件
     [ PRIMARY ]                              -- 设置主文件组
<数据文件描述符>[,…n]                           -- 设置数据文件的属性
   [,FILEGROUP 文件组名
    <数据文件描述符> [,…n]]                      -- 设置用户自定义文件组及次数据文件属性
]
[ LOG ON                                      -- 定义数据库的日志文件
    {<日志文件描述符>}[,…n]                       -- 设置日志文件的属性
]
```

其中,<数据文件描述符>和<日志文件描述符>为以下属性的组合:

```
(NAME = 逻辑文件名,                             -- 设置在 SQL Server 中引用时的名称
FILENAME =  '物理文件名'                        -- 设置文件在磁盘上存放的路径和名称
[,SIZE = 文件初始容量]                          -- 设置文件的初始容量
[,MAXSIZE = {文件最大容量|UNLIMITED}]            -- 设置文件的最大容量
[,FILEGROWTH = 文件增长率]                       -- 设置文件的自动增量
```

数据库定义语句中主要包括以下三个方面的内容。

1)定义数据库名

创建数据库时,数据库名在当前实例中必须是唯一的。

2)定义数据库文件

ON 子句用来定义数据库的数据文件。PRIMARY 短语指出其后定义的文件是主数据文件(.mdf),如果没有指定 PRIMARY,则第一个定义的文件是主数据文件;NAME 短语说明逻辑数据文件名,即引用文件时在 SQL Server 中使用的逻辑名称;FILENAME 短语指明物理数据文件的存储位置和文件名,即操作系统文件名;SIZE 短语说明文件的大小,最小为 1MB,默认值为 3MB;MAXSIZE 短语指明文件的最大空间;FILEGROWTH 说明文件的增长率,默认值 10%。可以定义多个数据文件,默认第一个为主文件。

3)定义日志文件

LOG ON 用来定义数据库日志的日志文件。如果没有指定 LOG ON,SQL Server 将自动创建一个日志文件,其大小为该数据库的所有数据文件大小总和的 25%或 512KB,取两者中值较大者。

下面以一个具体的实例介绍使用 T-SQL 创建数据库的方法。

【例 6-1】 在计算机 E 盘的 data 文件夹下建立名为高校图书管理的数据库,主数据文件为高校图书管理_data,初始容量 10MB,最大容量为 50MB,增幅为 10MB。日志文件为高校图书管理_log,初始容量大小 5MB,最大容量为 20MB,增幅为 5MB。

(1) 在 SQL Server Management Studio 窗口中,单击工具栏上的"新建查询"按钮,打开查询编辑器。

(2)在查询编辑器中输入如下 T-SQL 脚本代码。

```
CREATE DATABASE 高校图书管理
ON PRIMARY
(   NAME = 高校图书管理_data,
    FILENAME = 'E:\data\高校图书管理_data.mdf',
```

```
          SIZE = 10MB,
          MAXSIZE = 50MB,
          FILEGROWTH = 10 %
    )
    LOG ON
    (   NAME = 高校图书管理_log,
          FILENAME = 'E:\data\高校图书管理_log.ldf',
          SIZE = 5MB,
          MAXSIZE = 20MB,
          FILEGROWTH = 5 %  )
    GO
```

(3) 单击工具栏中的"分析"按钮 ✔ ,检查输入 T-SQL 语句的语法无错误后,单击"执行"按钮 ▶ 执行(X) ,运行结果显示"命令已成功完成"。

(4) 刷新"对象资源管理器"的"数据库"结点,就可看到已定义的高校图书管理数据库。创建数据库的说明如下。

(1) 如果在创建时没有指定日志文件,系统将自动创建一个初始容量为 0.75MB 的日志文件,并且没有最大容量限制。

(2) 如果在查询语句编辑区域选择了语句,则只执行选定的语句,否则执行所有语句。

(3) 如果创建数据库的 T-SQL 语句不带任何参数,则表明运行该语句后,SQL Server 会在默认的数据库文件目录下创建数据库文件和日志文件。由该语句创建的数据库的所有设置都采用默认值,数据库文件的大小、数据库中的数据库对象,以及数据库的其他属性都从 model 数据库继承,数据库文件也放在数据库默认位置里。

(4) 语句中的 GO 命令为批处理结束的标志。

(5) 以后章节中的 T-SQL 语句的编写和执行的步骤与上面介绍的相同。

2. 使用 T-SQL 语句管理数据库

当数据库创建完成后,同样可以使用 T-SQL 语句对数据库进行管理,例如,要修改数据库可以使用以下语句:

```
ALTER DATABASE 数据库名
```

修改数据库包括增加或删除某一文件、修改某文件的属性,如数据库的文件路径、初始大小等。

当创建好的数据库由于某种原因不再使用时,可以将数据库删除,删除数据库可以使用以下语句:

```
DROP DATABASE 数据库名
```

查看数据库属性可以使用系统存储过程,如:

```
SP_HELPDB 数据库名
```

通过执行 SP_HELPDB 高校图书管理,可以查看已创建的高校图书管理数据库的各属性信息。

6.2.2 基本表的定义

基本表是数据库中非常重要的对象,用于存储用户的数据。创建基本表是定义表包含的各列的结构,包括列的名称、数据类型和约束等。

1. 使用 T-SQL 语句创建基本表

使用 T-SQL 语句创建基本表和命令是 CREATE TABLE,其完整的语法很复杂,这里只介绍基本的语法格式,语法格式如下:

```
CREATE TABLE [ [数据库名.] 表的所有者.] 表名     -- 设置表名
({ <列定义>                                       -- 定义列属性
     [ <列级完整性约束条件> ]                       -- 设置列约束
[,…n]                                             -- 定义其他列
[ <表级完整性约束条件> ]                            -- 设置表约束
[,…n]
)
```

视频讲解

其中,<列定义>的语法为:

```
{列名,数据类型[(长度)]}                -- 设置列名和数据类型
[ [ DEFAULT 常量表达式]               -- 定义默认值
| [IDENTITY[(初值,增量)]               -- 定义标识列
]
```

其中,<完整性约束条件>的语法为:

```
[CONSTRAINT 约束名]                   -- 设置约束名
{[NULL | NOT NULL]                   -- 设置空或非空值约束
|[DEFAULT]                           -- 设置默认值约束
| [ [ PRIMARY KEY | UNIQUE]          -- 设置主键或唯一性约束
    [ CLUSTERED | NONCLUSTERED]      -- 设置聚集或非聚集索引
]
|[FOREIGN KEY(外关键字列 1[,…n] ) ] REFERENCES 被参照表名(列 1[,…n] ) ]
                                     -- 设置外键约束
| CHECK(逻辑表达式)                   -- 设置检查约束
}
```

完整性约束条件包括列级完整性约束条件和表级完整性约束条件。

列级完整性约束条件包括非空值约束(NOT NULL)、唯一性约束(UNIQUE)、DEFAULT(默认值)、CHECK 约束。

表级完整性约束条件包括非空值约束(NOT NULL)、唯一性约束(UNIQUE)、CHECK 约束、主键约束(PRIMARY KEY)、参照完整性约束。

其中,主键约束的语法格式为:

```
[CONSTRAINT <约束名>] PRIMARY KEY (<列组>)
```

参照完整性约束的语法格式为:

```
[CONSTRAINT <约束名>] FOREIGN KEY <列名> REFERENCES <表名>(<列名> )
```

如果创建表等其他对象时,使用的是当前数据库,且使用默认的表的所有者 dbo,那么在创建表时只写表名。在以后的例子中,假定所要操作的数据库为当前数据库。

创建表的说明如下。

(1) 在使用 CREATE 命令创建基本表时,必须指定基本表的表名、每个列名和数据类

型,列级完整性约束条件和表级完整性约束条件是备选内容,可以指定,也可以省略。各个列的数据类型必须和 SQL Server 支持的数据类型相匹配,否则会产生编译错误,不能运行。

(2) 在定义表的外键时,使用 REFERENCES 关键字指出外键来自的被参照表。可以通过使用参照完整性选项 ON DELETE(ON UPDATE),指出被参照表中被参照的主属性被删除(更新)时在参照表中的数据处理方式。为了保证数据的完整性,数据库管理系统可以采取以下四种方法,其语法格式如下:

```
FOREIGN KEY <列名> REFERENCES <表名>(<列名>)
[ON DELETE { CASCADE | NO ACTION | SET NULL | SET DEFAULT }]
[ON UPDATE { CASCADE | NO ACTION | SET NULL | SET DEFAULT }]
```

如果被参照表中删除(更新)了参照表参照的属性,则:

① 选用 CASCADE 选项,表明将级联删除(更新)参照表关系中与被参照表关系中要

② 删除元组主键值相同的元组。

③ 选用 NO ACTION 选项,表明拒绝删除(更新操作),并且产生错误信息。

④ 选用 SET NULL 选项,表明删除被参照表关系中的元组,同时将参照表关系中相应元组的外键列属性值置为空。如果外键列定义了 NOT NULL 约束,则不能使用该选项。

选用 SET DEFAULT 选项,表明删除被参照表关系中的元组,同时将参照表关系相应元组的外键列属性值置为该列的默认值。如果外键列未定义 DEFAULT 值,则不能使用该选项。

SQL Server 默认情况下,如果被参照表中的某行数据被参照引用,那么将不允许对该行删除或更新。详细介绍请参照 8.2.1 节内容。

下面以高校图书管理数据库为例,介绍使用 T-SQL 语句创建基本表的实例。

【例 6-2】 为高校图书管理数据库,创建读者类别表、读者表、图书表、借阅表,其表的结构要求如下。

读者类别包含的字段有类别编号、类别名称、可借阅天数、可借阅数量、超期罚款额,其中,类别编号为主键,类别名称、可借阅天数、可借阅数量、超期罚款额不能为空。

读者表包含的字段有读者卡号、姓名、性别、单位、办卡日期、卡状态、类别编号,其中,读者卡号为主键,姓名、性别、单位、办卡日期、卡状态不能为空。

图书表包含的字段有图书编号、书名、类别、作者、出版社、出版日期、单价、库存数量,图书编号为主键,书名、类别、作者、出版社、单价、库存数量不能为空。

借阅表包含的字段有读者卡号、图书编号、借书日期、还书日期,其中,读者卡号和图书编号作为借阅表的主键,读者卡号和图书编号分别来参照读者表的读者卡号值和图书表的图书编号值,且借书日期不能为空。

各表的数据类型,数据长度等要求参照 3.5.3 节的设计结果。

表结构的设计步骤如下。

(1) 在查询编辑器代码窗口输入如下创建读者类别表的脚本代码。

```
USE 高校图书管理              -- 使用 USE 命令打开当前数据库"高校图书管理"
GO
CREATE TABLE 读者类别(
```

```
    类别编号 nvarchar(2) PRIMARY KEY,
    类别名称 nvarchar(10) NOT NULL,
    可借阅天数 tinyint NOT NULL,
    可借阅数量 tinyint NOT NULL,
    超期罚款额 smallmoney NOT NULL
)
GO
```

（2）单击工具栏的"分析"按钮，检查语法通过后，单击"执行"按钮，可以执行该 SQL 语句，并打开查询结果窗口，看到"命令已成功完成"执行信息，然后刷新"对象资源管理器"中的高校图书管理数据库，会看到新建的读者类别表。

解题说明：此例中读者类别表的主键包含一个属性，主键直接在列名之后定义。对于主键（单属性键）和外键等的定义，如果在基本表中各列属性的定义之后出现，并不需要指明列名。

注意：T-SQL 语句在书写时不区分大小写，为了清晰，一般用大写表示系统关键字，用小写表示用户自定义的名称，一条语句可以分为多行书写，但不要多条语句写在一行。

同样，在查询编辑器代码窗口输入如下定义读者表、图书表和借阅表的 T-SQL 脚本代码。

```
CREATE TABLE 读者(
    读者卡号 nvarchar(10) PRIMARY KEY,
    姓名 nvarchar(16) NOT NULL,
    性别 nvarchar(1) NOT NULL DEFAULT '男',
    单位 nvarchar(30) NOT NULL,
    办卡日期 date NOT NULL,
    卡状态 nvarchar(5) NOT NULL ,
    类别编号 nvarchar(2),
    CONSTRAINT c1 CHECK(性别 in('男','女')),
    CONSTRAINT c2 FOREIGN KEY (类别编号) REFERENCES 读者类别(类别编号)
)
GO
CREATE TABLE 图书(
    图书编号 nvarchar(8) PRIMARY KEY,
    书名 nvarchar(40) NOT NULL,
    类别 nvarchar(16) NOT NULL,
    作者 nvarchar(16) NOT NULL,
    出版社 nvarchar(20) NOT NULL,
    出版日期 date,
    单价 smallmoney NOT NULL,
    库存数量 tinyint NOT NULL
)
GO
CREATE TABLE 借阅(
    读者卡号 nvarchar(10),
    图书编号 nvarchar(8),
    借书日期 date NOT NULL,
    还书日期 date ,
    CONSTRAINT c3 PRIMARY KEY (读者卡号,图书编号),
```

```
        CONSTRAINT c4 FOREIGN KEY(读者卡号) REFERENCES 读者(读者卡号),
        CONSTRAINT c5 FOREIGN KEY(图书编号) REFERENCES 图书(图书编号)
)
GO
```

分析、执行创建表的 T-SQL 语句后,在"对象资源管理器"中,展开结点"数据库"→"高校图书管理"→"表",则可以看到已创建的高校图书管理数据库的读者类别表、读者表、图书表和借阅表。

解题说明:

(1) 在读者表中定义类别编号为外键,其参照表为读者类别表,该外键对应读者类别表的类别编号约束。借阅表中定义了以读者卡号和图书编号为主键的约束,定义了读者卡号为外键,其参照表为读者表,该外键对应读者表中的读者卡号的约束;还定义了图书编号为外键,其参照表为图书表,该外键对应图书表中的图书编号的约束。

(2) 创建具有约束的表,定义约束时有三种方法:①可以在单个列定义之后,紧接着定义约束,如定义图书表的图书名为非空约束;②在新建表时,在所有列定义完之后,再定义约束,如借阅表的主键约束;③通过修改表结构的方式添加约束。

2. 使用 T-SQL 语句修改基本表

在初始设计基本表时,由于设计考虑不周或者业务的变化等因素,需要对基本表的结构进行修改,可以使用 T-SQL 提供的 ALTER TABLE 命令,该命令包括修改表结构和表约束,如添加列,删除表中已有的列,修改列的数据类型,添加、删除完整性约束条件等。其基本语法格式如下:

```
ALTER TABLE 表名
{ ADD {<列定义><列约束>} [, … n]          -- 定义要添加的列,设置列约束
| ADD {<列约束>} [, … n]                   -- 定义要添加的列,设置列约束
    | DROP {COLUMN 列名
    | [CONSTRAINT] 约束名} [, … n]          -- 删除列或列约束
    | ALTER COLUMN 列名                    -- 指定要修改的列名
        { 新数据类型 [(新数据宽度)]           -- 设置新的数据类型
            [NULL|NOT NULL]                -- 设置是否为空
        }
    | [ WITH[CHECK|NOCHECK]]               -- 启用或禁用约束检查
    [CHECK|NOCHECK] CONSTRAINT {ALL|约束名[, … n] } -- 启用或禁用约束
}
```

其中,列定义和列约束的语法类似于表结构的定义。

使用 ALTER TABLE 命令最常见的表修改操作是向表中添加列,当向表中添加新列时,新列将出现在表的尾部。

【例 6-3】 为高校图书管理数据库的读者表增加新的整型列 id,该列作为每行数据的标识,并且自动增加,初始值为 1。在读者姓名列增加唯一性约束,约束名为 uk_dz_dzxm。

(1) 在查询编辑器代码窗口输入如下脚本代码。

```
USE 高校图书管理
GO
ALTER TABLE 读者
ADD id int IDENTITY(1,1)
```

```
GO
ALTER TABLE 读者
WITH NOCHECK
add CONSTRAINT uk_dz_dzxm UNIQUE(姓名)
GO
```

（2）分析执行语句后，刷新对象资源管理器中的高校图书管理数据库，依次展开"读者"表→列，可以得到新增的 id 列，依次展开"读者"表→键，可以看到增加的 uk_dz_dzxm 唯一性约束。执行结果如图 6-2 所示。创建唯一性约束时，默认情况下系统自动在创建唯一性约束的列上创建非聚集唯一性索引。

图 6-2　修改读者表结构的语句执行结果

解题说明：

（1）IDENTITY 是 SQL Server 提供的一个自增标识列。对于每个表，只能创建一个标识列，且数据类型只能是数值型。不能对标识列使用绑定默认值和 DEFAULT 约束，必须同时指定初始值和增量，如果没有指定初始值和增量，则取默认值(1,1)。

（2）本例向读者表增加姓名的唯一性约束就是上面提到的表约束建立的方法③，通过修改表结构添加约束。如果表中原有数据与新添加的数据的约束发生冲突，将会导致异常，并中止命令执行。如果想忽略对原有数据的约束检查，可在语句中使用 WITH NOCHECK 选项，使增加的约束只对以后更新或插入的数据起作用，系统默认自动使用 WITH CHECK 选项。注意：不能将 WITH CHECK\NOCHECK 作用于主键和唯一性约束。

（3）修改表结构时，新增加的列不能定义为 NOT NULL。

【例 6-4】　假设高校图书管理数据库的读者类别表中未定义主键，将读者类别表中的类别编号定义为主键。

脚本代码如下：

```
alter table 读者类别
add PRIMARY KEY(类别编号)
```

【例 6-5】　将高校图书管理数据库的读者表新增的 id 列和姓名删除。

脚本代码如下：

```
ALTER TABLE 读者
DROP COLUMN id
GO
ALTER TABLE 读者
DROP COLUMN 姓名
GO
```

语句执行后,删除了新建的 id 列,而"姓名"列无法删除,系统显示如图 6-3 所示的错误信息。

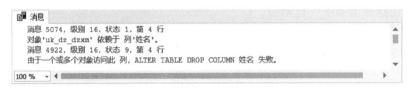

图 6-3　系统返回的错误信息

解题说明: 使用 ALTER TABLE 删除列时需要注意,被删除的属性列如果有关联的数据对象,如约束或默认值,那么该列是无法删除的。为了删除带有默认值或约束的列,必须先使用 ALTER TABLE 删除约束,然后再删除该列。

正确的脚本代码如下:

```
alter table 读者
DROP CONSTRAINT uk_dz_dzxm
GO
alter table 读者
DROP COLUMN 姓名
GO
```

由于本数据库中需要用到读者的姓名属性列,在此没有执行上述代码,读者可自己验证。

3. 使用 T-SQL 语句删除基本表

当某个表不再需要使用时,可以将该表从数据库中删除,删除基本表使用命令 DROP TABLE,其语法格式如下:

```
DROP TABLE 基本表名
```

6.2.3　索引的定义

索引作为一种数据库的对象,其作用是通过对数据建立方便查询的搜索结构达到加快数据查询效率的目的。

1. 使用 T-SQL 语句创建索引

使用 T-SQL 创建索引的命令是 CREATE INDEX,其语法格式如下:

```
CREATE [UNIQUE][CLUSTERED][NONCLUSTERED] INDEX 索引名
    ON {表名|视图名}(列名 1[ASC|DESC][,…n])
```

其中,各参数含义说明如下。

（1）[UNIQUE][CLUSTERED][NONCLUSTERED]：用来创建索引的类型，依次为唯一索引、聚集索引和非聚集索引。NONCLUSTERED 是 CREATE INDEX 语句的默认值，当省略 UNIQUE 时，建立非唯一索引，当省略 CLUSTERED 时，建立非聚集索引。

（2）UNIQUE：表示在表或视图上创建唯一索引。SQL Server 唯一索引确保表中数据行的索引键值（不包括 NULL）不重复。

（3）CLUSTERED：表示创建聚集索引。在聚集索引中，数据表中记录的物理顺序与索引键值的顺序相同。由于聚集索引的顺序决定了表中记录存放的物理存储位置，因此，聚集索引选用的键值不适合频繁更改。

（4）NONCLUSTERED：表示创建非聚集索引。非聚集索引表示数据表中记录的物理顺序独立于索引排序。

（5）表名|视图名：用于指定创建索引所属的表名称和视图名称。

（6）ASC|DESC：用于指定某个具体索引列的升序或降序排序方向，默认为升序（ASC）。

【例 6-6】　打开高校图书管理数据库，在图书表的书名列上，创建一个名称为 idx_sm 的唯一索引，并依据书名字段进行升序排序。

（1）在查询编辑器代码窗口输入如下脚本代码。

```
USE 高校图书管理
GO
CREATE UNIQUE INDEX idx_sm ON 图书(书名)
GO
```

（2）分析执行语句，刷新"对象资源管理器"，依次展开"服务器"→"数据库"→"高校图书管理"→"表"→"图书"→"索引"，即可看到所创建的索引 idx_sm。

【例 6-7】　在读者表的姓名和性别列上，创建一个名称为 idx_xmxb 的唯一非聚集复合索引，并依据姓名升序、性别的降序进行排序。

```
CREATE UNIQUE NONCLUSTERED INDEX idx_xmxb ON 读者(姓名,性别 DESC)
```

2. 使用 T-SQL 语句管理索引

索引创建好后可以根据需要对数据库中的索引进行管理。因为在数据表中进行增、删、改操作时，会使索引页出现碎块。为了提高系统的性能，必须对索引进行维护管理。这些管理包括修改索引、删除索引、查看索引信息等。

1）修改索引

修改索引使用命令 ALTER INDEX，其语法格式如下：

```
ALTER INDEX 索引名 ON 表名|视图名
{REBUILD|REORGANIZE||DISABLE}
```

各参数的含义说明如下。

（1）REBUILD：指定将相同的列、索引类型、唯一性属性和排列顺序重新生成索引，通过重新生成索引可以重新启用已禁用的索引。

（2）REORGANIZE：表示重新组织索引。

（3）DISABLE：将索引标记为禁用。

禁用索引可防止用户访问该索引,对于聚集索引,还可以防止用户访问基本表的数据,但索引的定义仍保留在系统目录中。

2)删除索引

使用索引虽然可以提高查询效率,但表的索引太多,不但占用存储空间,而且在修改表的记录时会增加服务器维护索引的时间。当不再需要某个索引时,应该将它从数据库中删除,以收回索引所占用的存储空间并提高服务器效率。

对于通过设置主键约束或唯一性约束创建的索引,可以通过删除约束而删除索引,对于用户创建的其他索引,可以使用 T-SQL 语句将其删除。

删除索引使用命令 DROP INDEX,其语法格式如下:

```
DROP INDEX 索引名
```

删除索引时要注意以下四点。

(1)删除表时,表中存在的所有索引全部被删除。

(2)如果要删除为实现主键或唯一约束而创建的索引,必须删除约束。

(3)删除聚集索引时,表中的所有非聚集索引都被删除。

(4)在系统表的索引上不能指定 DROP INDEX。

3)查看索引信息

使用系统存储过程 sp_helpindex 可以返回某个表或视图的索引信息,语法格式如下:

```
sp_helpindex [@objname = ]'name'
```

其中,[@objname=]'name'为用户定义的表或视图的限定或非限定名称。仅当指定限定的表或视图名称时,才需要使用引号。

【例 6-8】 查看高校图书管理数据库中作者表中定义的索引信息。

```
USE 高校图书管理
GO
EXEC sp_helpindex '读者'
GO
```

执行结果如图 6-4 所示。

	index_name	index_description	index_keys
1	idx_xmxb	nonclustered, unique located on PRIMARY	姓名, 性别(-)
2	PK_读者__2F24D975A0BFABD4	clustered, unique, primary key located on PRIMARY	读者卡号
3	uk_dz_dzxm	nonclustered, unique, unique key located on PRI...	姓名

图 6-4　查看索引信息

由执行结果可以看到,作者表的三个索引信息,包括索引名称、索引的描述信息(唯一索引、聚集索引等)及为表中的哪些列建立了索引。

6.2.4　视图的定义

视图是 DBMS 提供给用户以多种角度观察数据库中数据的一种重要机制。通过创建视图,可以满足不同用户对数据的需求。

1. 使用 T-SQL 语句创建视图

使用 T-SQL 语句创建视图需要数据查询的知识,这部分内容读者可以在学习了 6.3 节之后进行学习。

使用 T-SQL 语句创建视图使用命令 CREATE VIEW,其语法格式为

```
CREATE VIEW <视图名>[(<列名>[,<列名>]…)]
AS < SELECT 语句>
    [WITH CHECK OPTION]
```

其中,各参数含义说明如下。

(1) AS 关键字：指定视图要执行的操作。

(2) 子查询：可以用来定义视图的任意复杂的 SELECT 语句,从表或视图中选择"列"构成新视图,但 SELECT 语句中不允许含有 COMPUTE(BY)子句、INTO 子句和 DISTINCT 子句。另外,使用 ORDER BY 子句时,必须保证 SELECT 语句选择列中有 TOP 子句。

(3) WITH CHECK OPTION：强制视图执行所有的数据插入、删除和修改操作时必须满足视图定义中 SELECT 查询的 WHERE 条件表达式。可以确保提交修改后,能通过视图看到修改后的数据。

(4) 列名：指视图中的列名,如果省略了视图的各个属性列名,则该视图的属性与子查询中的 SELECT 子句的目标列相同。在以下三种情况下,一般需要明确指定组成视图的所有列名。

① 某个"目标列"不是直接来源于基本表的属性值,而是通过聚合函数或列表达式计算得到的值,且没有定义别名。

② SELECT 查询中使用多个表(或视图),并且目标列中含有相同的属性名。

③ 必须对视图的每个列提供列名,而不能只给部分列提供列名。

视图是虚表,是从一个或几个基本表(或视图)导出的表,在数据库中只存放视图的定义,不会出现数据冗余。常见的视图形式有行列子集视图、连接视图、分组统计视图。

1) 行列子集视图

行列子集视图指视图的内容从单个基本表导出,只去掉基本表的某些行和某些列,但保留了码。

【例 6-9】　在高校图书管理数据库中,创建一个名为 view_dw 的视图,要求通过该视图,可以查询读者单位为"数计学院"的所有读者信息,并要求通过该视图进行的更新操作只涉及数计学院的读者。

(1) 在查询编辑器代码窗口输入如下 SQL 脚本代码：

```
CREATE VIEW view_dw
AS SELECT *
    FROM 读者
    WHERE 单位 = '数计学院'
    WITH CHECK OPTION
GO
```

(2) 执行语句,看到"命令成功完成"的消息。在对象资源管理器中依次展开"数据库"→"高校图书管理"数据库→"视图",可以看到已创建的视图 view_dw。在查询编辑器代码窗口输入查询视图语句 SELECT * FROM view_dw,可以通过该视图查看数计学院读者信息。

2) 连接视图

连接视图指由多个数据表执行连接查询创建的视图。

【例 6-10】 在高校图书管理数据库中,创建一个名为 view_ dzjy 视图,要求通过该视图可以查询每一个读者的姓名、性别、单位、图书编号、书名、借书日期和还书日期。

创建视图的 T-SQL 脚本代码如下:

```
CREATE VIEW view_dzjy
AS SELECT 姓名,性别,单位,图书.图书编号,书名,借书日期,还书日期
    FROM 读者,借阅,图书
    WHERE 借阅.读者卡号 = 读者.读者卡号 and 借阅.图书编号 = 图书.图书编号
GO
```

3) 分组统计视图

分组统计视图是一种特殊的行列子集视图或连接视图,通过使用聚合函数生成指定字段所需的统计数据。

【例 6-11】 在高校图书管理数据库中,创建一个名为 view_ dzjytj 视图要求通过该视图,可以查询每一位读者的借书册数。

创建视图的 T-SQL 脚本代码如下:

```
CREATE VIEW view_dzjytj(读者卡号,借书册数)
AS SELECT 读者卡号,COUNT( * )
    FROM 借阅
    GROUP BY 读者卡号
```

在此例中,SELECT 目标列使用了聚合函数,因此在视图定义时,给出了视图的各个属性名。此例也可以用以下代码等价代替。

```
CREATE VIEW view_dzjytj
AS SELECT 读者卡号,COUNT( * ) AS 借书册数
    FROM 借阅
    GROUP BY 读者卡号
```

也就是说,创建视图时,在不需要提供列名的情况下可以对 SELECT 目标列进行重新命名,这样使得列名更容易理解。

视图不仅可以从基本表导出,也可以从已存在的视图创建新的视图。

【例 6-12】 创建一个名为 view_ dzjyxx 视图,要求通过该视图,可以查询每一位读者的详细信息及借书册数。

分析:通过例 6-11 的视图可以获取读者卡号和借阅册数,而要得到读者的详细信息,需要建立读者表和已创建的视图 view_ dzjytj 的连接。T-SQL 脚本代码如下:

```
CREATE VIEW view_dzjyxx
AS SELECT 读者. * , 借阅册数
```

```
FROM view_dzjytj,读者
WHERE view_dzjytj.读者卡号 = 读者.读者卡号
```

2. 使用 T-SQL 语句修改和删除视图

1)修改视图

当视图的定义与需求不符合时,可以对视图进行修改,修改视图的命令为 ALTER VIEW,其语法格式如下:

```
ALTER VIEW <视图名>[(<列名>[,<列名>]…)]
AS < SELECT 语句>
[WITH CHECK OPTION]
```

可以看出,修改视图的语法和创建视图的语法完全相同,因此,修改视图就是重新定义视图的设计。

注意,ALTER VIEW 命令无法更改视图的名称。要更改视图的名称需要使用系统存储过程 SP_RENAME 进行更改。由于视图可以被其他视图作为数据源使用,所以修改视图操作时要格外小心,如果删除了某列的输出,而该列正好在其他视图中使用,那么在修改该视图后其他关联的视图将无法使用。

2)删除视图

对于不再需要的视图,可以将其删除。删除视图通常需要使用 DROP VIEW 语句进行,其语法格式如下:

```
DROP VIEW <视图名>
```

当一个视图被删除后,由该视图导出的其他视图也将失效,用户应该使用 DROP VIEW 语句将其一一删除。

3. 视图的应用

视图的应用包括通过视图查询和更新数据。视图可以和基本表一样被查询,其使用方法与基本表相同,但利用视图进行数据增加、删除、更新操作会受到一定的限制。

一般的数据库系统只允许对行列子集的视图进行更新操作。对行列子集视图进行数据增加、删除、更新操作时,DBMS 会把更新数据传到对应的基本表中。

1)视图更新的限制

(1)如果视图的字段来自字段表达式或常数,则不允许对视图执行 INSERT 和 UPDATE 操作,但允许执行 DELETE 操作。

(2)如果视图的字段来自聚合函数,则视图不允许更新。

(3)当创建视图的 SELECT 语句中使用分组子句 GROUP BY 及 TOP、DISTINCT、UNION 关键字时,视图不允许更新。

(4)不能删除依赖多个数据表的视图。

(5)视图定义中如果有嵌套查询,且内层查询中涉及了与外层一样的导出该视图的基本表,则视图不能更新。

(6)因为视图是从基本表导出的,所以对视图的插入、删除和更新操作必须遵守源基表的完整性约束条件。

(7)视图的更新受视图定义 WITH CHECK OPTION 子句的影响,如果使用了 WITH

CHECK OPTION,强制视图执行所有的数据插入、删除和修改操作时必须满足视图定义中 SELECT 查询的 WHERE 条件表达式。

2) 使用视图更新数据

更新视图包括插入(INSERT)、删除(DELETE)、修改(UPDATE)三类操作。由于视图不是实际存储的,是虚表,因此,对视图的更新最终要转换为对基本表的更新。

为了防止用户通过视图对数据进行修改,无意或故意操作不属于视图范围内的基本数据时,可在定义视图时加上 WITH CHECK OPTION 语句,这样在视图上进行更新数据时, DBMS 会进一步检查视图定义中的条件,如果不满足,则拒绝执行该操作。

关于插入、删除和修改的具体语法格式在 6.4 节介绍。本节主要通过实例讲解如何通过更新视图最终转换为对表中的数据的更新。

【例 6-13】 为例 6-9 创建的视图 view_dw 添加一条记录,记录信息为:读者卡号: '2200002',姓名:'王武',性别:'男',单位:'管理学院',办卡日期:'2021-09-10',卡状态:'正常',类别编号:'02'

(1) 在查询编辑器代码窗口输入如下语句。

```
USE 高校图书管理
GO
INSERT INTO view_dw
VALUES( '2200002','王武','男','管理学院','2021-09-10','正常','02')
GO
```

(2) 执行语句,结果如图 6-5 所示。

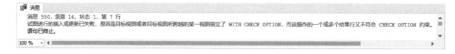

图 6-5　通过视图向表中插入数据的提示信息

从提示信息可以看出 WITH CHECK OPTION 这个子句在视图定义后所起的作用。它使所有对视图的插入或更新操作都必须首先判断是否满足视图定义中指明的条件,如果不满足则不执行操作。本例插入的元组不满足这个条件,所以插入不成功。把本例中的单位值修改为视图定义中的条件"数计学院",则记录插入成功,然后输入查询语句:

```
SELECT  *
FROM 读者
```

根据查询结果,可以验证视图定义中有 WITH CHECK OPTION 时插入数据的限制。

【例 6-14】 将 view_dw 视图中新添加的读者卡号为 2200002 的读者信息的办卡日期修改为 2021-10-10。

脚本代码如下:

```
UPDATE view_dw
SET 办卡日期 = '2021-10-10'
WHERE 读者卡号 = '2200002'
GO
```

输入下列查询读者表的查询语句,可以查看修改的结果。

```
SELECT *
FROM 读者
GO
```

【例 6-15】 删除 view_dw 视图中新添加的读者信息。

脚本代码如下:

```
DELETE
FROM view_dw
WHERE 读者卡号 = '2200002'
```

执行语句后,同样可以查看读者表,可以发现读者表中读者卡号为 2200002 的数据记录已经被删除。

说明:为了说明后面的外连接查询,此例执行后,把读者卡号为 2200002 的读者信息再次插入数据库中。

3) 查询视图

对视图的查询操作与对基本表的查询操作使用的 SQL 语句格式是相同的。一般情况下,对视图的查询操作都是对单个视图进行操作。因为视图本身是由一个表或多个表导出的虚表,一般不再将视图与其他表做连接查询。

从用户角度查询视图与查询基本表相同,DBMS 实现视图查询的主要方法为视图消解法。具体步骤如下。

(1) 进行有效性检查,检查查询的表、视图等是否存在。如果存在,则从数据字典中取出视图的定义。

(2) 把视图定义中的子查询与用户的查询结合起来,转换成等价的对基本表的查询。

(3) 执行修正后的查询。

【例 6-16】 在读者借阅 view_ dzjy 视图中,查询读者姓名为"张飞"的读者所借阅的书名和借书日期。

查询脚本代码如下:

```
SELECT 姓名,书名,借书日期
FROM view_dzjy
WHERE 姓名 = '张飞'
```

根据视图定义将对视图的查询转换为对基本表的查询,转换后的查询语句如下:

```
SELECT 姓名,书名,借书日期
FROM 读者,借阅,图书
WHERE 借阅.读者卡号 = 读者.读者卡号 and 借阅.图书编号 = 图书.图书编号 and 姓名 = '张飞'
```

6.3 数据查询在 SQL Server 2019 中的应用

数据库查询是数据库中一个最基本的功能,也是使用最频繁的一个操作。所谓数据查询,指数据库服务器根据数据库用户指定的条件(要求),从数据库的相关表中检索需要的数据记录(信息),并将查询结果按照规定的格式进行分类、排序,再返回给用户。SQL Server 的数据库查询使用 T-SQL,T-SQL 中最重要、最核心的部分就是查询功能,其基本的查询语句是 SELECT 语句。

在 T-SQL 中,SELECT 语句除了进行数据查询外,还会用于其他很多功能,例如,创建视图是利用查询语句完成的,插入数据时如果是从另外一个表或多个表中选择符合条件的记录时,也要使用查询语句,创建存储过程、触发器时也要用到查询语句。因此,查询语句是 T-SQL 的关键。

6.3.1　SELECT 语句介绍

SELECT 语句具有强大的查询功能,是 SQL 数据操作中最为复杂的一个,完整的语法非常复杂,用户只需掌握 SELECT 语句的一部分,就可以轻松地利用数据库完成自己的工作。数据查询的基本语法格式如下:

```
SELECT [ALL|DISTINCT][TOP n[PERCENT]] 字段列表
[INTO 新表名]
FROM <数据源>
[WHERE <元组选择条件>]
[GROUP BY <分组列名> [WITH{CUBE|ROLLUP}]] [HAVING <组选择条件>]]
[ORDER BY[ALL] <排序列名 1|列号> [ASC|DESC][,…n]]
```

查询语句的功能是从 FROM 子句指定的数据源(基本表或视图组)中,选择满足元组选择条件的元组数据,并对它们进行分组、统计和排序和投影,形成查询结果集。

在查询语句中只有 SELECT 和 FROM 语句为必选子句,而 INTO、WHERE、GROUP BY 和 ORGER BY 子句根据需要选择使用。各子句说明如下。

1. SELECT 子句

SELECT 子句用于指明查询结果集返回的目标列(包含哪些字段)。其中:ALL 是默认值,表示返回结果集的所有行,不取消重复值;DISTINCT 表示当查询结果有重复值时,去掉重复值,仅显示结果集中的唯一行;TOP n 表示返回结果集中的前 n 行,如果 加上 PERCENT 关键字,则返回结果集中的前百分之 n 行。

2. INTO 子句

INTO 子句用于创建一个新表,并将查询结果插入到该新表中,新表字段的定义数据就是 SELECT 命令取得的记录集合。如果 SELECT 子句有计算值字段,则必须指定别名,如果创建的表是临时表,则在表名前加"♯"字符。

3. FROM 子句

FROM 子句用于指明查询的数据源,即查询结果集的数据来源于哪些基本表或视图,也可以是一个查询结果。

4. WHERE 子句

WHERE 子句可以过滤元组和找出符合所需条件的元组数据,也就是通过条件表达式描述关系中元组的选择条件。元组选择条件表达式的正确表达是决定最终查询结果是否符合查询语义的重要因素。

5. GROUP BY 子句

GROUP BY 子句可以创建分组查询,还可以配合聚合函数一起使用。其作用是按分组列的值对结果集进行分组,分组可以使同组的元组集中在一起,也使数据能够分组统计。当 SELECT 子句后的目标列中有统计函数,如果查询语句中有分组子句,则统计为分组统计,否则为对整个结果集统计。GROUP BY 子句后可以配合 HAVING 子句表达组选择条件,组选择条件为带有函数的条件表达式,只有满足条件的分组才会产生查询结果。

6. ORDER BY 子句

ORDER BY 子句的作用是对结果集进行排序。查询结果集可以按多个排序列进行排序,每个排序列后都可以跟一个排序要求。当排序要求为 ASC 时,元组按照排序列的值升序排序;当排序要求为 DESC 时,元组按照排序列的值降序排列。

总的来说,数据查询语句按查询中涉及的基本表的个数可分为单表查询和多表查询;按查询的复杂程度可分为基本查询和高级查询,基本查询可理解为单表的简单查询、分组查询、汇总查询,高级查询涉及多表连接查询、嵌套查询和组合查询。

下面根据查询的复杂程度,通过高校图书管理系统的具体实例讲解数据查询在 SQL Server 2019 中的应用。

6.3.2　简单查询

简单查询只涉及一个表或视图,主要包括投影、选择、排序及利用库函数的查询。

1. 查询表中的若干列

查询表中的列与关系代数的投影运算对应,这种运算可以通过 SELECT 子句给出的字段列表实现。字段列表中的列可以是基本表中原有的列,也可以是多个列运算后产生的列或者是利用函数通过操作符连接起来的数据表达式。查询表中若干列的基本 SELECT 语句格式如下:

```
SELECT 字段列表
FROM 表名
```

其中,字段列表给出了查询结果集中要包含的字段名称,有多个字段名时用逗号隔开。列的顺序可以和列定义时不同,不会影响数据在表中的存储顺序。

【例 6-17】　查询图书表的所有图书的图书编号、书名、类别、库存数量。

在查询编辑器代码窗口输入下述代码,分析执行后,可以查看查询结果。

```
USE 高校图书管理
GO
SELECT 图书编号,书名,类别,库存数量
FROM 图书
GO
```

需要说明的是,在进行数据查询操作时,首先要用 USE 命令打开当前数据库。

2. 选择表中若干行

在实际应用中,用户通常只要求查询满足某些条件的部分记录,此时,可以在 SELECT 语句中使用 WHERE 子句来制订条件,过滤不符合条件的记录行。选择表的若干行对应关系代数的选择运算。

1) 使用 TOP 和 DISTINCT 关键字限制返回的行数

查询数据时,使用 TOP 和 DISTINCT 关键字能够限制返回结果的行数,此种情况不需

要使用 WHERE 子句。

【例 6-18】 查询借阅表的前四条记录信息。

代码如下所示：

```
SELECT TOP 4 *
FROM 借阅
```

解题说明：此例中使用了关键字 TOP 4，表示返回借阅表的前四行记录。"*"表示如果查询结果需要显示指定表的所有字段，可直接使用"*"代替数据表的所有列名。

【例 6-19】 查询借阅了图书的读者卡号。

代码如下所示：

```
SELECT 读者卡号
FROM 借阅
```

解题说明：此查询结果集中有重复的元组(因为一个读者可以借阅多本图书)，而 SQL 查询默认情况下是不消除重复元组的，因为消除重复元组需要消耗系统资源。为了消除重复的元组，使相同的元组只出现一次，则需要使用 DISTINCT 关键字，代码如下：

```
SELECT DISTINCT 读者卡号
FROM 借阅
```

注意：通过 DISTINCT 关键字可以返回简单明了的数据，但服务器必须花费额外的 CPU 时间执行对查询数据的分类和整理，这将导致查询的速度减慢，如果不是很必要，可以不使用 DISTINCT 关键字，即默认值 ALL 允许重复数据集合的出现。

2) 查询满足条件的元组

基本的 SELECT 语句格式如下：

```
SELECT 字段列表
FROM 表名
WHERE 查询条件
```

其中，在 WHERE 子句中，可以使用的查询条件包括比较、确定范围、确定集合、逻辑、模糊匹配条件、空值条件等，对应的运算符介绍见 6.1.3 节。

【例 6-20】 查询清华大学出版社出版的计算机类或管理类图书信息。

代码如下：

```
SELECT *
FROM 图书
WHERE 类别 IN ('计算机', '管理') AND 出版社 = '清华大学出版社'
```

解题说明：本例使用 IN 逻辑运算符，IN 用来查询满足指定条件范围内的记录，只要满足条件范围内的一个值，则条件则为真。使用 IN 时，将所有查询条件用括号括起来，查询的条件值用逗号隔开。

本例也可以使用下面的 OR 逻辑运算符替代 IN 运算符：

```
SELECT *
FROM 图书
```

```
WHERE (类别 = '计算机' OR 类别 = '管理')AND 出版社 = '清华大学出版社'
```

注意,由于 AND 的优先级高于 OR,此例中条件类别＝'计算机' OR 类别＝'管理'必须加上括号。

【例 6-21】 查询书名中包含"数据库"的图书信息。

代码如下:

```
SELECT *
FROM 图书
WHERE 书名 LIKE '%数据库%'
```

在实际应用中,用户有时不能给出精确的查询条件,因此,经常需要根据一些不确定的信息进行查询。T-SQL 提供了字符匹配运算符 LIKE 进行字符串的匹配查询,通过创建查找匹配模式对表中的数据进行比较以实现这类模糊查询。其语法格式如下:

```
[NOT] LIKE '<匹配串>'[ESCAPE '<换码字符>']
```

其含义是查找指定的属性列值与"匹配串"相匹配的记录。"匹配串"可以是一个完整的字符串,也可以含有通配符的字符串。

通配符是一种在 WHERE 条件子句中拥有的特殊字符,SQL 语句中支持多种通配符。可以和 LIKE 一起使用的通配符主要包括如下 5 种。

(1) %:表示任意长度字符串(长度可以是 0)。例如,a%b,表示以 a 开头,以 b 结尾的任意长度的字符串。

(2) _:表示一个字符长度的任意字符。

(3) []:表示方括号内字符列表的任意一个字符。

(4) [^]:表示不在方括号内字符列表的任意一个字符。

(5) [-]:表示方括号内"-"字符范围的任何一个字符,如[A-D]。

如果用户要查询的字符串本身就含有通配符,则使用 ESCAPE <换码字符>对通配符进行转义。如果查找书名是 DB_design 的图书信息,则使用书名 LIKE 'DB/_design' ESCAPE '/',说明匹配串中紧跟在"/"之后的字符"_"不再具有通配符的含义,而是取其本身含义,转义为普通的"_"字符。

【例 6-22】 在借阅表中,查询还未还书(还书日期为空)的读者借阅情况。

代码如下:

```
SELECT *
FROM 借阅
WHERE 还书日期 IS NULL
```

解题说明:SQL 支持空值运算,IS NULL 可用于判断查询属性值为空值,IS NOT NULL 可用于判断查询属性值不为空值。

说明:

(1) NULL 不是一个具体的值,只是表示某个属性值是空缺的。

(2) 有两种方式可以构造 NULL 条件,即 IS NULL 和＝NULL。默认情况下,对 NULL 进行＝、＜＞判断时,遵循 SQL_92 规则,取值为 false。因此,这里只能用 IS NULL 或 IS NOT NULL 判断控制。

3. 对查询结果排序

在实际应用中,用户可以使用 ORDER BY 子句对查询结果按照一个或多个属性列进行升序(ASC)或降序(DESC)排序,默认为升序。如果不使用该子句,则查询结果按记录在表中的顺序排列。基本语法格式如下:

```
SELECT 字段列表
FROM 表名
ORDER BY {列名|列号 [ASC|DESC]}[, … n]
```

视频讲解

【例 6-23】　查询出版日期在 2021-02-01 之后、书名中第二、三个汉字为"数据"二字的图书信息,并按出版日期的降序进行排序。

代码如下:

```
SELECT *
FROM 图书
WHERE 书名 LIKE '_数据%' AND 出版日期>'2021-02-01'
ORDER BY 出版日期 DESC
```

解题说明:对多列数据进行排序,只需将需要排序的列之间用逗号隔开。

当排序列含空值时,不同的数据库管理系统以不同方法处理 NULL 排序。SQL Server 将空值作为最小值来理解。

(1) ASC:排序列为空值的元组最先显示。

(2) DESC:排序列为空值的元组最后显示。

4. 汇总查询

前面的例子都是针对表中原始数据的查询,在实际应用中,用户常常需要对表中的数据进行分类、统计、汇总等操作。为此,SQL Server 提供了很多方法对数据进行汇总查询。

1) 使用聚合函数

为了进一步方便用户、增强检索功能,SQL Server 提供了许多聚合函数,聚合函数可以将多个值合并为一个值,用来对结果集记录进行统计计算,并在查询结果集中返回一个单值。常用的聚合函数如表 6-4 所示。

表 6-4　T-SQL 常用的聚合函数

函　数　名	功　　能
COUNT(*)	返回表中所有总的数据记录,不管某列有空值还是数值
COUNT([DISTINT|ALL]列名)	返回指定列中不是空值的数据记录的个数
AVG([DISTINT|ALL]列名)	返回指定列的平均值(数值型)
SUM([DISTINT|ALL]列名)	返回指定列所有值的和(数值型)
MAX(列名)	返回指定列中的最大值
MIN(列名)	返回指定列中的最小值

【例 6-24】　查询图书表中计算机类图书的总册数。

代码如下:

```
SELECT COUNT(*) AS 总册数
FROM 图书
```

```
WHERE 类别 = '计算机'
```

解题说明：此例中查询的结果不是来源于表中原有属性列的值,为了提高查询结果的可读性,在 SELECT 子句中通过 AS 关键字指定别名为总册数。AS 关键字也可以省略,可用空格代替。

在查询数据时,为了突出数据处理后代表的意义,提高查询结果的可读性,可以引入别名,别名的使用说明如下。

(1) 当查询的数据表中有些属性列名称是英文时,为了方便理解,可以定义别名。

(2) 当 SELECT 查询语句的选择列为表达式时,查询结果没有列名,需要定义别名。

(3) 别名可以使用在 FROM 子句中,用于自身连接查询和对同一表的相关子查询中,以此区别对同一表的不同引用。

2) 使用 GROUP BY 子句的分类汇总

为了使查询结果按用户需要分组,产生可读性更好的结果,SQL Server 可以使用 GROUP BY 子句进行分类汇总。该子句的功能是根据指定的某个列或多个列将表中的数据分成多个组(即列值相同的记录组成一组),然后对每一组进行汇总,每个组产生结果表中的一条记录。其基本语法格式如下:

```
GROUP BY 分组属性列 [WITH{CUBE|ROLLUP}]
[HAVING 筛选条件表达式]
```

GROUP BY 子句可以使用 CUBE 和 ROLLUP 显示多层次统计数据的摘要信息,其中,CUBE 执行各分组查询字段的小计或加总,ROLLUP 执行针对第一个字段的加总运算。

HAVING 筛选条件表达式表示对 GROUP BY 分组后的组按条件进行选择,HAVING 必须与 GROUP BY 配合使用,GROUP BY 子句通常和聚合函数一起使用。

【例 6-25】 查询借阅图书超过 1 本的读者卡号和借书册数,要求只统计 2021-03-10 以后的借书情况。

代码如下所示:

```
SELECT 读者卡号,COUNT( * ) AS 借书册数
FROM 借阅
WHERE 借书日期>'2021 - 03 - 10'
GROUP BY 读者卡号 HAVING COUNT( * )>1
```

	读者卡号	借书册数
1	2100002	2
2	2100004	3
3	2100005	2
4	2200001	2

图 6-6　例 6-25 查询结果

视频讲解

查询结果如图 6-6 所示。

解题说明：本例同时存在 GROUP BY、HAVING 和 WHERE 子句,其执行顺序是先用 WHERE 子句筛选掉不符合条件的记录,然后用 GROUP BY 子句对剩余的记录按指定列分组、汇总,最后再用 HAVING 子句排除不符合条件的组。

HAVING 与 WHERE 子句的区别如下。

(1) WHERE 子句作用于基本表或视图,在分组之前选择满足条件的元组。HAVING 子句作用于组,用在分组之后进行过滤,选择分组。

(2) HAVING 子句可以使用聚合函数,但 WHERE 子句不可以。

(3) 在 HAVING 子句条件中引用的字段一定属于 SELECT 子句的字段列表,WHERE 子句则可以使用 FROM 子句数据源的所有字段。

使用分组统计查询时,需要注意以下两点.

(1) 在分组查询中,除了聚合函数,SELECT 子句出现的列名必须是 GROUP BY 子句中出现的列名。

(2) 聚合函数可以用在分组中,也可以不用在分组中。如果要分别查询每个组的聚合值,必须使用分组,如果仅查询某一个组的聚合值,不需要使用分组,仅使用 WHERE 子句即可。

【例 6-26】 在例 6-25 例题的基础上,进行借书情况的汇总。

代码如下:

```
SELECT 读者卡号,COUNT( * ) AS 借书册数
FROM 借阅
WHERE 借书日期>'2021 - 03 - 10'
GROUP BY 读者卡号 WITH CUBE
HAVING COUNT( * )> 1
```

查询结果如图 6-7 所示。根据查询结果,分析分组子句加入 CUBE 的作用。

【例 6-27】 按年份统计每个读者的借书册数,并进行汇总。

代码如下:

```
SELECT 读者卡号,YEAR(借书日期) AS 年份,COUNT( * ) AS 借书册数
FROM 借阅
GROUP BY 读者卡号,YEAR(借书日期)
WITH CUBE
```

执行结果如图 6-8 所示。

结果 消息

	读者卡号	借书册数
1	2100002	2
2	2100004	3
3	2100005	2
4	2200001	2
5	NULL	11

图 6-7 例 6-26 查询结果

结果 消息

	读者卡号	年份	借书册数
1	2100001	2020	1
2	NULL	2020	1
3	2100001	2021	1
4	2100002	2021	3
5	2100003	2021	2
6	2100004	2021	3
7	2100005	2021	2
8	2200001	2021	2
9	NULL	2021	13
10	NULL	NULL	14
11	2100001	NULL	2
12	2100002	NULL	3
13	2100003	NULL	2
14	2100004	NULL	3
15	2100005	NULL	2
16	2200001	NULL	2

图 6-8 例 6-27 查询结果

由图 6-8 查询结果可以看出,第 2、9 条记录分别统计的 2020、2021 年所有读者的总的借书册数。第 10 条记录统计的是所有读者所有年份的借书册数,第 11～16 条记录分别统计的是每个读者所有年份的借书册数。

解题说明：

（1）GROUP BY 子句的字段列名可以是字段名，也可以是字段值的表达式（本例为 YEAR（）函数），但不能是汇总函数。

（2）GROUP BY 汇总行在结果中显示为 NULL。

有兴趣的读者也可以把本例中的 CUBE 换成 ROLLUP，通过执行结果对比两者的异同。

需要说明的是，在数据查询时，使用 GROUP BY 子句只能显示汇总的结果，不能显示原始数据库表中的详细数据记录。在 SQL Server 中，也可以使用 COMPUTE[BY]子句实现既能浏览详细的数据，又能看到统计的结果。但是，在 SQL Server 2012 及以后的版本中都将不支持 COMPUTE，所以在此不予以介绍具体的语法，有兴趣的读者可以在 SQL Server 2012 以下的版本中进行验证。

6.3.3 连接查询

连接查询是关系数据库中最主要的查询，也是关系数据库查询最基本的特征。所谓连接查询，指如果一个查询涉及数据库中多个（或一个）数据表的不同字段，使用连接条件建立表间的连接，获取所需的查询信息。也就是说，连接查询是将多个（或一个）表中的行以某个列或某些列为条件进行连接，从中查询数据。

SQL Server 连接类型有内连接、外连接、交叉连接、自连接，同时提供了连接查询的方法。

连接查询的语法格式有两种：ANSI 语法形式和 SQL Server 语法形式。

ANSI 连接查询的语法格式如下：

```
SELECT 目标列
FROM 表名 1[连接类型] JOIN 表名 2 ON {连接条件 1}
        [[连接类型] JOIN 表名 n] ON {连接条件 n}
```

SQL Server 连接查询的语法格式如下：

```
SELECT 目标列
FROM 表名 1[, … n]
WHERE {查询条件 AND |OR 连接条件}[ … n]
```

建议使用 ANSI 连接语法形式，因为在将来的 SQL Server 版本中，即使在向后兼容模式下，也不支持非 ANSI 连接运算符。

1. 内连接（INNER JOIN）

内连接是将多个表中的共同列的值进行比较，把满足连接条件的记录横向连接起来，作为查询结果。其实质是通过各个表之间的共同列的关联查询数据，连接条件通常使用数据库关系的外键。当未指明连接类型时，默认为内连接。

1）等值连接

当两个表的连接条件使用的连接运算符为"＝"时，该连接为等值连接，否则为非等值连接。等值连接并不要求连接字段是同名的，但字段类型必须是可比的。

【例 6-28】 查询每个读者的情况及借阅情况。

代码如下：

```
SELECT 读者.*,借阅.*
FROM 读者 INNER JOIN 借阅 ON 借阅.读者卡号 = 读者.读者卡号
```

解题说明：

(1) JOIN 关键字前后是连接的数据表。INNER JOIN 是 SQL Server 默认的连接类型,在实际查询时可以省略 INNER 关键字。ON 子句指定连接条件,通常是主键和外键连接的相等条件。如果需要,还可以连接其他的表。

(2) 该题的目标列中包含了读者表的全部属性和借阅表的全部属性,"读者卡号"在目标列中重复出现。

(3) 当查询引用了多个表时,如果某列是多个表的相同列,则列名必须用表名限定,无相同列名则省略表名限定。例如,"借阅.读者卡号"表示引用了读者表中读者卡号属性列。

2) 自然连接

当等值连接中的连接字段相同,并且在 SELECT 子句中去掉重复的目标列时,则该连接为自然连接。

【例 6-29】 查询所有读者的姓名、性别、单位和读者所属的类别名称。

分析：首先确定查询的目标列分别来自哪些数据表,然后确定表与表之间的连接的共同列,最后确定连接条件。T-SOL 脚本代码如下：

```
SELECT 姓名,性别,单位,读者.类别编号,类别名称
FROM 读者 INNER JOIN 读者类别 ON 读者.类别编号 = 读者类别.类别编号
```

解题说明： 该题为自然连接,共同属性列"类别编号"只出现一次。

【例 6-30】 查询借阅了"App 营销实战"图书的读者卡号、姓名和所在单位。

代码如下：

视频讲解

```
SELECT 读者.读者卡号,姓名,单位
FROM (图书 INNER JOIN 借阅 ON 借阅.图书编号 = 图书.图书编号)
    INNER JOIN 读者 ON 借阅.读者卡号 = 读者.读者卡号
        AND 书名 = 'App 营销实战'
```

解题说明： 此例属于带有选择条件的连接查询,通过添加筛选条件限制查询结果,使查询结果更加准确。共连接了三张表,把图书表和借阅表的连接查询用括号括起来当成一个查询结果的临时表,然后连接读者表和查询元组的筛选条件。当然,也可以使用 WHERE 子句列出元组的查询条件,等价的代码如下：

```
SELECT 读者.读者卡号,姓名,单位
FROM (图书 INNER JOIN 借阅 ON 借阅.图书编号 = 图书.图书编号)
    INNER JOIN 读者 ON 借阅.读者卡号 = 读者.读者卡号
WHERE 书名 = 'App 营销实战'
```

2. 外连接(OUTER JOIN)

内连接的查询结果中只把满足连接条件的元组显示出来,如果要求查询结果集中也保留非匹配的元组,就要执行外部连接操作。根据对表的限制情况,外连接可分为左外连接、右外连接和全外连接。

1) 左外连接(LEFT OUTER JOIN)

左外连接是指在查询结果集中保留连接表达式左表(位于连接类型左边的表名1)中的非匹配记录及右表(位于连接类型右边的表名2)中符合条件的记录。外连接中不匹配的分量在查询结果中显示为NULL。

【例 6-31】　查询读者姓名、单位、借书日期和还书日期,要求查询结果也需显示出没有借书的读者姓名和单位。

代码如下:

```
SELECT 姓名,单位,图书编号,借书日期
FROM 读者 LEFT JOIN 借阅 ON 借阅.读者卡号 = 读者.读者卡号
```

查询结果如图6-9所示。

	姓名	单位	图书编号	借书日期
1	李丽	数计学院	GL0003	2021-04-10
2	李丽	数计学院	jsj004	2020-12-25
3	赵健	数计学院	JSJ001	2021-04-10
4	赵健	数计学院	JSJ003	2021-04-10
5	赵健	数计学院	JSJ008	2021-03-10
6	张飞	数计学院	GL0003	2021-03-10
7	张飞	数计学院	JSJ001	2021-04-06
8	赵亮	数计学院	GL0003	2021-05-10
9	赵亮	数计学院	JSJ001	2021-05-10
10	赵亮	数计学院	JSJ005	2021-05-10
11	张晓	管理学院	GL0002	2021-03-20
12	张晓	管理学院	GL0003	2021-03-20
13	杨少华	管理学院	GL0001	2021-07-13
14	杨少华	管理学院	GL0002	2021-07-13
15	王武	数计学院	NULL	NULL

图 6-9　例 6-31 的查询结果

从图6-9的查询结果可以看到,把没有借书的王武读者信息也显示了出来,对应借阅表中的借书日期和还书日期的值为NULL。

2) 右外连接(RIGHT OUTER JOIN)

右外部连接是在结果集中保留连接表达式右表中的非匹配记录及左表中符合条件的记录。

3) 全外连接(FULL OUTER JOIN)

全外连接又称完全外连接,是指在查询结果中显示匹配和非匹配的所有记录,是左外连接和右外连接的组合。其中,满足条件的记录仅显示一次,对不满足条件的分量显示为NULL。全外连接只有ANSI语法形式一种。

在外连接中,无论使用左外连接、右外连接还是全外连接,关键字OUTER都可以省略不写。如果左表和右表互换,同时外连接的方向也改变,查询结果仍是相同的。

3. 自连接(SELF JOIN)

自连接查询属于内部连接查询的一种特殊情况。连接操作不只是在多个表之间进行,一个表内还可以进行自身的连接操作。表自身的连接操作称为自连接。所谓自连接,指使用内连接或外连接把一个表中的行与该表中另外一些行连接起来,主要用于查询比较相同

的信息。为了连接同一个表,必须为该表在 FROM 子句中指定别名,这样才能在逻辑上把同一个表作为两个或多个不同的表使用。

【例 6-32】 查找在同一单位的读者卡号、读者姓名和单位(查找同一单位有其他读者存在的清单,一个单位在读者表中只有一条记录的则不显示在查询结果中)。

为了说明问题,在读者表中插入一条表中不存在的机械学院读者记录,然后对读者表进行自身连接,代码如下:

```
INSERT INTO 读者 VALUES ('2300003', '黎明', '男', '机械学院', '2021 - 09 - 10', '正常', '03');
GO
SELECT DISTINCT A.读者卡号,A.姓名,A.单位
FROM 读者 A INNER JOIN 读者 B
    ON( A.读者卡号<> B.读者卡号 AND A.单位 = B.单位)
```

上述代码执行后,由查询结果可以看出,新插入的一条机械学院读者信息并未显示。

解题说明:A、B是为读者表定义的两个别名。为了消除重复值的记录数据,自连接查询通常还需使用 DISTINCT 关键字。

4. 交叉连接(CROSS JOIN)

交叉连接查询是关系代数的笛卡儿积运算,是将一个数据表的每一条记录都和另一个数据表的记录连接成一条新的记录,其查询结果的记录数是两个数据表记录数的乘积,查询结果数据表的字段数是两个数据表的字段总和。

去掉例 6-28 的脚本代码 ON 之后的连接条件,则为交叉连接,代码如下:

```
SELECT 读者. * ,借阅. *
FROM 读者 INNER JOIN 借阅
```

6.3.4　嵌套查询

嵌套查询类似于程序设计语言中的循环嵌套,嵌套查询指在一个 SELECT 查询语句内再嵌入一个 SELECT 查询语句。把内层的 SELECT 查询语句称作子查询(内查询),外层的 SELECT 语句称作父查询(外查询)。像连接查询一样,嵌套查询可以涉及一张数据表,也可以涉及多张数据表。

子查询语句可以出现在任何能够使用表达式的情况下,子查询最常使用在父查询的 WHERE 子句或 HAVING 子句的条件表达式中,并与比较运算符、集合运算符 IN、存在量词 EXISTS 等一起构成查询条件,完成有关操作。

嵌套查询的基本语法格式如下:

```
SELECT 字段列表
FROM 表名 1
WHERE 字段 运算符 (SELECT 字段
                FROM 表名 2
                WHERE 查询条件)
```

其中,括号中的 SELECT 命令就是子查询。

根据内外查询的依赖关系,可以将嵌套查询分为非相关子查询和相关子查询两类。

1. 非相关子查询

非相关子查询指子查询的执行不依赖父查询,并且每个子查询都只执行一次。其执行方式是,首先执行子查询,将子查询得到的结果集作为父查询的条件,然后执行父查询,如果父查询条件满足,则显示查询结果,否则不显示。

SQL Server 对嵌套查询的求解顺序是先内后外,即每个子查询是在上一级查询处理之前求解,子查询的结果用作父查询的查询条件,父查询用于显示查询结果集。

1) 使用比较运算符的嵌套查询

父查询与子查询之间通过比较运算符连接,形成了带有比较运算符的嵌套查询,一般适合子查询返回的是单列单个值的情况。其格式为:

<字段名> <比较符> (<子查询>)

【例 6-33】 查询办理借书卡比读者李丽晚的读者信息。

代码如下:

```
SELECT *
FROM 读者
WHERE 办卡日期>(SELECT 办卡日期
                FROM 读者
                WHERE 姓名 = '李丽')
```

2) 使用 ALL、ANY 运算符的嵌套查询

使用 ALL、ANY 运算符也是针对子查询结果返回的是单列多个值(一个集合)的情况,但 ALL、ANY 必须和比较运算符同时使用。其格式为:

<字段> <比较符> [ANY|ALL](<子查询>)

ALL、ANY 与比较运算符结合的操作符及语义如表 6-5 所示。

表 6-5 ALL、ANY 与比较运算符结合的操作符及语义

操 作 符	语 义
> ALL	表示大于子查询结果中的所有值(即大于子查询结果中的最大值)
> ANY	表示大于子查询结果中的某个值(即大于子查询结果中的最小值)
< ALL	表示小于子查询结果中的所有值(即小于子查询结果中的最小值)
< ANY	表示小于子查询结果中的某个值(即小于子查询结果中的最大值)
>= ALL	表示大于或等于子查询结果中的所有值(即大于或等于子查询结果中的最大值)
>= ANY	表示大于或等于子查询结果中的某个值(即大于或等于子查询结果中的最小值)
<= ALL	表示小于或等于子查询结果中的所有值(即小于或等于子查询结果中的最小值)
<= ANY	表示小于或等于子查询结果中的某个值(即小于或等于子查询结果中的最大值)
= ANY	表示等于子查询结果中的某个值(即相当于 IN)
= ALL	表示等于子查询结果中的所有值,通常没有实际意义
!= (或< >) ALL	表示不等于子查询结果中的任何一个值(即相当于 NOT IN)
!= (或< >) ANY	表示不等于子查询结果中的某个值

【例 6-34】 查询计算机类图书单价比管理类所有图书单价高的图书信息。

代码如下：

```
SELECT *
FROM 图书
WHERE 类别 = '计算机' AND 单价 > ALL(SELECT 单价
                                 FROM 图书
                                 WHERE 类别 = '管理')
```

　　思考：例6-34的">ALL"能否通过某个聚合函数实现？如果把本例">ALL"改为">ANY"，又实现了什么查询？请读者自己实现查询代码，并验证结果。

　　3) 使用IN运算符的嵌套查询

　　当子查询返回的结果是单列多个值时，除了使用ANY、ALL外，还经常使用(NOT)IN运算符，IN运算符是嵌套查询中使用最频繁的运算符，IN表示属于关系，用于判断一个值是否属于一个集合，如果子查询的结果是一个集合，则可以使用IN。其语法格式为：

```
<字段名> IN (<子查询>)
```

　　【例6-35】　查询借阅了《Python数据挖掘与机器学习》图书的读者姓名和单位。
　　代码如下：

```
SELECT 姓名,单位
FROM 读者
WHERE 读者卡号 IN (SELECT 读者卡号
                  FROM 借阅
                  WHERE 图书编号 IN (SELECT 图书编号
                                    FROM 图书
                                    WHERE 书名 = 'Python数据挖掘与机器学习'))
```

　　解题说明：

　　(1) 本例题使用了两层嵌套。

　　(2) 执行步骤为：首先，在图书表中找出《Python数据挖掘与机器学习》的图书编号，然后，在借阅关系中找出借阅了该图书的读者卡号，最后，在读者表中取出姓名和单位。

　　(3) 本例也可以使用等价的连接查询实现。

　　由此可以看出，嵌套查询可以用多个简单、易于理解的子查询构造复杂查询以提高SQL的表达能力，以这样的方式构造程序，层次清晰，易于实现，这正是SQL中"结构化"的内涵所在。

　　2. 相关子查询

　　相关子查询在SQL中属于复杂的查询，其子查询的查询结果依赖父查询的元组的一个属性值。这类查询主要针对的是带有[NOT]EXISTS运算符的嵌套查询。

　　存在量词EXISTS大量使用在相关子查询中。量词有两种：存在量词和全称量词。SQL中不支持全称量词∀的运算符，全称量词可以使用存在量词替代，通过NOT EXISTS实现。

　　带有EXISTS运算符的嵌套查询的子查询不返回任何数据，只是用来判断子查询是否有结果(逻辑真值或逻辑假值)，如果有结果(内层查询结果为非空)，则父查询的WHERE子句条件为真(TURE)，否则为假(FALSE)，其格式为：

[NOT] EXISTS (<子查询>)

【例 6-36】 查询借阅了图书编号为 GL0002 图书的读者姓名。

解题分析： 此查询可以理解为，如果在借阅表中存在该读者借阅了图书编号为 GL0002 的图书的记录，则输出那些读者的读者姓名，代码如下：

视频讲解

```
SELECT 姓名
FROM 读者
WHERE EXISTS (SELECT *
              FROM 借阅
              WHERE 借阅.读者卡号 = 读者.读者卡号
                  AND 图书编号 = 'GL0002')
```

解题说明：

（1）本例涉及读者表和借阅表两个数据表。

（2）执行步骤：先从父查询的读者表中依次取出每条记录的读者卡号（读者卡号为父查询与子查询的相关属性），然后，用此值检查借阅表中是否存在该读者卡号，并且图书编号是 GL0002 的记录，如果有，则子查询的 WHERE 条件为真，该读者所在元组的姓名就放入结果集中。

（3）注意，使用 EXISTS 的嵌套查询，由于子查询结果只返回逻辑值（真、假），因此，由 EXISTS 引出的子查询，其目标列通常用"*"表示，不需列出实际列名。

（4）该查询也可以用下面的连接查询实现。

可以看出，带有 EXIXTS 的嵌套查询的子查询的查询条件要依赖父查询的某个属性值，因此，这类查询属于相关子查询。鉴于这种相关性，子查询必须反复求值，供父查询使用。

【例 6-37】 查询没有借阅图书编号为 GL0002 图书的读者姓名。

代码如下：

```
SELECT 姓名
FROM 读者
WHERE NOT EXISTS (SELECT *
                  FROM 借阅
                  WHERE 借阅.读者卡号 = 读者.读者卡号
                      AND 图书编号 = 'GL0002')
```

该查询也可以使用集合运算符 IN 实现。

思考： 该查询能否用连接查询实现？

【例 6-38】 查询借阅了全部图书的读者卡号和姓名。

视频讲解

解题分析：

（1）题意转换为这样的等价语义：查询这样的读者，任意一本图书都被该读者借阅了。

（2）本例题要使用全称量词，SQL 不支持全称量词，可以通过使用存在量词和取非运算来实现。假设：

用谓词 $p(x,y)$ 表示"读者 x 借阅的图书 y"。

则本查询可以表示为：查询这样的读者 x，使得 $(\forall y)(P(x,y))$ 成立。

转换公式如下所示：

$$(\forall y)(P(x,y) \equiv \neg(\exists y(\neg p(x,y))))$$

根据转换公式,可将上述查询的语义描述为:查找这样的读者 x,没有一本书,该读者没有借阅,这样可以使用 NOT EXISTS 实现两层嵌套查询,代码如下:

```
SELECT 读者卡号,姓名
FROM 读者
WHERE NOT EXISTS (SELECT *
                  FROM 图书
                  WHERE NOT EXISTS (SELECT *
                                    FROM 借阅
                                    WHERE 读者卡号 = 读者.读者卡号
                                    AND 图书编号 = 图书.图书编号))
```

【例 6-39】 查询至少借阅了读者卡号为 2100003 的读者所借全部图书的读者姓名。

解题分析:

(1) 题意转换为这样的等价语义:查询这样的读者,凡是 2100003 读者借阅了的图书,该读者也借阅了。

(2) 本例题需要使用蕴涵量词,同样,SQL 不支持蕴涵量词,可以通过使用存在量词和取非运算实现。假设:

用谓词 $P(y)$ 表示"读者 2100003 借阅的图书 y"。

用谓词 $q(x,y)$ 表示"读者 x 借阅的图书 y"。

则本查询可以表示为:查询这样的读者 x,使得 $(\forall y)(P(y) \rightarrow q(x,y))$ 成立。

转换公式如下所示:

$$
\begin{aligned}
(\forall y)(P(y) \rightarrow q(x,y)) &\equiv (\forall y)(\neg P(y) \vee q(x,y)) \\
&\equiv \neg((\exists y(\neg(\neg p(y) \vee q(x,y)))) \\
&\equiv \neg(\exists y(p(y) \wedge \neg q(x,y)))
\end{aligned}
$$

根据转换公式,可以将上述查询描述为:查询这样的读者,不存在 2100003 读者借阅了的图书,而该读者没有借阅,这样可以使用 *NOT EXISTS* 实现两层嵌套查询,代码如下:

```
SELECT 姓名
FROM 读者
WHERE NOT EXISTS (SELECT *
                  FROM 借阅 A
                  WHERE A.读者卡号 = '2100003'
                        AND NOT EXISTS
                            (SELECT *
                             FROM 借阅 B
                             WHERE 读者.读者卡号 = B.读者卡号
                             AND B.图书编号 = A.图书编号))
```

解题说明: 本例中使用了两个 NOT EXISTS,使用了两次借阅表,为了标识两个借阅表中的元组,需要至少对一个借阅表进行重命名,分别用别名 A 和 B 表示。

思考: 本例中的 EXISTS 运算符能否用 IN 运算符代替,在什么情况下,可以互相替换?

通过以上实例可以得出,相关子查询的处理过程如下。

(1) 首先取父层查询的第一个元组。

（2）依据该元组的某个属性值，执行子查询。

（3）根据子查询的执行结果判断父查询的条件是否满足要求，如果子查询的结果为非空（即 EXISTS 返回真值），则将父查询的该元组放入结果集中，否则（即 EXISTS 返回假值），父查询的元组不显示在结果集中。

（4）取父查询的下一个元组，重复步骤（2）直到父查询的表全部处理完。

（5）将结果集合中的元组作为一个新关系输出。

使用嵌套查询时需要注意如下三点。

（1）子查询可以嵌套多层，且每个子查询需要用圆括号"（）"括起来。

（2）子查询中不能使用 COMPUTE[BY]、INTO、ORDER BY 子句。

（3）子查询返回的结果值的数据类型必须是 WHERE 子句中的数据类型，子查询的 SELECT 语句中不能使用 image、text 或 ntext 数据类型。

6.3.5　组合查询

SQL 支持集合运算。所谓组合查询，就是将多个 SELECT 语句的查询结果再进行集合运算。SQL 的组合查询运算符有 UNION（并操作）、INTERSECT（交操作）、EXCEPT（差操作）三种。在执行组合查询时要求参与运算的查询列数和列的顺序必须相同，数据类型必须兼容。但 SQL Server 不同版本的环境下并不完全支持这三种操作，只有 UNION 在不同版本下都能够实现。因此，在实际运用中，最好的方法是把组合查询转换为利用 EXISTS 运算符或 IN 运算符实现的查询。

【例 6-40】　查询借阅了图书编号为 JSJ001 图书或图书编号为 GL0003 图书的读者卡号。

代码如下：

```
SELECT 读者卡号
FROM 借阅
WHERE 图书编号 = 'JSJ001'
UNION
SELECT 读者卡号
FROM 借阅
WHERE 图书编号 = 'GL0003'
```

解题说明：

（1）UNION 操作符后可以跟 ALL 选项，表示将全部行并入结果中，其中包括重复行。如果未指定 ALL，则删除重复行。

（2）本题也可以使用 OR 运算符实现。

```
SELECT 读者卡号
FROM 借阅
WHERE 图书编号 = 'JSJ001' OR 图书编号 = 'GL0003'
```

【例 6-41】　查询既借阅了图书编号为 JSJ001 图书，又借阅了图书编号为 GL0003 图书的读者卡号、姓名和单位。

代码如下：

```
SELECT 读者.读者卡号,姓名,单位
FROM 读者 INNER JOIN 借阅
       ON 借阅.读者卡号 = 读者.读者卡号 AND 图书编号 = 'JSJ001'
INTERSECT
SELECT 读者.读者卡号,姓名,单位
FROM 读者 INNER JOIN 借阅
       ON 借阅.读者卡号 = 读者.读者卡号 AND 图书编号 = 'GL0003'
```

也可以使用下面的 SQL 语句实现。

```
SELECT 读者.读者卡号,姓名,单位
FROM 读者 INNER JOIN 借阅 ON 借阅.读者卡号 = 读者.读者卡号
       AND 图书编号 = 'JSJ001'
       AND 读者.读者卡号 IN (SELECT 读者卡号
                        FROM 借阅
                        WHERE 图书编号 = 'GL0003')
```

同样，可以转换成如下带有存在量词 EXISTS 的 SQL 语句实现。

```
SELECT 读者卡号,姓名,单位
FROM 读者
WHERE 读者卡号 IN (SELECT 读者卡号
                FROM 借阅 A
                WHERE 图书编号 = 'JSJ001'
                   AND EXISTS (SELECT *
                             FROM 借阅 B
                             WHERE A.读者卡号 = B.读者卡号
                               AND 图书编号 = 'GL0003'))
```

本例不可以写成如下的 SQL 语句。

```
SELECT 读者卡号,姓名,单位
FROM 读者
WHERE 读者卡号 IN (SELECT 读者卡号
                FROM 借阅
                WHERE 图书编号 = 'JSJ001' AND 图书编号 = 'GL0003')
```

因为在同一条借阅记录中，不可能出现同一个元组既满足图书编号为 JSJ001，又满足图书编号为 GL0003 的条件。

【例 6-42】 查询没有借阅图书编号为 GL0003 图书的读者卡号。

代码如下：

```
SELECT 读者卡号
FROM 读者
EXCEPT
SELECT 读者卡号
FROM 借阅
WHERE 图书编号 = 'GL0003'
```

本例也可以使用带有 EXISTS 的相关子查询实现，请读者自己验证。

6.4　数据更新在 SQL Server 2019 中的使用

6.2 节使用 CREATE TABLE 命令创建好基本表的结构后,表中并不包含任何记录,而建表的目的是用来存储和管理数据,要想实现数据存储的前提是向表中添加数据,没有数据的表是一个空的表结构,没有实际意义,同样,要实现数据库中表的良好管理,则要根据用户的需要进行数据修改和删除操作。实现数据的 INSERT(插入)、DELETE(删除)和 UPDATE(修改)操作可以通过两种方法:通过第 5 章介绍的 SQL Server Management Studio 管理工具实现,或通过本节介绍的 T-SQL 语句实现数据的更新操作。

6.4.1　插入数据

向已创建好的基本表中插入数据,SQL Server 有两种数据插入的形式:使用常量一次插入一个元组;使用行构造器或子查询的结构,一次插入多个元组。

1. 插入单个元组

使用常量插入单个元组的 T-SQL 语句的语法格式如下:

```
INSERT
[INTO] <表名>[(<属性列名 1>[,<属性列名 2>]…)]
VALUES(<常量 1>[,<常量 2>…])
```

INSERT 命令使用说明如下:

(1) INTO 关键字和属性列表可省略,且属性列不需要包含全部字段。

(2) 如果 INTO 子句中没有指明任何属性列名,则新插入的元组必须在每个属性上均有值,也就是说,如果对表中的所有列插入数据,则可以省略列名,但必须保证 VALUES 后的各数据项位置与表定义时的顺序一致,否则系统会报错。

(3) 如果给出表名后的属性列名,则表名后的属性名清单不需要和表结构的字段数目或顺序相同,但要和 VALUES 子句的属性值顺序一致。

(4) 如果只给出部分属性列名,则对于 NOT NULL 属性的字段不能省略,必须列出属性列名,因为没有出现在子句中的属性将取空值,假如这些属性已定义为 NOT NULL,将会出错。

(5) 当数据插入时,VALUES 子句中的属性值、字符与日期时间型数据需要使用单引号括起来。如果对应属性列是默认值,可以使用 DEFAULT 关键字,如果对应属性值是空值,直接使用 NULL。

【例 6-43】　向高校图书管理数据库的读者类别表中分别插入两条条记录。

代码如下:

```
USE 高校图书管理
GO
INSERT INTO 读者类别 (类别编号,类别名称,可借阅天数,可借阅数量,超期罚款额)
VALUES ( '01', '教师', 90, 6, 0.2)
GO
```

在查询编辑器窗口中输入并执行上述脚本代码,可以看到 1 行受影响的消息,说明插入数据成功。

```
INSERT INTO 读者类别
VALUES ( '02','博士研究生', 80,6, 0.4)
GO
```

同样,执行上述第二条插入语句,插入成功后,并查询读者类别表,可以看到已插入的两条记录。

解题说明:插入第二个元组省略了读者类别表的所有属性列名,VALUES 子句的常量与读者类别表字段的逻辑顺序对应。

【**例 6-44**】 向读者表分别插入三条记录。

代码如下:

```
INSERT INTO 读者
VALUES ('2100001','李丽','女','数计学院','2021-03-10','正常','01')
GO
INSERT INTO 读者
VALUES ('2100002','赵健',DEFAULT,'数计学院','2021-03-10','正常','01')
GO
INSERT INTO 读者 (读者卡号,姓名,单位,办卡日期,卡状态,类别编号)
VALUES ('2100003', '张飞', '数计学院', '2021-09-10','正常', '02')
GO
```

在查询编辑器窗口输入并执行上述脚本代码,插入成功后,查询读者表,根据执行结果可以看到三条记录已成功插入数据库中。

解题说明:由于在创建读者表时,定义了性别属性列的默认值为男的默认约束,因此,第二条记录的 VALUES 子句的性别属性值使用了 DEFAULT 关键字,第三条记录读者表名后的属性列名可以不列出定义了默认值的属性列,则对应的 VALUES 子句的默认约束的属性值也不需要列出。

【**例 6-45**】 向图书表中分别插入三条记录。

代码如下:

```
INSERT INTO 图书
VALUES ('JSJ001', 'Python 数据挖掘与机器学习', '计算机','魏伟一','清华大学出版社', '2021-04-01','59.00', '5')
GO
INSERT INTO 图书(书名,图书编号,类别,作者,出版社,单价,库存数量)
VALUES (''机器学习','JSJ002', '计算机', '赵卫东', '人民邮电出版社', 58.00, 5)
GO
```

在查询编辑器窗口中输入并执行上述插入两条记录的脚本代码,查询图书表,可以看出两条记录已成功插入。

插入第三条记录,代码如下:

```
VALUES (''机器学习','JSJ002', '计算机', '赵卫东', '人民邮电出版社', 58.00, 5)
GO
```

在查询编辑器窗口中输入并执行上述插入的第三条记录代码,执行结果如图 6-10 所示。

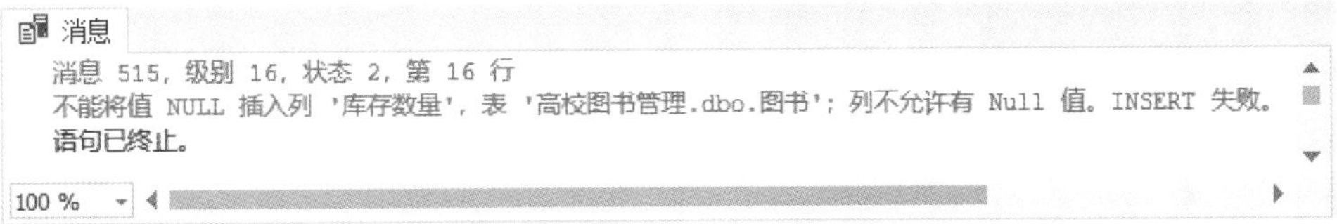

图 6-10　插入数据时的错误消息

解题说明：插入第二条记录时，只列出了部分属性列（都是 NOT NULL 列），且属性列名和表结构定义的顺序不相同，但和 VALUES 子句的属性值顺序一致，因此插入数据成功。

当插入第三条记录时，由于图书表中有八列数据，而插入的数据只有五列，且没有列出约束为 NOT NULL 的列单价和库存数量，因此系统会报错。

2. 插入多个元组

若需一次向表中插入多个元组数据，可以通过行构造器或 INSERT/SELECT 命令实现。

1）行构造器

行构造器是在 SQL Server 2008 版本及之后版本增加的功能。使用行构造器可以在同一个 INSERT 命令的 VALUES 子句中一次插入多个元组，把同一元组的属性列值用括号括起来，不同元组的数据值用逗号分隔。

```
INSERT INTO 图书
VALUES ('JSJ003', '数据库应用与开发教程','计算机', '卫琳','清华大学出版社', '2021-08-
01', '42', '5'),
('JSJ004', '疯狂 Java 讲义(第 5 版)', '计算机', '李刚','电子工业出版社', '2020-04-01',
'139.00', '5')
```

2）INSERT/SELECT 命令

若需一次向表中插入多行数据，最常用的就是使用子查询结果集的 INSERT 语句。INSERT/SELECT 命令可以将其他表的查询结果新增到要插入的数据表。首先通过 SELECT 子句从其他表中选出符合条件的批量数据，再将其插入指定的表中。

使用子查询结果集的 INSERT 语句的语法格式如下：

```
INSERT
INTO <表名>[(<属性列名 1>[,<属性列名 2>]…)]
<子查询>
```

要求子查询的目标列和插入表的列数据类型需相同，同样，如果属性列的顺序、个数都相同，则表名后的属性列名可以省略。

【例 6-46】　把图书订购数据库中图书信息表（Books）的数据记录插入高校图书管理数据库中图书表中。

```
INSERT
INTO 图书
SELECT *
FROM 图书订购.dbo.Books
```

因为要访问的数据库对象图书信息表(Books)与正在使用的数据库高校图书管理在同一台服务器上,但不在同一个数据库中,因此,引用图书信息表(Books)时可以省略服务器名,但必须指定数据库名图书订购、架构名 dbo。

【例 6-47】 求每一类别图书的总册数,并把结果存入高校图书管理数据库中。

代码如下:

```
CREATE TABLE 图书类别库存量( 类别 nvarchar(40),总册数 tinyint )
GO
INSERT INTO 图书类别库存量
SELECT 类别,SUM(库存数量)
FROM 图书
GROUP BY 类别
GO
```

解题说明:本题首先使用 CREATE TABLE 语句创建了一个“图书类别库存量”新表,用以存放每一类别的图书库存总量,然后使用 INSERT 语句将图书表中查询得到的图书类别和每一类别的图书库存量数据插入到新建的表中。

6.4.2　修改数据

在输入数据过程中,可能会出现错误,或者由于某种原因要对表中数据进行修改,SQL Server 使用 UPDATE 命令修改表中存在的记录。

修改数据的 T-SQL 语句的语法格式如下:

```
UPDATE <表名>
SET <列名> = <表达式>[,<列名> = <表达式>][,…n]
[FROM 数据源]
[WHERE <条件表达式>]
```

上述语句的功能是将<表名>中那些符合 WHERE 子句条件的元组的某些列,用 SET 子句中给出的表达式的值替代。

UPDATE 命令使用说明如下。

(1) 表名:表示要修改数据所在的数据表名称。

(2) SET 子句:指定要修改的属性名和相应属性需要修改的数据值,可以是表达式、常量、默认值或者是子查询的结果,修改多列时,列之间用逗号隔开。

(3) FROM 子句:指定表、视图执行合并修改操作提供的条件,或使用子查询取得修改范围。

(4) WHERE 子句:指定将要修改的记录需要满足的条件。如果无 WHERE 子句,则表示要修改指定表中的全部元组。需要指出的是,在 UPDATE 的 WHERE 子句中也可以嵌入查询语句。

1. 修改单个元组

修改单个元组,可以同时修改数据表中的多个属性列值。

【例 6-48】 在读者表中,修改读者卡号为 2100004 的记录,将卡状态的值改为挂失,将单位的值修改为全称“数学与计算机科学学院”。

代码如下：

```
UPDATE 读者
SET 卡状态 = '挂失',单位 = '数学与计算机科学学院'
WHERE 读者卡号 = '2100004'
```

【例 6-49】 在例 6-48 的结果上,将读者卡号为 2100004 的读者单位修改为与读者卡号为 2100001 相同的单位名称。

代码如下：

```
UPDATE 读者
SET 单位 = (SELECT 单位
            FROM 读者
            WHERE 读者卡号 = '2100001')
WHERE 读者卡号 = '2100004'
```

解题说明：此例中修改的属性列"单位"的值使用子查询。

2. 修改多个元组

在实际业务中,有时需要同时修改整个表的某些属性列的值,或者是复合条件的某些属性列的值。

【例 6-50】 将读者表的办卡日期属性列的值统一修改为 2021-09-10。

代码如下：

```
UPDATE 读者
SET 办卡日期 = '2021 - 09 - 10'
```

【例 6-51】 将读者赵亮所借图书的还书日期统一修改为 2021-07-15。

代码如下：

```
UPDATE 借阅
SET 还书日期 = '2021 - 07 - 15'
WHERE 读者卡号 IN (SELECT 读者卡号
                    FROM 读者
                    WHERE 姓名 = '赵亮')
```

解题说明：此例 WHERE 子句使用了嵌套的 SELECT 查询语句,通过查询得到读者赵亮的读者卡号,然后,在借阅表中通过得到的读者卡号修改所在元组的还书日期。

此例也可以使用多表连接实现,代码如下：

```
UPDATE 借阅
SET 还书日期 = '2021 - 07 - 15'
FROM 借阅 INNER JOIN 读者 ON 借阅.读者卡号 = 读者.读者卡号
WHERE 姓名 = '赵亮'
```

解题说明：如果 UPDATE 命令修改数据的属性值和修改的条件来自不同的表,可以在 FROM 子句中使用多表连接查询实现修改操作。

事实上,当需要其他表的信息确定将要修改元组属性值时,可以使用两种方法实现：子查询方法和多表连接方法。

使用 UPDATE 语句可以一次修改一行数据,也可以一次修改多行数据,甚至是整张表的数据。但无论哪种修改,都要求修改前后的数据类型和数据个数相同。

6.4.3　删除数据

随着系统的运行,数据库表中可能会产生一些不再需要的数据,这些数据不仅占用存储空间,而且影响数据查询的速度,应该及时删除以节省磁盘空间。

数据删除的语法格式如下:

```
DELETE [FROM]<表名>
[WHERE <条件>]
```

T-SQL 的扩展语句删除记录的语法格式为:

```
DELETE <表名>
FROM <表名><连接类型>JOIN<表名> ON 连接条件
[WHERE <条件>]
```

扩展语句的语法格式和一般格式的区别只是把表之间的连接条件放在 FROM 子句后,其形式同 SELECT 查询语句中 FROM 子句形式,两种语法格式在 SQL Server 2019 环境下都可以实现。

上述语句的功能是指从指定表中删除满足 WHERE 子句条件的所有元组。

DELETE 命令使用说明如下。

(1) 表名:指定要执行删除操作的数据表名称。

(2) FROM 子句:T-SQL 的 FROM 子句指定用来创建不是 DELETE 子句数据表字段的删除条件。

(3) WHERE 子句:指定删除需要满足的条件。如果在数据删除语句中省略 WHERE 子句,则表示删除表中全部元组。DELETE 的 WHERE 子句中可以嵌入 SELECT 的查询语句。

【例 6-52】　删除读者卡号为 2200001 读者的借阅信息。

代码如下:

```
DELETE
FROM 借阅
WHERE 读者卡号 = '2200001'
```

【例 6-53】　删除读者杨少华的所有借阅记录。

代码如下:

```
DELETE 借阅
FROM 借阅 INNER JOIN 读者 ON 借阅.读者卡号 = 读者.读者卡号
WHERE 姓名 = '杨少华'
```

或使用以下的表示形式:

```
DELETE 借阅
FROM 借阅, 读者
WHERE 借阅.读者卡号 = 读者.读者卡号 AND 姓名 = '杨少华'
```

或使用以下带有子套查询的 DELETE 语句:

```
DELETE 借阅
WHERE 读者卡号 IN (SELECT 读者卡号
                 FROM 读者
                 WHERE 姓名 = '杨少华')
```

解题说明：此例使用了三种方法表示。如果删除涉及多个表，则 DELETE 子句之后必须列出要删除数据所属的表名。

注意，DELETE 语句删除的是表中的数据，而不是表的结构，即使表中的数据全部被删除，表的结构仍在数据库中。

如果删除整个数据表，T-SQL 中还提供了一个 TRUNCATE TABLE 命令。相当于 DELETE 表名，用于删除数据表的所有记录。其语法格式如下：

```
TRUNCATE TABLE 表名称
```

上述语句表示从数据库删除指定的数据表的内容。TRUNCATE TABLE 和 DELETE 的不同点如下。

（1）TRUNCATE TABLE 删除记录的数据块，且不会将删除记录的操作写入事务日志，DELETE 会写入事务日志。

（2）TRUNCATE TABLE 删除完记录后，标识列会重新开始记数，而用 DELETE 语句删除之后，从上次最后记录为开始点继续记数。

（3）如果要删除记录的表是其他表外键指向的表，那么，不能用 TRUNCATE TABLE 语句删除，只能用 DELETE。

需要注意的是，在进行数据更新操作时，一定要保证数据的完整性。涉及不同操作需要检查哪些完整性，详细内容参照 8.2.1 节完整性控制内容。

6.5　数据控制在 SQL Server 2019 中的应用

由 DBMS 提供统一的数据控制功能是数据库系统的特点之一。SQL 中数据控制功能包括安全性控制、完整性控制、并发控制和数据库的恢复。这些内容将在后面章节详细介绍，本节主要讨论 SQL 的安全性控制功能。

6.5.1　数据控制方法与 SQL Server 的数据库操作权限

数据控制是系统通过对数据库用户的使用权限加以限制而保证数据安全的重要措施。那么，数据库管理系统是如何保证哪些用户对哪些数据具有何种操作权力？

1. 数据控制方法

SQL Server 数据库管理系统通过以下三个步骤来实现数据控制。

1）授权定义

具有授权资格的用户，如数据库管理员 DBA 或建表用户 DBO，通过数据控制语言 DCL，将授权决定告知数据库管理系统。

2）存权处理

DBMS 把授权的结果编译后存入数据字典中。数据字典是由系统自动生成、维护的一组表，数据字典中记录着用户标识、基本表、视图和各表的属性描述及系统授权情况。

3) 查权操作

当用户提出操作请求时,系统需在数据字典中查找该用户的数据操作权限,只有当用户拥有该操作权时才能执行相应的操作,否则系统将拒绝操作。

2. SQL Server 的数据库操作权限

SQL Server 2019 的数据库操作权限有对象权限、系统权限和隐含权限三种。

1) 对象特权

对象特权指用户访问和操作数据库中的表、视图、存储过程等对象的操作权限,类似于数据库操作语言 DML 的语句权限。有五个对象权限:用于表和视图的 SELECT、INSERT、UPDATE、DELETE 权限和用于存储过程的 EXECUTE 权限。

2) 系统权限

系统权限又称为语句权限,指用户创建或删除数据库、创建或删除用户、创建或修改数据库对象、执行数据库或事务日志备份的权限。系统权限包括 CREATE DATABASE、CREATE TABLE、CREATE VIEW、CREATE DEFAULT、CREATE RULE、BACKUP DATABASE、BACKUP LOG。

3) 隐含权限

隐含权限是 SQL Server 2019 系统内置权限,是不需要进行授权就可拥有的数据操作权。用户拥有的隐含特权与自己的身份有关,例如,数据库管理员 DBA 可进行数据库内的任何操作,数据库拥有者 DBO 可以对自己的数据库进行任何操作,而数据库对象的拥有者可对对象中的数据进行任何操作。

因此,权限的设置实际上指对语句权限和对象权限的设置。详细的权限管理介绍参见8.1.5 节。

6.5.2　数据控制实例分析

权限设置可以有三种存在的形式:授权(grant)、收权(revoke)和拒绝访问(deny)。授权是授予用户某种权限,收权是撤销以前授予的权限,拒绝是显式禁止用户使用某项权限。

1. 对象权限的设置

设置对象权限的语法格式如下:

```
GRANT/REVOKE/DENY {ALL |[PRIVILIGES] ON <对象名>
{TO |FROM} <用户组>|PUBLIC
[WITH GRANT OPTION];
```

其中,ALL 指所有的对象权限;对象名指操作的对象标识,包括表名、视图名和存储过程名等;TO 在授予、拒绝访问权限时使用;FROM 在收回权限时使用;PUBLIC 指数据库的所有用户;WITH GRANT OPTION 指获得权限的用户可以把该权限再授予别的用户。

需要说明的是:

(1) DBA 拥有数据库操作的所有权限,它可以将权限赋予其他用户。

(2) 建立数据库对象的用户称为该对象的属主(OWNER),拥有该对象的所有操作权限。

(3) 接受权限的用户可以是一个或多个具体用户,也可以是全体用户(PUBLIC)。

【例 6-54】 授予用户 user1 图书表上的 SELECT、INSERT 权限,并允许他将得到的权限再赋予别的用户。

代码如下：

```
GRANT SELECT,INSERT ON 图书 TO user1 WITH GRANT OPTION
```

2. 语句权限的设置

设置语句权限的语法格式如下：

```
GRANT/REVOKE/DENY <系统权限组> {TO |FROM} <用户组>| PUBLIC
[WITH GRANT OPTION]
```

【例 6-55】 把授予用户 user2 创建表的权限收回，授予除了用户 user3 之外的其他所有用户创建视图的权限。

代码如下：

```
REVOKE CREATE TABLE FROM user2
GO
GRANT CREATE VIEW TO PUBLIC
DENY CREATE VIEW TO user3
GO
```

习题 6

1. 选择题

(1) SQL 是(　　)的语言，具有功能强大、简单易学的特点。

　　　A. 过程化　　　　　B. 非过程化　　　　C. 格式化　　　　D. 高级化

(2) SQL 具有两种使用方式，分别称为交互式 SQL 和(　　)。

　　　A. 提示式 SQL　　　B. 多用户 SQL　　　C. 嵌入式 SQL　　　D. 解释式 SQL

(3) 以下关于 SQL 语句的书写准则中不正确的是(　　)。

　　　A. SQL 语句对大小写敏感，关键字需要采用大写形式

　　　B. SQL 语句可写成一行或多行，习惯上每个子句占用一行

　　　C. 关键字不能在行与行之间分开，并且很少采用缩写形式

　　　D. SQL 语句的结束符可为分号";"

(4) SQL 的数据操功能中，最重要的也是使用最频繁的语句是(　　)。

　　　A. SELECT　　　　B. INSERT　　　　C. UPDATE　　　D. DELETE

(5) 下列关于基本表的叙述中，错误的是(　　)。

　　　A. 一个存储文件可包含多个表

　　　B. 一个基本表对应一个存储文件

　　　C. 一个基本表只能有一个索引，索引也存放在存储文件

　　　D. 基本表是独立存储在数据库中的，但一个存储文件中可存放多个基本表

(6) 一般来说，以下情况的列不适合建立索引(　　)。

　　　A. 经常被查询的列　　　　　　　　　B. ORDER BY 子句中使用的列

　　　C. 外键或主键的列　　　　　　　　　D. 包含许多重复值的列

(7) 在关系数据库系统中,为了简化用户的查询操作,而又不增加数据的存储空间,常用的方法是创建(　　)。

  A. 索引   B. 游标   C. 视图   D. 触发器

(8) 定义基本表时,若要求某一列的值是唯一的,则应在定义时使用(　　)关键字,但如果该列是主键,则此关键字可以省略不写。

  A. DISTINCT B. UNIQUE C. NULL   D. NOT NULL

(9) 若要删除数据库中已经存在的出版社表,可用(　　)。

  A. DELETE TABLE 出版社   B. DELETE 出版社

  C. DROP TABLE 出版社   D. DROP 出版社

(10) 向读者表中增加一个列联系电话后,原有元组在该列上的值是(　　)。

  A. TRUE   B. FALSE   C. 空值   D. 不确定

(11) 如表 6-6、表 6-7 所示的数据库表中,若教师表的主码是教师编号,系部表的主码是系部编号,下列(　　)操作不能执行。

表 6-6　教师表

教 师 编 号	姓　　名	性　　别	系 部 编 号
001	张三	男	A1
005	李四	男	A2
025	王五	女	A1

表 6-7　系部表

系 部 编 号	系 部 名 称	负 责 人
A1	数计学院	李莉
A2	物电学院	王华
A3	机械学院	张东

  A. 从教师表中删除('001','张三','男','A1')

  B. 将教师编号为'005'的系部编号修改为'A3'

  C. 将教师编号'025'的教师姓名修改王强

  D. 将系部表中系部编号'A2'修改为'A8'

(12) 若用如下的 SQL 语句创建一个教师表:CREATE TABLE Teacher(Tno char(4) NOT NULL,Tname char (8) NOT NULL,Tsex char (2),Sage smallint;可以插入到 Teacher 表中的是(　　)。

  A. ('1031','王平,女,23)   B. ('1031',NULL,NULL,NULL)

  C. ('1031','王平','女',23)   D. ('1031',NULL,'女',23)

(13) 视图创建后,数据库中存放的是(　　)。

  A. 查询语句   B. 查询结果

  C. 视图定义   D. 所引用的基本标的定义

(14) 视图是一个"虚表",视图的构造基于(　　)。

  A. 基本表   B. 视图   C. 基本表或视图 D. 数据字典

(15) 在视图上不能完成的操作是(　　　)。

    A. 更新视图　　　　　　　　　　　B. 查询

    C. 在视图上定义新的基本表　　　　D. 在视图上定义新视图

(16) 下面关于视图的描述中,不正确的是(　　　)。

    A. 视图是外模式

    B. 使用视图可以加快查询语句的执行速度

    C. 视图是虚表

    D. 使用视图可以简化查询语句的编写

(17) 使用 SQL 语句进行查询操作时,若希望查询结果中不出现重复元组,应在 SELECT 子句中使用(　　　)关键字。

    A. UNIQUE　　　B. ALL　　　　　C. EXCEPT　　　D. DISTINCT

(18) 在 SQL 语句中,可以用来实现关系代数中 π 运算功能的是(　　　)语句。

    A. SELECT　　　B. FROM　　　　C. WHERE　　　D. HAVING

(19) 在 SELECT 语句中,与关系代数中 σ 运算符对应的是(　　　)子句。

    A. SELECT　　　B. FROM　　　　C. WHERE　　　D. GROUP BY

(20) 在 SQL 查询语句中,用于测试子查询是否为空的谓词是(　　　)。

    A. EXISTS　　　B. UNIQUE　　　C. SOME　　　　D. ALL

(21) 关系模式 $R(A,B,C,D,E)$ 中的关系代数表达式 $\sigma_{3<2}(R)$ 等价于 SQL 语句(　　　)。

    A. SELECT　*　FROM　R　WHERE　C<2

    B. SELECT　B,E　FROM　R　WHERE　B<2

    C. SELECT　B,E　FROM　R　HAVING　C<2

    D. SELECT　*　FROM　R　WHERE　3<B

(22) 在 UNION、INTERSECT、EXCEPT 运算符之后加(　　　)选项,运算的结果集合中将不去掉重复元组。

    A. DISTINCT　　　B. ALL　　　　C. UNIQUE　　　D. ANY

(23) 设有一个关系:学生(学号,姓名),查询名字中第 2 个字为"马"字的学生的姓名和学号,则查询条件子句应写成 WHERE 姓名 LIKE(　　　)。

    A. '_ _马%'　　　B. '_马%'　　　C. '_马_'　　　D. '%马%'

(24) SQL 集数据查询、数据操纵、数据定义和数据控制功能于一体,语句 ALTER TABLE 实现下列哪类功能(　　　)。

    A. 数据控制　　　B. 数据查询　　　C. 数据定义　　　D. 数据操纵

(25) 带有 EXISTS 的相关子查询的执行次数由(　　　)决定。

    A. 父查询的查询条件　　　　　　B. 子查询的查询条件

    C. 子查询表的行数　　　　　　　D. 父查询表的行数

2. 简答题

(1) 简述 T-SQL 的特点。

(2) 比较基本表与视图数据操作的异同。

(3) 在 SELECT 语句中,HAVING 与 WHERE 子句的区别是什么?

(4) 举例说明什么是内连接、外连接和交叉连接?

(5) 什么是内外层相关的嵌套查询? 这样的嵌套查询有什么特点?

3. 应用题

学生选课数据库(XSXK)中各表的结构如下所示。

学生(学号,姓名,性别,出生日期,所在院系,电话);

课程(课程编号,课程名,学分,先行课,任课教师);

选课(学号,课程编号,成绩)

其中,学号为学生表的主键,课程编号为课程表的主键,先行课为课程表的外键,学号和课程编号共同组成选课表的主键,学号、课程编号分别为选课表的两个外键。

要求设计相应的 T-SQL 语句,完成以下操作。

(1) 创建 XSXK 数据库,要求创建数据库时,各参数选取默认值。

(2) 创建学生表、课程表、选课表,各表属性列的要求参照第 5 章的习题,同时,定义学生表的性别列默认值为"男"的约束和选课表中的成绩列取值在 0~100 的约束,并且默认值为空值。

(3) 为 XSXK 数据库中的学生表、课程表建立索引。其中,学生表按姓名升序建立唯一性索引,课程表按照课程号升序建立唯一性索引。

(4) 为选课表按照学号升序、课程号降序建立唯一性索引。

(5) 使用 T-SQL 语句向各表中插入一些记录,插入时注意数据的完整性约束。

(6) 创建选修了"数据库原理及应用"课程的视图,包括学生学号、姓名。

(7) 创建所在院系为"数计学院"的学生视图,包括学生学号、姓名、年龄。

(8) 创建由学生姓名、所选修的课程名称及任课教师的视图。

(9) 创建分组视图,将学生的学号、总成绩、平均成绩定义为一个视图。

(10) 创建一个行列子集视图,给出选课成绩合格的学生学号、所选课程编号和成绩。

(11) 查询数计学院或生工学院的学生姓名和年龄。

(12) 查询学分大于 3 的课程信息。

(13) 查询课程名中有数据库的课程信息,并按照课程编号的升序进行排序。

(14) 查询成绩为空的学生学号。

(15) 查询选修了课程的学生人数。

(16) 统计各个院系的学生人数。

(17) 查询选修了五门以上课程的学生总成绩(不统计不及格的成绩信息)。

(18) 查询平均分大于 80 分的各门课程的课程编号、平均分、最高分、最低分。

(19) 查询每一门课程的选课人数、平均成绩,并按照课程编号的升序、平均成绩的降序进行排序。

(20) 创建学生平均成绩表,然后把每一个学生的平均成绩插入到已经存在的学生平均成绩表(学号、姓名、平均成绩)中。

(21) 查询选修了"数据库原理及应用"课程,且成绩在 90 分以上的学生姓名。

(22) 查询每一门课程的间接先行课。

(23) 查询每个学生及其选修课程的情况(含未选课的学生信息)。

(24) 查询选修了课程编号为 C1 的成绩最高的学生学号。

（25）查询平均成绩最高的学生学号。

（26）查询全部学生都选修的课程名。

（27）查询选修了"王平"老师讲授的所有课程的学生姓名。

（28）查询至少选修了学号为 S1 学生所选修课程的学生学号。

（29）查询没有选修课程编号为 C2 的学生学号和姓名。

（30）查询选修了 C1 课程但没有选修 C2 课程的学生学号。

（31）查询其他院系中比数计学院所有学生年龄都小的学生姓名及年龄。

（32）把选修了"李老师"所教课程的女同学的选课成绩增加 5%。

（33）把选修了"SQL Server 数据库管理与开发"课程的选课元组全部删除。

（34）把对选课表的数据查询、插入和删除的操作权限赋给用户王丽,并允许她将此权限授予其他用户。

（35）把用户陈星具有的修改成绩的权限收回。

第 **7** 章

数据库编程

学习目标

- 掌握 T-SQL 编程的基本语句和流程控制方法；
- 理解存储过程、触发器的概念，掌握存储过程的创建和调用方法，掌握 DML 触发器的作用和相关操作；
- 了解 SQL Server 数据库管理系统常用的内置函数使用，掌握两种用户自定义函数的定义和调用方法；
- 理解游标的概念，掌握游标的使用方法。

重点：存储过程、DML 触发器的概念和编程。

难点：存储过程、触发器、函数、游标在数据库应用开发中的灵活运用。

在数据库管理系统内部也支持数据处理编程功能，本章主要介绍 SQL Server 数据库编程的一些基本内容，主要包括存储过程编程、触发器编程、函数和游标。

7.1 T-SQL 常用的语言元素

T-SQL 具有 SQL 的主要特点的同时，还增加了变量、函数、运算符、流程控制和注释等语言元素，为用户的编程提供了方便。其中，运算符详见 6.1.3 节内容。

7.1.1 变量

变量是一种批处理的对象，用来存储指定数据类型在批处理执行期间的暂存数据。不仅可以在查询语句中使用变量，也可以在任何 T-SQL 语句集合中声明使用。在 T-SQL 中变量的使用非常方便，根据其生命周期，可以将变量分为全局变量和局部变量。

全局变量是 SQL Server 系统提供的内部使用变量，其作用范围并不仅仅局限于某一程序，而是任何程序均可随时调用。全局变量通常存储 SQL Server 的配置设定值和统计数据，全局变量在引用时要在名称前加上标志"@@"。用户可以在程序中用全局变量来测试系统的设定值或者 T-SQL 命令执行后的状态值。全局变量是在服务器定义好的，用户只能使用预先定义的全局变量，不能修改。

局部变量是一个拥有特定数据类型的对象，其作用范围仅仅局限在程序内部，只在当前批处理中有效。局部变量被引用时要在其名称前加上标志"@"。在批处理和脚本中变量有如下主要用途。

（1）在不同的 T-SQL 命令语句之间传递数据。

（2）可以保存存储过程、自定义函数的传入、参数或存储返回值、保存数据值以提供给控制流语句进行测试。

（3）作为循环结构的计数器或控制循环执行的条件。

（4）作为 WHERE 子句的条件。

1．变量的声明

用户在批处理中声明的变量是一种 T-SQL 局部变量，在声明局部变量后，局部变量只在当前的批处理、存储过程、触发器中有效。

定义局部变量的语法形式如下：

```
DECLARE @变量名称 1 数据类型[ = 初值]
         [,@变量名称 2 数据类型[ = 初值]] [ … … n]
```

其中，变量名必须符合 SQL Server 的标识符命名规则，变量名之前必须以"@"开头。数据类型可以是任何由系统提供或用户自定义的数据类型。

【例 7-1】 使用 DECLARE 语句创建三个名为@name、@address 和@total 的局部变量，并将前两个变量都初始化为 NULL，第三个变量@total 指定初始值为 1，同时显示变量的值。

代码如下：

```
DECLARE @name varchar(10), @address char(30), @total int  = 1
PRINT @name
PRINT @address
PRINT @total
```

上述批处理在声明变量后，因为@name、@address 没有指定初值，默认值为 NULL，所以 PRINT 命令无法显示此变量值，只能显示变量@total 的值。

变量声明的说明如下。

（1）使用 DECLARE 一次可以声明多个局部变量，各局部变量之间用逗号相隔。

（2）使用 DECLARE 命令声明局部变量后，声明后的变量初始化为 NULL。

（3）声明变量的同时也可以指定变量的初值。

（4）PRINT 输出命令可以向客户端应用程序返回用户自定义信息，可以显示局部或全局变量的字符串值。

2．变量的赋值

T-SQL 变量在声明后，如果没有指定变量的初值，可以在批处理中使用 SET 命令或 SELECT 命令为变量赋值。其中，SET 命令只能一次给一个变量赋值，而 SELECT 命令一次可以给多个变量赋值。

1）使用 SET 命令赋值

SET 命令赋值的语法格式如下：

```
SET @变量名称 = 表达式
```

其中，变量值可以是表达式值、常量值和 SELECT 命令语句的查询结果。

【例 7-2】 将计算机类图书的库存总量赋给变量@total，并使用 PRINT 命令显示变量值。

代码如下：

```
DECLARE @total tinyint
SET @total = (SELECT SUM(库存数量)
                FROM 图书
                WHERE 类别 = '计算机')
PRINT '库存总量：' + CAST( @total AS char)
```

解题说明：此例在声明变量后，使用 SELECT 命令的查询结果给变量赋值。其中，CAST 是 SQL Server 的数据类型转换函数。数据类型转换是因为表达式可能拥有多个不同数据类型的变量或常量值。

SQL Server 的类型转换可以分为两种：隐式类型转换和显式类型转换。隐式类型转换是 SQL Server 对于相近的数据类型自动进行的转换，例如，int 和 smallint 会自动将 smallint 转换成 int。而显式类型转换通过 SQL Server 提供的两个类型转换函数 CAST 和 CONVERT，可以将数据从一种数据类型转换为另一种数据类型。其语法格式为：

```
CAST(<表达式> AS <数据类型>)
CONVERT(<数据类型>[(<长度>)],<表达式>)
```

2) 使用 SELECT 命令赋值

SELECT 命令也可以为变量赋值，或配合 FROM 子句将查询结果的域值赋给变量。与 SET 命令不同的是，SELECT 命令一次可以给多个变量赋值。其赋值语法格式如下：

```
SELECT @变量名称 = 表达式或域名
```

其中，变量值可以是表达式值、常量值和查询结果的记录数据。

【例 7-3】 将读者表中女读者的姓名和单位的域值存入局部变量@myname 和@mydepat。

代码如下：

```
DECLARE @myname nvarchar(16) ,@mydepat nvarchar(30)
SELECT @myname = 姓名,@mydepat = 单位
FROM 读者
WHERE 性别 = '女'
SELECT @myname AS 姓名, @mydepat AS 单位
```

解题说明：SELECT 命令不仅能为变量赋值，而且可以用来显示变量值。此例批处理从读者表查询出满足条件的域值后，将其分别指定给变量@myname 和@mydepat，因为查询结果不止一条记录，因此，只将最后一条记录对应域值存入变量中。

注意：使用 PRINT、SELECT 两种输出变量的方式不同，使用 PRINT 只能一次输出一个变量，其值在查询后的"消息"窗口中显示。使用 SELECT 相当于进行无数据源检索，可以同时输出多个变量。

7.1.2　流程控制语句

T-SQL 脚本通常顺序执行各命令语句，但是对于复杂的工作，为了实现预期的运行效果，需要使用像其他程序设计语言一样的"流程控制结构"来控制语句的执行次序和执行分支。T-SQL 也提供了一些流程控制语句，使得对数据库中数据的检索、更新、插入等操作更

加方便和容易。使用流程控制语句可以配合条件判断来执行不同的命令语句,或重复执行命令语句。

1. 语句块 BEGIN…END

T-SQL 中使用 BEGIN…END 指定语句块,语句块相当于 C 语言中的{…}。BEGIN…END 命令可以将多个 T-SQL 命令组合起来形成一个逻辑块,主要用于 IF 语句、WHILE 语句和 CASE 函数,用以表示该语句块中的语句在该条件下运行。BEGIN…END 可以嵌套使用。

当流程控制命令需要执行两个或两个以上的 T-SQL 命令时,就需要使用 BEGIN…END 语句。其语法格式为:

```
BEGIN
    SQL 语句 1
    SQL 语句 2
    …
END
```

语句块与一般编程语言有所不同的是,在语句块中声明的变量其作用域是在声明后的整个批处理,而不仅仅局限于这个语句块。

2. IF…ELSE 条件控制语句

IF…ELSE 语句是分支语句,用于在执行一组代码之前进行条件判断,根据判定给定的条件,决定执行哪条语句或语句块。当条件为 TRUE,则执行 IF 后面的语句块,否则执行 ELSE 后面的语句块(如果有 ELSE 子句的话)。其语法格式为:

```
IF 条件表达式
    {SQL 命令语句|语句块}
[ELSE
    {SQL 命令语句|语句块}]
```

格式说明如下。

(1) 如果是单分支流程,可以不含 ELSE,多条 IF 语句可以嵌套使用。

(2) 当语句块中只有一条语句时可以忽略 BEGIN…END,直接跟 SQL 语句。

(3) 如果条件表达式中包含 SELECT 语句,则必须用圆括号将 SELECT 语句括起来。

应当注意的是,IF 语句没有类似于 ENDIF 的结束子句,只与单语句管理,如果要执行语句组,则应通过 BEGIN…END 表示。

【例 7-4】 统计读者卡号为"2100002"读者的借书数目,如果不少于 2 本就显示"你借阅了×本图书,很好,祝你阅读愉快!",否则显示"你借阅了×本图书,借书有点少,请多提宝贵建议!"(其中×表示借书数目)。

代码如下:

```
DECLARE @cn smallint, @txt varchar(100)
SET @cn = ( SELECT COUNT(图书编号)
            FROM 借阅
            WHERE 读者卡号 = '2100002')
IF @cn >= 2
    BEGIN
```

```
        SET @txt = '你借阅了' + CAST(@cn AS char(2))
        SET @txt = @txt + '本图书,很好,祝你阅读愉快!'
    END
ELSE
    BEGIN
        SET @txt = '你借阅了' + CAST(@cn AS char(2))
        SET @txt = @txt + '本图书,借书有点少,请多提宝贵建议!'
    END
SELECT @txt AS 借书提示信息
```

3. WHILE 循环控制语句

为了实现循环,T-SQL 提供了 WHILE 循环控制语句,可创建循环的控制结构。WHILE 语句根据条件重复执行一条或多条 T-SQL 代码,只要条件表达式为 TRUE,就循环执行语句或语句块,直到条件表达式为 FALSE 才结束循环。在 WHILE 循环语句中,可以通过 CONTINUE 或者 BREAK 语句跳出循环。其基本的语法格式为:

```
WHILE 条件表达式
    {SQL 命令语句|语句块}
        [BREAK]
    {SQL 命令语句|语句块}
        [CONTINUE]
```

格式说明如下。

(1) BREAK 为从本层 WHILE 循环中退出,当存在多层循环嵌套时,使用 BREAK 语句只能退出其所在的内层循环,然后重新开始外层的循环。

(2) CONTINUE 为结束本次循环,使循环重新开始执行,忽略 CONTINUE 关键字之后的任何语句。

4. CASE 多条件函数

CASE 多条件函数可以创建多个条件判断的命令语句,相比 IF…ELSE 语句,CASE 函数进行分支流程控制可以简化 SQL 语句格式,使代码更加清晰、易于理解。在 SQL Server 中,CASE 仅仅是一个函数,不能作为独立语句来执行,也不能改变执行流程,只能从多个表达式中返回符合条件的表达式。

SQL Server 的 CASE 函数分为两种:简单 CASE 函数和查询 CASE 函数。

1) 简单 CASE 函数

简单 CASE 函数执行单一值相等的比较,以确定结果。其语法格式如下所示:

```
CASE 输入表达式
    WHEN 比较表达式 1 THEN 结果表达式 1
    WHEN 比较表达式 2 THEN 结果表达式 2
    [… n]
        [ELSE 结果表达式]
    END
```

格式说明:简单 CASE 函数在执行时,比较 CASE 后的输入表达式与各 WHEN 子句的比较表达式,如果相等,则执行 THEN 后面的结果表达式,执行完后跳出 CASE 语句;否则,返回 ELSE 后面的结果表达式。

【例 7-5】 使用 CASE 函数,根据读者"类别编号"判断读者所属的读者类别名称。

代码如下:

```
SELECT 读者卡号,姓名,
  CASE 类别编号
    WHEN '01' THEN '教师'
    WHEN '02' THEN '博士研究生'
    WHEN '03' THEN '硕士研究生'
    WHEN '04' THEN '本科生'
      ELSE '没有录入'
    END AS 读者所属类别
FROM 读者
```

2) 查询 CASE 函数

查询 CASE 函数是一种多种条件的比较,并不需要输入表达式,而是在 WHEN 子句中计算一组逻辑表达式以确定结果。其语法格式如下所示:

```
CASE
      WHEN 逻辑表达式 1 THEN 结果表达式 1
      WHEN 逻辑表达式 2 THEN 结果表达式 2
  [...n]
      [ELSE 结果表达式]
  END
```

格式说明: CASE 关键字后面没有输入表达式,多个 WHEN 子句中的表达式依次执行,如果表达式为 TURE,则执行 THEN 子句后面的结果表达式,执行完后,跳出 CASE 语句;否则,返回 ELSE 后面的结果表达式。如果没有指定 ELSE 子句,则返回 NULL。

【例 7-6】 统计不同类别图书的平均单价及评价信息,评价信息用贵、稍贵、可以接受、便宜、非常便宜表示,要求统计结果以平均单价的降序进行排序。当平均单价大于或等于 50 元,评价为"贵";当平均单价大于或等于 40 元小于 50 元评价为"稍贵";当平均单价大于或等于 30 元小于 40 元评价为"可以接受";当平均单价大于或等于 20 元小于 30 元评价为"便宜";否则评价为"非常便宜"。

代码如下:

```
SELECT 类别 ,STR( AVG(单价),4,1) AS '平均单价',
    CASE
      WHEN AVG(单价)>= 50 THEN '贵'
      WHEN AVG(单价)>= 40 THEN '稍贵'
      WHEN AVG(单价)>= 30 THEN '可以接受'
      WHEN AVG(单价)>= 20 THEN '便宜'
        ELSE '非常便宜'
    END AS '评价信息'
FROM 图书
GROUP BY 类别
ORDER BY 平均单价 DESC
```

解题说明:

(1) 此例使用了多分支的查询 CASE 函数,CASE 之后没有输入表达式,而是在每一个

WHEN 子句中创建逻辑条件的表达式。

(2) STR(表达式,length,decimal)是一个常用的字符串函数,用于将数值数据转换为字符数据。其中,表达式是一个带小数点的近似数字数据类型的表达式,length 表示总长度(总长度包括小数点、符号、数字以及空格),decimal 指定小数点后的位数。

5. WAITFOR 语句

WAITFOR 语句用来暂时停止批处理、存储过程或事务等程序的执行,直到所设定的等待时间已过或所设定的时刻快到,才继续往下执行。延迟时间和时刻的格式为"HH：MM：SS"。其语法格式如下:

```
WAITFOR {DELAY | TIME}
```

其中,DELAY 关键字指定必须延迟的一段时间,如 10s,最长可为 24h,TIME 关键字指定运行程序的时间点,如上午 10 点。

6. GOTO 语句

GOTO 语句可以更改执行流程到指定的标签处。跳过 GOTO 语句后面的 T-SQL 语句,并从标签位置继续处理。GOTO 语句可在程序中的任何位置使用。其语法格式如下:

```
标签名称:
    <语句组>
GOTO 标签名称
```

使用 GOTO 语句跳转时,需要指定跳转标签的名称。标签的定义可在 GOTO 语句之前或之后。标签名称可以是数字和字符的组合,但必须以"："结尾。GOTO 语句最常使用在跳出嵌套循环,因为 BREAK 只能跳出本层 WHILE 循环,如果需要跳出整个嵌套循环,则需使用 GOTO 语句。

7. RETURN 语句

RETURN 表示从查询、存储过程或程序中无条件退出。可在任何时候用于从批处理、语句块中退出,RETURN 之后的语句将不会被执行。其语法格式如下:

```
RETURN [<整数表达式>]
```

其中,整数表示返回的整数值,即返回代码。返回的整数值可以由用户定义,以方便程序调试。

8. 注释语句

程序中的注释可以增加程序的可读性和维护性。注释是程序中不可执行的文本字符串,SQL Server 有两种注释方式。

多行注释格式：/ * 注释语句 * /,多行注释必须以/ * 开头,以 * /结束。

单行注释格式：--注释语句。

注释没有最大长度限制,服务器不运行注释文本。

7.2　存储过程编程

存储过程是为了实现特定任务,而将一些需要反复使用的、能够完成特定功能的 SQL 操作语句封装起来,编译后放在数据库服务器上,用户应用程序通过指定存储过程的名称来调用并执行存储过程中的语句的过程。也就是说，存储过程是被存储在数据库中，可以接受和返回用户提供参数的 SQL 程序，在创建时被编译和优化，创建后可被程序调用。客户端应用程序可通过向服务器提交 EXECUTE 命令调用存储过程。

使用存储过程可以大大提高 SQL 的功能和灵活性，可以实现复杂的业务应用，能够减少网络通信的数据流量，提高数据库的访问速度，并可实现代码的重用。

7.2.1　创建和执行存储过程

视频讲解

一个存储过程就是一个模块，可用来封装并实现特定的功能。一旦创建，就可在程序中调用多次。使用存储过程之前，首先要创建存储过程，创建后该存储过程将永久存储在数据库中直到删除为止。

1. 创建存储过程

使用 T-SQL 语句创建存储过程的语法格式如下：

```
CREATE PROCEDURE <存储过程名>
[{(@参数名 数据类型)}] [ = default] [OUTPUT]
[WITH {RECOMPILE|ENCRYPTION}]
AS T-SQL 语句块
```

参数说明如下。

（1）@参数名：在创建存储过程时可以声明一个或多个参数。参数包括输入和输出参数，输入参数提供执行存储过程所必需的变量值，输出参数用于返回执行存储过程后的一些结果值。参数实质是局部变量，只在声明的存储过程内有效。

（2）default：表示参数的默认值。如果定义了默认值，则在执行存储过程时可以不必指定参数的值。

（3）OUTPUT：输出参数，使用 OUTPUT 可以向调用者返回信息。在存储过程退出后，OUTPUT 值将返回调用程序，以便在调用该存储过程的程序中获得并使用该参数值。

（4）WITH RECOMPILE：表示不保存存储过程的执行计划，在每次执行时都对其进行重新编译。有时修改了存储过程中使用的数据对象，若直接运行之前已编译好的存储过程，可能会出现运行错误，为了避免此类情况的发生，使用 RECOMPILE，但降低了执行速度。

（5）WITH ENCRYPTION：表示 SQL Server 对创建的存储过程文本进行加密，防止他人查看或修改。

（6）AS：指定该存储过程要执行的操作。

（7）T-SQL 语句块：用于定义存储过程执行的各种类型的 T-SQL 语句。

2. 执行存储过程

在 SQL Server 中使用 EXECUTE 命令来执行存储过程，其语法格式如下：

```
EXECUTE 存储过程名
[[@参数 = ]{参量值|@变量}]
[,…n]
```

7.2.2　存储过程应用实例

存储过程是为了处理那些需要被多次运行的 T-SQL 语句集合而存在的，用户定义的存储过程属于某个数据库的对象,只能在当前数据库中创建,因此,创建存储过程之前首先需要打开当前的数据库。

1. 无参数的存储过程

无参数的存储过程不能输入参数,相对简单,但不能根据用户的不同需求条件做相应的处理。

【例 7-7】 在高校图书管理系统中,创建一个名为 proc_dzjy 的存储过程,查询每个读者借阅图书的信息,包括读者卡号、图书编号、书名、借书日期。

在查询编辑器窗口中输入以下代码:

```
USE 高校图书管理
GO
CREATE PROCEDURE proc_dzjy
AS SELECT 读者卡号,借阅.图书编号,书名,借书日期
    FROM 图书 INNER JOIN 借阅 ON 借阅.图书编号 = 图书.图书编号
GO
```

执行上述语句,查询编辑器的结果窗口显示"命令已成功完成"的提示信息,刷新对象资源管理器,依次展开结点"数据库"→"高校图书管理"→"可编程性"→"存储过程",则会看到新创建的存储过程 proc_dzjy。

2. 含输入参数的存储过程

含有输入参数的存储过程可以根据用户条件的变化提供符合用户要求的数据。

【例 7-8】 在高校图书数据库中,创建一个名为 proc_tsxx 的存储过程,用于根据出版社和图书类别查询图书信息,并利用该存储过程查询"清华大学出版社"出版的"计算机"类的图书信息。

代码如下:

```
CREATE PROCEDURE proc_tsxx
    @cbs nvarchar(20),  -- 出版社
    @tslb nvarchar(16)  -- 图书类别
  AS
      SELECT *
      FROM 图书
      WHERE 出版社 = @cbs AND 类别 = @tslb
GO
```

创建成功后,调用存储过程 proc_tsxx,输入两个参数值,可以查看满足条件的图书信息,代码如下。

```
EXEC proc_tsxx '清华大学出版社', '计算机'
```

解题说明:当调用存储过程时,可以不给出参数名,但参数值必须和存储过程中定义参数的顺序一致。如果不按照定义的参数顺序传递参数值,则要给定参数名。

【例 7-9】 创建一个存储过程,用于将给指定图书编号的定价修改为给定值,要求给定值必须在 80~100 之间,否则显示"不允许修改"。

代码如下:

```
CREATE PROC proc_update_dj
    @tsbh nvarchar(8),@dj smallmoney
AS
  IF @dj BETWEEN 80 AND 100
        UPDATE 图书
        SET 单价 = @dj
        WHERE 图书编号 = @tsbh
  ELSE
        PRINT '不允许修改'
```

解题说明：通过例 7-8、例 7-9 可以看出，利用存储过程不但可以实现对数据的查询操作，而且可以实现数据插入、修改和删除等其他操作。在存储过程中使用参数，可以扩展存储过程的功能。

3. 含输入参数，并且有默认值的存储过程

带参数的存储过程可以给参数指定默认值，简化执行存储过程时用户参数的输入，避免执行存储过程因未给参数赋值而产生错误。

【例 7-10】 创建名称为 proc_dzjyrq 存储过程，该存储过程的功能为：给定某个读者姓名和图书书名，查询给定读者借阅给定图书的借阅日期，如果没有给定图书名，则默认图书为"大数据分析"。并利用该存储过程查询读者"赵亮"借阅"大数据分析"图书的借阅日期。

代码如下：

```
CREATE PROCEDURE proc_dzjyrq
    @dzxm char(10), @sm char(16) = '大数据分析'
AS
    SELECT 姓名,书名,借书日期
    FROM 图书 INNER JOIN 借阅 ON 借阅.图书编号 = 图书.图书编号 INNER JOIN 读者 ON 借阅.读者卡
号 = 读者.读者卡号
    WHERE 姓名 = @dzxm AND 书名 = @sm
GO
EXEC proc_dzjyrq @dzxm = '赵亮'
```

解题说明：如果在定义存储过程时为参数指定了默认值，则在执行存储过程时可以不为有默认值的参数提供值。

4. 带输入和输出参数的存储过程

创建带有参数的存储过程，系统默认设置的参数是输入型参数，如果参数是输出型参数，必须在参数后加 OUTPUT 关键字。使用输入参数，可以将外部信息传到存储过程中；使用输出参数，可以将存储过程内的信息传到外部。

视频讲解

【例 7-11】 创建一个存储过程，根据给定某个读者的读者卡号，统计该读者的借书册数，并返回该读者的姓名和借书册数。

分析：该存储过程涉及一个输入参数，用于接收读者的读者卡号，两个输出参数，用于返回读者姓名和借书册数。

代码如下：

```
CREATE PROCEDURE proc_dzjstj
    @dzkh char(10), @dzxm char(16) OUTPUT, @jscs tinyint OUTPUT
AS
```

```
BEGIN
    SELECT @dzxm = 姓名                    -- 查询的姓名结果放入输出参数@dzxm 中
    FROM 读者
    WHERE 读者卡号 = @dzkh
    SELECT @jscs = COUNT( * )              -- 查询借书册数的结果放入输出参数@jscs 中
    FROM 借阅
    WHERE 读者卡号 = @dzkh
END
GO
DECLARE @dzxm varchar(16), @jscs tinyint  -- output 参数必须要指定变量,用来保存输出参数返
回的结果值.
EXEC proc_dzjstj '2100001', @dzxm output , @jscs output
PRINT '读者卡号 2100001 的读者姓名是:' + @dzxm + ',' + '借书册数是' + str(@jscs) + '本'
GO
```

解题说明:在执行 proc_dzjstj 存储过程之前,先使用 DECLARE 关键字声明存储过程中的几个输出参数,并为其指定数据类型,然后在执行语句中使用这几个参数。

在执行有输出参数的存储过程时,与输出参数对应的是一个局部变量,此变量用于保存输出参数返回的结果。

7.2.3　管理存储过程

存储过程的管理主要包括修改存储过程的内容、删除存储过程以及查询存储过程的定义、参数和依赖等信息。

1. 修改存储过程

存储过程和其他数据库对象一样,也可以进行修改和删除,当存储过程所依赖的基本表发生变化或者根据需要用户可以对存储过程的定义进行修改,在 SQL Server 中修改存储过程,可以使用 ALTER PROCEDURE 语句以命令方式实现,其语法格式与创建存储过程的语法格式类似,这里不再赘述。

2. 删除存储过程

当存储过程不再需要时,可以将其删除,删除存储过程使用 DROP PROCEDURE 语句。其语法格式如下:

```
DROP PROCEDURE procedure_name[, … n]
```

3. 查看存储过程信息

可以使用系统存储过程查看存储过程的有关信息,如存储过程的定义信息、依赖信息。其中,使用 EXEC SP_HELPTEXT procedure_name 查看存储过程定义信息,使用 EXEC SP_DEPENDS procedure_name 查询存储过程中的依赖信息,查看存储过程的依赖信息就是查询存储过程中涉及的数据库对象信息。

7.2.4　优化存储过程

存储过程优化的目的是提高存储过程的使用效率。优化主要包括存储过程的编译以及对封装的 SQL 语句的优化。

1. 使用 EXECUTE …WITH RECOMPILE 语句

存储过程的执行速度高,是因为创建的存储过程是经过编译后存放在数据库中的,默认情况下,当客户端应用程序在调用存储过程时,系统不需要再次编译。

如果修改了存储过程中使用的数据对象,则存储过程需要在运行时重新编译。在创建存储过程的代码中,如果使用了 WITH RECOMPILE 语句,则当每次执行存储过程时,系统都会重新编译,但会降低存储过程整体的执行速度。

如果不希望存储过程在每次执行时都重新编译,只在需要的时候编译,则可以使用 EXECUTE …WITH RECOMPILE 语句执行存储过程,避免在创建存储过程使用 WITH RECOMPILE 语句而影响执行效率。

2. SQL 语句的优化

SQL 语句的优化体现在很多方面,如表的查询次数、关键字的选择、运算符的使用等。本节介绍几种常见的 SQL 语句优化。

1) 减少表的查询次数

在编写 SQL 语句时,能使用一次查询获得的数据尽量不要通过两次或更多次数的查询获得,因为对表的查询次数越多,查询速度越慢。

2) 避免创建的索引失效

创建索引能够提升 SQL 查询的性能,但同时需要注意索引不是万能的。为了让索引发挥最大价值,避免全表扫描,编写 SQL 语句时还需考虑哪些情况会导致索引失效。例如,使用 LIKE 进行模糊查询,匹配串前面是％,索引列设置为 NULL 约束,使用的函数等都可能导致索引失效。

3) 使用列名代替"＊"

在编写 SQL 查询语句时,为了使用方便,经常会使用 SELECT ＊表示查询表中所有的列,但这会增加数据库的负担,花费系统更多的时间和资源,从而降低 SQL 语句的执行效率。如果不需要把所有列都检索出来,建议指定所需的列名,以减少数据表查询的网络传输量。

4) 使用"＜＝"代替"＜"

"＜＝"与"＜"这两种比较运算符在很多时候可以替换使用,其主要区别是"＜＝"定位的数据要比"＜"定位的数据小(如＜＝99 与＜100),可以视情况使用,从而提高比较效率。

7.3　触发器编程

如果图书管理员希望动态地看到各个图书的借阅情况,读者在借书之前,能够动态地查询库存是否足够,在数据量巨大的情况下,为了提高查询的效率,可以在图书表中增加一列库存量,每一笔借阅数据存入数据库时,更新图书表的库存量。查询的应用程序只需要定时地读取图书表的库存量数据,即可在应用程序界面上显示不同图书的库存量,数据随着借阅的进行被定时地刷新,这种实现方法是通过 DBMS 提供的触发器来实现的。

触发器是数据库实施主键和外键所不能保证的、复杂的完整性约束和数据一致性的重要手段。触发器一旦定义,就存在于后台的数据库系统中,更新表时被自动执行,其设计与前台平台无关,也免除了前台相关的数据操作设计。

7.3.1　触发器的创建与工作原理

从第5章已经了解到,触发器中包含了一系列用于定义业务规则的 SQL 语句,用来强制用户实现这些规则,确保数据的完整性。如同存储过程,触发器也是一组 T-SQL 语句的集合(但没有参数,也不能有返回值),并不需要专门语句调用,而是自动激活并执行。因此,可以使用触发器执行一些自动化操作。例如,加强字段的业务规则验证,比较数据更改前后的数据表的状态,当对其所保护的数据进行修改时自动激活,以防止对数据进行不正确、未授权或不一致的修改。

T-SQL 使用 CREATE TRIGGER 命令创建触发器。

1. 创建 DML 触发器

DML 触发器是当执行 INSERT、UPDATE 和 DELETE 数据表操作命令时一种自动执行的触发器,其基本的语法格式如下:

```
CREATE TRIGGER 触发器名称
ON {表名称|视图名称}
[WITH ENCRYPTION]
{FOR|AFTER|INSTEAD OF}
{[[INSERT][,][UPDATE][,][DELETE]}
AS
    [{IF UPDATE(列)}]
    T-SQL 语句
```

参数说明如下。

(1) 表名称|视图名称:指定操作的对象为表或视图,视图只能被 INSTEAD OF 触发器引用。

(2) WITH ENCRYPTION:表示 SQL Server 对创建的触发器文本进行加密。

(3) FOR|AFTER:指定触发器只有在引发触发器执行的语句中指定的操作都已成功执行,并且约束检查也成功完成后才执行触发器。如果仅指定 FOR 关键字,则 AFTER 是默认设置,表示为后触发器,用于记录变更后的处理或检查,一旦引发触发器执行的操作出现错误,应使用 ROLLBACK TRANSACTION 回滚不正确的操作。

(4) INSTEAD OF:是在数据变动之前被触发,指定执行触发器而不执行引发触发器执行的 SQL 操作,即用触发器程序取代相应的操作,当对表或视图执行 INSTEAD OF 后面指定的操作时,仅执行触发器程序。此功能主要用于使不能更新的视图支持更新。

(5) [INSERT][,][UPDATE][,][DELETE]:指定在表或视图用于激活触发器的操作类型,必须至少指定一个选项。在触发器定义中允许使用以任意顺序组合的多个选项。如果指定的选项多于一个,需要用逗号分隔。

(6) UPDATE(列):在触发器程序中被用来判断哪些列被修改(INSERT 和 UPDATE)。

(7) T-SQL 语句:用于定义触发器执行的各种类型的 T-SQL 语句。

2. 创建 DDL 触发器

DDL 触发器是在执行 DDL 命令(CREATE、ALTER、DROP、GRANT、REVOKE 等)后触发执行的,所以不能创建类似于 DML 触发器的 INSTEAD OF 触发器。创建 DDL 触发器基本的语法格式如下：

```
CREATE TRIGGER 触发器名
ON {ALL 服务器|数据库}{FOR | AFTER }
    {事件类型}
AS
    T-SQL 语句
```

参数说明如下。

（1）ALL 服务器：指将 DDL 触发器作用到整个当前的服务器上。如果指定了这个参数，在当前服务器上的任何一个数据库都能激活该触发器。

（2）数据库：数据库表示将 DDL 触发器作用域应用于当前数据库，只能在当前数据库上激活该触发器。

（3）FOR|AFTER：FOR 和 AFTER 是同一个意思，可以指定 FOR，也可以指定 AFTER，DDL 触发器不能指定 INSTEAD OF 触发器。

（4）事件类型：指可以激发 DDL 触发器的事件，主要是以 CREATE、ALTER、DROP 开头的 T-SQL 语句。

一般来说，在 SQL Server 使用 DDL 触发器的时机如下所示。

（1）保护数据库模式不会改变。

（2）记录数据库模式的改变或相关事件。

（3）希望在更改数据库模式时，有一些响应来进行额外处理。

3. DML 触发器的工作原理

触发器仅在实施数据完整性和处理业务规则时使用。一个触发器只适用于一个表，每个表最多只能有三个触发器，分别是 INSERT、UPDATE、DELETE 触发器。

在创建 DML 触发器的语句中可以使用两个特殊的表：inserted 表（插入的表）和 deleted 表（删除的表）。SQL Server 会自动创建和管理这两个表，这两个表是逻辑表，是只读的，驻留在内存而不是存储在数据库中，并且由系统自动创建和维护，因此不允许对其修改。两个表的结构总是与被该触发器作用的表的结构相同，当触发器工作完成，系统会自动删除这两个表。

inserted 表：用于存放对表执行 INSERT 和 UPDATE 操作时，要从表中插入的行的副本。

deleted 表：用于存放对表执行 DELETE 和 UPDATE 操作时，要从表中删除的行的副本。

（1）INSERT 触发器：当执行 INSERT 操作时，先向 inserted 表中插入一个新行的副本，然后检查 inserted 表中的新行是否有效，确定是否要阻止该插入操作。如果所插入的行中的值是有效的，则将该行插入到触发器表。

（2）DELETE 触发器：当执行 DELETE 操作时，将要删除的数据（旧数据）行保存到 deleted 表中，计算 deleted 表中的值决定是否删除数据行。

（3）UPDATE 触发器：当执行 UPDATE 操作时，先将旧数据行保存到 deleted 表中，然后将新数据插入 inserted 表中，最后计算 deleted 表和 inserted 表中的值以确定是否进行干预。

7.3.2　触发器应用实例

1. DML 触发器应用

触发器在实际应用中常常用来确保不同数据表之间的数据完整性或一致性,并且确保这种完整性和一致性是实时和同步的。

【例 7-12】　创建触发器,保证读者表中的性别仅能取男或女。

分析:因为可能破坏约束"性别仅能取'男'和'女'"的操作是插入和修改操作,因此,本例需要建立读者表的插入和修改两个触发器。如果在 inserted 表中存在有性别取值不为"男"或"女"的记录,则取消次操作。

代码如下:

```
CREATE TRIGGER tri_t1 ON 读者
FOR INSERT,UPDATE
AS
IF EXISTS
  ( SELECT *
    FROM inserted
    WHERE 性别 NOT IN ( '男', '女') )
BEGIN
    PRINT '读者性别必不符合规范,取值为男或女'
    ROLLBACK TRANSACTION
END
```

解题说明:

(1) 此例建立的是 AFTER 触发器,在功能上类似于数据表的约束,完全可以使用约束加以实现。

(2) AFTER 触发器的执行流程:当用户执行 DML 数据操作命令后,按顺序检查约束,创建 deleted 和 inserted 数据表,并且在实际更新数据表的记录数据后,才执行 AFTER 触发器。也就是说,如果操作有违反数据表的约束,根本不会执行到 AFTER 触发器。

视频讲解

【例 7-13】　设计一个触发器,保证在删除读者记录时,同时也要把该读者的借阅记录全部删除。

代码如下:

```
CREATE TRIGGER tri_t2 ON 读者
FOR DELETE
    AS IF (SELECT COUNT( * )
           FROM 借阅,deleted
           WHERE 借阅.读者卡号 = deleted.读者卡号)> 0
       BEGIN
         DELETE 借阅
         FROM 借阅 INNER JOIN deleted ON 借阅.读者卡号 = deleted.读者卡号
       END
```

读者可以验证此触发器的作用,当删除读者表的一条记录时,其借阅表中借阅信息将自动删除,说明设定的触发器被触发,借阅表中相应数据被自动删除。

通过以上 AFTER 触发器的例子可以验证,只有在成功执行引发触发器执行的 T-SQL

语句中指定的 DELETE 操作后,才会激活 AFTER 触发器。判断执行成功的标准是:执行了所有与已更新对象或已删除对象相关联的引用级联操作和约束检查。

以删除表中记录为例,整个执行分为如下步骤。

(1) 当系统接收到一个要执行删除读者表中的记录的 T-SQL 语句时,系统将要删除的记录存放在 deleted 表中。

(2) 把读者表中的相应记录删除。

(3) 删除操作激活了事先编制的 AFTER 触发器,系统执行 AFTER 触发器中 AS 定义后的 T-SQL 语句。

(4) 触发器执行完毕后,删除内存中的 deleted 表,退出整个操作。若引发触发器执行的操作执行失败,则整个过程回滚,数据库恢复到引发触发器执行的操作之前的状态。

【例 7-14】 图书表中的图书编号是唯一且不可改变的,创建触发器,实现更新图书编号的不可改变性。

代码如下:

```
CREATE TRIGGER tri_t3 ON 图书
FOR UPDATE
AS
IF
    UPDATE(图书编号)
    BEGIN
    PRINT '每一个图书编号是唯一的,不能改变'
    ROLLBACK TRANSACTION
END
```

【例 7-15】 使用触发器实现当向借阅表中新增一条借阅记录时,更新图书表中对应图书的库存量的值。

代码如下:

```
CREATE TRIGGER tri_t4 ON 借阅
FOR INSERT
AS
BEGIN
        UPDATE 图书
        SET 库存数量 = 库存数量 - 1
        WHERE 图书编号 = (SELECT 图书编号
                        FROM inserted)
END
```

【例 7-16】 为读者类别表创建一个 INSERT 操作类型的触发器。当插入的新行中"类别名称"的值是"专科生"时,就撤销该插入操作,并使用 RAISERROR 语句返回一个错误信息。

代码如下:

```
CREATE TRIGGER tri_t5 ON 读者类别
FOR INSERT
AS
    DECLARE @lbmc char(10)                    -- 声明变量
```

```
SELECT @lbmc = 类别名称
FROM inserted                          -- 获取新数据行类别名称的值
IF @lbmc = '专科生'
BEGIN
    ROLLBACK TRANSACTION               -- 撤销插入操作
    RAISERROR( '不能插入专科生的读者信息!',16,10)
                                       -- RAISERROR 函数返回错误信息
END
```

注意：事实上，触发器和约束是相辅相成的，为了提高系统的整体性能，在可以使用约束的地方，应该先采用约束实现，只有当约束无法处理的业务规则和字段验证时，才创建触发器。

2. DDL 触发器应用

【例 7-17】 创建一个名为 tri_t6 的触发器，当创建数据库时，系统返回提示信息"DATABASE CREATED"。

代码如下：

```
CREATE TRIGGER tri_t6 ON ALL SERVER
    FOR CREATE_DATABASE
    AS
        PRINT 'DATABASE CREATED'
```

成功运行创建触发器后，执行如下测试语句：

```
CREATE DATABASE xx
```

消息栏内会出现提示信息"DATABASE CREATED"。

注意：系统不会为 DDL 触发器创建 inserted 表和 deleted 表。

7.3.3　管理触发器

1. 测试(激活)触发器

触发器创建成功后，当在指定的表或视图上发生 DML 事件(INSERT、UPDATE、DELETE)时，就会激活 DML 触发器；当在指定的服务器或数据库上发生 DDL 事件(CREATE、ALTER、DROP)时，就会自动激活 DDL 触发器。

【例 7-18】 向读者类别表中插入一条数据记录，其中类别名称的值为"专科生"，并且激活已创建的触发器 tri_t5。

在查询编辑器代码窗口输入如下语句，执行结果如图 7-1 所示。

```
INSERT INTO 读者类别
VALUES ( '05','专科生', 20,2, 1.0)
```

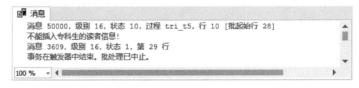

图 7-1　例 7-18 的测试触发器

从图 7-1 可以看到插入新数据行时激活了读者类别表的 INSERT 触发器,因为新行中的类别名称的值是"专科生",所以触发器撤销该操作,并返回一个错误信息"不能插入专科生的读者信息!"。

2. 查看、修改和删除触发器

利用系统存储过程 sp_help 或 sp_helptext,可以查看触发器的命令,触发器也可以根据具体情况进行修改和删除等操作,T-SQL 使用 ALTER TRIGGER 命令修改触发器,其基本语法和 CREATE TRIGGER 相同,简单地说,修改触发器就是重新定义触发器。

虽然触发器功能强大,但绝不能无限制地使用触发器。因为每增加一个触发器,数据表或表间就增加了一把枷锁。随着时间的推移,大量的触发器运行需要花费更多的系统资源、降低数据库系统的性能,甚至容易造成数据库系统的整体崩溃。因此,为了提高系统的性能,尽量少用触发器,可以使用 DROP TRIGGER 命令删除已创建的触发器,其基本语法如下所示:

```
DROP TRIGGER <触发器名称>
```

如果一次删除多个触发器,使用逗号分隔。

7.4 函数

为了实现代码的复用,保证代码的一致性,把能够实现一个高度相关的操作功能,需要反复执行的代码封装为函数。SQL Server 中的函数是用于封装一个或多个 SQL 语句,以提供代码的复用。在 SQL Server 数据库管理系统中,函数一般分为系统提供的内置函数和用户自定义函数。系统提供的内置函数可以为用户提供方便快捷的操作,SQL Server 常用的系统内置函数包括日期时间函数、字符串函数和类型转换函数等。用户自定义函数由用户根据需要创建,可以接受输入参数、执行操作,并将操作结果返回给调用者,创建后就存于数据库中。

本节主要介绍在 SQL Server 2019 中创建和调用用户自定义函数的方法,SQL Server 支持两类用户自定义函数:标量函数和表值函数。

7.4.1 标量函数

标量函数是使用 RETURN 语句返回单个数据值的函数。

1. 定义标量函数

定义标量函数的语法格式为:

```
CREATE FUNCTION [架构名称.] 函数名
([{@参数名 参数数据类型 [ = default]}
[, … n]
)
RETURN return_data_type
[AS]
  BEGIN
    函数体
    RETURN scalar_expression
```

```
END
```

参数说明：

（1）@参数名：用户自定义函数的参数，可以声明一个或多个参数。

（2）参数数据类型：对于 T-SQL 函数，允许使用除 timestamp 数据类型之外的所有数据类型。

（2）default：表示参数的默认值。如果定义了默认值，则在执行函数时可以不必指定参数的值；如果函数的参数有默认值，则会调用该函数以检索默认值时，必须指定关键字 default。

（4）return_data_type：用户自定义函数的返回数据类型。

（5）函数体：定义函数的一系列 T-SQL 语句。

（6）scalar_expression：指定标量函数返回的标量值。

【例 7-19】 创建标量函数 fun_count()，要求根据给定读者卡号，统计该读者的借书册数。

代码如下：

```
CREATE FUNCTION fun_count(@dzkh nvarchar(10))
RETURNS INT
AS
  BEGIN
    RETURN (SELECT count( * )
           FROM 借阅
           WHERE 读者卡号 = @dzkh)
    END
```

【例 7-20】 创建标量函数 fun_jyzz()，该函数的功能是：根据给定图书编号，查询该图书的最早被借日期。

代码如下：

```
CREATE FUNCTION fun_jyzz(@tsbh nvarchar(8))
RETURNS date
AS
  BEGIN
    DECLARE @rq date
    SELECT @rq = min(借书日期)
    FROM 借阅
    WHERE 图书编号 = @tsbh
    RETURN @rq
  END
```

2. 调用标量函数

当调用标量函数时，只要数据类型一致，函数就可以在任何允许出现表达式的 SQL 语句中调用。需要注意的是，当调用标量函数时，必须提供至少由两部分组成的名称：函数所属架构名和函数名。

【例 7-21】 调用例 7-19 已创建的 fun_count 函数，获取读者卡号为"2100002"的读者借书册数。

代码如下:

```
SELECT dbo.fun_count('2100002') as 借书册数
```

【例 7-22】 调用例 7-20 已创建的 fun_jyzz 函数,查询单价在 50～60 之间的图书书名,类别,作者,出版社以及最早被借日期,要求不显示没有被借阅的图书信息。

代码如下:

```
SELECT 书名,类别,作者,出版社,dbo.fun_jyzz(图书编号) AS 最早被借日期
FROM 图书
WHERE 单价 BETWEEN 50 AND 60 AND dbo.fun_jyzz(图书编号) IS NOT NULL
```

7.4.2 表值函数

视频讲解

表值函数是返回 TABLE 数据类型的结果集(一个表)。TABLE 是一种特殊的数据类型,该类型变量称为表变量,表变量的数据结构和操作方法和基本表的结构和操作方法相同。表值函数和基本表一样,可以被数据库端或客户端程序调用。表值函数又可分为内联表值函数和多语句表值函数。

1. 内联表值函数

内联表值函数也称为单语句表值函数,对应一个查询语句,可以包含参数。

1) 创建内联表值函数

内联表值函数没有函数体,返回的表值是单个 SELECT 查询语句得到的结果集。定义内联表值函数的语法格式如下:

```
CREATE FUNCTION [架构名称.] 函数名
([{@参数名 参数数据类型 [ = default]}
[,… n]
)
RETURN table
[AS]
    RETURN [( ] select 语句 [ ) ]
```

说明:内联表值函数没有相关联的返回变量,除 RETURN table 和 SELECT 语句,其他内容及各参数含义和标量函数一样。

【例 7-23】 创建内联表值函数 fun_morecount(),该函数功能是:查询借书数目高于指定数目的读者卡号,书名。

代码如下:

```
CREATE FUNCTION fun_morecount(@sm smallint)
RETURN table
AS
  RETURN(SELECT 读者卡号,书名
            FROM 图书 INNER JOIN 借阅 ON 借阅.图书编号 = 图书.图书编号
            WHERE 读者卡号 IN (SELECT 读者卡号
                        FROM 借阅
                        GROUP BY 读者卡号
                        HAVING COUNT( * )>@sm))
```

2) 调用内联表值函数

内联表值函数使用在查询语句的 FROM 子句部分,其使用类似于视图。可以使用 SELECT ＊ FROM 函数名(参数)获得结果。

【例 7-24】 调用例 7-23 已创建的 fun_morecount 函数,查询借书数目超过 2 本的读者卡号,图书书名。

代码如下:

```
SELECT 读者卡号,书名
FROM dbo.fun_morecount(2)
```

2. 多语句表值函数

1) 创建多语句表值函数

当一个查询无法用一个 SELECT 语句完成时,可以考虑使用多语句表值函数。多语句表值函数与内联表值函数的区别在于函数体内通过一段程序来获得查询数据。创建多语句表值函数的语法格式为:

```
CREATE FUNCTION [架构名称.] 函数名
([{@参数名 参数数据类型 [ = default]}
[, … n]
)
RETURN @return_variable TABLE < 表定义>
AS]
  BEGIN
    函数体
    RETURN
  END
```

参数说明:

(1) 表定义:定义返回表的结构,表结构的定义包含创建表的定义,也可以包含列定义、列约束以及表约束的定义。

(2) 函数体:是一系列 SQL 语句组成的程序,类似于存储过程,该程序可以获取最终需要的数据,并把数据填充到 TABLE 变量表示的表中,作为函数的结果返回。

【例 7-25】 创建多语句表值函数 fun_tspj(),用于根据指定图书类别,查询图书书名、作者和图书单价评价。其中,当该图书的单价超过该类别图书平均单价时,则评价为"稍贵",如果等于平均单价,则评价为"正常",否则评价为"较便宜"。

代码如下:

```
CREATE FUNCTION fun_tspj(@tslb nvarchar(16))          -- @tslb 为图书类别参数
RETURNS @tspj table(书名 nvarchar(40),作者 nvarchar(16), 评价 nvarchar(3))
AS
BEGIN
  DECLARE @avgdj int
  SET @avgdj = (SELECT AVG(单价) FROM 图书 WHERE 类别 = @tslb)
  INSERT INTO @tspj
  SELECT 书名,作者,评价 =
      CASE
    WHEN 单价 > @avgdj THEN '稍贵'
```

```
      WHEN 单价 = @avgdj THEN '正常'
      ELSE '较便宜'
         END
      FROM 图书
      WHERE 类别 = @tslb
   RETURN
END
```

2）调用多语句表值函数

多语句表值函数的调用也是放在 SELECT 语句的 FROM 子句部分，其使用方法类似于视图，调用函数语句执行后，根据用户提供的输入参数值的不同，返回内容不同的表。

【例 7-26】 调用例 7-25 已创建的 fun_tspj 函数，查询计算机类图书的书名、作者和评价。

代码如下：

```
SELECT 书名,作者,评价
FROM fun_tspj('计算机')
```

执行结果如图 7-2 所示。

结果 消息

	书名	作者	评价
1	Python数据挖掘与机器学习	魏伟一	较便宜
2	机器学习	赵卫东	较便宜
3	数据库应用与开发教程	卫琳	较便宜
4	疯狂Java讲义（第5版）	李刚	稍贵
5	大数据分析	程学旗	较便宜
6	Web前端开发	刘敏娜	较便宜
7	MySQL管理之道：性能调优、高可用与监控	贺春旸	稍贵
8	数据库原理及应用 SQL Server 2019（第2版）	贾铁军	较便宜

图 7-2 例 7-26 的执行结果

创建用户自定义函数后，可以查看、更改和删除已创建的用户自定义函数。

修改函数的语句为 ALTER FUNTION，其语法格式和创建函数语句格式基本一样，只是命令动词不同。删除用户自定义函数使用 DROP FUNCTION 语句。

7.5 游标

SQL 是面向集合的，一条 SQL 语句原则上可以产生或处理多条记录，处理的基本单元是元组的集合，然而有些情况下，不需要对集合中的所有数据行都采用相同的处理方式，需要每次处理一行或一部分行，即需要对集合内部进行精确的定位，此时，就需要面向过程的编程方法，游标就是这种编程方法的体现。为此，关系数据库管理系统提供了一种游标机制，实现应用程序对查询结果集内部的有效处理。

7.5.1 游标的概念

在数据库中，游标(cursor)是一个重要的概念，它提供了一种灵活的操作方式，可以从数据结果集中每次提取一条数据记录进行操作。游标让面向集合的 SQL 有了面向过程开发的能力。

游标是系统为用户开设的一个数据缓冲区,专门用来存放 SQL 语句的查询结果,是一种临时的数据库对象,可以指向存储在基本表中的数据行指针。每一个游标都有一个名字,用户通过游标名从数据缓冲区中逐一取出每行,并赋予已经声明的变量,再由应用程序对其进一步的处理。

游标是查询语句产生的结果,包括两部分。

(1) 游标结果集:由定义游标的 SELECT 语句返回的结果集组成。

(2) 游标当前的指针:指向 SELECT 语句返回的结果集中某一行数据的指针。

游标机制与应用程序的结合可以实现从结果集的当前位置逐行查询数据;对结果集中当前位置的行进行数据修改操作;对结果集中的特定行进行定位;支持在存储过程和触发器中访问结果集中的每一行记录,等等。

7.5.2 游标的使用

游标实际上是一种控制数据集的更加灵活的处理方式,其使用一般需要经历定义游标、打开游标、推进游标、关闭和释放游标。不同的 DBMS,使用游标的语法略有不同。

使用游标的过程如下。

(1) 声明用于存放游标返回的数据变量,需要对游标结果集中的每个列声明变量。

(2) 使用 DECLARE CURSOR 语句定义游标的结果集内容。

(3) 使用 OPEN 语句打开游标,产生游标的结果集。

(4) 使用 FETCH INTO 语句获取游标结果集中当前指针所指的数据。

(5) 使用 CLOSE 语句关闭游标。

(6) 使用 DEALLOCATE 语句释放游标所占的资源。

1. 定义游标

使用游标之前,必须先定义游标。定义游标实际是定义服务器端游标的特性,包括游标滚动行为、用户生成游标结果集的查询语句。定义游标的语句必须位于程序中引用游标的所有语句之前,每个定义的游标语句定义不同的游标,并与不同的查询语句联系在一起。

SQL Server 可以使用两种方法来操作游标。

(1) 客户端游标:使用数据库函数库来实现游标,如 ADO、ADO. NET 或 ODBC 等。

(2) T-SQL 游标:使用 T-SQL 实现游标,这是源于 ANSI-SQL92 的 T-SQL 扩展语法。

本节主要介绍 T-SQL 游标的使用,利用 T-SQL 扩展语法结构定义游标的语法格式如下所示:

```
DECLARE <游标名> CURSOR
[LOCAL|GLOBAL]
[FORWARD_ONLY|SCROLL]
[STATIC|KEYSET|DYNAMIC|FAST_RORWARD]
[READ ONLY|SCROLL_LOCKS|OPTIMISTIC]
FOR < SELECT 语句 >
[FOR {READ ONLY|UPDATE [OF <列名>[, … ]]}]
```

其中,该语句的基本语法结构为"DECLARE <游标名> CURSOR FOR <SELECT 语句 >",SELECT 语句项定义游标结果集的标准 SQL 语句。因此,DECLARE 和

CURSOR FOR 都是约定的关键字。下面介绍各可选参数的含义。

(1) LOCAL 和 GLOBAL。LOCAL 表示游标的作用域是局部的；GLOBAL 表示游标的作用域是全局的。两者都未选择时,由数据库选项的设置控制。

(2) FORWARD_ONLY 和 SCROLL 选项设置游标的读取方式。FORWARD_ONLY 指定游标读取结果集选项时游标指针的进退方式只能从前往后移动一行；SCROLL 指定游标指针可以向前后,以相对或绝对方式卷动读取记录,非常灵活。当指定 STATIC、KEYSET 和 DYNAMIC 游标种类时,默认值是 SCROLL。

(3) STATIC、KEYSET、DYNAMIC 和 FAST_RORWARD 指明游标的种类,决定游标在其使用期间是否反映对应 SELECT 查询中基表数据的变化。其中:可选项 STATIC,指定游标为静态游标,使用临时副本储存记录数据,不能反映变化；可选项 KEYSET,指定游标为键集游标,仅仅反映基表中的非键值所做的更改；可选项 DYNAMIC 为动态游标,能够反映基表中数据的更改；可选项 FAST_RORWARD 为只向前游标,只支持对游标数据从头到尾的顺序提取,指定启用了性能优化的 FORWARD_ONLY 和 READ ONLY 游标,不支持卷动,是 SQL Server 最快的游标。

(4) READ ONLY、SCROLL_LOCKS 和 OPTIMISTIC 指定并发控制选项,使用锁定方式处理并行操作。READ ONLY 选项,只读游标,没有锁定问题,指出禁止通过该游标进行更新操作；SCROLL_LOCKS 选项表示当游标读取定位的记录时,就锁定该行记录,确保通过该游标完成的定位更新或定位删除可以成功；OPTIMISTIC 选项并不会锁定记录,游标在更新或删除记录时,如果基本表中对游标结果集所包含的数据同时有人更改,系统就会产生错误,以便用户自行处理此错误。

(5) 可选项 FOR UPDATE [OF <列名>[,…]],定义游标中可更新的列。如果在游标定义时使用了 FOR UPDATE OF 子句,就可以利用游标对当前记录进行修改操作,要利用游标删除当前记录,则不必加此子句。

利用游标进行修改和删除记录的关键是要使修改和删除的行成为指向的当前行(使用 FETCH 操作移动游标指针),然后使用 WHERE CURRENT OF 子句替换 WHERE 子句,其语法格式如下所示:

```
WHERE CURRENT OF <游标名>
```

【例 7-27】 定义一个静态游标,查询根据已声明变量 dzkh 的值,确定其借阅的图书编号和借书日期。

代码如下:

```
DECLARE @dzkh char(10)
DECLARE cur_c1 CURSOR STATIC
FOR SELECT 图书编号,借书日期
    FROM 借阅
    WHERE 读者卡号 = @dzkh
```

2. 打开游标

游标定义后,如果需要使用游标,必须先打开游标。打开游标实际上是执行游标定义中的 SELECT 语句,把所有满足条件的记录从数据库指定表中检索出来,放到缓冲区中。打

开游标的语法格式如下所示:

```
OPEN <游标名>
```

游标打开后,游标处于活动状态,可以被推进,游标指针指向查询结果集中的第一个元组之前,但不能检索出结果集中的一行数据,因为读取数据的工作由 FETCH 语句完成。

3. 读取数据

打开游标后,就可以使用 FETCH 语句获取查询结果中的某行数据,并把该结果赋给 INTO 后的已声明变量。FETCH 语句的语法格式如下所示:

```
FETCH [[NEXT|PRIOR|FIRST|LAST|ABSOLUTE{n}|RELATIVE{n}]
FROM] <游标名>
[INTO <@变量名>[,…]]
```

其中,该语句的基本语法结构为"FETCH <游标名>",表明默认的游标移动方式为 NEXT。各选项的说明如下。

(1) NEXT:游标指针指向当前行的下一行,并使该行为当前行。

(2) PRIOR:游标指针指向当前行的上一行,并使该行为当前行。

(3) FIRST:游标指针指向查询结果集的第一行,并将其作为当前行。

(4) LAST:游标指针指向查询结果集的最后一行,并将其作为当前行。

(5) ABSOLUTE{n}:其中 n 为整型常量,游标指针指向从头开始的第 n 行,指向的第 n 行成为新的当前行。

(6) RELATIVE{n}:游标指针指向当前行之前(或之后)的第 n 行,指向的第 n 行成为新的当前行。

(7) INTO<@变量名>[,…],指出将读取游标结果集中的一行数据放到局部变量中。列表中的各个变量从左到右与游标结果集中各列相对应。各变量的数据类型与相应结果集中各列的数据类型匹配或可转换,且变量的数目必须与游标选择列表中的列的数目一致。

需要说明的是,每执行一次 FETCH 操作,就可以从游标中读取一行记录,这样,只需配合 WHILE 循环就可以取得结果集的每一行记录。因此,FETCH 语句通常置于程序中的循环结构中,通过循环执行 FETCH 语句,就可以逐一把结果集中的行取到已声明的变量中,供程序对其进行处理。在读取完所有行后,根据@@FETCH_STATUS 的值判断数据提取的状态,使程序从循环中跳出。

@@FETCH_STATUS 是 T-SQL 游标常用的系统函数,返回的数据类型是 int,系统利用此函数判断最近一次 FETCH 语句的执行状态,以确定读取操作的有效性。该函数的值及状态有以下三种。

(1) 0:FETCH 语句执行成功,表示已经正确地从游标集中获取了记录。

(2) −1:FETCH 语句执行失败,表示此行不在结果集中或已经到达结果集的最后一笔记录。

(3) −2:表示提取的记录不存在。

4. 关闭游标

由于许多系统允许打开的游标数有一定的限制,所以当游标使用完后应及时把不使用的游标关闭。游标被关闭后,就不再和原来的查询结果集相联系。关闭游标的语法格式与

OPEN 语句相同,如下所示:

```
CLOSE <游标名>
```

游标关闭后,系统并没有完全释放游标的资源,也没有改变游标的定义。关闭的游标可以再次使用 OPEN 打开,仍可以用于处理。

5. 释放游标

释放游标是释放分配给游标占用的内存及分配给游标的其他系统资源。释放游标的语法格式如下所示:

```
DEALLOCATE <游标名>
```

游标释放后,则不能用 OPEN 语句打开已释放的游标,如果需要,必须使用 DECLARE 语句重新生成游标。

7.5.3　游标实例

以下实例均在图书管理数据库中进行。

【例 7-28】　利用游标机制,查询计算机类图书的图书编号、书名和出版社,要求将记录一一显示出来。

代码如下:

```
/＊声明用于存放游标返回各列数据的变量@tsbh , @sm , @cbs ＊/
DECLARE @tsbh char(8), @sm char(40), @cbs char(20)
PRINT '图书编号' + ' ' + '书名' + ' ' + '出版社'
DECLARE cur_c CURSOR                          --声明游标
FOR SELECT 图书编号,书名,出版社
    FROM 图书
    WHERE 类别 = '计算机'
OPEN cur_c                                    --打开游标
FETCH NEXT FROM cur_c INTO @tsbh,@sm,@cbs      --提取第一行数据
WHILE @@FETCH_STATUS = 0    /＊用 WHILE 循环控制游标的执行,当正常读出一行时,继续循环,否
则跳出循环停止 FETCH 操作＊/
BEGIN
  PRINT @tsbh + @sm + @cbs
  FETCH NEXT FROM cur_c INTO @tsbh,@sm,@cbs
END
```

【例 7-29】　创建生成报表的游标,报表形式如下:列出借阅图书的读者卡号和姓名,在每一位的读者下,列出此读者借阅的图书编号、书名、还书日期(要求只需列出还书日期在'2021-05-01'之后的图书),依次类推,直到全部读者及其他所借的图书。

代码如下:

```
/＊首先声明存放结果集各列数据的变量＊/
DECLARE @dzkh char(10),@xm char(10)
DECLARE @tsbh char(10),@sm nvarchar(10),@hsrq date
DECLARE cur_dzjs CURSOR                        --声明游标
FOR SELECT 读者卡号,姓名
    FROM 读者
    WHERE 读者卡号 in(SELECT 读者卡号 FROM 借阅)
```

```
OPEN cur_dzjs                                          -- 打开游标
FETCH NEXT FROM cur_dzjs INTO @dzkh, @xm -- 提取 cur_dzjs 游标的第一行数据
WHILE @@FETCH_STATUS = 0
BEGIN
   PRINT @dzkh + @xm                                   -- 显示当前的读者卡号和姓名
   DECLARE cur_cc CURSOR FOR -- 声明此读者借阅的图书编号,书名及还书日期
      SELECT 图书.图书编号,书名,还书日期
      FROM 图书,借阅
      WHERE 读者卡号 = @dzkh AND 借阅.图书编号 = 图书.图书编号 AND 还书日期>'2021 - 05 - 01'
   OPEN cur_cc
   FETCH NEXT FROM cur_cc INTO @tsbh,@sm,@hsrq          -- 提取 cur_cc 游标的第一行数据
   WHILE @@FETCH_STATUS = 0
   BEGIN
      PRINT @tsbh + @sm + cast(@hsrq as char(10))
      FETCH NEXT FROM cur_cc INTO @tsbh,@sm,@hsrq
   END
   PRINT ' ==================================== '
   CLOSE cur_cc
   DEALLOCATE cur_cc
   FETCH NEXT FROM cur_dzjs INTO @dzkh,@xm
END
```

执行结果如图 7-3 所示。

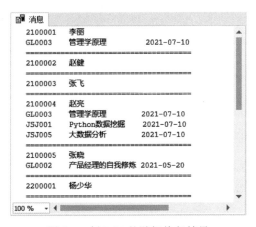

图 7-3　例 7-29 的游标执行结果

解题说明：本例使用的游标代码中嵌套了另一个游标的语句块。

习题 7

1. 选择题

(1) 下列有关存储过程的说法中错误的是(　　)。

　　A. 存储过程是在 SQL 服务器上存储的未经过编译的 SQL 语句组

　　B. 存储过程既可以带参数,也可以不带参数

　　C. 创建存储过程用 CREATE PROCEDURE 语句

  D. 存储过程是数据库中进行数据处理的主要手段,在数据库服务器上的数据库编程,主要就是编写存储过程

(2) 存储过程是 SQL Server 服务器的一组预先定义并(　　)的 T-SQL 语句。

  A. 编写　　　　　B. 保存　　　　　C. 编译　　　　　D. 解释

(3) 下面(　　)命令可以执行已经创建的存储过程。

  A. TURNCATE　　B. DECLARE　　C. ALTER　　　D. EXECUTE

(4) 下列对触发器的描述,正确的是(　　)。

  A. SQL 语句的预编译集合

  B. 定义了一个有相关列和行的集合

  C. 当用户修改数据时,一种特殊形式的存储过程被自动执行

  D. 它根据一或多列的值,提供对数据库表的行的快速访问

(5) SQL Server 为每个触发器创建两个临时表是(　　)。

  A. selected 和 inserted　　　　　　B. inserted 和 deleted

  C. selected 和 deleted　　　　　　D. inserted 和 updated

(6) 下面(　　)不是引发 DML 触发器执行的操作。

  A. INSERT　　　B. DELETE　　　C. UPDATE　　　D. SELECT

(7) (　　)不属于 SQL Server 提供的内置日期时间函数。

  A. CAST　　　　B. GETDATE　　C. DATEDIFF　　D. DATEPART

(8) 关于 SQL Server 用户自定义函数的优点,下列描述不正确的是(　　)。

  A. 无须重新解析和优化,执行速度快

  B. 模块化的程序设计,只需创建一次,可以多次调用

  C. 可以在 where 子句中调用函数

  D. 只能返回单个数据值

(9) 关于游标机制,下列描述不正确的是(　　)。

  A. 声明游标后,可以使用 CREATE 命令

  B. 允许定位结果集中的特定行

  C. 支持对结果集中当前行的数据进行修改

  D. 当不需要深入到结果集内部操作数据时,可以不使用游标

(10) 用 OPEN 语句打开游标后,游标指针指向(　　)。

  A. 查询结果的第一行　　　　　　B. 查询结果的第一行之前

  C. 基本表的第一行　　　　　　D. 基本表的第一行之前

2. 简答题

(1) 存储过程的参数有几种形式?

(2) 简述 DML 触发器的工作原理。

(3) SQL Server 支持的用户自定义函数有几种?每一种函数的函数体是什么?

(4) 试述游标的作用,说明使用游标的步骤,并解释与游标相关的各语句的用途。

3. 应用题

学生选课数据库中各表的结构如下所示。

学生(学号,姓名,性别,出生日期,所在院系,电话);

课程(课程编号,课程名,学分,先行课,任课教师);

选课(学号,课程编号,成绩)。

其中,学号为学生表的主键;课程编号为课程表的主键;先行课为课程表的外键;学号和课程编号共同组成选课表的主键;学号、课程编号分别为选课表的两个外键。

要求设计相应的 T-SQL 语句,完成以下操作。

(1) 统计每个学生的平均成绩并划分等级。等级用优秀、良好、中等、及格或较差表示。当平均成绩大于 90 时,等级为优秀;当平均成绩在 80~89 之间,等级为良好;当平均成绩在 70~79 之间,等级为中等;当平均成绩在 60~69 之间,等级为及格;否则等级为较差。

(2) 创建存储过程,用于根据指定学号,删除成绩不及格的选课记录。

(3) 创建一个存储过程,用于根据课程名称查询课程信息,并利用该存储过程查询"Java 语言程序设计"课程的信息。

(4) 创建一个存储过程,用于插入课程信息,并利用该存储过程插入一条课程信息的记录。

(5) 为课程表建立触发器,禁止删除课程编号为"c5"的课程信息。

(6) 创建触发器,保证选课表中的参照完整性,以维护选课表中的外键与学生表、课程表中的主键一致。

(7) 创建一个触发器,限制不允许将成绩小于 60 分的学生成绩修改为大于等于 60 分,如果违反约束,则提示"不能将不及格成绩修改为及格"。

(8) 创建用户自定义函数,该函数的功能是根据指定学号,查询该学生所选课程已得的选课总学分。并写出利用此函数查询 210001 学生的姓名,选课总学分。

(9) 创建自定义函数,该函数的功能是,根据指定的学生姓名,查询所选的课程名和成绩情况。其中成绩情况的取值为:当成绩大于 90 分时,则成绩情况为优秀;当成绩在 80~89 分之间,为良好;当成绩在 70~79 分之间,为中等;当成绩在 60~69 分之间,为不理想;否则成绩情况为很糟糕,并查询王华的成绩情况。

第8章

数据库的安全性和完整性控制

学习目标

- 了解数据库安全性和完整性的概念及控制方法;
- 理解 SQL Server 2019 系统的安全体系结构;
- 掌握 SQL Server 2019 的用户、角色、架构和权限管理;
- 掌握 SQL Server 2019 的数据库完整性实现方法。

重点:数据库安全性和完整性的概念,SQL Server 2019 系统的安全体系结构以及用户、角色、架构和权限管理。

难点:SQL Server 2019 的数据库完整性实现方法。

数据库中的数据是重要的信息资源,数据库管理系统必须提供数据的安全性和完整性控制,以保证数据库中数据的安全性和完整性。SQL Server 2019 提供了比较完善的安全性和完整性控制功能。

8.1 数据库的安全性控制

数据库的安全性指保护数据库,以防止非授权用户非法存取造成的数据泄密、更改或破坏。数据库管理系统必须通过各种防范措施以防止用户非法存取数据库,以保证数据库的安全性。

8.1.1 数据库安全性控制方法

视频讲解

数据库管理系统(DBMS)对数据库进行安全性控制的基本思想是对数据库的访问必须经过 DBMS,不允许用户绕过 DBMS 直接访问数据库中的数据。用户要访问数据,首先要以合法身份进入数据库系统,才允许与数据库连接,用户必须获得一定的权限,才能访问数据库对象(如表、视图和存储过程等)。从安全性控制方法来看,DBMS 对数据库安全性控制的方法有用户标识和鉴别、存取控制、视图、跟踪审计以及数据加密等。

1. 用户标识和鉴别

用户标识和鉴别(authentication)是系统提供的最外层安全保护措施。其方法是系统提供一定的方式让用户标识自己的身份,系统进行核对后,对于合法的用户才提供计算机系统的使用权。一个数据库管理系统往往采用多种安全性控制方法,获得计算机系统使用权的用户不一定具有数据库的使用权,数据库管理系统还要进一步检查用户是否具有数据库的使用权,拒绝没有数据库使用权的用户(非法用户)进行数据库数据的存取操作。用户标识和鉴别的常用方法有下列几种。

1) 利用用户名和密码标识用户身份

系统内部记录着所有合法用户的用户名和密码。系统对输入的用户名和密码与合法用户名和密码对照,依次鉴别用户是否为合法用户。若是,则可以进入下一步的核实;若不是,则不能使用计算机系统。为防止密码被人窃取,用户在计算机系统上输入密码时,不把密码的内容显示在屏幕上,而用字符"＊"替代其内容。

虽然利用用户名和密码来鉴别用户的方法简单易行,但是有企图冒名顶替者可能猜中或者偷窃到密码,因此,有必要对密码加以保护。例如,增加密码的长度和复杂性,让用户输入验证码等,以增加猜中密码的时间和难度。

2) 利用用户特有的物件来鉴别用户

在计算机系统中常用磁卡和 USBKEY 等作为用户身份凭证,但这样的计算机系统必须安装相应的读取装置和驱动程序,而且这些安全物件也存在丢失或被盗的风险。

3) 利用用户的物理特征鉴别用户

用户的一些物理特征,如声波、相貌、签名、指纹等往往具有唯一性,因而在一些计算机系统利用这些特征来鉴别用户,但这种方法需要昂贵的、特殊的鉴别装置,使用成本较大。

2. 存取控制

存取控制是数据库管理系统级的安全措施,也是杜绝数据库被非法访问的主要方法。数据库安全最重要的一点就是确保有数据库使用权限的用户访问数据库,同时令所有未授权的人员无法访问,这主要通过数据库系统的存取控制机制实现。

1) 存取控制机制

在数据库管理系统中,存取控制机制由两部分组成。

(1) 权限定义。用户权限指用户对于数据库及其对象能够执行的操作权利。权限定义是具有授权资格的用户使用数据库管理系统提供的授权工具,例如,数据库控制语言(DCL),把授权决定描述出来,数据库管理系统分析授权决定,并将编译后的授权决定存放在数据字典中。

(2) 权限检查。每当用户提出存取数据库的操作请求后(一般包括操作类型、操作对象和操作用户等信息),DBMS 首先查找数据字典,根据安全性规则进行合法权限检查,若用户的操作请求没有超出其定义权限,则系统准予执行其数据操作,否则系统将拒绝执行此操作。

2) 存取控制类别

现在的 DBMS 一般同时支持自由存取控制(DAC)和强制存取控制(MAC)两种存取控制方法。

(1) 自由存取控制。自由存取控制允许对于不同的数据对象,用户有不同的权限,也允许对于同一数据对象,不同的用户可以有不同的权限,还允许用户权限具有传递性。因此,自由存取控制比较灵活。

用户就是访问数据库的人。对于一个数据库,不同的用户有不同的访问要求和使用权限。数据库中的用户一般分为三类:系统用户(如 DBA),数据库或数据对象的拥有者(owner),一般用户。

系统用户是指具有最高的系统控制与操作特权的用户,一般是指系统管理员或数据库管理员 DBA,他们拥有数据库系统可能提供的全部权限。

数据库或数据对象的拥有者是创建某个数据库或数据对象的用户,例如一个关系表拥有者创建了某个关系表,具有对该关系表插入、删除、更新、查询等所有的操作权限。

一般用户指那些经过授权被允许对数据库进行某些特定数据操作的用户。

用户权限主要包括对象和操作两个要素。定义用户的存取权限称为授权,通过授权规定用户可以对哪些数据进行什么样的操作。在关系数据库中,根据对象类型的不同,可以把用户权限分为两类:操作关系模式的权限和访问数据的权限。表 8-1 中列出了关系数据库的用户存取权限。

表 8-1 关系数据库用户存取权限

对象类型	对象	操作
关系模式	外模式	定义、修改、检索
	模式	定义、修改、检索
	内模式	定义、修改、检索
数据	基本表	插入、修改、删除、查询
	属性列	插入、修改、删除、查询

用户权限定义中对象范围越小,授权系统就越灵活,但系统定义与检查权限的开销也会相应地增大,将影响数据库的性能。

授权就是把用户权限授予用户的过程。用户要执行各种数据库操作,就必须持有执行这些操作的相应权限,否则,数据库管理系统就拒绝执行用户操作并显示出错信息。

在关系数据库中,SQL 提供了授权与取消授权的语句,分别为 GRANT 和 REVOKE 语句。但要注意的是,对象的拥有者自动获得关于该对象的所有用户权限,不需要授权。

关于 GRANT 和 REVOKE 语句的语法,详见 6.5 节内容。

自主存取控制能够通过授权机制有效地控制用户对敏感数据的存取,但也存在不足之处,如果用户获取了某个 WITH GRANT OPTION 的特权,他就可以把它授予任何人,这是不安全的,在某些情况下也是不允许的。

(2)强制存取控制。强制存取控制把每个对象按照安全性要求的不同划分为不同的密级(security classification),如绝密、机密、可信、公开等,每个用户被授予某一个级别的许可证,对于任意一个对象,只有具有符合级别许可证的用户才可以对对象存取。在计算机系统中,每个运行的程序继承用户的许可证级别。也就是说,用户的许可证级别不仅应用于用户,而且应用于对应用户运行的应用程序。当某一用户以某一密级进入系统时,在确定该用户能够访问系统上的对象时应遵循以下规则:当且仅当用户的许可证级别大于或等于对象密级时,该用户才能对该对象进行读操作;当且仅当用户的许可证级别等于对象密级时,该用户才能对该对象进行写操作。

数据库管理系统在实现强制存取控制检查时,首先进行自由存取控制检查,然后进行强制存取控制检查,两者都通过后用户才能对对象进行存取操作。

3. 视图

视图属于数据库的外模式,通过定义数据库的外模式也可以对数据提供一定的安全保护功能。通常采用的方法是为不同的用户定义不同的视图,通过视图机制把需要保密的数据对普通用户隐藏起来。例如,对读者李军建立读者借阅视图,则李军通过该视图只能访问到他的借阅记录,不能访问到其他读者的借阅记录。

4. 跟踪审计

任何系统的安全保护措施都不是完美无缺的,蓄意盗窃、破坏数据的人总是想方设法打破控制。审计功能把用户对数据库的所有操作自动记录下来放入审计日志中。数据库管理员(DBA)可以利用审计跟踪的信息重现导致数据库现行状况的一系列事件,找出非法存取数据的人、时间和内容等。因此,审计功能在维护数据安全、打击犯罪方面是非常有效的。

审计通常是很费时间和存储空间的,所以 DBMS 往往都将它作为可选功能,允许 DBA 根据应用对安全性的要求,灵活地打开或关闭审计功能。审计功能一般应用于安全性要求比较高的部门。

5. 数据加密

数据加密就是把数据库中的数据用加密算法将数据加密成密文存储和传输,使用时用户用自己掌握的密钥通过解密算法把密文解码为明文数据。这样,可以保证只有掌握了密钥(encryption key)的用户才能访问数据,而且即使数据被非法地从数据库中窃取,或者在数据的传输过程中被截取,窃取者也无法知道密文数据的含义。对于高度敏感数据,如军事数据、情报数据、银行数据、财务数据等,可以采用数据加密方法存储和传输,以确保数据库的安全性。

加密方法主要有两种:信息替换和信息置换。信息替换就是使用密钥将明文中的每一个字符转换为密文中的字符;信息置换就是将明文的字符按不同的顺序重新排列。单独使用这两种方法的任意一种都是不够安全的,如果将这两种方法结合起来就能达到相当高的安全程度。

目前,有些数据库产品已经提供了数据加密例行程序,系统可以根据用户的要求自动对存储和传输的数据进行加密处理。另外,还有一些数据库产品虽然本身未能提供加密程序,但提供了接口,允许用户用其他厂商的加密程序对数据加密。

由于数据加密与解密都是比较复杂的操作,而且数据加密与解密程序会占用大量的系统资源,因此,数据加密功能通常也是作为可选功能,允许用户自由选择。

8.1.2　SQL Server 2019 系统的安全体系结构

视频讲解

SQL Server 2019 系统的安全性建立在用户和角色的基础上,由身份验证和权限验证构成。Windows 的用户和角色可以映射到 SQL Server 2019 中,而 SQL Server 2019 也可以独自建立用户和角色。在 SQL Server 2019 中,可以对用户分配权限,也可以将其加入到角色中,从而获得相应的权限。

1. SQL Server 的身份验证模式

用户要想访问 SQL Server 数据库及其对象,首先要登录到 SQL Server 服务器上,在登录的过程中 SQL Server 服务器要对登录用户进行身份验证,只有身份验证通过的用户才允许登录到 SQL Server 服务器上。身份验证指 DBMS 对用户访问数据库时所输入的登录名和密码进行确认的过程;身份验证模式指系统对用户进行身份验证的方式。SQL Server 2019 有两种身份验证模式,即 Windows 身份验证模式以及 SQL Server 和 Windows 混合验证模式。

1）Windows 身份验证模式

Windows 身份验证模式通过使用 Windows 网络用户的安全性控制用户对 SQL Server 服务器的登录访问，以实现与 Windows 的登录安全集成。用户的网络安全特性在网络登录时建立，并通过 Windows 域控制器进行验证，当网络用户尝试连接时，SQL Server 使用基于 Windows 的功能确定经过验证的网络用户名。SQL Server 验证该用户是否是如其所说的那个用户，然后只基于网络用户名允许或拒绝登录访问，而不要求单独的 SQL Server 登录名和密码。

2）SQL Server 和 Windows 混合验证模式

SQL Server 和 Windows 混合验证模式允许使用 Windows 身份验证模式或 SQL Server 身份验证模式。SQL Server 身份验证模式要求用户登录 SQL Server 服务器时必须提供登录名和密码，只有当登录名和密码均正确时才允许登录到 SQL Server 服务器。在混合验证模式下，如果用户网络协议支持可信任连接，则可使用 Windows 身份验证模式；否则，在 Windows 身份验证模式下，登录会失败，此时只有 SQL Server 身份验证模式有效。

数据库管理员可以在 SQL Server 2019 中设置需要的身份验证模式，操作步骤如下。

（1）打开 SQL Server Management Studio。

（2）在对象资源管理器中，右击要设置身份验证模式的服务器，在弹出的快捷菜单中选择"属性"命令，打开"服务器属性"对话框，切换到"安全性"选择页，如图 8-1 所示。

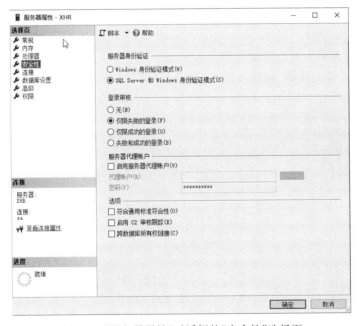

图 8-1　"服务器属性"对话框的"安全性"选择页

（3）在"安全性"选择页中设置服务器身份验证模式。

（4）在"登录审核"选项组中选择 SQL Server 的登录审核方式。如果选择"无"，表示关闭登录审核；如果选择"仅限失败的登录"表示仅审核未成功的登录；如果选择"仅限成功的登录"表示仅审核成功的登录；如果选择"失败和成功的登录"表示审核所有登录尝试。

（5）单击"确定"按钮，关闭对话框。重启服务器后，用户设置的安全模式生效。

2. 权限验证

登录成功的用户可以连接到 SQL Server 2019 服务器,但不一定能访问 SQL Server 2019 的每个数据库及其对象。当用户访问数据库及其对象时,数据库服务器要对用户进行权限验证,只有具有访问数据库及其对象的权限才能对其访问。

8.1.3 SQL Server 2019 的用户和角色管理

SQL Server 2019 为了控制用户对数据库及其对象的访问,对不同的用户授予不同的访问权限。角色是具有一定权限的用户组,当对一个角色授予一定的权限时,属于该角色的用户也就具有该权限。SQL Server 2019 用户或角色分为两级:服务器级用户或角色,数据库级用户或角色。

1. 登录名管理

登录名是数据库用户的登录标识名,数据库用户在连接 SQL Server 服务器时必须输入登录名和密码,只有当身份验证通过时才能连接到 SQL Server 服务器上。SQL Server 2019 有一些默认的登录名,其中 sa 和 BUILTIN\Administrators 最重要。sa 是系统管理员的简称,BUILTIN\Administrators 是 Windows 管理员的简称,它们是特殊的登录名,拥有 SQL Server 系统上所有数据库的全部操作权。

1) 创建登录名

要创建一个登录名,其操作步骤如下。

(1) 打开 SQL Server Management Studio 窗口,在对象资源管理器中依次展开"安全性"结点,右击"登录名",弹出快捷菜单。

(2) 在快捷菜单上选择"新建登录名"命令,打开"登录名-新建"对话框,切换到"常规"选择页,如图 8-2 所示。

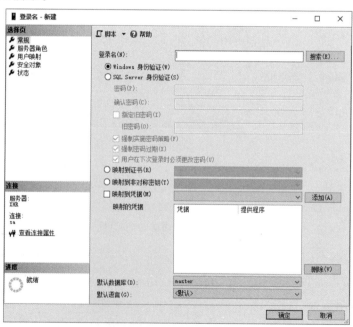

图 8-2 "登录名-新建"对话框的"常规"选择页

（3）如果针对 Windows 用户创建登录名，单击"登录名"后面的"搜索"按钮，打开"选择用户或组"对话框，如图 8-3 所示，单击"高级"按钮，出现"一般性查询"选项卡，单击"立即查询"按钮，查询 Windows 用户或组，在用户列表中选择需要创建登录名的 Windows 用户或组（如 administrator），将身份验证方式设为"Windows 身份验证"。如果要创建 SQL Server 用户名，则在"登录名"后面输入要创建的登录名（如 WangJun），将身份验证方式设为"SQL Server 身份验证"。

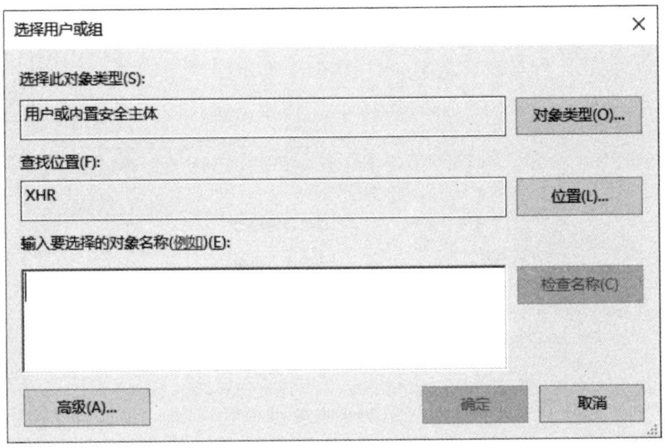

图 8-3 "选择用户或组"对话框

（4）在如图 8-2 所示的"登录名-新建"对话框的"常规"选择页中选择要访问的默认数据库（如图书管理）和默认语言。

（5）在"登录名-新建"对话框中，切换到"服务器角色"选择页，如图 8-4 所示，选择登录名所属的服务器角色。服务器角色是具有管理和操作 SQL Server 服务器权限的用户组，例如，一个登录用户需要创建数据库，就需要把该用户的登录名设置成服务器角色"dbcreator"中的成员。如果不需要设置登录名所属的服务器角色，此步可以省略。

图 8-4 "登录名-新建"对话框的"服务器角色"选择页

（6）单击"确定"按钮保存。

2）修改登录名

数据库管理员可以对已存在的登录名进行修改,修改登录名的操作步骤如下。

（1）打开 SQL Server Management Studio 窗口,在对象资源管理器中依次展开"安全性"→"登录名"结点,右击要修改的登录名,在弹出的快捷菜单中选择"属性"命令,打开"登录属性-WangJun"对话框,如图 8-5 所示。

图 8-5　"登录属性-WangJun"对话框

（2）在"常规"选择页中,可以修改登录名的密码、默认数据库和默认语言。在"服务器角色"选择页中,可以设置登录名所属的服务器角色。在"用户映射"选择页中,可以选择允许访问的数据库。在"安全对象"选择页中,可以设置登录名对安全对象的访问权限。在"状态"选择页中,可以设置"是否连接到数据库引擎",以及登录的启用或禁用。

（3）修改完毕,单击"确定"按钮保存。

3）删除登录名

数据库管理员可以把不再使用的登录名删除掉,删除登录名的操作步骤如下。

（1）打开 SQL Server Management Studio 窗口,在对象资源管理器中依次展开"安全性"→"登录名-新建"结点,右击要删除的登录名,在弹出的快捷菜单中选择"删除"命令,打开"删除对象"对话框。

（2）单击"确定"按钮即可删除。

2. 用户管理

只有对一个登录名创建一个数据库用户,该登录名连接到 SQL Server 服务器后才能访

视频讲解

问数据库。SQL Server 的任一数据库中都有两个默认用户：dbo(数据库拥有者用户)和
guest(客户用户)。通过系统存储过程或在 SQL Server Management Studio 中可以创建新
的数据库用户。

1) 两个默认用户

(1) dbo 用户。dbo 用户是数据库拥有者或数据库创建者,dbo 在其所拥有的数据库中
拥有所有的操作权限。dbo 的身份可被重新分配给另一个用户,系统管理员 sa 可以作为所
管理系统的任何数据库的 dbo 用户。

(2) guest 用户。如果 guest 用户在数据库中存在,则允许任意一个登录用户作为
guest 用户访问数据库,其中包括那些不是数据库用户的 SQL 服务器用户。除系统数据库
master 和临时数据库 tempdb 的 guest 用户不能被删除外,其他数据库都可以将自己的
guest 用户删除,以防止非数据库用户的登录用户对数据库进行访问。

2) 创建数据库用户

假设已建立登录名"WangJun",针对登录名"WangJun",要为高校图书管理系统数据库
"图书管理"创建数据库用户"WangJun",操作步骤如下。

(1) 打开 SQL Server Management Studio 窗口,在对象资源管理器中依次展开"数据
库"→"图书管理"→"安全性"结点,右击"用户",弹出快捷菜单。

(2) 在快捷菜单上选择"新建用户"命令,打开"数据库用户-新建"对话框,如图 8-6
所示。

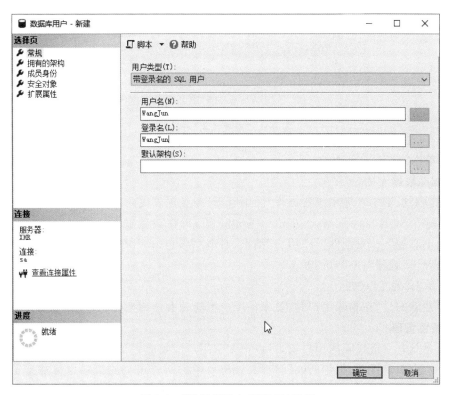

图 8-6　"数据库用户-新建"对话框

（3）在"数据库用户-新建"对话框"常规"选择页中,输入用户名"WangJun",输入登录名"WangJun"。登录名也可以选择输入,方法是单击登录名后面的"…"按钮,打开"选择登录名"对话框,如图 8-7 所示,单击"浏览"按钮,打开"查找对象"对话框,如图 8-8 所示,在"匹配的对象"列表中选择登录名"WangJun",单击"确定"按钮,再单击"确定"按钮。

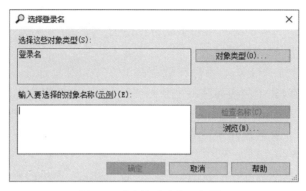

图 8-7　"选择登录名"对话框

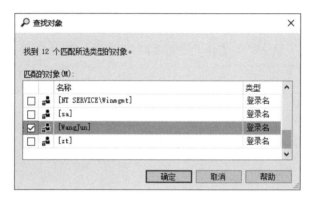

图 8-8　"查找对象"对话框

（4）单击"确定"按钮保存。

3）删除数据库用户

要删除高校图书管理系统数据库"图书管理"的数据库用户"WangJun",操作步骤如下。

（1）打开 SQL Server Management Studio 窗口,在对象资源管理器中依次展开"数据库"→"图书管理"→"安全性"→"用户"结点,右击"WangJun",在弹出的快捷菜单中选择"删除"命令,弹出"删除对象"对话框。

（2）单击"确定"按钮。

需要注意的是,在删除用户时,要求该用户不能拥有任何架构,否则删除失败。

3. 角色管理

角色是具有一定权限的用户组,可以把多个用户汇集成一个管理单元,以便进行权限管理。对于一个角色授予、拒绝或收回权限,该角色中的所有成员的权限也将被授予、拒绝或收回。可以建立一个角色来代表某一类用户,并为这个角色授予适当的权限。

1）固定角色

SQL Server 2019 内置定义了一些固定角色,这些角色具有完成特定的服务器或数据

视频讲解

库管理的权限,可以把用户添加到这些角色中以获得相关的管理权限。

(1)固定服务器角色。固定服务器角色具有对 SQL 服务器管理的权限,例如,创建数据库的权限。固定服务器角色的权限描述如表 8-2 所示。

表 8-2 固定服务器角色的权限

固定服务器角色	权 限 描 述
sysadmin	可以在 SQL Server 2019 中执行任何活动
serveradmin	可以设置服务器范围的配置选项,关闭服务器
securityadmin	可以管理登录和 CREATE DATABASE 权限,还可以读取错误日志和更改密码
dbcreator	可以创建、更改和删除数据库
diskadmin	可以管理磁盘文件

(2)固定数据库角色。每个数据库都有一系列固定数据库角色。虽然每个数据库中都存在名称相同的角色,但各个角色的作用域只是在特定的数据库内,如果两个数据库中有一个同名用户,在一个数据库中将该同名用户添加到一个固定数据库角色中,在另一个数据库中,该同名用户的权限没有影响。固定数据库角色的权限描述如表 8-3 所示。

表 8-3 固定数据库角色的权限

固定数据库角色	权 限 描 述
db_owner	在数据库中有全部权限
db_securityadmin	可以管理全部权限、对象所有权、角色和角色成员资格
db_backupoperator	可以发出 DBCC、CHECKPOINT 和 BACKUP 语句
db_datareader	可以选择数据库内任何用户表中的所有数据
db_datawriter	可以更改数据库内任何用户表中的所有数据

2)创建角色

数据库的角色分为数据库角色和应用程序角色两种。数据库角色中允许有用户成员,角色中的用户继承角色的权限。应用程序角色是一种比较特殊的角色,角色不包含用户成员,需要用密码激活。当一个用户激活一个应用程序角色时,该用户就获得了该应用程序角色的权限,同时放弃所有此前被赋予的所有访问数据库的权限,包括从数据库角色继承的权限,此时该用户所拥有的只是应用程序角色被设置的角色。

(1)创建数据库角色。要在高校图书管理系统数据库"图书管理"中创建数据库角色"student",并将用户"WangJun"设为数据库角色"student"的成员,操作步骤如下。

① 打开 SQL Server Management Studio 窗口,在对象资源管理器中依次展开"数据库"→"图书管理"→"安全性"→"角色"结点,右击"数据库角色",在弹出的快捷菜单中选择"新建数据库角色"命令,打开"数据库角色-新建"对话框,如图 8-9 所示。

② 在"数据库角色-新建"对话框的"常规"选择页中,输入角色名称"student",单击"添加"按钮,打开"选择数据库用户或角色"对话框,如图 8-10 所示。单击"浏览"按钮,打开"查找对象"对话框,如图 8-11 所示,选择用户"WangJun",单击"确定"按钮,再在"选择数据库用户或角色"对话框中单击"确定"按钮。

③ 设置完毕后,单击"确定"按钮,即可在数据库"图书管理"中增加角色"student"。

图 8-9 "数据库角色-新建"对话框

图 8-10 "选择数据库用户或角色"对话框

图 8-11 "查找对象"对话框

（2）创建应用程序角色。应用程序角色可以限制用户只能通过特定的应用程序间接地访问数据。例如,假设高校图书管理系统中定义了应用程序角色"Librarian",可以限制图书管理员只能通过该角色查询、更新数据库中的数据。

要在高校图书管理系统中创建应用程序角色"Librarian",密码为"lib123",操作步骤如下。

① 打开 SQL Server Management Studio 窗口,在对象资源管理器中依次展开"数据库"→"图书管理"→"安全性"→"角色"结点,右击"应用程序角色",在弹出的快捷菜单中选择"应用程序角色-新建"命令,打开"应用程序角色-新建"对话框,如图 8-12 所示。

图 8-12　"应用程序角色-新建"对话框

② 在"应用程序角色-新建"对话框的"常规"选择页中,输入角色名称"Librarian",在密码和确认密码框中输入"lib123",单击"确定"按钮即可。

默认情况下,应用程序角色是非活动的,需要用密码激活,调用 sp_setapprole 存储过程可以激活应用程序角色,格式如下:

```
EXEC sp_setapprole <应用程序角色>,<密码>
```

例如,在高校图书管理系统中激活应用程序角色"Librarian",可用下面的语句激活:

```
EXEC sp_setapprole 'Librarian', 'lib123'
```

3）管理成员

对于已存在的角色,可以向角色中添加成员或从角色中删除成员。

（1）管理服务器角色成员。数据库管理员管理服务器角色有两种方法,下面以把登录名"WangJun"添加到服务器角色"dbcreator"中为例,讲述这两种方法。

方法一：在"服务器角色属性"对话框中添加成员,操作步骤如下。

① 打开 SQL Server Management Studio 窗口,在对象资源管理器中依次展开"安全性"→"服务器角色"结点,右击"dbcreator",在弹出的快捷菜单中选择"属性"命令,打开"服务器角色属性-dbcreator"对话框,如图 8-13 所示。

图 8-13　"服务器角色属性-dbcreator"对话框

② 在"成员"选择页中,单击"添加"按钮,打开"选择服务器登录名或角色"对话框,如图 8-14 所示,单击"浏览"按钮,打开"查找对象"对话框,如图 8-15 所示,在"匹配的对象"列表中,选择登录名"WangJun",单击"确定"按钮,在"选择服务器登录名或角色"对话框中单击"确定"按钮。

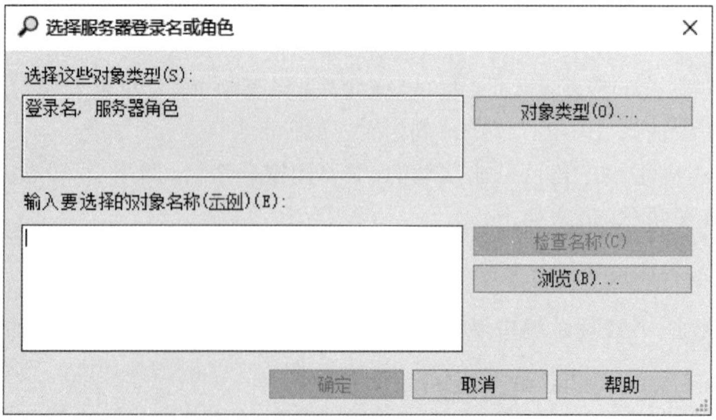

图 8-14　"选择服务器登录名或角色"对话框

图 8-15 "查找对象"对话框

③ 单击"确定"按钮保存。

方法二：在"登录属性"对话框中设置所属服务器角色，操作步骤如下。

① 打开 SQL Server Management Studio 窗口，在对象资源管理器中依次展开"安全性"→"登录名"结点，右击"WangJun"，在弹出的快捷菜单中选择"属性"命令，打开"登录属性-WangJun"对话框，切换到"服务器角色"选择页，如图 8-16 所示。

② 选择服务器角色"dbcreator"，单击"确定"按钮保存。

图 8-16 "登录属性-WangJun"对话框的"服务器角色"选择页

（2）管理数据库角色成员。数据库管理员管理数据库角色也有两种方法，下面以把用户"WangJun"添加到角色"student"中为例说明。

方法一：在"数据库角色属性"对话框中添加成员，操作步骤如下。

① 打开 SQL Server Management Studio，在对象资源管理器中依次展开"数据库"→"图书管理"→"安全性"→"角色"→"数据库角色"结点，右击"student"，在弹出的快捷菜单中选择"属性"命令，打开"数据库角色属性-student"对话框，如图 8-17 所示。

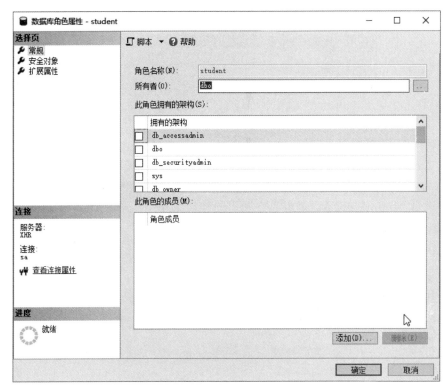

图 8-17　"数据库角色属性-student"对话框

② 在"常规"选择页中，单击"添加"按钮，打开"选择数据库用户或角色"对话框，如图 8-18 所示，单击"浏览"按钮，打开"查找对象"对话框，如图 8-19 所示，在"匹配的对象"列表中，选择用户"WangJun"，单击"确定"按钮，在"选择数据库用户或角色"对话框中单击"确定"按钮。

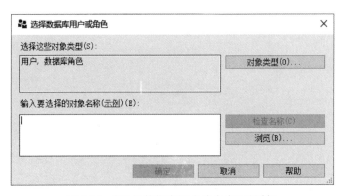

图 8-18　"选择数据库用户或角色"对话框

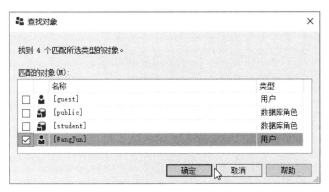

图 8-19 "查找对象"对话框

③ 单击"确定"按钮保存。

方法二：在"数据库用户"对话框中设置所属数据库角色，操作步骤如下。

① 打开 SQL Server Management Studio 窗口，在对象资源管理器中依次展开"数据库"→"图书管理"→"安全性"→"用户"结点，右击"WangJun"，在弹出的快捷菜单中选择"属性"命令，打开"数据库用户-WangJun"对话框，如图 8-20 所示。

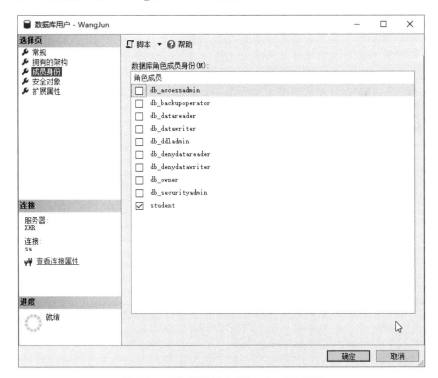

图 8-20 "数据库用户-WangJun"对话框

② 在"成员身份"选择页中选择数据库角色成员身份为"student"，单击"确定"按钮保存。

4）删除角色

删除服务器角色、数据库角色和应用程序角色的方法都类似，下面以删除高校图书管理系统中应用程序角色"Librarian"为例，说明删除角色的操作。

（1）打开 SQL Server Management Studio 窗口，在对象资源管理器中依次展开"数据库"→"图书管理"→"安全性"→"角色"→"应用程序角色"结点，右击"Librarian"，在弹出的快捷菜单中选择"删除"命令，打开"删除对象"对话框。

（2）单击"确定"按钮。

8.1.4　SQL Server 2019 的架构管理

架构是形成单个命名空间的数据库对象的集合。命名空间是一个集合，其中每个元素的名称都是唯一的。例如，为了避免名称冲突，同一架构中不能有两个同名的表，两个表只有在位于不同的架构中时才可以同名。

架构包含数据库对象，如表、视图、存储过程等。架构所有者可以是数据库用户、数据库角色，也可以是应用程序角色。一个架构所有者可以拥有多个架构，但一个架构只能有一个架构所有者。一个用户有且只有一个默认架构，当用户创建一个数据库对象时，数据库对象就属于默认架构。一个数据库用户要访问数据库对象，必须具有对数据库对象或所属架构的访问权限。

1．创建架构

要在数据库"图书管理"中创建一个名称为"lib"的架构，架构所有者为数据库角色"student"，操作步骤如下。

（1）打开 SQL Server Management Studio 窗口，在对象资源管理器中依次展开"数据库"→"图书管理"→"安全性"结点，右击"架构"，在弹出的快捷菜单中选择"架构-新建"命令，打开"架构-新建"对话框，如图 8-21 所示。

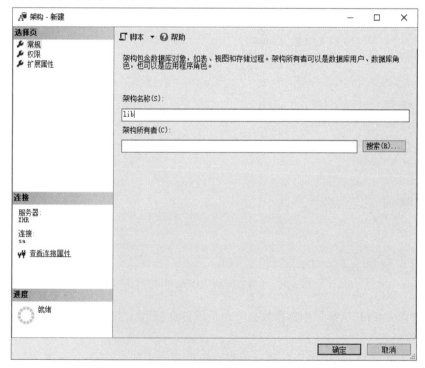

图 8-21　"架构-新建"对话框

（2）在"架构-新建"对话框的"常规"选择页中，输入架构名称"lib"，单击"搜索"按钮，打开"搜索角色和用户"对话框，如图8-22所示，单击"浏览"按钮，打开"查找对象"对话框，如图8-23所示，在"匹配的对象"中，选择数据库角色"student"，单击"确定"按钮，再单击"确定"按钮。

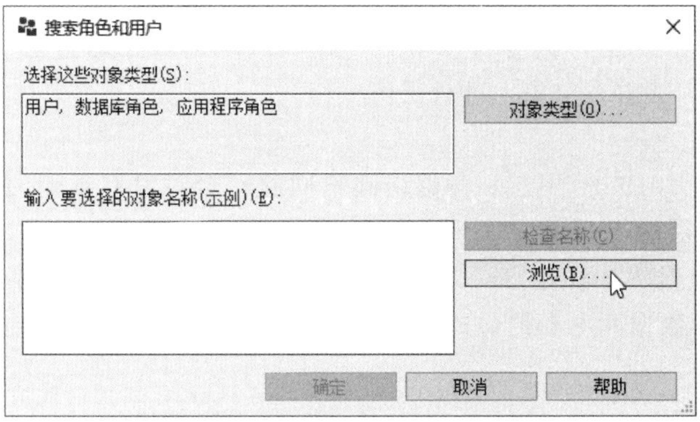

图8-22 "搜索角色和用户"对话框

图8-23 "查找对象"对话框

（3）单击"确定"按钮保存。

2. 删除架构

要在数据库"图书管理"中删除名称为"lib"的架构，操作步骤如下。

（1）打开SQL Server Management Studio窗口，在对象资源管理器中依次展开"数据库"→"图书管理"→"安全性"→"架构"结点，右击"lib"，在弹出的快捷菜单中选择"删除"命令，打开"删除对象"对话框。

（2）单击"确定"按钮即可。

需要注意的是，要删除一个架构，要求该架构下没有任何数据库对象，否则删除失败。

8.1.5 SQL Server 2019 的权限管理

权限指用户对于数据库及其对象能够执行的操作权利。SQL Server 2019中的每个对象都由用户所有，当第一次创建数据库及其对象时，唯一可以访问该数据库及其对象的用户是拥有者或数据库管理员（DBA）。对于任何其他想访问该对象的用户，必须由拥有者或数据库管理员给该用户授予权限。

1. SQL Server 权限种类

用户登录到 SQL Server 2019 后,用户被授予的权限决定了他们对数据库能够执行的操作。权限种类可分为两类,分别是隐式权限和显式权限。

1)隐式权限

隐式权限指系统预定义而不需要授权用户就享有的权限。例如,数据库管理员具有数据库内任何操作权限,数据库拥有者(DBO)可以对自己的数据库进行任何操作,而数据库对象拥有者(DBOO)能够在对象上进行任何操作。

2)显式权限

在 SQL Server 2019 中,用户和角色访问不同的安全对象有不同的显式权限,例如,对 SQL Server 服务器有"CREATE ANY DATABASE"权限,对数据库有"CREATE TABLE"权限,对数据库对象有"SELECT"权限。访问 SQL Server 服务器主要的显式权限如表 8-4 所示,访问数据库主要的显式权限如表 8-5 所示,访问数据库对象主要的显式权限如表 8-6 所示。

表 8-4 访问 SQL Server 服务器主要的显式权限

权　限	权限说明
ALTER ANY DATABASE	修改数据库
CREATE ANY DATABASE	创建数据库
SHUTDOWN	关闭
VIEW ANY DATABASE	查看数据库

表 8-5 访问数据库主要的显式权限

权　限	权限说明
ALTER ANY ROLE	修改角色
ALTER ANY SCHEMA	修改架构
ALTER ANY USER	修改用户
ALTER	修改
BACKUP DATABASE	备份数据库
BACKUP LOG	备份日志
CREATE DEFAULT	创建默认值
CREATE FUNCTION	创建函数
CREATE PROCEDURE	创建存储过程
CREATE ROLE	创建角色
CREATE RULE	创建规则
CREATE SCHEMA	创建架构
CREATE TABLE	创建表
CREATE VIEW	创建视图
DELETE	删除元组
EXECUTE	执行存储过程
INSERT	插入元组
SELECT	对元组及分量查询
UPDATE	对元组及分量修改

表 8-6 访问数据库对象主要的显式权限

权 限	权 限 说 明
ALTER	修改
DELETE	删除元组
EXECUTE	执行存储过程
INSERT	插入元组
SELECT	对元组及分量查询
UPDATE	对元组及分量修改

2. 权限管理

权限管理包括对用户或角色授权、收权和拒绝,通过 GRANT、REVOKE 和 DENY 语句进行权限管理见 6.5 节内容。下面主要介绍在 SQL Server 2019 的 SQL Server Management Studio 中如何进行权限管理。在 SQL Server Management Studio 中进行权限管理,既可在安全对象的属性对话框中进行,也可在用户或角色属性对话框中管理。

1) 通过安全对象的属性对话框管理权限

要在"图书管理"数据库中对用户"WangJun"授予 CREATE TABLE 权限,操作步骤如下。

(1) 在对象资源管理器中展开 "数据库"结点,右击"图书管理",在弹出的快捷菜单中选择"属性"命令,打开"数据库属性-高校图书管理"对话框,切换到"权限"选择页,如图 8-24 所示。

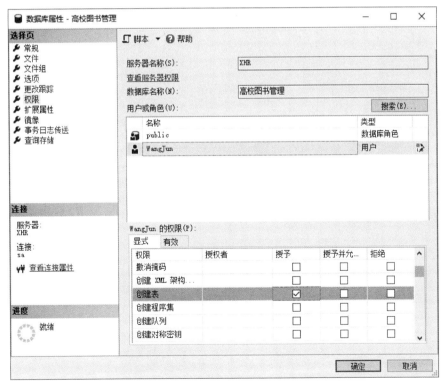

图 8-24 "数据库属性-高校图书管理"对话框的"权限"选择页

(2) 在"用户或角色"列表中,选中用户"WangJun",在显式权限列表中"创建表"权限的"授予"选中。

(3) 单击"确定"按钮保存。

如果在"用户或角色"列表中没有用户"WangJun",需要单击"搜索"按钮搜索添加。

2) 通过用户或角色的属性对话框管理权限

要在"图书管理"数据库中对角色"student"授予对"图书"表 SELECT 权限,操作步骤如下。

(1) 在对象资源管理器中依次展开"数据库"→"图书管理"→"安全性"→"角色"→"数据库角色"结点,右击"student",在弹出的快捷菜单中选择"属性"命令,打开"数据库角色属性-student"对话框,切换到"安全对象"选择页,如图 8-25 所示。

图 8-25　"数据库角色属性-student"对话框的"安全对象"选择页

(2) 单击"搜索"按钮,打开"添加对象"对话框,如图 8-26 所示,选择"特定对象",单击"确定"按钮,打开"选择对象"对话框,如图 8-27 所示。

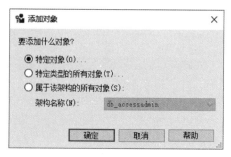

图 8-26　"添加对象"对话框

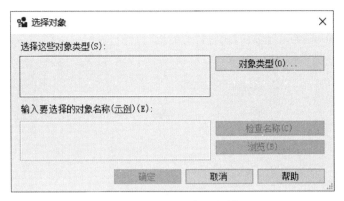

图 8-27　"选择对象"对话框

（3）单击"对象类型"按钮，打开"选择对象类型"对话框，如图 8-28 所示，在对象类型列表中选择"表"，单击"确定"按钮。

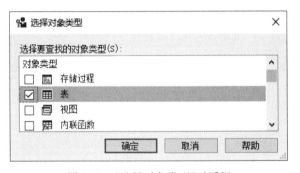

图 8-28　"选择对象类型"对话框

（4）在"选择对象"对话框中单击"浏览"按钮，打开"查找对象"对话框，如图 8-29 所示，在"匹配的对象"列表中选择"图书"表，单击"确定"按钮。

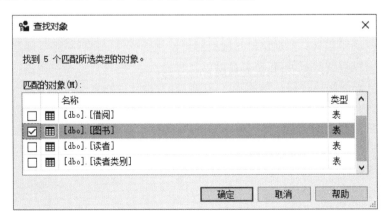

图 8-29　"查找对象"对话框

（5）在"数据库角色属性-student"对话框的"安全对象"选择页中选中"图书"，在"图书"的权限列表中将显式权限列表中的"选择"权限的"授予"选中，如图 8-30 所示，单击"确定"按钮保存。

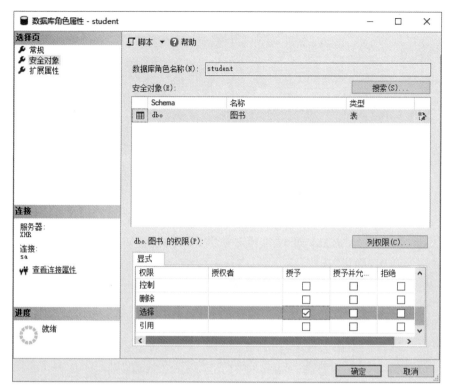

图 8-30　"数据库角色属性-student"对话框

8.2　数据库的完整性控制

数据库的完整性是指数据的正确性、有效性和一致性。例如,"图书管理"数据库中读者的卡号必须唯一,性别只能是男或女,单位必须是真实存在的单位等。保护数据库的完整性非常重要,它涉及数据库中的数据能否真实地反映现实世界。凡是已经失真了的数据都可以说其完整性受到了破坏,这种情况下就不能再使用数据库,否则可能造成严重的后果。

数据库的完整性受到破坏主要来自以下几种情况。

(1) 操作员或终端用户录入数据时不慎输入了错误的数据。

(2) 错误的更新操作破坏了数据库的一致性和完整性。例如,完成给读者的借书操作只在借阅表中增加了一条借阅记录,但没有把图书的库存数量减 1。如果数据库不加检查就予以接受,会导致完整性受到破坏。

(3) 在执行事务的过程中,如果发生系统软硬件故障,使得事务不能正常完成,就有可能在数据库中留下不一致的数据。

(4) 多个事务并发访问数据库,如果不并发控制就容易产生数据不一致问题,导致数据库的完整性受到破坏。

(5) 人为破坏。

为了保证数据库的完整性,DBMS 必须提供定义、检查和控制数据完整性的机制,并把用户定义的数据库完整性约束条件作为模式的一部分存入数据库中。作为数据库用户或数据库管理员,必须了解数据库完整性的内容和 DBMS 的数据库完整性控制机制,掌握定义数据完整性的方法。

8.2.1 完整性约束条件及完整性控制

为了保证数据库的数据完整性,数据库管理系统必须有一套完整性控制机制。完整性约束条件是完整性控制机制的核心,指对数据库中的数据强加的语义约束条件。

完整性约束条件作用对象可以是表、元组和列三种粒度。根据作用对象的不同,完整性约束条件分为表级约束、元组级约束和列级约束。表级约束是若干元组间以及关系之间联系的约束;元组级约束则是元组中的属性列组和属性列间联系的约束;列级约束是针对列的数据类型、取值范围、精度、排序等的约束条件。

完整性约束条件作用对象的状态可以是静态的,也可以是动态的。静态约束是数据库确定状态时,数据对象应满足的约束条件;动态约束是数据库从一种状态转变为另一种状态时,新旧值之间应满足的约束条件,是反映数据库状态变化的约束。数据库完整性约束条件的分类及含义如表 8-7 所示。

表 8-7 完整性约束条件的分类及含义

状 态	粒 度		
	列 级	元 组 级	表 级
静态	对一个列的取值域的约束定义,包括对数据类型、格式、值域、空值等的约束	规定一个元组的各个列值之间应满足条件的约束	规定一个关系的各个元组之间或关系之间的约束,包括:实体完整性约束、参照完整性约束、函数依赖约束、统计约束等
动态	修改列定义或列值时应满足的约束	在修改元组时,新旧值之间应满足的约束	在修改关系时,新旧状态之间应满足的约束

1. 静态约束

1) 静态列级约束

静态列级约束规定一个属性列的分量值必须符合某种数据类型及取自相应的值域,这是最常用的一类完整性约束。静态列级约束包括以下几个方面。

(1) 对数据类型的约束。对数据类型的约束,包括数据的类型、长度、单位、精度等。例如,"图书管理"数据库中读者卡号的数据类型规定为字符型,长度为 7。

(2) 对数据格式的约束。对数据格式的约束是对属性列分量值编码规则的约束,例如,规定读者卡号的前两位为入学年份,后 5 位为顺序编号。

(3) 对值域的约束。对值域的约束就是规定属性列的取值范围或取值集合,并且要求属性列的分量值必须取自相应的值域。例如,读者性别的值域必须为{男,女}。又如,图书的库存数量的取值范围约定在 0~10。

(4) 对空值的约束。对空值的约束就是规定一个属性列是否允许取空值。当一个属性列对一个关系不太重要或一个属性列的分量值在输入元组时经常无法确定时,可以考虑对该属性列允许取空值。例如,假设"图书管理"数据库的读者表中有属性列"电话",如果电话信息对读者的管理不太重要的话,可以允许属性列"电话"取空值;属性列"读者卡号"对读者很重要,就不能允许取空值;借阅表中的属性列"还书日期"的分量值由于在输入借阅记录时不能确定读者借书的还书日期,可以考虑允许属性列"还书日期"取空值。

(5) 其他约束。静态列级约束除了以上四种外,还有其他的约束,例如,列的排序要求约束。

2) 静态元组级约束

一个元组是由若干个属性值组成的。静态元组级约束是对元组的属性组值的限定,即规定了属性之间的值或结构的相互制约关联。例如,"图书管理"数据库的借阅表中包含借书日期和还书日期,还书日期必须大于或等于借书日期。

3) 静态表级约束

在一个关系的各个元组之间或者若干关系之间,常常存在各种关联或制约约束,这种约束称为静态表级约束。常见的静态表级约束有实体完整性约束、参照完整性约束、函数依赖约束、统计约束。

实体完整性约束和参照完整性约束是关系模型的两个非常重要的约束,它们称为关系的两个不变性约束。统计约束是字段值与关系中多个元组的统计值之间的约束关系。例如,一个读者在借图书数量之和应不大于相应读者类别规定的可借阅数量。这里,一个读者在借图书数量之和是一个统计值。

2. 动态约束

1) 动态列级约束

动态列级约束指修改列定义或修改列值时必须满足的约束条件。

(1) 修改列定义时的约束。列定义的修改包括列的数据类型、长度和允许空的修改。修改列定义时,表中已存在的元组必须满足列定义,否则可能修改失败。例如,将允许空值的列改为不允许空值时存在空值,则拒绝这种修改。

(2) 修改列值时的约束。修改列值有时需要参照其旧值,并且新旧值之间需要满足某种约束条件。例如,为了鼓励广大读者多借书,要求读者类别表的可借阅数量只能增加。

2) 动态元组级约束

动态元组级约束指修改元组的值时元组中属性组或属性间需要满足某种约束。例如,读者类别表中有类别名称和超期罚款额两个列,修改超期罚款额时要求教师的超期罚款额不得高于 0.20 元。

3) 动态表级约束

动态表级约束是加在关系变化前后状态上的限制条件。例如,事务一致性、原子性等约束均属于动态表级约束。

3. 完整性控制机制

1) 完整性控制功能

DBMS 实现完整性控制机制应具有三个方面的功能。

(1) 定义功能,即提供定义完整性约束条件的机制。

(2) 检查功能,即检查用户发出的操作请求是否违背了完整性约束条件。

(3) 控制功能,即监视数据操作的整个过程,如果发现有违背了完整性约束条件的情况,则采取一定的动作来保证数据的完整性。

2) 完整性执行约束

根据完整性检查的时间不同,可把完整性约束分为立即执行约束和延迟执行约束。如果要求在有关数据操作语句执行完后立即进行完整性检查,则称这类约束为立即执行约束;如果要求在整个事务执行结束后,再进行完整性检查,称这类约束为延迟执行约束。例如,银行数据库中"借贷总金额应平衡"的约束就应该是延迟执行的约束。从账号 A 转一笔钱到账号 B 为一个事务,从账号 A 转出去钱后,借贷总金额就不平衡了,必须等转入账号 B 后账才能重新平衡,这时才能进行完整性检查。

对于立即执行约束,如果发现用户操作请求违背了完整性约束条件,系统将拒绝该操作;对于延迟执行的约束,系统将拒绝整个事务,把数据库恢复到该事务执行前的状态。

4. 实现参照完整性要考虑的几个问题

1)外码能够接受空值的问题

在实现参照完整性时,系统除应该提供定义外码的机制外,还应提供定义外码是否允许空值的机制。

2)在被参照关系中删除元组的问题

当删除被参照关系的某个元组后,由于在参照关系中存在若干元组,它们的外码值可能与被参照关系删除元组的主码值相同,该参照完整性可能会受到破坏。要保持关系的参照完整性,就需要对参照表的相应元组进行处理,其处理策略有三种:级联删除、受限删除或置空值删除。例如,在"图书管理"数据库中,读者表和借阅表之间是被参照和参照关系。要删除被参照关系的读者表中的"读者卡号 = '2100001'"的元组,而借阅表中又有 1 个元组的读者卡号等于"'2100001'",可以按下面三种方法之一一处理参照关系借阅表中的数据。

(1)级联删除。级联删除是将参照关系中所有外码值与被参照关系中要删除的元组主码值相同的元组一起删除。例如,要删除读者表中的"读者卡号 = '2100001'"的元组,按照级联删除方法,需要将借阅表中"读者卡号 = '2100001'"的元组删除。

(2)受限删除。仅当参照关系中没有任何元组的外码值与被参照关系中要删除元组的主码值相同时,系统才执行删除操作,否则拒绝此删除操作。例如,要删除读者表中的"读者卡号 = '2100001'"的元组,就要求借阅表中没有与"读者卡号 = '2100001'"相关的元组。否则,系统将拒绝删除借阅表中"读者卡号 = '2100001'"的元组。

(3)置空值删除。删除被参照关系的元组,并将参照关系中相应元组的外码值置空值。例如,要删除读者表中的"读者卡号 = '2100001'"的元组,要求将借阅表中所有"读者卡号 = '2100001'"的元组的读者卡号值置为空值。

这三种处理方法究竟需要选择哪一种,要根据具体的应用环境的语义来确定。

3)在参照关系中插入元组时的问题

当向参照关系插入某个元组,而被参照表中不存在主码与参照表外码相等的元组时,为了保证关系的参照完整性,可使用受限插入或递归插入的两种处理策略。例如,向参照关系借阅表中插入('2100006','JSJ001','2021-09-08',NULL)元组,而被参照关系读者表中没有"读者卡号 = '2100006'"的读者,系统有以下两种解决方法。

(1)受限插入。受限插入是当被参照表中不存在主码与参照表中要插入元组外码相等的元组时,拒绝向参照关系插入元组的策略。例如,对于上面的情况,如果采用受限插入策略,系统将拒绝向借阅表中插入('2100006','JSJ001','2021-09-08',NULL)元组。

(2)递归插入。该策略首先在被参照关系中插入相应的元组,其主码值等于参照关系插入元组的外码值,然后向参照关系插入元组。例如,对于上面的例子,如果采用递归插入策略,系统将首先向读者表插入"读者卡号='2100006'"的元组,然后向借阅表中插入('2100006','JSJ001','2021-09-08',NULL)元组。

4) 修改关系的主码问题

如果要修改关系中的主码值,可以按照两种策略来处理。

(1) 不允许修改主码。该策略不允许修改关系中元组的主码值,如果要修改,只能先删除该元组,然后再把具有新主码值的元组插入关系中。

(2) 允许修改主码。该策略允许修改主码,但必须保证主码的唯一性和非空性,否则拒绝修改。

5) 修改表是被参照关系的问题

当修改被参照关系的某个元组时,如果参照关系存在若干个元组,其外码值与被参照关系修改元组的主码值相同,这时可有以下三种处理策略。

(1) 级联修改。如果需修改被参照关系中的某个元组的主码值,则参照关系中相应的外码值也作相应的修改。例如,如果采用级联修改策略,若将读者表中的读者卡号"2100004"修改成"2100007",则借阅表中所有的读者卡号为"2100004"的借阅记录的读者卡号都将修改成"2100007"。

(2) 拒绝修改。如果在参照关系中,有外码值与被参照关系中需要修改的主码值相同的元组,则拒绝修改。

(3) 置空值修改。修改被参照关系的元组,并将参照关系中相应元组的外码值置空值。

8.2.2 SQL Server 2019 的数据库完整性实现方法

SQL Server 2019 通过约束、默认值、规则和触发器四种方法实现数据库的完整性功能。

1. 约束

约束指为了保证数据的完整性对列中的数据、行中的数据和表之间数据定义的限制。对表和列定义约束后,当向表中插入、修改或删除数据,DBMS 就自动地检查用户所操作的数据是否满足表中的约束条件,如果满足,则保存所操作的数据,否则撤销所操作的数据。

1) SQL Server 2019 的约束类型

SQL Server 2019 的约束有以下几种。

(1) NULL 和 NOT NULL 约束。NULL 和 NOT NULL 约束是对列的完整性约束。NULL 约束是允许所作用的列取空值;NOT NULL 约束是不允许所作用的列取空值。

(2) DEFAULT 约束。DEFAULT 约束是默认值约束,对一个列定义默认值后,当向表中插入数据时,如果没有明确提供列的分量值,则用默认值作为该列的分量值。例如,对读者表的"性别"列定义一个 DEFAULT 约束,默认值为"男",当向读者表中输入一个性别为"男"的读者元组时,可以不输入性别值。

(3) CHECK 约束。CHECK 约束用于指定一个列或列组可以接受值的范围,或指定数据应满足的条件。例如,对读者表的"性别"列定义一个 CHECK 约束,约束"性别"列的分量值只能取"男"或"女"。

(4) UNIQUE 约束。UNIQUE 约束要求所作用列的分量值唯一,防止出现冗余。

(5) PRIMARY KEY 约束。PRIMARY KEY 约束是主码约束,要求表中各个元组的主码值唯一且不允许取空值。

（5）FOREIGN KEY 约束。PRIMARY KEY 约束是外码约束，要求表中各个元组的外码值要么取自被参照表中对应的主码，要么取空值。例如，借阅表的"读者卡号"相对于读者表的"读者卡号"是外码，则借阅表中各个元组的"读者卡号"分量值必须取自读者表的"读者卡号"分量中或取空值。

2）定义约束

在 SQL Server Management Studio 中定义约束条件参见 5.5.2 节内容，利用 SQL 语句在 CREATE TABLE 或 ALTER TABLE 语句中定义约束条件参见 6.6.2 节内容，由于篇幅所限，此处就不再赘述。

2. 默认值

视频讲解

默认值是数据库对象，其作用相当于默认值约束。默认值被创建后，可以绑定到一列或几列上，并反复使用。在 SQL Server 2019 中用 CREATE DEFAULT 语句创建默认值，格式如下：

```
CREATE DEFAULT [<架构名>.]<默认值名>
AS <常量>
```

调用存储过程"sp_bindefault"可将一个默认值与基本表的列绑定，格式如下：

```
EXEC sp_bindefault '[<架构名>.]<默认值名>','[<架构名>.]<表名>.<列名>'
```

【例 8-1】　在"图书管理"数据库中定义一个名称为"XB_DEFAULT"的默认值，该默认值取值为"男"，并将该默认值与读者表的"性别"列绑定。

```
CREATE DEFAULT XB_DEFAULT
AS '男'
EXEC sp_bindefault 'XB_DEFAULT','读者.性别'
```

可以使用用 DROP DEFAULT 语句删除已建立的默认值。但需注意，如果删除默认值，必须保证删除的默认值不能与表的任何列绑定，否则删除失败。DROP DEFAULT 语句的格式如下：

```
DROP DEFAULT [<架构名>.]<默认值名>
```

调用存储过程"sp_unbindefault"可将一个默认值与基本表的列解除绑定，格式如下：

```
EXEC sp_unbindefault '[<架构名>.]<表名>.<列名>'
```

3. 规则

视频讲解

规则也是数据库对象，其作用相当于 CHECK 约束。在 SQL Server 2019 中用 CREATE RULE 创建规则，格式如下：

```
CREATE RULE [<架构名>.]<规则名>
AS
<条件表达式>
```

调用存储过程"sp_bindrule"可将一个规则与基本表的列绑定，格式如下：

```
EXEC sp_bindrule '[<架构名>.]<规则名>','[<架构名>.]<表名>.<列名>'
```

【例 8-2】 在"图书管理"数据库中定义一个名称为"XB_RULE"的规则,该规则要求取值为"男"或"女",并将该规则与读者表的"性别"列绑定。

```
CREATE RULE XB_RULE
AS
@Value in ('男','女')
EXEC sp_bindrule 'XB_RULE','读者.性别'
```

通过 DROP RULE 语句可删除一个规则,格式如下:

```
DROP RULE [<架构名>.]<规则名>
```

调用存储过程"sp_unbindrule"可将一个规则与基本表的列解除绑定,格式如下:

```
EXEC sp_unbindrule '[<架构名>.]<表名>.<列名>'
```

同样需要注意删除规则,必须保证要删除的规则不能与表的任何列绑定,否则删除会失败。

另外,默认值和规则与约束相比,功能较低但开销大,所以,如果默认值和规则可以使用约束方法表示,需尽可能采用约束方法处理。

4. 触发器

触发器是一种特殊的存储过程,通过事件进行触发调用,不需要用户显式调用。常见的触发事件是对数据表的插入、修改和删除操作。触发器有 INSERT、UPDATE 和 DELETE 三种类型,分别针对数据插入、数据修改和数据删除三种情况。一个表可以具有多个触发器,但它们之间不能出现数据矛盾。

触发器的作用是强制业务规则和数据完整性,保证数据一致性,主要表现如下。

(1) 强化约束。触发器能够实现比 CHECK 约束更复杂的约束,特别是跨表的约束。

(2) 保证数据完整性。触发器可以禁止或撤销违反数据完整性的数据插入、修改和删除操作。

(3) 级联修改或删除。利用触发器可以实现通过级联方式对相关表进行修改或删除的操作。例如,对读者表创建一个级联删除的触发器,要求删除读者表中记录时需把借阅表中相应的借阅记录也删除。

最后需要说明的是,约束、默认值、规则和触发器是 SQL Server 2019 实现数据库完整性功能的四种方法,从性能上来说,约束的性能最高,因此,能用约束实现数据库完整性要求的尽可能用约束方法处理,除此之外再考虑其他三种方法。

习题 8

1. 填空题

(1) 数据库保护功能主要包括确保数据的安全性、_____、数据库恢复和并发控制。

(2) 数据库的_____性指保护数据库,以防止非授权用户非法存取造成的数据泄密、更改或破坏的特性。

(3) 在数据库中,对于高度敏感数据(如财务数据、军事机密等),除了要采用一般的安全性措施外,还要采用_____技术。

（4）SQL Server 2019 有两种身份验证模式，如果选择_____身份验证模式则在连接 SQL 服务器时需要提供一个 SQL Server 登录用户名和密码。

（5）架构指_____。

（6）角色指_____。

（7）为了维护关系数据库的完整性、一致性，数据更新操作必须遵守域完整性约束、实体完整性约束、_____完整性约束和用户自定义完整性约束。

（8）在关系数据库系统中，实体完整性规则是对_____的约束，参照完整性规则是对_____的约束。

2．选择题

（1）下列（　　）是对关系中的主属性值的约束。

　　A．强制不能为空值　　　　　　　　B．用户定义的完整性规则

　　C．参照完整性规则　　　　　　　　D．实体完整性规则

（2）DBMS 一般提供安全性控制，下述中（　　）不属于 DBMS 提供的安全性控制。

　　A．视图　　　　　B．授权　　　　　C．数据密码　　　　D．跟踪审计

（3）数据的（　　）指数据的正确性、有效性和相容性。

　　A．安全性　　　　B．完整性　　　　C．并发控制　　　　D．恢复

（4）数据库管理系统通常提供授权功能来控制不同用户访问数据的权限，这主要是为了实现数据库的（　　）。

　　A．可靠性　　　　B．一致性　　　　C．完整性　　　　D．安全性

（5）关系中的主码不允许取空值是指（　　）约束规则。

　　A．实体完整性　　　　　　　　　　B．域完整性

　　C．参照完整性　　　　　　　　　　D．用户自定义的完整性

（6）"借书日期必须在还书日期之前"这种约束属于 DBS 的（　　）功能。

　　A．恢复　　　　　B．并发控制　　　　C．安全性　　　　D．完整性

3．简答题

（1）DBMS 对数据库安全性控制有哪些方法？

（2）SQL Server2019 有哪些身份验证模式？

（3）DBMS 实现完整性控制机制应具有哪些功能？

（4）在 SQL Server 2019 中实现数据库的完整性有哪些方法？

4．上机操作题

（1）用用户名为"sa"的用户登录，在 SQL Server Management Studio 中将 SQL Server 的身份验证模式设置为"Windows 身份验证模式"，断开与对象资源管理器的连接，再连接对象资源管理器时分别用"Windows 身份验证"和"SQL Server 身份验证"两种模式登录，再将数据库的身份验证模式设置为"SQL Server 和 Windows 身份验证模式"，再分别用两种模式登录，分析两种不同的身份验证模式下登录结果。

（2）在习题 5 的上机操作题中创建的数据库"XSXK"中完成下列题目。

① 用用户名为"sa"的用户登录，在"SQL Server Management Studio"中创建名称为"Liping"的登录名，再创建用户名为"Liping"的用户，用用户名为"Liping"的用户登录，对学生表执行一个查询语句，分析查询失败的原因。

② 用用户名为"sa"的用户登录,在 SQL Server Management Studio 中给用户名为"Liping"的用户授予查询学生表的权限,再用用户名为"Liping"的用户登录,对学生表执行一个查询语句,分析查询成功的原因。

③ 用用户名为"sa"的用户登录,在 SQL Server Management Studio 中创建名称为"Lili"的登录名,再创建用户名为"Lili"的用户,分别用用户名为"Liping"和"Lili"的用户登录,对课程表执行一个查询语句,分析查询失败的原因。

④ 用用户名为"sa"的用户登录,在 SQL Server Management Studio 中创建名称为"MyRole"的角色,将用户名为"Liping"的用户和用户名为"Lili"的用户加入该角色中,对该角色授予查询课程表的权限,分别用用户名为"Liping"和"Lili"的用户登录,对课程表执行一个查询语句,分析查询成功的原因。

⑤ 用用户名为"sa"的用户登录,在 SQL Server Management Studio 中创建一个规则,约束值为"男"或"女",将该规则绑定到学生表的"性别"列。在学生表中输入一条非法学生记录(性别值不为"男"和"女"),体验规则的作用。

⑥ 用用户名为"sa"的用户登录,在 SQL Server Management Studio 中创建一个默认值,值为"男",将该默认值绑定到学生表的"性别"列。在学生表中输入一条学生记录(不输入性别值),体验默认的作用。

⑦ 用用户名为"sa"的用户登录,在 SQL Server Management Studio 中对选课表定义一个"insert"触发器,要求插入到选课表中的记录满足参照完整性约束。

⑧ 用用户名为"sa"的用户登录,在 SQL Server Management Studio 中对学生表定义一个"delete"触发器,要求删除学生记录的同时把学生的选课记录也删除。

第 9 章

数据库的事务管理与并发控制

学习目标

- 理解事务的概念和特性,掌握事务控制语句;
- 了解并发控制的必要性,理解锁的概念、封锁协议和并发调度的可串行性,了解封锁带来的问题及解决措施;
- 掌握 SQL Server 2019 的并发控制机制。

重点:事务的概念、特性和事务控制语句,SQL Server 2019 的并发控制机制。

难点:封锁协议和并发调度的可串行性。

保持数据的正确性与一致性是正确使用数据库的关键。当一次数据库访问中需要访问多条记录时,或者当对多用户并发访问数据库进行并发控制时,都需要事务管理,并发控制是以事务管理为基础的。

9.1 事务管理

事务(transaction)是数据库应用的基本性质之一,是管理数据库运作的一个逻辑单位,也是并发控制的基础。

9.1.1 问题背景

对数据库的一次访问往往不是一条命令就可以完成的,多数情况下都需要一组命令来完成一次完整访问。例如,对"图书管理"数据库进行一次访问,实现借书操作,要求在借阅表中插入一条借阅记录,并且在图书表中把被借图书的库存数量减 1。如果对这次访问不加以控制,在执行访问命令的过程中可能会出现程序异常、硬件意外故障或系统突然掉电等异常情况,这就会使正在进行的操作强制中断,结果是部分访问操作已完成,另一部分未完成,此时数据库中的数据既不是当前的正确状态,也不是在此之前某一时刻的正确状态,数据处于不一致状态。

在多用户系统中,多个用户会同时访问数据库,如果不加以控制,就会相互干扰,数据可能会在"未知"状态下被更新,从而产生错误的结果。例如,图书管理系统是一个多用户系统,如果有两名读者在同一个时刻分别经两名图书管理员借同一本图书,假设这两名图书管理员此时看到该本图书的库存数量是 5,由于两名图书管理员从系统中读取的该本图书的库存数量都是 5,因而这两名图书管理员在完成借书时会把该本图书的库存数量修改为 4,显然这与现实情况不一致。

以上两种情况,可以引入事务来解决。对于第一种情况,把一次完整访问的一组命令定义成一个事务,由于事务是一个不可分割的工作单位,事务中的命令要么全做,要么全不做,使数据库始终保持在一致性状态。对于第二种情况,把每个用户对数据库的访问命令分别定义成一个事务,然后按照一定的协议规则协调各个事务对同一个数据资源的访问,就可以避免出现数据不一致的情况。

视频讲解

9.1.2 事务的概念和特性

事务是保证数据一致性的基础,也是并发控制的基础,因此也是数据库管理的重要内容。

1. 事务的概念

事务是用户定义的一组数据库操作序列,是数据库的逻辑工作单位。事务是由事务开始与事务结束之间执行的全部操作组成的。这些操作要么全做,要么全不做,是一个不可分割的工作单位。在关系数据库中,一个事务可以是一条 SQL 语句,也可以是一组 SQL 语句。

在正常情况下任何一个事务都能成功地完成,但有一些特殊情况,例如,某些事务由于用户中途取消、事务的某个动作破坏了约束条件、系统为解除死锁而撤销事务、I/O 出现不可恢复的错误、应用程序失误、系统故障等原因,而不得不中途失败,这种不能正常完成的事务称为中止事务。

一个事务从开始到成功完成或者因故中止,中间可能经历不同的状态,其状态转换如图 9-1 所示,它包含活动状态、局部提交状态、提交状态、失败状态和中止状态,该图实际上就是一个抽象的事务模型。

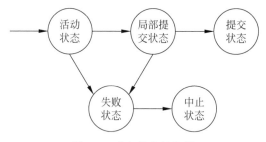

图 9-1　事务状态转换图

1) 活动状态

活动状态就是事务开始执行后所处的状态,在这个状态中事务将执行对数据库的读写操作,但这时的写操作并不是立即将数据更新写入数据库中,而是存到系统缓冲区或者系统日志文件中。在这个过程中如果 DBMS 发现数据完整性受到破坏,则事务转入失败状态。

2) 局部提交状态

当事务的最后一条语句执行后,事务就处于局部提交状态。这时,事务虽然已经执行完每个操作,但是对数据的更新可能还存储在系统缓冲区中,在事务成功完成前仍有可能出现硬件故障导致事务不得不中止。

3) 失败状态

在事务的执行过程中由于硬件、逻辑或完整性受到破坏等原因,处于活动状态的事务还没有执行到最后一个语句就中止了，或者处于局部提交状态的事务还没有将数据更新写入数据库中就中止了，从而转入失败状态。

4）中止状态

处于失败状态的事务经事务回滚（ROLLBACK），就会进入中止状态。这时清除了事务对数据库的任何影响，也就是数据库恢复到事务开始执行前的状态。中止状态也是事务的一种结束状态。

5）提交状态

事务进入局部提交状态后，系统的并发控制机制将检查该事务与并发事务是否发生干扰现象，并在检查通过后执行提交操作，即把事务中所做的所有数据更新全部写入数据库中，此时，事务进入了提交状态。提交状态是事务的正常的结束状态。

2. 事务的特性

事务具有以下四个重要特性，通常称为 ACID 性质。

1）原子性（atomicity）

事务是由一系列对数据库的操作组成，事务中包括的操作要么全做，要么全不做，是不可再分的工作单位。例如，在"图书管理"数据库中定义借书事务，该事务由在借阅表中插入一个借书记录和在图书表中把被借图书的库存数量减 1 两步操作组成。该事务在执行时要么全部完成，要么全部不完成。

2）一致性（consistency）

事务执行的结果必须是使数据库从一个一致性状态变到另一个一致性状态。一个成功的事务能把数据库从一个一致性状态转到另一个一致性状态。事务在功能上必须保持数据库的完整性和一致性，满足一切完整性约束。当然，在事务的执行过程中，数据库可能会暂时处于不一致的状态，但当事务结束时，数据库一定处于一致性状态。

3）隔离性（isolation）

事务的隔离性指一个事务的执行不能被其他事务干扰，即一个事务内部的操作及使用的数据对其他并发事务是隔离的、不可见的。在多个事务并发执行时，系统必须保证每一个事务与其单独执行时的结果一样，此时称事务达到隔离性的要求。这使得并发执行中的事务就如同在单用户环境下执行一样，从而不必关心其他事务的执行。

4）持续性（durability）

事务的持续性指一个事务一旦提交，事务的操作结果就永远保存在数据库中，是永久有效的，接下来的其他操作或故障不会对其操作结果有任何影响。

9.1.3　事务的类型

由于数据库系统类型分为集中式数据库系统和分布式数据库系统，因此数据库中的事务类型分为集中式事务和分布式事务。集中式事务和分布式事务都具有事务的 ACID 特性。

1. 集中式事务

在集中式数据库系统中，数据只存储在一台计算机上，因此集中式事务中的数据库操作序列只在一台计算机上执行。集中式数据库管理系统实现集中式事务的 ACID 特性相比分布式数据库管理系统实现分布式事务的 ACID 特性要简单得多。

2．分布式事务

在分布式数据库系统中，数据在物理上存储于不同的网络站点上，任何一个应用的数据请求最终都将转化成对分布在网络中相应站点上数据库数据存取操作的序列，因此分布式数据库系统中的事务是一个分布式操作的序列，被操作的数据分布在不同的站点上，所以称为分布式事务。从外部特征来看，分布式事务继承了集中式事务的定义。但是，由于在分布式数据库系统中数据是分布的，一个事务的执行可能涉及多个站点上的数据。这使得分布式事务的执行方式与集中式事务的执行方式不同，集中式事务只在一台计算机上执行，而分布式事务将在多个站点的计算机上执行。所以，分布式事务又是集中式事务的扩充，它的ACID特性的实现要比集中式事务复杂得多，而且具有分布式的特点。又因为有多个站点参与执行，其中任何一个站点的故障，或者将这些站点连接起来的任何一条通信链路的故障，都可能导致错误的发生。因此，分布式事务的恢复也比集中式事务的恢复要复杂得多。

9.1.4　事务的控制

视频讲解

事务分为系统提供的事务和用户定义的事务。系统提供的事务指当执行某些SQL语句时，一条语句就构成了一个事务，这些语句包括INSERT、UPDATE、DELETE和SELECT等。用户定义的事务指用户使用事务控制语句显式定义的事务，在SQL Server 2019中，事务控制语句有BEGIN TRANSACTION(开始事务)、COMMIT TRANSACTION(提交事务)、ROLLBACK TRANSACTION(回滚事务)、SAVE TRANSACTION(设置保存点)。

1．事务控制语句

1）开始事务

用户使用BEGIN TRANSACTION语句开始一个事务，其后所产生的对数据库的更新操作可以被COMMIT语句提交，也可以被ROLLBACK语句撤销。即当一个事务结束时要么被提交，要么被撤销，这既符合事务特性的原子性，也符合事务的一致性。

BEGIN TRANSACTION语句的格式是：

`BEGIN TRAN[SACTION] [<事务名称>]`

2）提交事务

COMMIT语句用于提交事务，事务提交标志一个事务正常结束，说明数据库从事务开始前的一致性状态转换到事务结束后的一致性状态。

COMMIT语句的格式是：

`COMMIT TRAN[SACTION] [<事务名称>]`

事务提交后事务对数据库的更新操作结果就被永久地保存到数据库中，提交后的事务不可以撤销。

3）回滚事务

回滚事务是把事务中数据库的更新操作撤销，使数据库恢复到BEGIN TRANSACTION语句之前的一致性状态。回滚事务也叫撤销事务，可以使用ROLLBACK语句完成。

ROLLBACK语句的格式是：

```
ROLLBACK TRAN[SACTION]] [<事务名称>|<保存点>]
```

4）设置保存点

用户可以使用 SAVE TRANSACTION 语句在事务内设置保存点。保存点是如果有条件地取消事务的一部分,事务可以返回的位置。

SAVE TRANSACTION 语句的格式是:

```
SAVE TRAN[SACTION]] <保存点>
```

如果将事务回滚到保存点,则必须使用更多的 SQL 语句和 COMMIT TRANSACTION 语句继续完成事务,或者必须通过将事务回滚到其起始点以完全取消事务。

2．有关事务控制的全局变量

在事务控制中可以使用以下几个全局变量的值决定是提交事务还是回滚事务,以及是否结束事务。

（1）@@error：给出最近一次执行出错的语句引发的错误号,@@error 为 0 表示未出错。

（2）@@rowcount：给出受事务中已执行语句影响的数据行数。

（3）@@trancount：返回当前连接的活动事务数。BEGIN TRANSACTION 语句将 @@trancount 加 1；ROLLBACK TRANSACTION 将 @@trancount 递减到 0；但 ROLLBACK TRANSACTION savepoint_name 除外,它不影响 @@trancount。

【例 9-1】　在"图书管理"数据库中,定义一个存储过程实现借书操作,在该存储过程中用事务实现借书操作的原子性,使借书操作结束后数据库能处于一致性状态。

```
CREATE PROCEDURE Borrow_Proc
@Dzkh NVARCHAR(10),                              -- 读者卡号
@Tsbh NVARCHAR(8),                               -- 图书编号
@Jsrq DATETIME                                   -- 借书日期
AS
BEGIN TRY
    BEGIN TRANSACTION
    INSERT INTO 借阅(读者卡号,图书编号,借书日期) VALUES(@Dzkh, @Tsbh, @Jsrq)
    UPDATE 图书 SET 库存数量 = 库存数量 - 1 where 图书编号 = @Tsbh
    COMMIT
END TRY
BEGIN CATCH
    ROLLBACK
END CATCH
GO
```

【例 9-2】　在"图书管理"数据库中,使用事务向借阅表中插入数据。如果执行时未出错,则提交事务,否则回滚到指定保存点。

```
BEGIN TRANSACTION my_tran                        -- 开始事务
BEGIN TRY
    INSERT INTO 借阅(读者卡号,图书编号,借书日期,还书日期) VALUES( '2100001', 'GL0003','
2021 - 04 - 10','2021 - 07 - 10')
```

```
    SAVE TRANSACTION save_point                              -- 设置保存点
    INSERT INTO 借阅(读者卡号,图书编号,借书日期,还书日期) VALUES('2100001', 'JSJ001',
'2021-05-07',null)
    INSERT INTO 借阅(读者卡号,图书编号,借书日期,还书日期) VALUES('2100001', 'GL0003',
'2021-04-12','2021-05-18')
END TRY
BEGIN CATCH
    IF @@trancount > 0
        ROLLBACK TRANSACTION save_point
END CATCH
IF @@trancount > 0
    COMMIT TRANSACTION my_tran
```

9.2 并发控制

数据库是一个共享的、可供多个用户同时访问的相关数据集合。当多个用户同时访问一个数据库时,就会产生多个事务同时存取同一数据的情况。如果没有适当、正确的控制,就可能出现一个事务的执行干扰另一个事务执行的情况,从而使数据库的一致性遭到破坏,因而数据库管理系统必须提供并发控制机制。

数据库的并发控制就是控制数据库,防止多用户并发使用数据库时造成数据错误和程序运行错误,保证数据的完整性。SQL Server 2019 支持多用户并发访问数据库,并提供了并发控制机制。

9.2.1 问题导入

视频讲解

多个事务并发访问数据库可以改善系统的资源利用率和事务的响应时间,但是如果不对并发执行的事务通过某种机制加以控制,就有可能产生数据的不一致性问题。下面就以"图书管理"中的借书操作为例,说明事务的并发操作产生的数据不一致性问题。

假设"图书管理"中的借书操作有这样一个活动序列,如图 9-2 所示。

时间	T_1	T_2
(1)	读取A=5	
(2)		读A=5
(3)	A←A-1 写回A=4	
(4)		A←A-1 写回A=4

图 9-2 丢失修改

(1) 甲图书管理员(甲事务)读出某图书的库存数量 A,设 $A=5$。

(2) 乙图书管理员(乙事务)读出同一图书的库存数量 A,也为 5。

(3) 甲图书管理员将该图书借出,修改库存数量 $A\leftarrow A-1$,所以 A 为 4,把 A 写回数据库。

(4) 乙图书管理员也将该图书借出,修改库存数量 $A\leftarrow A-1$,所以 A 为 4,把 A 写回数据库。

这时就会发现一个问题,虽然两个图书管理员已把同一图书借出两本,但是数据库中该图书的库存数量为 4,库存数量只减少了 1。这种情况就称为数据库的不一致问题,这种不一致问题是由并发操作而引起的。在并发操作情况下,对甲、乙两个事务的操作序列的调度是随机的。若按上面的调度序列执行,甲事务的修改就被丢失。这是由于第(4)步中乙事务

修改 A 并写回后覆盖了甲事务的修改。由此可见,若对并发事务访问数据库的操作不进行有效控制,数据库中的数据就可能变为不正确,从而影响数据的正确性。

事实上事务的并发操作可能产生的数据不一致性通常有三类:丢失修改、不可重复读、读"脏"数据。

1) 丢失修改

丢失修改是由于两个事务 T_1 和 T_2 读取同一数据并进行修改,使得事务 T_2 提交的结果覆盖了事务 T_1 提交的结果,导致事务 T_1 的修改被丢失,如图 9-2 所示。

2) 不可重复读

不可重复读是指事务 T_1 读取数据后,事务 T_2 执行更新操作,使 T_1 无法再现前一次读取结果。具体地讲,不可重复读包括三种情况:

(1) 事务 T_1 读取某一数据后,事务 T_2 对其做了修改,当事务 T_1 再次读该数据时,得到与前一次不同的值。例如在图 9-3 中,T_1 读取 $A=50$,T_2 读取同一数据 A,对其进行修改后将 $A=A\times2$ 写回数据库。T_1 为了对数据取值校对,重读 A,A 已改为 100,与第一次读取值不一致。

(2) 事务 T_1 按一定条件从数据库中读取了某些数据记录后,事务 T_2 删除了其中部分记录,当 T_1 再次按相同条件读取数据时,发现某些记录神秘地消失了。

(3) 事务 T_1 按一定条件从数据库中读取某些数据后,事务 T_2 插入了一些记录,当 T_1 再次按相同条件读取数据时,发现多了一些记录。

后两种不可重复读问题有时也称为幻影读现象。

3) 读"脏"数据

当一个事务读取了另一个事务正在更新但没有提交的数据时,可能产生所谓的读"脏"数据,也称为"脏读"。如图 9-4 所示,事务 T_1 读取 $A=50$,并且将 $A=A\times2$ 写回数据库,随后事务 T_2 读取 $A=100$,接着事务 T_1 回滚撤销了对 A 的修改,显然事务 T_2 读取 A 的值与数据库中的值不一致。

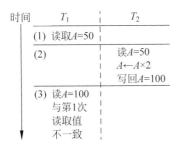

图 9-3　不可重复读

图 9-4　读"脏"数据

以上列举了事务的并发操作产生的数据不一致性的三种情况,究其原因主要是事务的并发操作没有得到并发控制,破坏了事务的隔离性,使一个事务的执行干扰了另一个事务的执行。

9.2.2　锁概述

对事务的并发控制的主要方法是封锁,封锁是保证事务隔离性的主要手段。

1. 封锁的概念

所谓封锁是事务 T 在对数据对象(如表、元组等)操作之前,先向系统提出对该数据对象加锁请求,一旦事务 T 获得对该数据对象的加锁请求,在事务 T 未释放对该数据对象的加锁之前,其他事务不能获得对该数据对象的加锁请求。

显然,封锁可以有效地避免来自其他事务的干扰,但是封锁不当就会降低并发事务的执行效率,所以封锁也不是一件简单的事情,需要针对不同的并发操作采取不同类型的锁,同时选取合适的封锁粒度。

2. 锁的类型

基本的封锁类型有两种:排他锁和共享锁。

1) 排他锁

排他锁(exclusive locks,X 锁)又称独占锁或写锁。若事务 T 对数据对象 A 加上 X 锁,则其他任何事务都不能再对 A 加任何类型的锁,直至 T 释放 A 上的锁为止。在 T 对 A 封锁期间,只允许 T 读取和修改 A,其他未得到封锁请求的事务不能读取和修改 A。

2) 共享锁

共享锁(share locks,S 锁)又称读锁。若事务 T 对数据对象 A 加上 S 锁,则其他任何事务只能对 A 加 S 锁,不能加 X 锁,直到 T 释放 A 上的 S 锁为止。在 T 对 A 封锁期间,T 可以读取 A,不能修改 A,其他获得对 A 加 S 锁的事务也只能读取 A,不能修改 A。

X 锁与 S 锁的控制方式可用如表 9-1 所示的相容矩阵表示。相容矩阵的每个元素表示事务 T_1 对数据对象封锁后事务 T_2 的封锁请求是否能被满足,用"是"和"否"表示。表中的横线"—"表示没有加锁。

表 9-1　封锁类型的相容矩阵

T_1	T_2		
	X	S	—
X	否	否	是
S	否	是	是
—	是	是	是

3. 封锁粒度

1) 封锁粒度的概念

所谓封锁粒度指封锁对象的大小。封锁对象可以是逻辑单元,也可以是物理单元。在关系数据库中,封锁对象可以是一些逻辑单元,如属性值、属性值的集合、元组、关系,甚至整个数据库;也可以是一些物理单元,如页、簇等。

封锁粒度与系统的并发度和并发控制的开销密切相关。封锁的粒度越小,并发度越高,系统开销也越大;封锁的粒度越大,并发度越低,系统开销也越小。

2) 多粒度封锁

一个系统在并发控制时应支持多种封锁粒度,在选择封锁粒度时,应该综合考虑封锁开销和并发度两个因素,选择适当的封锁粒度以求得最优的效果。通常,在关系数据库中需要处理大量元组的事务可以以关系为封锁粒度;需要处理多个关系的大量元组的事务可以以数据库为封锁粒度;而对于一个处理少量元组的用户事务,以元组为封锁粒度就比较合适了。

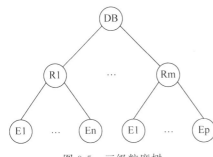

图 9-5 三级粒度树

在多粒度封锁机制中,通常采用粒度树管理封锁对象。如图 9-5 所示的粒度树是一个三级粒度树,根结点为数据库(DB),数据库的子结点为关系(R),关系的子结点为元组(E)。一个结点加锁隐含该结点的所有子结点也被加同样类型的锁。

显然,多粒度封锁方法中,一个数据对象就可能以显式封锁和隐式封锁两种方式封锁。显式封锁指事务直接对数据对象加锁;隐式封锁是指没有事务对数据对象加锁,但是由于其上级结点加锁而使该数据对象也加上了锁。当系统对数据对象加锁时,需要检查封锁冲突,如果一个数据对象已经被封锁,再对该数据对象请求加锁,则产生封锁冲突。一般需要进行三种检查:要检查该数据对象上有无显式封锁与之冲突;要检查其所有上级结点,看本事务的显式封锁是否与该数据对象上的隐式封锁冲突;要检查其所有下级结点,看本事务的隐式封锁是否与其上的显式封锁冲突。只有这三种检查通过后,事务才能获得数据的封锁。

4. 意向锁

系统在对一个数据对象加锁时,需要进行以上所说的封锁冲突检查,但是这种检查封锁冲突的效率是很低的。为了提高冲突检查效率,引入一种新型锁,即意向锁。

1) 意向锁的含义

意向锁的含义是如果对一个结点加意向锁,则说明该结点的下层结点正在被加锁;对任一结点加锁时,必须先对它的上层结点加意向锁。显然,如果要对任一数据对象加锁,必须先对它父结点对象加意向锁。例如,事务 T 要对关系 R 加 X 锁,必须先对关系 R 所在的数据库加意向锁,在检查封锁冲突时只需要检查数据库和关系 R 是否已加了不相容的锁,而不再需要检查关系 R 中的每一个元组是否加了 X 锁。

2) 常用的意向锁

(1) 意向共享锁(intent share lock,IS 锁)。如果对一个数据对象加 IS 锁,表示它的子结点拟加 S 锁。例如,要对某个元组加 S 锁,首先要对关系和数据库加 IS 锁。

(2) 意向排他锁(intent exclusive lock,IX 锁)。如果对一个数据对象加 IX 锁,表示它的子结点拟加 X 锁。例如,要对某个元组加 X 锁,则要首先对关系和数据库加 IX 锁。

(3) 共享意向排他锁(share intent share lock,SIX 锁)。如果对一个数据对象加 SIX 锁,表示对它加 S 锁,再加 IX 锁,即 SIX=S+IX。例如,对某个表加 SIX 锁,则表示该事务要读整个表(所以要对该表加 S 锁),同时会更新个别元组(所以要对该表加 IX 锁)。

3) 意向锁加锁方法

具有意向锁的多粒度封锁方法中,任意事务 T 要对一个数据库对象加锁,必须先对它的上层结点加意向锁。申请封锁时应按自上而下的次序进行;释放封锁时则应按自下向上的次序进行。具有意向锁的多粒度封锁方法提高了系统的并发度,减少了加锁和解锁的开销。

9.2.3 基于封锁的协议

事务对数据对象加锁时,需要遵循一定规则,例如,何时申请 X 锁或 S 锁、持锁时间、何时释放等,这些规则称为封锁协议。对封锁方式规定不同的规则,就形成了各种不同的封锁协议。

视频讲解

1. 一级封锁协议

一级封锁协议是事务 T 需要修改数据,则在事务开始时必须先对其加 X 锁,直到事务结束才释放。由于一级封锁协议只对修改数据规定了加锁,对读数据没有要求加锁,所以一级封锁协议可以有效地防止丢失修改,但不能保证可重复读和不读"脏"数据。

2. 二级封锁协议

二级封锁协议是事务 T 需要修改数据,则在事务开始时必须先对其加 X 锁,直到事务结束才释放 X 锁;对需要读取的数据必须先加 S 锁,读完后即可释放 S 锁。由于二级封锁协议对读取的数据加 S 锁,读完后立即把 S 锁释放了,不能把 S 锁保持到事务结束时,因而二级封锁协议可以有效地防止丢失修改和读"脏"数据,但不能保证可重复读。

3. 三级封锁协议

三级封锁协议是事务 T 需要读取数据,则在事务开始时必须先对其加 S 锁,需要修改数据必须在事务开始时先对其加 X 锁,直到事务结束后才释放所有锁。

三级封锁协议包含了一级封锁协议,与二级封锁协议不同的是对要读取的数据加 S 锁时申请 S 锁和释放 S 锁的要求不同。二级封锁要求读取数据前加 S 锁,读完后立即释放 S 锁,而三级封锁协议要求事务开始时对读取数据加 S 锁,读完后不立即释放 S 锁,直到事务结束后才释放,因而三级封锁协议不但防止了丢失修改和读"脏"数据,而且防止了不可重复读。

采用三级封锁协议解决三种数据不一致性的例子如图 9-6 所示。

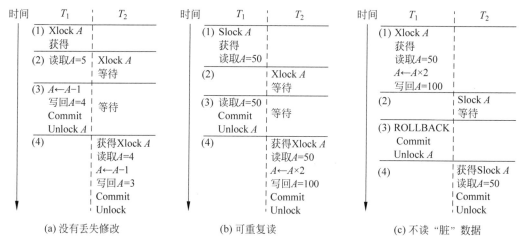

(a) 没有丢失修改　　　　　(b) 可重复读　　　　　(c) 不读"脏"数据

图 9-6　采用三级封锁协议解决三种数据不一致性的例子

上述三种封锁协议的主要区别在于:什么操作需要申请何种封锁以及何时释放封锁(即持锁时间)。三种封锁协议总结如表 9-2 所示。

表 9-2　三种封锁协议

封锁协议	X 锁		S 锁		是否解决了一致性问题		
	何时申请	何时释放	何时申请	何时释放	丢失修改	不可重复读	读"脏"数据
一级封锁协议	事务开始	事务结束			是	否	否
二级封锁协议	事务开始	事务结束	读数据之前	读完后立即	是	否	是
三级封锁协议	事务开始	事务结束	事务开始	事务结束	是	是	是

9.2.4 封锁带来的问题

使用封锁机制可以有效地解决并发事务产生的数据不一致性问题,但是也会产生活锁和死锁等问题。

1. 活锁

如果事务 T_1 封锁了数据 R,事务 T_2 又请求封锁 R,于是 T_2 等待。事务 T_3 也请求封锁 R,当 T_1 释放了 R 上的封锁之后系统首先批准了 T_3 的要求,T_2 仍然等待。然后事务 T_4 又请求封锁 R,当 T_3 释放了 R 上的封锁之后系统又批准了 T_4 的请求,……,这样 T_2 可能永远等待。这种在多个事务请求对同一数据封锁时,总是使某一事务等待的情况称为活锁。

视频讲解

解决活锁的方法是采用先来先服务的策略。当多个事务请求封锁同一数据对象时,对要求封锁数据的事务排队,当数据对象上的锁释放时系统会让事务队列中第一个事务出队并获得对数据对象的封锁权。

2. 死锁

死锁指多个事务交错等待其他事务释放锁而陷入僵持局面的现象。例如,如果事务 T_1 封锁了数据 R_1,事务 T_2 封锁了数据 R_2;然后 T_1 又请求封锁 R_2,由于 T_2 已封锁了 R_2,因而 T_1 只能等待 T_2 释放 R_2 上的锁;接着 T_2 又请求封锁 R_1,由于 T_1 已封锁了 R_1,因而 T_2 只能等待 T_1 释放 R_1 上的锁;这样就出现了 T_1 等待 T_2、T_2 等待 T_1 的局面,显然 T_1 和 T_2 相互等待永远不能结束,形成了死锁。

目前,数据库中解决死锁问题主要有两种方法:一种方法是采取一定措施来预防死锁的发生;另一种方法是允许发生死锁,然后采用一定手段定期诊断系统中有无死锁,若有则解除之。

预防死锁通常有两种方法。一种叫一次封锁法,要求每个事务必须一次将所有要使用的数据全部加锁,否则该事务不能继续执行。另一种叫顺序封锁法,预先对数据对象规定一个封锁顺序,所有事务都按这个顺序实行封锁。

9.2.5 并发调度的可串行性

1. 可串行化

视频讲解

计算机系统对并发事务的调度可以使用串行策略调度,即多个事务依次串行执行,且只有当一个事务的所有操作都执行完后才执行另一个事务的所有操作;也可以使用并行策略调度,即利用分时的方法同时处理多个事务。但是,不同的调度策略可能会产生不同的结果。那么,如何判断哪个结果是正确的呢?

如果一个事务运行过程中没有受到其他事务的干扰,那么就可以认为该事务的运行结果是正确的。显然,并发事务只有按串行策略调度,各个事务执行的结果才能正确。把这种串行调度策略称为可串行化,可串行化是并发事务正确性的准则。

2. 两段式封锁协议

两段式封锁协议指所有事务必须分两个阶段对数据对象进行加锁和解锁。

申请加锁阶段:事务在对任何数据进行读、写操作之前,进入申请加锁阶段,在该阶段事务可以申请封锁,但是不能解除任何已取得的封锁。

释放封锁阶段:事务可以释放封锁,但是释放后不能申请新的封锁。

显然,按照两段式封锁协议,一个事务在事务开始时需要对事务访问的数据对象申请加锁,直到事务结束时才能释放封锁,因而三级封锁协议符合两段式封锁协议。

通常称遵循两段式封锁协议的事务为"两段式事务"。可以证明,若并发执行的所有事务均遵守两段式封锁协议,则对这些事务的任何调度并发策略都是可串行化的。

需要说明的是,事务遵守两段式封锁协议是可串行化调度的充分条件,但不是必要条件。也就是说,如果并发事务都遵守两段式封锁协议,则对这些事务的任何并发调度策略都是可串行化的;反之,如果对并发事务的一个调度是可串行化的,这些事务却不一定符合两段式封锁协议。例如,如图9-7所示,图9-7(a)和图9-7(b)都是可串行化的调度,但图9-7(a)中的 T_1 和 T_2 都遵守两段式封锁协议,而图9-7(b)中的 T_1 和 T_2 都不遵守两段式封锁协议。

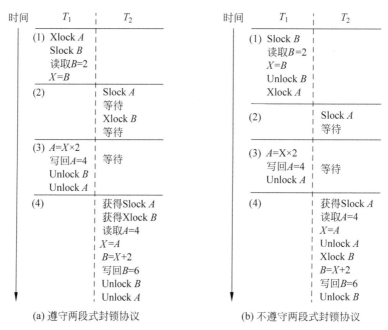

图 9-7　可串行化调度

9.2.6　SQL Server 2019 的并发控制机制

SQL Server 2019 是支持多用户并发访问的数据库管理系统。SQL Server 支持多粒度封锁,具有多种锁,允许事务锁定不同的资源,既能自动使用与任务相对应的等级锁来锁定资源对象,以使封锁成本最小化,又能允许用户使用锁定提示指定锁。在 SQL Server 中,还可以通过设置事务的隔离级别来实现事务的隔离性。

1. SQL Server 中锁的级别

SQL Server 针对不同的封锁粒度,提供了不同级别的锁。

1) 行级锁

行级锁指在事务操作过程中,锁定一行或若干行数据。由于表中的行是可以锁定的最小数据资源,因而行级锁占用的数据资源最少,避免了数据被占用但不使用的现象,所以行

视频讲解

级锁是最优锁。

2）页级锁

页是 SQL Server 中数据存储的基本单位，页的大小是 8KB，所有的数据、日志和索引都放在页上。表中的行不能跨页存放，一行的数据必须在同一个页上。

页级锁指在事务的操作过程中，无论事务处理多少数据，每一次都锁定一页。当使用页级锁时，会出现数据的浪费现象，即在同一个页上会出现数据被占用却没有使用的现象，但数据浪费最多不超过一个页。

3）盘区级锁

扩展盘区也是 SQL Server 中数据存储的单位，一个扩展盘区是 8 个连续的页。

盘区级锁指事务锁定一个扩展盘区，该扩展盘区不能被其他事务占用。盘区级锁是一种特殊类型的锁，只能用在一些特殊的情况下。例如，在创建数据库和表时，系统用盘区级锁分配物理空间。由于系统是按照扩展盘区分配空间的，系统分配空间时使用盘区级锁，可防止其他事务同时使用同一个扩展盘区。当系统完成空间分配之后，就不再使用这种盘区级锁。当涉及对数据操作的事务时，一般不使用盘区级锁。

4）表级锁

表级锁是一种重要的锁。表级锁指事务在访问某一个表的数据时锁定了这些数据所在的整个表，其他事务不能访问该表中的数据。当事务处理的数据量比较大时，一般使用表级锁。表级锁的特点是使用比较少的系统资源，但占用比较多的数据资源。与行级锁和页级锁相比，表级锁占用的系统资源较少，但占用的数据资源最多。在使用表级锁时，会浪费大量数据，因为表级锁可锁定整个表，其他事务不能操纵表中的数据，这样会延长其他事务的等待时间，降低系统的并发性能。

5）数据库级锁

数据库级锁指锁定整个数据库，防止其他任何用户或者事务对锁定的数据库进行访问。这种锁的等级最高，因为它控制整个数据库的操作。数据库级锁也是一种非常特殊的锁，一般只用于数据库的恢复操作。只要对数据库进行恢复操作，就需要将整个数据库锁定，这样，系统就能防止其他用户对该数据库进行各种操作。

2. SQL Server 中锁的类型

1）锁类型

SQL Server 的基本锁是共享锁（S 锁）和排他锁（X 锁）。除基本锁之外，还有三种特殊锁：意向锁、更新锁和架构锁。意向锁前面已经介绍过了，下面主要介绍另外两种特殊锁。

视频讲解

（1）更新锁。更新锁是为修改操作提供的页级排他锁。更新锁在修改操作的初始化阶段用来锁定可能要被修改的数据对象，这样可以避免使用共享锁造成的死锁现象。因为使用共享锁时，修改数据的操作分为两步，首先获得一个共享锁，读取数据，然后将共享锁升级为排他锁，然后再执行修改操作。这样，如果同时有两个或多个事务同时对一个数据申请了共享锁，在修改数据的时候，这些事务都要将共享锁升级为排他锁。这时，这些事务都不会释放共享锁而是一直等待对方释放，这样就造成了死锁。如果一个数据在修改前直接申请更新锁，在数据修改的时候再升级为排他锁，就可以避免死锁。

(2) 架构锁。架构锁包括架构修改锁和架构稳定锁,它们是为保证系统架构(表和索引等结构)不被修改和删除而设置的锁。执行数据定义操作(如添加列或删除表)时使用架构修改锁,在架构修改锁起作用的期间,会防止对表的并发访问,这意味着在释放架构修改锁之前,该锁之外的所有操作都将被阻止。当编译查询时,使用架构稳定性锁,架构稳定性锁不阻塞任何事务锁,包括排他锁(X 锁),因此在编译查询时,其他事务(包括在表上有排他锁(X 锁)的事务)都能继续运行,但不能在表上执行数据定义操作。

2) SQL Server 自动加锁功能

一般情况下,SQL Server 能自动提供加锁功能,而不需要用户专门设置,这些功能表现在。

(1) 当用 SELECT 语句访问数据库时,系统能自动用共享锁访问数据;在使用 INSERT、UPDATE 和 DELETE 语句增加、修改和删除数据时,系统会自动给使用数据加排他锁。

(2) 系统可用意向锁使锁之间的冲突最小化。

(3) 当系统修改一页时,会自动加更新锁。更新锁与共享锁兼容,而当修改了某页后,更新锁会上升为排他锁。

(4) 当操作涉及参考表或者索引时,SQL Server 会自动提供架构稳定锁和架构修改锁。

3. 锁定提示

尽管 SQL Server 提供了自动加锁功能,但是有时需要在事务中使用锁定提示指定需要的封锁。例如,在 SQL Server 中执行 SELECT 语句会对查询表加共享锁,当 SELECT 语句执行完立即把共享锁释放了,不能把共享锁保持到事务结束,如果需要把共享锁保持到事务结束就需要使用锁定提示。

在 SELECT、INSERT、UPDATE 和 DELETE 语句中使用锁定提示的格式:

```
<表名> WITH (<锁定提示>)
```

常用的锁定提示有以下几种。

1) HOLDLOCK

将共享锁保留到事务完成,而不是在相应的表、行或数据页不再需要时就立即释放锁。

2) NOLOCK

不加共享锁和排他锁。当此选项生效时,可能会读取未提交的事务或一组在读取中间回滚的数据,有可能发生"脏"读。仅应用于 SELECT 语句。

3) ROWLOCK

行级共享锁,数据读完后立即释放封锁。

4) TABLOCK

对表施行共享封锁,在读完数据后立刻释放封锁,此类封锁可以避免读"脏"数据,但不具有可重复读的特性。

5) TABLOCKX

表级排他锁,可以防止其他事务读取或更新表,并在事务结束前一直持有。

6) XLOCK

排他锁,该锁可锁定元组或表以防止其他事务读取或更新表,并在事务结束前一直持有。

7) UPDLOCK

读取表时使用更新锁,而不使用共享锁,并将锁一直保留到语句或事务的结束。UPDLOCK 的优点是允许用户读取数据(不阻塞其他事务)并在以后更新数据,同时确保自从上次读取数据后数据没有被更改。

【例 9-3】 假设读者卡号为"2100001"和"2100005"的读者同时分别经甲、乙两个图书管理员(对应甲、乙两个事务)借阅书号为"JSJ001"的图书,定义甲、乙两个事务代码模拟实现并发借书操作,要求避免丢失修改问题的发生。

甲事务定义:

```
BEGIN TRY
    DECLARE @kcsl SMALLINT
    BEGIN TRANSACTION
    SELECT @kcsl = 库存数量 FROM 图书 WITH (XLOCK) WHERE 图书编号 = 'JSJ001'
    PRINT '借书前库存数量:'
    PRINT @kcsl
    WAITFOR DELAY '0:0:8'                         -- 延迟 8s 保证甲、乙两个事务并发执行
    INSERT INTO 借阅(读者卡号,图书编号,借书日期) VALUES('2100001', 'JSJ001', '2021-5-7')
    UPDATE 图书 SET 库存数量 = @kcsl - 1 WHERE 图书编号 = 'JSJ001'
    SELECT @kcsl = 库存数量 FROM 图书 WHERE 图书编号 = 'JSJ001'
    PRINT '借书后库存数量:'
    PRINT @kcsl
    COMMIT
END TRY
BEGIN CATCH
    ROLLBACK
END CATCH
```

乙事务定义中把甲事务定义中 INSERT INTO 语句修改为下列语句即可:

```
INSERT INTO 借阅(读者卡号,图书编号,借书日期) VALUES ('2100005', 'JSJ001', '2021-5-7')
```

分别将甲、乙两个事务代码输入到两个"SQL 编辑器"窗口中,同时执行甲、乙两个事务定义代码,可以观察到甲、乙两个事务并发执行的结果,甲事务执行后的结果如图 9-8 所示,乙事务执行后的结果如图 9-9 所示

图 9-8　甲事务执行后的结果

图 9-9　乙事务执行后的结果

注意:在甲事务开始执行后 8s 内必须尽快执行乙事务,否则没有并发效果。

4. 隔离

在 SQL Server 2019 中也可以通过设置事务的隔离级别来实现并发控制,设置隔离级别比直接使用封锁更简单。

1) 隔离级别

SQL Server 2019 支持下列四种隔离级别。

视频讲解

(1) READ UNCOMMITTED(未提交读)。该隔离级别最低,可以进行"脏"读,即使一项操作未做完或未提交,其他操作也可以读取未提交的数据,相当于使用锁定提示中的 NOLOCK,即不进行任何限制。

(2) READ COMMITTED(提交读)。该隔离级别是 SQL Server 的默认隔离级别,此级别可确保只有在第一个事务提交之后,第二个事务才能读取第一个事务操作后的数据,从而避免数据的"脏"读,增强了数据安全性。READ COMMITTED 相当于使用锁定提示中的 TABLOCK,但是没有选用 HOLDLOCK。

(3) REPEATABLE READ(可重复读)。该隔离级别可以保证读一致性,避免不一致分析问题,相当于锁定提示中同时选用了 TABLOCK 和 HOLDLOCK。

(4) SERIALIZABLE(可串行化)。这是事务隔离的最高级别,事务之间完全隔离,相当于使用锁定提示中的 XLOCK(包含 UPDLOCK,数据库管理系统会自动判断是需要表级封锁还是元组级封锁)。如果事务在可串行化隔离级别上运行,则可以保证任何并发重叠事务均是串行的。

以上四种隔离级别所允许的不同类型的行为如表 9-3 所示。

表 9-3　隔离级别所允许的不同类型的行为

隔 离 级 别	脏读	不可重复读	幻影
READ UNCOMMITTED	是	是	是
READ COMMITTED	否	是	是
REPEATABLE READ	否	否	否
SERIALIZABLE	否	否	否

在 SQL Server 2019 中设置事务的隔离级别的语句语法如下:

```
SET TRANSACTION ISOLATION LEVEL <隔离级别>
```

隔离性虽然是事务的基本性质之一,但是彻底的隔离意味着并发操作效率的降低。所以,人们设想在避免干扰的前提下,适当地降低隔离的级别,从而提高并发的操作效率。隔离级别越低,则并发操作的效率越高,但是产生干扰的可能性也越大;隔离级别越高,则并发操作的效率越低,同时产生干扰的可能性也越小。在设计应用时,可以在所能容忍的干扰程度范围内,尽可能地降低隔离级别,从而提高应用的执行效率。在设计阶段要正确设计事务的隔离级别,就可以在保证数据一致性的前提下使并发操作的效率更高。

2) 封锁与隔离级别

常用的数据库管理系统都提供了封锁和设置隔离级别两种方式来实现并发控制。从逻辑上来讲,通过设置隔离级别来实现并发控制更简单、更容易实施;而运用封锁来保证高并发操作性能是一件非常复杂的工作,这需要用户深入了解各种封锁的相容性,并设计封锁的调度策略。

在实际应用中,也可以将隔离级别和封锁结合起来使用。例如,如果指定隔离级别是可重复读的,则 SQL 会话中所有 SELECT 语句的锁定行为都运行于该隔离级别上,并一直保持有效,直到会话终止或者将隔离级别设置为另一个级别。

【例 9-4】　定义甲、乙两个事务,甲事务将图书编号为"JSJ001"图书的库存数量减 1,在甲事务未提交的情况下乙事务读取甲事务修改的图书编号为"JSJ001"图书的库存数量。

甲事务定义为:

```
BEGIN TRY
    BEGIN TRANSACTION
    UPDATE 图书 set 库存数量 = 库存数量 - 1 WHERE 图书编号 = 'JSJ001'
    WAITFOR DELAY '0:0:30' -- 延迟 30 秒保证甲事务未提交时乙事务能读到修改的数据
    COMMIT
END TRY
BEGIN CATCH
    ROLLBACK
END CATCH
```

乙事务定义为:

```
BEGIN TRY
    SET TRANSACTION ISOLATION LEVEL READ UNCOMMITTED
    BEGIN TRANSACTION
    SELECT * FROM 图书 WHERE 图书编号 = 'JSJ001'
    COMMIT
END TRY
BEGIN CATCH
    ROLLBACK
END CATCH
```

注意:在甲事务开始执行后 30s 内必须尽快执行乙事务,否则没有并发效果。

习题 9

1. 填空题

(1) 事务是用户定义的一个数据库操作序列,是一个不可分割的工作单位,具有原子性、一致性、_____和持续性。

(2) 基本的封锁类型有_____锁和_____锁。

(3) 在数据库并发控制中,两个或更多的事务同时处于相互等待状态,这种现象称为_____。

(4) 在数据库系统中并发控制通常通过_____和加锁控制。

(5) 需要处理大量元组的事务一般以_____为封锁粒度。

(6) 如果对一个结点加_____锁,则说明该结点的下层结点正在被加锁。

(7) _____级封锁协议符合两段式封锁协议。

2. 选择题

(1)(　　)是用户定义的一个数据库操作序列,这些操作要么全做要么全不做,是一个不可分割的工作单位。

　　A. 程序　　　　　　B. 命令　　　　　　C. 事务　　　　　　D. 文件

(2)一个事务独立执行的结果将保证数据库的(　　)。

　　A. 原子性　　　　　B. 隔离性　　　　　C. 持久性　　　　　D. 一致性

(3)封锁机制是实现(　　)的主要方法。

　　A. 完整性约束　　　B. 安全性约束　　　C. 并发控制　　　　D. 控制死锁

(4)对并发操作若不加以控制,可能会带来(　　)问题。

　　A. 不安全　　　　　B. 死锁　　　　　　C. 数据冗余　　　　D. 数据不一致

(5)设有两个事务 T_1、T_2,其并发操作如表9-4所示,下面评价正确的有(　　)。

　　A. 该操作不存在问题　　　　　　　B. 该操作丢失修改

　　C. 该操作不能重复读　　　　　　　D. 该操作读"脏"数据

表 9-4　事务并发操作

T_1	T_2
① 读 $A=10$	
	② 读 $A=10$
③ $A=A-5$ 写回	
	④ $A=A-8$ 写回

(6)设有两个事务 T_1,T_2,其并发操作如表9-5所示,下面评价正确的是(　　)。

　　A. 该操作不存在问题　　　　　　　B. 该操作丢失修改

　　C. 该操作读"脏"数据　　　　　　　D. 该操作不能重复读

表 9-5　事务并发操作

T_1	T_2
① 读 $A=10$ $A=A*2$ 写回	
	② 读 $A=20$
③ ROLLBACK 恢复 $A=10$	

(7)如果事务 T 对数据 D 已加 S 锁,则其他事务对数据 D(　　)。

　　A. 可以加 S 锁,不能加 X 锁　　　　B. 可以加 S 锁,也可以加 X 锁

　　C. 不能加 S 锁,可以加 X 锁　　　　D. 不能加任何锁

(8)在火车售票系统中进行并发控制,应选择(　　)为封锁粒度。

　　A. 数据库　　　　　B. 关系表　　　　　C. 元组　　　　　　D. 数据文件

(9)设有两个事务 T_1、T_2,A、B 的初始值分别为10和5,其并发操作如表9-6所示,下面评价正确的是(　　)。

　　A. 该调度不存在并发问题　　　　　B. 该调度是可串行化的

　　C. 该调度存在冲突操作　　　　　　D. 该调度不存在冲突操作

表 9-6 事务并发操作

T_1	T_2
① read(A) 　read(B) 　sum＝A＋B	
	② read(A) 　A＝A×2 　Write(A)
③ read(A) 　read(B) 　sum＝A＋B 　write(A＋B)	

（10）若事务 T 对数据对象 A 加上 S 锁,则( )。

A. 事务 T 可以读 A 和修改 A,其他事务只能再对 A 加 S 锁,而不能加 X 锁

B. 事务 T 可以读 A 但不能修改 A,其他事务能对 A 加 S 锁和 X 锁

C. 事务 T 可以读 A 但不能修改 A,其他事务只能再对 A 加 S 锁,而不能加 X 锁

D. 事务 T 可以读 A 和修改 A,其他事务能对 A 加 S 锁和 X 锁

（11）若事务 T 对数据对象 A 加上 X 锁,则( )。

A. 只允许 T 修改 A,其他任何事务都不能再对 A 加任何类型的锁

B. 只允许 T 读取 A,其他任何事务都不能再对 A 加任何类型的锁

C. 只允许 T 读取和修改 A,其他任何事务都不能再对 A 加任何类型的锁

D. 只允许 T 修改 A,其他任何事务都不能再对 A 加 X 锁

（12）以下( )封锁违反两段式封锁协议。

A. Slock A ⋯ Slock B ⋯ Xlock C ⋯ Unlock A ⋯ Unlock B ⋯ Unlock C

B. Slock A ⋯ Slock B ⋯ Xlock C ⋯ Unlock C ⋯ Unlock B ⋯ Unlock A

C. Slock A ⋯ Slock B ⋯ Xlock C ⋯ Unlock B ⋯ Unlock C ⋯ Unlock A

D. Slock A ⋯ Unlock A ⋯ Slock B ⋯ Xlock C ⋯ Unlock B ⋯ Unlock C

3. 简答题

（1）什么叫事务? 写出在 SQL Server 中定义事务的语句。

（2）事务有哪些特性?

（3）在数据库的并发控制中如何选择适当的封锁粒度?

（4）在数据库中为什么要并发控制?

（5）多用户的数据库系统的目标之一使其必须进行并发控制,但并发操作可能产生数据的不一致问题,这些问题包括几类? 分别是什么?

（6）什么是封锁协议? 不同级别的封锁协议的主要区别是什么?

（7）简述活锁产生原因和解决方法。

（8）简述预防死锁的若干方法。

（9）什么样的并发调度是正确的调度?

（10）为什么要引进意向锁? 意向锁的含义是什么?

4. 上机操作题

建立一个名称为"火车售票"的数据库,在其中建立一个名称为"火车表"的关系表,表结构如图 9-10 所示,在"火车表"的关系表中输入数据如图 9-11 所示。新建两个查询,分别同时执行下面的事务代码,观察出现的结果。对事务代码进行改进,使得两个事务能正确买票(即避免丢失数据)。

列名	数据类型	允许空
车次编号	nvarchar(50)	☐
剩余票数	smallint	☐
		☐

图 9-10 "火车表"的结构

车次编号	剩余票数
K301	2
K302	30
NULL	NULL

图 9-11 "火车表"的数据

事务代码:

```
begin try
    begin transaction
    declare @syps smallint
    select @syps = 剩余票数 from 火车表 where 车次编号 = 'K302'
    print '剩余票数:'
    print @syps
    waitfor delay '0:0:10'              -- 延迟 10s 保证甲、乙两个事务并发执行
    update 火车表 set 剩余票数 = @syps - 1 where 车次编号 = 'K302'
    select @syps = 剩余票数 from 火车表 where 车次编号 = 'K302'
    print '买票后剩余票数:'
    print @syps
    commit
end try
begin catch
    rollback
end catch
```

第10章 数据库的备份与恢复

学习目标

- 理解故障的分类、数据转储、日志文件、数据库备份与恢复等相关概念；
- 理解备份设备的概念，掌握 SQL Server 备份设备的创建与管理；
- 理解 SQL Server 数据库备份方式，掌握 SQL Server 2019 数据库备份方法；
- 理解事务故障、系统故障的恢复，掌握 SQL Server 2019 数据库还原方法。

重点：理解数据转储、日志文件、事务故障与系统故障的恢复策略，掌握备份与恢复数据库的方法。

难点：能够结合系统实际情况合理制订备份与恢复策略，并通过 SQL Server 2019 实施操作，有效保护数据库。

在信息化社会，数据作为一种具有重要价值的资源，为企业的很多决策提供了强有力的基础支持，故完好地存储保护数据越来越受到企业的重视，为了防止因软硬件故障而导致数据不正确或数据丢失，数据备份与恢复工作就成了一项不容忽视的系统管理工作。SQL Server 提供了高性能的备份及恢复功能，可以有效保护数据、降低损失。

10.1 数据库备份与恢复概述

前面章节提到，数据库系统采取了各种保护措施来保证数据库的安全性和完整性，保障并发事务能够正确执行，但数据库系统与其他任何设备一样易发生故障，这些软硬件故障会不同程度地造成数据的损坏与丢失，故而把数据库从错误状态恢复到故障发生前的一致正确状态是非常重要且必要的数据库维护手段。为了保证数据在发生故障时可以最大限度地挽救，数据库管理员必须建立冗余数据，定期进行数据转储，将整个数据库复制到磁带或另一个磁盘上保存起来，转储即数据的"副本"，并登记日志文件，一旦数据库出现问题，结合恢复策略可以从备份副本和日志文件中恢复数据。

10.1.1 故障的分类

数据库系统运行过程中可能发生的故障有很多种，一般分为事务故障、系统故障、介质故障、计算机病毒等。

1. 事务故障

事务故障指事务没有达到预期的终点，导致数据库可能处于不正确状态，一般有以下两种情况导致事务故障。

（1）逻辑错误导致事务执行失败。事务由于某些内部条件而无法继续正常执行下去，如非法的输入、超出资源限制等。这类情况可以编程设计通过事务程序本身发现识别并处理，例如，事务程序可以判断发现并让事务回滚，撤销已做事务，恢复数据库到正确状态。

（2）系统错误导致事务执行失败。这种情况属于非预期的，事务程序自身无法识别与处理，系统进入了一种不良状态，例如，运算溢出、并发事务锁死但被选中撤销此事务等，结果使得事务无法继续正常执行。

在发生事务程序自身无法识别与处理的故障时，如何保证数据库的一致性才是挑战所在，所以在本章后续内容中事务故障仅指非预期的事务故障。事务故障只影响单个事务的运行，出故障的事务无法达到预期的终点，其他事务不受影响，故影响范围较小。

2. 系统故障

系统故障指造成系统停止运转的任何事件，使得系统需要重新启动。即表示如操作系统漏洞、数据库管理系统代码错误、特定类型的硬件错误（CPU故障）、系统断电等导致易失性存储器内容丢失，并使得所有正在运行的事务受到影响。

当发生系统故障时，尤其内存中数据库缓冲区中的内容丢失，所有正在运行的事务非正常终止，使得所运行事务都只运行了一部分，没有全部完成，导致出现下面两种情况。

（1）一些尚未完成的事务的结果可能已送入物理数据库，破坏了事务的原子性和一致性，从而造成数据库可能处于不正确状态。

（2）有些已经完成的事务，其更新后的数据有部分或全部还在缓冲区，尚未写入物理数据库中，破坏了事务的持久性，使得事务对数据库的修改部分或全部丢失。

系统故障会对正在运行的所有事务产生影响，但不会破坏数据库。

3. 介质故障

介质故障指外存故障，也称硬故障，如磁头碰撞、磁盘损坏、瞬间强磁场干扰等，造成磁盘块上的内容丢失。这类故障对数据库的影响很大，因为是存储设备等硬件出现问题，所以会破坏部分或全部数据库，并影响正在存取这部分数据的所有事务，这类故障的破坏性最大。

4. 计算机病毒

计算机病毒指在计算机程序中插入的破坏计算机功能或者破坏数据，影响计算机使用的一组计算机指令或程序代码。

计算机病毒是一种人为的故障，它能通过某种途径潜伏在计算机的存储介质（或程序）里，当达到某种条件时即被激活，通过修改其他程序的方法将自己的精确拷贝或者可能演化的形式放入其他程序中，从而感染其他程序，对计算机资源进行破坏，导致数据库处于不正确状态或直接破坏数据库。计算机病毒的产生、传播与破坏行为具有传染性、潜伏性、隐蔽性、多态性和破坏性特征，是数据库系统的主要威胁之一。

10.1.2　数据转储

数据转储指数据库管理员将整个数据库复制到磁带或另一个磁盘上保存起来的过程。这些备用的数据文本称为后备副本或备份（名词）。

数据转储是恢复数据库的基础，当数据库系统发生故障时，可以利用故障发生前某个时刻转储的后备副本重建数据库，但重装后备副本只能把数据库恢复至转储时的状态，因为转储结束至故障发生点之间所运行的事务操作无法体现于后备副本中，要想恢复到故障发生时的状态,必须在重装后备副本的基础上再重新运行自转储以后的所有更新事务。数据转储与恢复的关系如图 10-1 所示,在图 10-1 中系统在 T_b 时刻停止运行事务,进行数据转储,T_k 时刻转储结束获得后备副本,系统继续正常运行,直至 T_f 发生故障。后期恢复数据库,就需要用到 T_k 时刻的后备副本,但重装后备副本只能把数据库恢复至 T_k 时刻的状态,要想恢复到故障发生时的状态,必须再重新运行自转储以后的所有更新事务。

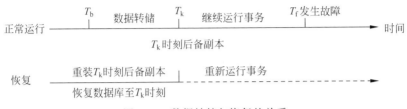

图 10-1　数据转储与恢复的关系

数据转储根据转储时数据库的状态可分为静态转储、动态转储两类,根据转储的方式不同,可分为海量转储和增量转储。

1. 静态转储与动态转储

1) 静态转储

静态转储顾名思义表示数据库系统“静止”状态,不运行任何其他事务,专门进行数据转储操作。其主要特点是:在系统中无运行事务时进行转储。转储开始时数据库处于一致性状态,转储期间不允许对数据库有任何存取、修改操作。通过转储得到的一定是一个数据一致性的后备副本。

实现简单是静态转储的优点,但由于转储必须等用户事务结束才开始,且转储期间不允许对数据库有操作,新的事务必须等转储结束才开始执行,故降低了数据库的可用性。

2) 动态转储

动态转储是数据转储操作与用户事务的并发进行,表示转储期间允许其他事务对数据库进行存取或修改操作。

动态转储的优点是转储操作不用等待正在运行的用户事务结束,同时也不会影响新事务的运行,比较适用于 7×24 小时不间断服务的系统。但动态转储过程中允许有事务并发地更新数据库,转储结束时就不能保证后备副本中的数据正确有效,即不能保证后备副本是一个数据一致性的副本。

当利用动态转储得到的后备副本进行故障恢复时,就需要把动态转储期间各事务对数据库的修改活动登记下来,建立日志文件,然后,后备副本加上日志文件才能把数据库恢复到某一时刻的正确状态。

2. 海量转储与增量转储

1) 海量转储

海量转储指每次都转储全部数据库,所有的数据都要转储,无论数据是否更新过。从故障恢复的角度看,使用海量转储得到的后备副本进行恢复往往更方便,直接装入最新后备副本即可,但对于数据量大和更新频率较高的数据库,不适合频繁海量转储。

2) 增量转储

增量转储表示只转储上一次转储后更新过的数据,简单讲是有选择地转储,只选择有变化的数据进行转储,以减少转储的数据量。从故障恢复角度看,需要按时间顺序逐个加入副本恢复,恢复时间比较长;若数据库很大,事务处理又十分频繁,则增量转储方式更实用更有效。

海量转储、增量转储这两种数据转储方式可分别在两种状态下进行,组合起来数据转储方法可以分为动态海量转储、静态海量转储、动态增量转储和静态增量转储。

这四种数据转储方法在数据转储效率、数据库运行效率、故障恢复效率三个方面各有利弊。在实际应用中,数据库管理员应定期进行数据转储,制作后备副本,但由于转储十分耗费时间、资源,不能频繁进行,因此需要根据数据库使用情况,确定适当的转储周期和转储方法。例如,每半天进行一次动态增量转储,每一两天进行一次动态海量转储,每周进行一次静态海量转储,配合使用各种数据转储方法,可以扬长避短,提高效率。

10.1.3　登记日志文件

日志文件是用来记录事务对数据库的更新操作的文件。每个事务的各个更新操作都按照发生的顺序记录,整个数据库只有一个日志文件,所有事务的所有更新操作都记录于这个日志文件。不同的数据库系统采用的日志文件格式不完全相同,一般有以记录为单位的日志文件、以数据块为单位的日志文件。

1. 日志文件格式与内容

以记录为单位的日志文件,该文件中需要登记的内容包括每个事务的开始标记(BEGIN TRANSACTION)、结束标记(COMMIT 或 ROLLBACK)和所有更新操作,这些内容均作为日志文件中的一个日志记录。

事务开始、事务结束标记的日志记录比较简单,相比较,事务的每个具体更新操作的日志记录较复杂,其日志记录内容包括五项,分别是事务标识、操作类型(插入、删除、修改)、操作对象、更新前数据的旧值(若为插入操作,该项为空)、更新后数据的新值(若为删除操作,该项为空)。

示意性的更新操作日志记录如 T_1 U Age 18 20,表示事务 T_1 修改了数据库对象 Age 的值,更新前的值为 18,更新后的值为 20,该举例只为示意,目的为方便读者理解日志记录的内容。实际真正的日志记录中事务标识,操作对象等都用的是内部表示形式。

以数据块为单位的日志文件,其内容包括事务标识和更新的数据块(包括更新前的旧数据块)。由于更新前后的各数据块都放入了日志文件,所以操作的类型和操作对象等信息就不必放入日志记录。

2. 登记日志文件

为何要登记日志文件? 日志文件在数据库恢复中发挥着重要的作用,具体有三方面。首先,事务故障、系统故障的恢复必须依赖日志文件查找非正常终止事务的所做操作,从而完成撤销或重做事务恢复数据库的正确状态。其次,在动态转储方式中须建立日志文件,由于动态转储无法确保获得数据一致性的后备副本,故转储过程中并发的事务操作需要借助日志文件获取,后备副本和日志文件的结合才能有效恢复数据库。最后,在静态转储方式下,也可以配合利用日志文件快速恢复数据库。其方法是:当数据库文件发生毁坏时,先重新装入后备副本把数据库恢复到转储结束时刻的正确状态,接下来,再利用建立的日志文件,把已完成的事务进行重做处理,对于故障发生时尚未完成的事务则进行撤销处理。这样,不必重新运行那些已完成的事务程序就能把数据库快速恢复到故障前某一时刻的正确状态。

如何登记日志文件? 为保证数据库的可恢复性,登记日志文件时必须遵循两条原则:一是登记日志记录的顺序严格按事务并发执行的时间次序,哪个操作先执行就先登记哪个操作的日志记录;二是必须先写日志文件,后写数据库。其中写日志文件是将表示某个修改的日志记录写到日志文件中,写数据库操作是把对数据的修改写入数据库。写日志文件与写数据库是两个不同的操作,若两个操作之间发生故障,先把修改写入了数据库,而未将修改操作写入日志记录,那么后期将无法利用日志文件恢复数据,所以为了有效正确恢复数据库,应该先写日志文件,后写数据库。

10.2　数据库的备份

备份指数据库管理员定期或不定期地将数据库中的数据复制到磁带或磁盘上保存起来,以便在数据库遭到破坏时能够修复。

在数据库备份中,需要对备份频率、备份的存储介质等相关概念做预先了解。备份频率即对数据库何时进行备份,隔多久备份一次。数据库备份频率的设置一般考虑三个要素:首先是发生意外时所能承受数据损失的大小;其次是修改数据库的频繁程度;最后是恢复数据所需工作量的大小。备份存储介质指将数据库备份到的目标载体,即备份到哪里。常用的备份介质包括磁盘、磁带和命名管道等。如果是备份到磁盘,可以有文件和备份设备两种形式,无论哪一种形式,在磁盘中体现为文件形式。磁带是大容量的备份存储介质,仅可以用于备份本地文件,而命名管道是一种逻辑通道。

10.2.1　SQL Server 2019 备份设备的管理

在进行数据库备份之前,首先选择存放备份数据的备份设备,备份设备是 SQL Server 中存储数据库和事务日志备份拷贝的载体,常用的备份设备是磁盘和磁带。

1. 创建备份设备

备份设备的标识在 SQL Server 中是使用物理设备名称或逻辑设备名称来标识的。物理名称是操作系统用来标识备份设备的,故其物理名称必须要遵照操作系统文件名称的规则或网络设备的通用命名规则,且必须包括完整路径,没有默认值,如 E:\backup\tsgldb.bak。逻辑名称是用户定义的用来标识物理备份设备的别名,它简单好记,存储在 SQL Server 内的系统表中,如 tsglbak。

备份设备的创建与管理可以通过 SQL Server Management Studio 或 T-SQL 来实现。

1) 使用 SQL Server Management Studio 创建备份设备

创建备份设备的操作步骤如下。

（1）在对象资源管理器中,展开"服务器名称"→"服务器对象"→"备份设备"结点,右击"备份设备"结点,选择"新建备份设备"命令,将打开"备份设备"对话框。

（2）在对话框的"设备名称"输入备份设备的逻辑名称(如 tsglbak),在"目标"选项区选择设备类型,由于未装磁带机,故只有"文件"可选。"文件"设置备份设备的物理文件,一般默认路径为安装 SQL Server 目录的 MSSQL 中 Backup 文件下;若需要重新选择路径,则单击"文件"右边的 按钮,在"定位数据库文件"对话框中设置选择自己建立的备份设备物理文件路径及名称,如图 10-2 所示。

图 10-2　备份设备文件设置

选择文件设置完成后,单击"确定"按钮,即完成备份设备的创建。示例此备份设备的逻辑名称是 tsglbak,物理名称及路径是 E:\高校图书管理系统\bak\tsgldb.bak。

2) 使用 T-SQL 语句创建备份设备

T-SQL 创建备份设备的语句格式为:

```
sp_addumpdevice '备份设备类型','备份设备逻辑名称','备份设备物理名称'
```

该语句功能是利用系统存储过程 sp_addumpdevice 创建备份设备,所创建的备份设备类型及名称记录在 master 数据库的 sysdevices 表中。其中备份设备类型可以选择的是 disk、tape,disk 以磁盘文件为备份设备,tape 为 Windows 所支持的磁带设备。

【**例 10-1**】 假设创建一个本地磁盘备份设备,设备逻辑名为 tsbk,其物理名称及路径为 E:\高校图书管理系统\bak\ts.bak

解:在查询编辑器代码窗口中输入代码

```
USE master
EXEC sp_addumpdevice 'disk', 'tsbk', 'E:\高校图书管理系统\bak\ts.bak'
```

执行语句后,在对象资源管理器中,展开"服务对象"可以看到建立的 tsbk 备份设备。

2. 查看备份设备内容

1) 使用 SQL Server Management Studio 查看备份设备属性

查看备份设备的操作如下。

(1) 在对象资源管理器中,展开"服务器名称"→"服务器对象"→"备份设备"结点。

(2) 右击要查看的备份设备名称,在弹出的快捷菜单中选择"属性"命令,即可出现相应对话框,显示备份设备的内容,包括备份名称、目标、备份时间、备份类型等。

2）使用 T-SQL 语句查看备份设备属性

T-SQL 提供存储过程 sp_helpdevice 查看备份设备属性,格式为:

sp_helpdevice <备份设备逻辑名称>

3．删除备份设备

1）使用 SQL Server Management Studio 删除备份设备

在对象资源管理器中,展开"服务器名称"→"服务器对象"→"备份设备"结点,右击要删除的备份设备名称,在弹出的快捷菜单中选择"删除"命令,则出现"删除对象"对话框,单击"确定"按钮,删除备份设备。

2）使用 T-SQL 语句删除备份设备

T-SQL 应用 sp_dropdevice 删除备份设备。语法格式为:

sp_dropdevice '设备逻辑名称','备份设备物理文件'

10.2.2　SQL Server 2019 数据库备份

视频讲解

备份的目的是保存数据库,尽可能地在遭遇故障时减少数据损失。为了降低风险,备份不能只有一个,必须选取 SQL Server 提供的多种备份方式组合使用。

1．SQL Server 的数据库备份形式

SQL Server 的备份形式有数据库备份、文件及文件组备份两大类。

1）数据库备份

数据库备份分为完整备份、增量备份、事务日志备份。

(1) 完整备份。完整备份是通过海量转储形成的备份,即将整个数据库的所有数据及数据库对象完全复制到备份文件中。完整备份需要较多的时间与空间,备份速度慢。

(2) 增量备份。也称其为差异备份,是完整备份的补充。这种备份方式须首先执行过一次完整备份,之后每次增量备份仅是备份最近一次完整备份以后数据库发生变化的数据。增量备份所备份的数据量少,存储和恢复的速度快。在恢复数据库时,要先恢复前一次做的完整备份后,再还原最后一次所做的增量备份。

(3) 事务日志备份。即备份发生在数据库上的事务,只备份事务日志中的内容。事务日志记录了上一次完整备份、差异备份或事务日志备份后数据库的所有变动过程,用来将数据库还原到特定的失败点或备份点上,故在进行事务日志备份之前也必须进行完整备份,即事务日志备份同时包含对数据库的完整备份和对事务日志的备份。

三种数据库备份方式中,完整备份比较容易理解,即备份一个完整数据库的当前所有内容,日志备份和增量备份都是在数据库完整备份的基础上备份后期数据库变动更新的内容,二者的区别是各自备份的起点不同。增量备份的备份起点是前一次的完整备份,事务日志备份的备份起点是最近的前一次备份。

2）文件与文件组备份

若在创建数据库时建立了多个数据库文件或文件组,则可以使用文件和文件组备份方式。一般可以将数据库文件组和文件存储在不同的备份设备上,通常应用于经常更新的超大型数据库或分布在多个文件的数据库,是比较复杂的备份。

3) 备份方案

综合考虑备份效率、数据恢复时间、数据损失量等因素,在数据库备份时需要根据数据库实际情况认真规划,采用组合策略,备份方案一般搭配组合数据库完整备份、增量备份和事务日志备份使用,常用备份方案如下。

(1) 定期规律地进行数据库完整备份。

(2) 在较小的时间间隔进行增量备份。

(3) 在相邻的两次增量备份之间完成事务日志备份。

2. SQL Server 2019 数据库备份

本节以高校图书管理数据库为例,分别介绍使用 SQL Server Management Studio 的对象资源管理器、T-SQL 语句备份数据库。

1) 使用 SQL Server Management Studio 备份数据库

具体操作步骤如下。

(1) 在对象资源管理器中,展开"服务器名称"→"数据库"结点,右击要备份的数据库,从菜单中选择"任务"→"备份",打开"备份数据库"对话框,如图 10-3 所示。

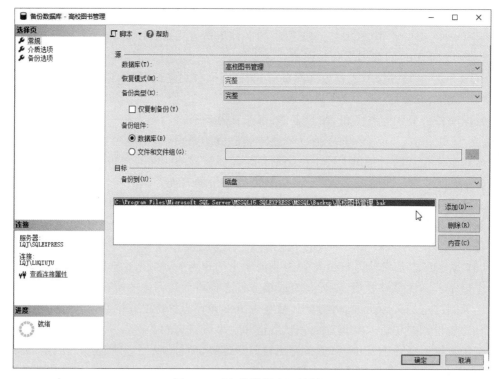

图 10-3 "备份数据库"对话框

(2) 在"选择页"列表框中选择"常规"选项,依次完成以下操作。

① 选择备份的源数据库,此处选择"高校图书管理",单击下三角 ▼ 可选其他数据库。

② 选择备份的类型,单击"备份类型"右边的下三角 ▼,可看到前面所讲的数据库备份方式"完整""差异""事务日志",根据备份策略从中选择一种。这里选择"完整"备份。

③ 备份组件选择"数据库"。

④ 选择数据库备份的位置,默认为备份到磁盘,单击按钮"添加"可以选择文件或备份设备作为备份目标。打开"选择备份目标"对话框,可以选择文件或备份设备作为备份目标。此处示例选择之前所创建的备份设备 tsglbak,如图 10-4 所示。设置完成后,单击"确定"按钮,返回"备份数据库"对话框"常规"选项页,如图 10-5 所示,在备份目标下有两个选项,此处仅保留备份设备 tsglbak,选中前面默认的备份目标文件,单击"删除"按钮删除即可。

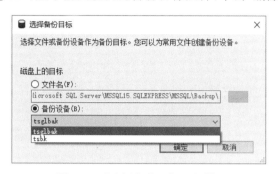

图 10-4 "选择备份目标"对话框

图 10-5 "备份数据库"对话框"常规"设置

(3) 在"选择页"列表框中选择"介质选项"选择页,可设置覆盖介质、数据库备份可靠性等,如图 10-6 所示,"追加到现有备份集"表示将数据库备份追加到备份集中,不用覆盖现有的备份集;"完成后验证备份"表示会验证备份集是否完整。

(4) 在"选择页"列表框中选择"备份选项"选择页,可设置备份集信息、备份压缩和加密。如图 10-7 所示,备份集信息主要包括了备份集名称、说明、过期时间等,这里接受默认的备份集名称,"说明"可省略不填,过期时间可以按照系统实际需求设置,其中晚于天数为 0 表示不过期。备份集过期后会被新的备份集覆盖。备份压缩与加密可自行设置。

372 数据库原理与应用(第2版·微课视频版)

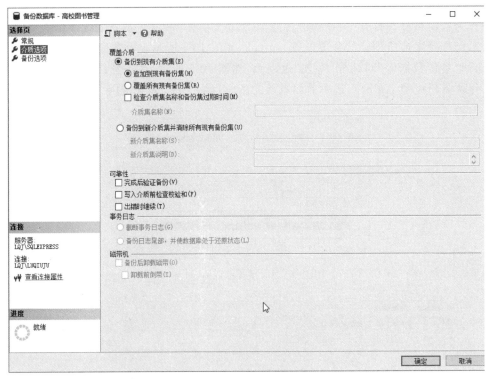

图 10-6　"介质选项"选择页设置

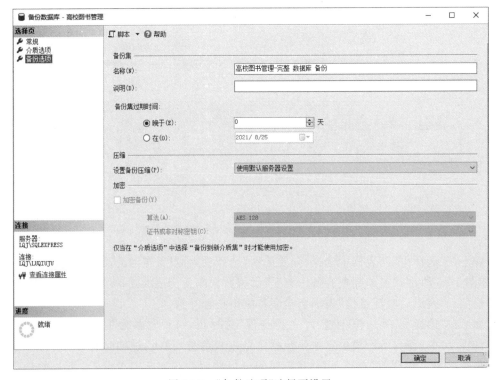

图 10-7　"备份选项"选择页设置

（5）将前面的设置完成后，单击"确定"按钮，备份数据库，备份成功会有提示信息。

按照上述方法，也可创建高校图书管理的差异备份、事务日志备份，只需在步骤（2）的"选择页"列表框"常规"选项中选择相应的备份类型设置即可。

提示：若事务日志选项不可用，则需确认恢复模型是否为完整或大容量日志记录还原，设置方法见10.3.4节。

2）使用 T-SQL 语句备份数据库

下面列出常用的备份数据库语句的语法，为突出要点略去其中个别子句选项。

（1）数据库完整备份或增量备份，其备份语句的语法格式如下：

```
BACKUP DATABASE {database_name | @database_name_var }
TO < backup_device > [, … n]
[WITH {DIFFERENTIAL | { COMPRESSION | NO_COMPRESSION } | { NOINIT | INIT } | STATS [ = percentage ] |
< general_WITH_options > [, … n] } ]
```

格式描述中各参数的含义如下。

{database_name | @database_name_var }表示指定要备份的数据库，给出数据库名称，如果数据库以@数据库名变量形式提供，可指定为字符串常量或字符串数据类型的变量。

<backup_device>指备份操作时使用的逻辑或物理备份设备，可直接写备份设备逻辑名称，或 DISK = '含路径的物理设备名称 '。

DIFFERENTIAL 表示差异备份，若无 DIFFERENTIAL 选项默认为完整备份。

COMPRESSION|NO_COMPRESSION 指定是否对此备份执行备份压缩。

NOINIT|INIT 控制备份操作是追加到还是覆盖备份媒体中的现有备份集，默认NOINIT，表示追加到介质中最新的备份集。

STATS [=percentage] 每当另一个 percentage 完成时显示一条消息，并用于测量进度。

（2）事务日志备份，事务日志备份语句的语法格式如下：

```
BACKUP LOG {database_name | @database_name_var }
TO < backup_device > [, … n]
```

（3）文件或文件组备份，其备份语句的语法格式如下：

```
BACKUP DATABASE {database_name | @database_name_var }
< FILE_or_FILEGROUP > [, … n]
TO < backup_device > [, … n]
[ WITH { DIFFERENTIAL | < general_WITH_options > [, … n] }]
```

格式描述中：<FILE_or_FILEGROUP>指定包含在数据库备份中的文件或文件组的逻辑名，书写形式为 FILE = logical_file_name |FILEGROUP=logical_filegroup_name。

【例 10-2】　创建数据库高校图书管理的差异备份。前面通过 SSMS 完成了高校图书管理的完整备份，假设目前数据库的内容已经有修改变动，则利用 T-SQL 对该数据库进行差异备份，备份到所建的 tsglbak 备份设备上。

解：

```
BACKUP DATABASE 高校图书管理
TO tsglbak WITH DIFFERENTIAL
```

10.3　数据库的恢复

恢复是将遭到破坏或出现问题的数据库从错误状态恢复到某一正确状态,恢复的基本原理及实现方法是"冗余",即利用转储的冗余数据恢复数据库。数据库管理系统提供了恢复子系统,保障故障发生后,利用备份副本和日志文件配合恢复策略有效恢复数据。备份与恢复在数据库中是相互呼应的关系,备份是恢复的基础。

恢复机制是用来应对故障的,它与故障密切联系,不同故障的恢复策略不同,这里主要关注事务故障、系统故障的恢复,并引入具有检查点的恢复技术。

10.3.1　事务故障的恢复

事务故障表示事务运行未到达预期的正常终点,发生事务故障时,夭折的事务可能已把对数据库的部分修改写回磁盘物理数据库中,为了能保证事务的原子性,事务故障的恢复就要撤销(UNDO)事务,强行回滚(ROLLBACK)该事务,清除该事务对数据库的所有修改,使得该事务像根本没有启动过一样。

恢复的方法是由恢复子系统利用日志文件 UNDO 撤销夭折事务对数据库进行的修改。具体步骤如下。

(1) 反向扫描日志文件,查找该事务的更新操作。由于撤销事务是按照各个事务操作时间的逆序逐个撤销,故从最后向前扫描日志文件。

(2) 对该事务的更新操作执行逆操作。即将日志记录中"更新前的值"(Before Image,BI)写入数据库。

若日志记录中为插入操作,"更新前的值"为空,则逆操作相当于做删除;

若日志记录中为删除操作,则其逆操作相当于做插入;

若日志记录中是修改操作,则用 BI 代替"更新后的值"(After Image,AI)。

(3) 重复执行步骤(1)与步骤(2),查找该事务的其他更新操作,并做同样处理,直至读到此事务的开始标记,事务故障恢复结束。

事务故障的恢复由系统自动完成,不需要用户干预。

10.3.2　系统故障的恢复

当发生系统故障时,尤其内存中数据缓冲区中的内容丢失,会出现两种情况:其一,一些尚未完成的事务的结果可能已送入物理数据库;其二,有些已经完成的事务,其更新后的数据有部分或全部还在缓冲区,尚未写入物理数据库中,使得事务对数据库的修改部分或全部丢失。

针对这两种状况,系统故障的恢复就两个操作,一是撤销(UNDO),二是重做(REDO)。撤销故障发生时所有未完成的事务,消除这些事务对数据库的所有修改;重做故障发生时已提交的事务,将缓冲区中已完成事务提交的结果再写入数据库。简言之,系统重新启动时,恢复程序强行 UNDO 所有未完成事务,REDO 所有已提交的事务。

恢复的具体步骤如下。

(1) 正向扫描日志文件,找出发生故障时尚未完成的事务,将其放入 UNDO 队列;找出故障发生前已提交的事务,将其放入 REDO 队列。

从头扫描日志文件,根据日志记录信息判断分队,若记录中只有某事务的开始标记 BEGIN TRANSACTION,而无对应结束标记 COMMIT,则将该事务标识记入 UNDO 队列;若记录中某事务既有开始标记,也有对应结束标记,则将该事务标识记入 REDO 队列。

(2) 对 UNDO 队列中的事务进行撤销处理。

反向扫描日志文件,对每个 UNDO 事务的更新操作执行逆操作,表示将日志记录中"更新前的值"写入数据库。

(3) 对 REDO 队列中的事务进行重做处理。

正向扫描日志文件,对每个 REDO 事务重新执行日志登记的操作,表示将日志记录中"更新后的值"写入数据库。

综上所述,系统故障的恢复需要扫描三次日志文件,恢复系统在重新启动时自动完成,不需要用户干预。

10.3.3 具有检查点的数据恢复技术

10.3.2 节内容所讲的恢复方法虽确实可以保证数据一致性的要求,如事务故障的恢复方法已经非常完善,但系统故障的恢复方法存在耗时、效率低的问题。前面已经分析利用日志进行系统故障恢复时要扫描三次日志文件,且恢复子系统无法区分已提交的事务,哪些已将更新数据写入磁盘数据库,哪些还留在数据缓冲区,只能全部 REDO,所以在执行恢复操作时,存在耗时扫描整个日志文件,且有可能重复执行某些操作的问题。为解决这些问题,提高系统故障恢复的效率,引入了具有检查点的恢复技术。在系统故障恢复中,如果能确切知道哪个时间点之前完成的事务,它对数据库的更新已经写入磁盘数据库,那么在故障恢复阶段,系统在判断哪些事务需要 UNDO,哪些事务需要 REDO 时,就无须扫描全部日志文件,只需从这个时间点之后开始扫描即可;同样在做 REDO 处理时,事务也无须从头开始重做,而是从这个时间点开始重做即可,这个时间点即检查点。

检查点的用途是在磁盘上建立事务处理一致性的标志。具有检查点的恢复技术在日志文件中增加了"检查点记录"和一个重新开始文件,并让恢复子系统动态维护日志。

1. 检查点记录及重新开始文件

检查点记录是一类新的日志记录,它的内容主要包括了两部分。第一部分是建立检查点时刻所有正在执行的事务清单,即建立检查点时刻,系统中所有的活跃事务,也可理解为未完成的事务清单。第二部分是这些事务最近一个日志记录的地址,表示每个活跃事务最近的一个日志记录地址。

重新开始文件的内容是记录各个检查点在日志文件中的地址,用来帮助恢复系统快速找到日志文件中的检查点记录,系统无须再扫描日志文件,通过重新开始文件获取地址,直接定位到日志文件中的检查点。建立检查点 C_k 时对应的重新开始文件与日志文件如图 10-8 所示。

其中,C_k 检查点记录中事务清单有 T_1、T_3、T_1 的最近日志记录地址是 D_1、T_3 的最近日志记录地址是 D_3。

2. 动态维护日志文件

恢复子系统动态维护日志文件的方法是周期性地执行建立检查点、保存数据库状态。

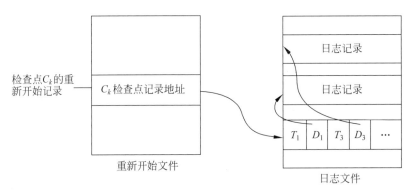

图 10-8　检查点 C_k 对应的重新开始文件与日志文件

操作即先刷出缓冲区中的日志,写入磁盘日志文件,再刷出缓冲区中的数据写入磁盘数据库,完全遵循了"先写日志,后写数据"的原则,具体步骤如下。

(1) 将当前日志缓冲区中的所有日志记录写入磁盘的日志文件上。

(2) 在日志文件中写入一个检查点记录。

(3) 将当前数据缓冲区的所有数据记录写入磁盘的数据库中。

(4) 把检查点记录在日志文件中的地址写入一个重新开始文件。

3. 使用检查点进行数据恢复的策略

恢复子系统可以定期或不定期地建立检查点保存数据库状态。定期建立检查点,即按照预定的一个时间间隔建立,通常按照更新事务的频度确定间隔时间。不定时地建立检查点即按照某种规则来建立检查点,例如,日志文件当写满 50% 即可建立一个检查点。

合理适时地建立检查点,若成功建立了检查点就意味着缓冲区中的内容都已经刷出到磁盘数据库中,例如,当事务 T 在一个检查点之前提交,则认为 T 对数据库所做的修改一定都已写入数据库,写入时间是在这个检查点建立之前,就算之前未及时写入数据库暂存于缓冲区,在这个检查点建立之时也会被强制写入,故而在后期的恢复中就无须再对事务 T 执行 REDO 操作。

在发生故障时,检查点时刻已完成的事务不用再重做,检查点时刻未完成的事务,重做的起始点是检查点,而非事务开始。系统会根据事务的不同状态选用不同的恢复策略,如图 10-9 所示。图中 T_1 在检查点之前开始执行并提交事务;T_2 在检查点之前开始执行,在检查点之后故障点之前提交;T_3 在检查点之前开始执行,在故障点时还未完成;T_4 在检查点之后开始执行,在故障点之前提交;T_5 在检查点之后开始执行,在故障点时还未完成。

恢复策略为:

(1) T_1 在检查点之前已提交,所以不必执行 REDO 操作。

(2) T_3 和 T_5 在故障发生时还未完成,故予以 UNDO。

(3) T_2 和 T_4 在检查点之后故障之前提交,它们对数据库所做的修改在故障发生时可能还在缓冲区中,尚未写入数据库,故需要 REDO;其中检查点保证了 T_2 事务开始至检查点建立这段时间对数据的更新写入了磁盘数据库,故 T_2 从检查点开始重做,T_4 是重做整个事务。

使用检查点进行恢复的具体步骤如下。

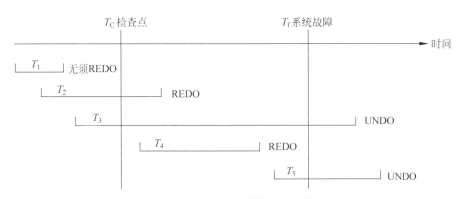

图 10-9　恢复子系统采取的不同策略

（1）在"重新开始文件"中找到最后一个检查点记录在日志文件中的地址，由该地址在日志文件中找到最后一个检查点记录，即最新的检查点。

（2）通过该检查点记录内容得到检查点建立时刻所有活跃的事务清单（ACTIVE-LIST），把 ACTIVE-LIST 中事务暂时放入需要执行撤销的事务队列（UNDO-LIST），此时需执行重做的队列（REDO-LIST）暂为空。

（3）从检查点开始正向扫描日志文件，如有新开始的事务 T_i，把 T_i 暂时放入 UNDO-LIST 队列，如有提交的事务 T_j，把 T_j 从 UNDO-LIST 队列移到 REDO-LIST 队列，直到扫描日志文件结束。

（4）对 UNDO-LIST 中的每个事务执行 UNDO 操作，对 REDO-LIST 中的每个事务执行 REDO 操作。

具有检查点的恢复方法与普通故障恢复方法类似，但不同的是 REDO-LIST 清单不一样，且重做的起始点不同。

10.3.4　SQL Server 2019 数据库恢复

1. SQL Server 数据库恢复模型

数据库恢复也称为数据库还原，SQL Server 提供三种数据库还原模型，分别是简单恢复模型、完全恢复模型和大容量日志恢复模型。

1）简单恢复模型

使用简单恢复模型可以将数据库还原到最后一次备份时的状态，无法将数据库还原到故障点或特定的时间点，简单恢复模型不涉及事务日志备份，通常在对数据安全要求不高的数据库中使用。

2）完全恢复模型

完全恢复模型使用数据库的完整备份和事务日志备份，记录了数据库的每一步操作，可以将数据库恢复到故障点或特定时间点。如果数据文件损坏，则可以还原所有已提交的事务，正在进行的事务将回滚，故造成的数据损失很小。

若发生意外故障，且数据库的当前事务日志文件未损坏，则可以将数据还原到故障点发生时的状态。数据库还原的过程如下。

首先，备份当前活动事务日志。其次，还原最近的数据库完整备份，但不还原数据库，若有增量备份，则还原最新的增量备份。接着，按照创建时的顺序，还原自数据库完整备份或增量备份后创建的每个事务日志备份,直到损坏前为止的每一个事务日志备份,但不还原数据库。最后,应用最新的日志备份并还原数据库。

3)大容量日志恢复模型

大容量日志恢复模型是对完全恢复模型的补充,与完全恢复模型类似,必须要注意保护事务日志记录。完全恢复模型记录的是大容量复制操作的完整日志,但在大容量日志恢复模型下,记录的是所有这些操作的最小日志,这样虽可以提高数据的性能,但由于日志记录不完整,数据文件若损坏则有可能无法恢复。此外,当日志备份包含大容量更改时,该恢复模型只允许数据库还原到事务日志备份的结尾处,不支持时间点还原。

设置数据库的恢复模式,在 SQL Server Management Studio 中选择要操作的数据库,右击数据库(高校图书管理),从弹出的快捷菜单中选择"属性"命令,打开"数据库属性"对话框,直接在"选项"中设置,如图 10-10 所示。

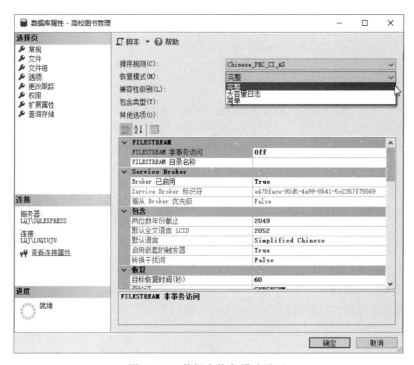

图 10-10　数据库恢复模式设置

2. SQL Server 2019 数据库恢复

本节以高校图书管理数据库为例,介绍使用 T-SQL 语句、SQL Server Management Studio 的对象资源管理器恢复数据库。

1)使用 SQL Server Management Studio 恢复数据库

在 SQL Server 2019 中应用 SQL Server Management Studio 的对象资源管理器恢复数据库。具体操作步骤如下。

(1)在对象资源管理器中,展开"服务器名称"→"数据库"结点,右击要恢复的数据库(高校图书管理),从弹出的快捷菜单中选择"任务"→"还原"→"数据库"命令,打开"还原数据库"对话框,如图 10-11 所示。

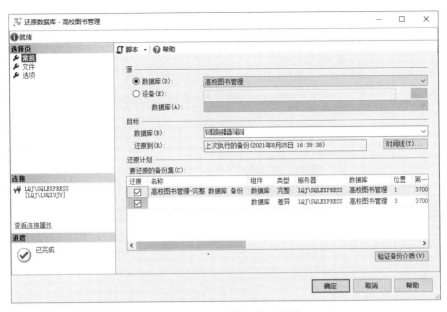

图 10-11　"还原数据库"对话框

（2）在"选择页"列表框中选择"常规"选项设置操作。

首先，设置还原的"源"选项区，该选项区是指定用于还原的备份集的源和目标。

在"源"选项区，若选择单选按钮"数据库"，此处为要恢复的数据库，选择相应数据库后，系统将从数据库的备份记录中查找可用的备份，并在对话框的"还原计划"区域，"要还原的备份集"列表中自动显示该数据库的备份集，以供选择。

若选择单选按钮"设备"，则可指定恢复的备份设备或备份文件（若高校图书管理数据库已经损坏，则需要右击"数据库"结点选择"还原数据库"命令，通过"设备"来还原数据库），单击"设备"右端 □ 按钮，打开"选择备份设备"对话框，如图 10-12 所示。在"备份介质类型"下拉列表框可以选择备份文件、备份设备或 URL，这里选择备份设备。选择备份设备后点击"添加"按钮，将选项（tsglbak）加入，完成后确定即可，返回"还原数据库"对话框。设置结果如图 10-13 所示。

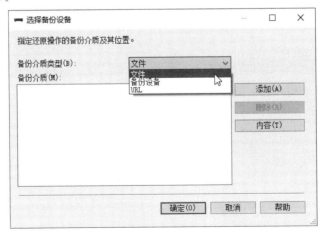

图 10-12　"选择备份设备"对话框

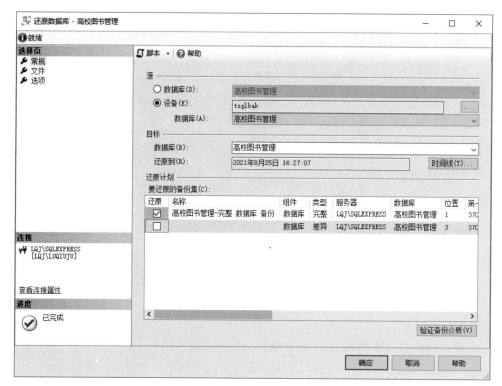

图 10-13　"还原数据库"对话框

其次,设置还原的"目标"选项区,用于设置要还原的目标数据库及还原的目标时间点。若需要对恢复的数据库重新命名,则可以在此输入新的数据库名。"还原到"设置目标时间点,默认最近所做备份,也可以打开 时间线(T)... 按钮,选择特定日期和时间。

最后,设置还原计划选择用于还原的备份集,单击鼠标选择要还原的备份集即可。

说明:如果在此选择了差异备份,系统会自动将上一个完整备份选上;同样,若选择了事务日志备份,系统也会自动将上一个完整备份及所需差异备份、事务日志备份选上。

(3) 若有其他设置需求,可以在"选择页"列表框中选择"文件"→"选项"进行设置,主要涉及重新定位数据库文件还原位置、是否覆盖现有数据库、恢复状态等内容。上述设置总体完成后,单击"确定"按钮进行还原数据库。若顺利还原,系统会出现成功还原的提示信息。

2) 使用 T-SQL 语句恢复数据库

T-SQL 使用 RESTORE 语句还原 BACKUP 语句所做的备份,下面给出 RESTORE 语句的语法格式,为突出要点略去其中个别子句选项。

(1) 还原数据库,还原语句的语法格式如下:

```
RESTORE DATABASE {database_name | @database_name_var }
<file_or_filegroup> [,…n]
FROM <backup_device> [,…n]
[WITH {{NORECOVERY|RECOVERY}|PARTIAL |FILE = {file_number|@file_number_var } |MOVE '
logical_file_name'TO 'operating_system_file_name'[,…n]|{REPLACE} |<general_WITH_options>
[,…n] } ]
```

（2）还原事务日志，其语句的语法格式如下：

```
RESTORE LOG { database_name | @database_name_var }
FROM < backup_device >[,…n]
```

格式描述中各参数的含义如下。

＜file_or_filegroup＞表示在数据库还原中使用的逻辑文件或文件组名。

NORECOVERY|RECOVERY，NORECOVERY 表示恢复操作不回滚任何未提交事务。当还原数据库备份和多个事务日志时，例如，在完整数据库备份后进行了差异备份，接下来又执行了事务日志备份，那么要求在除最后一个 RESTORE 恢复语句外的所有其他前面 RESTORE 语句上使用 NORECOVERY 选项。这表示必须全部恢复这三个文件才能使数据库恢复到一致状态。如果在恢复差异备份时指定了 RECOVERY 选项，则 SQL Server 理解为恢复过程结束，将不允许再恢复其他任何备份。此选项不写，默认 RECOVERY。

PARTIAL 表示部分还原操作。

FILE=｛file_number|@file_number_var｝表示要还原的备份文件号，如 FILE＝1 指备份介质上的第一个备份集。

MOVE 'logical_file_name' TO 'operating_system_file_name']指将给定的逻辑文件名移到物理文件名。默认情况下，logical_file_name 将还原到其原始位置。如果使用 RESTORE 语句将数据库复制到相同或不同的服务器上，则可能需要使用 MOVE 选项重新定位数据库文件以避免与现有文件冲突。

REPLACE 表示若存在具有相同名称的数据库，将覆盖现有的数据库。

RESTORE DATABASE 可用于任何恢复模式下的数据库，RESTORE LOG 仅用于完全恢复模式和大容量日志记录恢复模式。

【例 10-3】　上述数据库备份中已经在 tsglbak 设备上创建了数据库高校图书管理的完整备份、差异备份。通过查看属性，数据库的完整备份位于备份集 1，差异备份位于备份集 2，还原前需要备份数据库的日志尾部，BACKUP LOG 高校图书管理 TO tsglbak WITH NORECOVERY，现要求利用 T-SQL 语句还原数据库。

解：根据恢复策略，先还原完整数据库，再还原差异备份。

```
BACKUP LOG 高校图书管理 TO tsglbak WITH NORECOVERY
USE master
RESTORE DATABASE 高校图书管理
FROM tsglbak WITH FILE = 1,NORECOVERY
RESTORE DATABASE 高校图书管理
FROM tsglbak WITH FILE = 2,RECOVERY
GO
```

习题 10

1. 简答题

（1）简述数据库系统运行中可能产生的故障类型有哪些。

（2）简述数据转储的概念及分类。

(3) 简述日志文件的内容及作用。

(4) 简述登记日志文件时为什么必须先写日志文件,后写数据库。

(5) 简述 SQL Server 2019 数据备份方式,并说明它们之间的区别。

(6) 针对事务故障、系统故障,简单给出恢复的策略方法。

(7) 什么是检查点记录? 具有检查点的恢复技术有什么优点?

2. 选择题

(1) "日志"文件可用于( )。

　　A. 实现数据库的安全性控制

　　B. 进行数据库恢复

　　C. 控制数据库的并发操作

　　D. 保证数据库的完整性

(2) 下面哪类故障的发生会直接破坏数据库( )。

　　A. 系统故障　　　　B. 介质故障　　　　C. 事务故障　　　　D. 日志文件

(3) 数据转储操作可以与用户事务并发进行的是( )。

　　A. 动态转储　　　　B. 静态转储　　　　C. 实体转储　　　　D. 以上都不对

(4) 数据库恢复的基础是利用转储的冗余数据,这些转储的冗余数据包括( )。

　　A. 数据字典、应用程序、审计档案、数据库后备副本

　　B. 数据字典、应用程序、审计档案、日志文件

　　C. 日志文件、数据库后备副本

　　D. 数据字典、应用程序、数据库后备副本

(5) 备份设备是用来存放备份数据的物理设备,其中不包括( )。

　　A. 磁盘　　　　　　B. 光盘　　　　　　C. 磁带　　　　　　D. 命名管道

(6) 在 SQL Server 所提供的数据库备份方式中,( )是指将从最近一次完整备份结束以来所有改变的数据备份到数据库。

　　A. 完整备份　　　　　　　　　　　B. 差异备份

　　C. 事务日志备份　　　　　　　　　D. 数据库文件和文件组备份

(7) 关于数据库的备份以下叙述正确的是( )。

　　A. 事务日志备份是指完整备份

　　B. 数据库必须每一小时定点进行完整备份

　　C. 第一次完整备份后短时间内可不再做完整备份,根据需要可做差异或事务日志备份

　　D. 以上都不对

(8) 事务故障恢复的方法是由恢复子系统利用日志文件( )未完成事务已对数据库进行的修改。

　　A. REDO　　　　B. COMMIT　　　　C. UNDO　　　　D. BEGIN

(9) 利用系统的存储过程( )可以创建备份设备,其逻辑名称记录存储在 SQL Server 的 master 数据库 sysdevices 表中。

　　A. sp_creatediagram　　　　　　　B. sp_adddumpdevice

　　C. sp_renamediagram　　　　　　　D. sp_add_agent

（10）BACKUP 语句中 DIFFERENTIAL 子句的作用是（　　）。

　　A. 指定只对在创建最新的数据库完整备份后数据库中发生变化的部分进行备份

　　B. 覆盖之前所做的备份

　　C. 只备份日志文件

　　D. 备份文件和文件组

3．分析操作题

1）分析题

日志记录信息如表 10-1 所示，如果系统故障分别发生在序号 14、10 之后，根据所给的日志记录分析哪些事务需要重做 REDO，哪些事务需要撤销 UNDO。

表 10-1　日志记录表

序　号	日　志
1	T_1：开始
2	T_1：写 A，$A=10$
3	T_2：开始
4	T_2：写 B，$B=9$
5	T_1：写 C，$C=11$
6	T_1：COMMIT
7	T_2：写 C，$C=13$
8	T_3：开始
9	T_3：写 A，$A=8$
10	T_2：ROLLBACK
11	T_3：写 B，$B=7$
12	T_4：开始
13	T_3：COMMIT
14	T_4：写 C，$C=13$
15	T_5：开始

2）操作题

在 SQL Server 2019 创建学生选课数据库 XSXK，并创建学生表，录入部分数据。然后完成下列各题。

（1）使用 SQL Server Management Studio 对 XSXK 数据库创建完整备份，修改数据库部分内容后，再进行差异备份。

（2）在 SQL Server 2019 中删除该 XSXK 数据库，然后利用已建立的备份进行数据库恢复操作，恢复后给予验证。

第11章

大数据技术

学习目标

- 了解大数据时代,数据存储管理和数据处理的相关技术;
- 理解 NoSQL 数据库解决的核心问题、常见模式及 NoSQL 的三大基石;
- 了解 NewSQL 与数据库云平台的特点,了解当前市场上主流的云数据库产品的系统架构。

重点:NoSQL 的三大基石。

难点:主流的云数据库产品的系统架构。

随着互联网、移动互联网、物联网、云计算的快速兴起及移动智能终端的快速发展,人类社会的数据增长的速度比以往任何时候都要快。数据规模越来越大,内容越来越复杂,更新速度越来越快,数据特征的演化和发展催生了大数据概念的产生。本章将介绍大数据的基本特点和大数据的相关技术,包括存储管理和数据运用的技术及若干大数据应用平台。

11.1 引例

11.1.1 大数据概念

在过去的 20 年中,数据以大规模态势在各行各业持续增加。由 IDC 和 EMC 联合发布的 The Digital Universe of Opportunities: Rich Data and the Increasing Value of Internet of Things 研究报告指出,2011 年全球数据总量为 1.8ZB,并将以每两年翻一番的速度增长,2020 年,全球数据量达到 40ZB,均摊到每个人身上达到 5200GB 以上。在"2017 年世界信息和信息化社会日"大会上,工信部总工程师张峰指出,我国的数据总量正在以年均 50% 的速度持续增长,2020 年,我国数据总量在全球占比已达到 21%。IDC 公司发布的报告称,全球大数据技术和服务市场将在未来几年保持 31.7% 的年复合增长率。IBM 研究称,整个人类文明所获得的全部数据中,有 90% 是过去两年产生的。全球数据膨胀率大约每两年翻一番。

现今,全球数据呈爆炸性增长,大数据常常被描述为巨大的数据集。相比传统数据而言,大数据通常包含大量需要实时分析的非结构化数据,同时,大数据也带来创造新价值的机会,帮助我们获得对隐藏价值的深入理解。大数据也带来新的挑战,即如何有效管理和组织数据集的挑战。

数据的重要性已经是公认的,科技界和企业界甚至各国政府都将大数据的迅速发展作为关注热点,许多政府机构明确宣布加快大数据的研究和应用。麦肯锡公司称:"数据已经渗透到当今每一个行业和业务职能领域,成为重要的生产要素。人们对大数据的挖掘和应用,预示着新一波生产力增长和消费盈余浪潮的到来。"一个国家拥有数据的规模和运用数据的能力将成为综合国力的重要组成部分,对数据的占有和控制将成为国家间和企业间新的争夺焦点。

什么是大数据?它是一个抽象的概念,目前没有公认的说法。就其定义而言,大数据是一个至今尚无确切、统一的定义。下面介绍主要的几种典型定义。

高德纳咨询公司(Gartner)的定义:大数据指需要新处理模式才能具有更强的决策力、洞察发现力和流程优化能力的海量的、高增长率和多样化的信息资产。

麦肯锡的定义:大数据指无法在一定时间内用传统数据库软件工具对其内容进行采集、存储、管理和分析的数据集合。

互联网数据中心(Internet Data Center,IDC)的定义:大数据一般会涉及两种或两种以上数据形式。要收集超过100TB的数据,且是高速、实时数据流或者是从小数据开始,但数据每年会增长60%以上。

中国信息通信研究院发布的《大数据白皮书(2016年)》指出:"大数据是新资源、新技术、新理念的混合体。"

狭义的大数据,主要指大数据的相关技术和应用,指从各种各样类型的数据中,快速获得有价值的信息的能力。广义上讲,大数据又分为大数据技术、大数据工程、大数据科学和大数据应用等领域。

11.1.2　大数据的特征及意义

大数据技术就是从各种各样类型的数据中,快速高效获得有价值信息的能力,是众多企业发展的潜力。2001年Gartner分析员道格·莱尼指出,数据增长有四个方向的挑战和机遇:数量(volume),即数据的多少;多样性(variety),即数据类型繁多;速度(velocity),即资料的输入、输出速度;价值(value),即追求高质量的数据。在莱尼的理论基础上,IBM提出了大数据的4V特征,得到了业界的广泛认可。图11-1描述了大数据的4V特征。

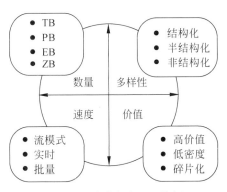

图 11-1　大数据的 4V 特征

数量(volume)指大数据巨大的数量与数据完整性。数据数量的单位从TB级别跃升到PB级别甚至ZB级别。伴随着各种随身设备以及物联网、云计算、云存储等技术的发展,人和物的所有轨迹都可以被记录,数据因此被大量生产出来。天文学、基因学是最早产生大数据变革的领域。移动互联的核心网络结点由网页变成了人,人人都成为数据的制造者。短信、微博、照片、视频都是其数据产品;自动化传感器、自动记录仪、生产检测、环境检测、交通检测、安防检测等产生的数据;自动流程记录、互联网点击、电话拨号等设备以及各种办事流程登记等数据,大量自动或人工的数据通过互联网聚集到指定地点,形成大数据之海。

多样性(variety)指数据类型繁多。随着传感器、智能设备及社交协作技术的飞速发展,数据变得更加复杂,因为数据不仅有传统关系型数据,还包括来自网页、互联网日志文件、视频、图片、地理信息、搜索索引、社交媒体、电子邮件、文档、主动和被动系统的传感器数据等原始、半结构化和非结构化数据。大数据技术要处理巨量不同来源、不同格式的多元化数据。

速度(velocity)就是处理速度快。大数据的速度指对数据处理智能化和实时性要求越来越高。有一个著名的"1秒定律",即要在秒级范围内给出分析结果,超过这个时间,数据就失去价值。

价值(value)指数据的高质量。大数据时代数据的价值就像大浪淘金,数据量越大,真正有价值的东西就越少。现在的任务是将这些 EB、ZB 级别的数据,利用云计算,提取有用信息,将信息转换为知识,进而发现规律,最终促成正确的决策和行动。追求高质量的数据是一项重大挑战,即使最优秀的数据清理方法也无法消除某些数据固有的不可预测性。

11.1.3 大数据的应用场景

大数据应用自然科学的知识解决社会科学问题,在许多领域具有重要的应用。身在大数据时代的人们已经认识到大数据将数据分析从"向后分析"变成"向前分析",它深刻地改变着人们的思维模式。

1) 大数据在互联网中的应用

互联网拥有丰富的数据和强大的技术平台,同时掌握大量用户的行为数据,能够进行不同领域的纵深研究。如谷歌、亚马逊、Twitter、淘宝、新浪等互联网企业已经广泛开展定向广告、个性推荐等较为成熟的大数据应用。无人驾驶汽车就是一个典型的大数据应用实例,依靠庞大的道路信息数据,无人驾驶汽车可以智能地选择路径和驾驶。目前无人驾驶小汽车、物流车、清扫车等已经涌现,走进人们的生活。阿里巴巴成立的"菜鸟"网络物流,就是基于大数据平台分析,联手各大物流企业,选择最高效的送达方式。

2) 大数据在企业中应用

大数据的重心将从存储和传输过渡到数据挖掘和应用,这将深刻影响企业的商业模式。大数据在企业的应用可以在许多方面提高企业生产效率和竞争力。大数据在企业中的分析包括客户分析、商品分析以及供应链和效率分析等。例如,电信运营商应用大数据进行基于用户、业务及流量分级的多维管控及精准的客户分析及营销策略(如离网预警、套餐适配、广告精准投放等)。此外,电信业通过审视自身的数据优势,服务公共社会的应用逐步展开,像智慧城市,利用位置和轨迹信息服务社会,为智慧城市提高海量数据预测服务等。在金融、电子商务等领域也有大数据应用的典型案例。

3) 大数据在在线社交网络中的应用

社会网络服务(social networking services,SNS)是社会和个人间的社会关系构成的社会结构。在线 SNS 的大数据应用是借助计算机分析,为理解人类社会关系提供理论和方法,主要应用有舆情分析、网络情报收集和分析、社会化营销、政府决策支持和在线教育等。SNS有基于内容的应用和基于结构的应用两个方面。基于内容的应用主要是根据语言和文本分析,推断显示用户的偏好、情感、兴趣和需求等;基于结构的应用主要是基于社区的分析,用来改善信息传播范围和帮助分析社区中的人际关系。在SNS中,用户的社会关系、兴趣和爱好等综合为一个结点,用户之间成聚合关系,将这种内部个体密切关系,外部松散的关系称为社区。

4)大数据在健康和医疗中的应用

医疗保健和医药数据包含着丰富多彩的复杂数据信息,例如电子病历记录着每一个病人的就医信息,包括个人病史、家族病史、过敏症以及所有医疗检测结果等。实时的健康状况告警为个体患者提供实时信息,而这些信息的收集也能被用于分析某个群体的健康状况,并根据地理位置、人口或社会经济水平的不同用于医疗研究,将为制定并调整疾病的预防与治疗方案提供支撑。根据患者需求进行预测,安排医护人员。医学影像是医疗过程中的关键环节,大数据能够完全改变医生的分析方式,例如,数十万张图像能够构建一个识别图像模型,该模型能够形成一个系统,帮助医生做出诊断。这些应用实践深刻地表明了大数据在医疗行业中不可动摇的时代地位。

5)大数据在政府中的应用

2018年6月,国务院办公厅印发《进一步深化"互联网＋政务服务"推进政务服务"一网、一门、一次"改革实施方案》,标志着我国政府职能正在从管理型转变为"放管服"新模式。在政府中应用大数据主要能够提高政务服务效率,提升政府公共服务水平,提供辅助决策支持等作用。

11.2 大数据的相关技术介绍

大数据技术就是从各种类型的数据中快速获取有价值信息的技术。大数据领域已经涌现出大量的新技术,它们为大数据的采集、存储、处理和呈现提供了有力武器。大数据的相关技术一般包括大数据的采集、大数据的预处理、大数据的存储和管理、大数据的分析与挖掘、大数据的展现和应用等。

11.2.1 大数据采集技术

1.大数据采集的概念

数据采集(DAQ)又称数据获取,是大数据生命周期中第一个环节。大数据采集是通过RFID射频数据、传感器数据、视频摄像头的实时数据和来自历史视频的非实时数据、社交网络大数据及移动互联网数据等方式获得的各种结构化、半结构化(或称弱结构化)及非结构化的海量数据,是大数据服务模型的根本。

大数据采集是在确定目标用户的基础上,针对该范围内所有结构化、半结构化、非结构化的数据进行采集。大数据的数据量大、种类繁多、来源广泛,大数据采集的研究分为大数据智能感知层和基础支撑层。

大数据智能感知层主要包括数据传感体系、网络通信体系、传感适配体系、智能识别体系及软硬件资源接入系统,实现对结构化、半结构化、非结构化的海量数据的智能化识别、定位、跟踪、接入、传输、信号转换、监控、初步处理和管理等,着重攻克针对大数据源的智能识别、感知、适配、传输、接入等技术。随着物联网技术、智能设备的发展,这种基于传感器的数据采集会越来越多,相应对于这类的研究和应用也会越来越重要。

基础支撑层提供大数据服务平台所需的虚拟服务器,结构化、半结构化及非结构化数据的数据库及物联网络资源等基础支撑环境,重点攻克分布式虚拟存储技术,大数据获取、存储、组织、分布和决策操作的可视化接口技术,大数据的网络传输和压缩技术,大数据的隐私保护技术等。

2. 大数据采集的方法

大数据的采集方法依据大数据采集的数据来源分,有系统日志采集、网络数据采集、数据库采集、其他数据采集等四种。

日志采集系统要做的事情就是收集业务日志数据供离线和在线分析系统使用。日志采集系统所具有的基本特征是高可用性、高可靠性、可扩展性。常用的日志系统有 Apache Hadoop 的 Chukwa、Cloudera 的 Flume、Facebook 的 Scrible、LinkedIn 的 Kafka,这些工具大部分采用分布式架构,来满足大规模日志采集的需求。

网络数据采集是利用互联网搜索引擎技术对数据进行针对性、行业性、精确性的抓取,并按照一定规则和筛选标准将数据进行归类,形成数据库文件的一个过程。互联网网络数据是大数据的重要来源之一,网络数据采集常用的是通过网络爬虫或网站公开的 API 等方式从网站获取数据信息,该方法可以将非结构化数据从网页中抽取出来,将其存储为统一的本地数据文件,并以结构化方式存储,支持图片、音频、视频等文件或附件的采集,附件和正文可以自动关联。

目前,网络数据采集采用的技术都是利用垂直搜索引擎技术的网络蜘蛛、分词系统、任务和索引系统等技术进行的。网络蜘蛛工作的基本步骤如下:将需要抓取的数据网站的 URL 信息写入 URL 队列;爬虫从 URL 队列中获取需要爬取的数据网站的 Site URL 信息;从 Internet 爬虫抓取对应网页内容,并抽取其特定属性的内值;爬虫将从网页中抽取出的数据写入数据库;数据处理模块 DP 读取 SpiderData,并进行处理;DP 将处理后的数据写入数据库。

数据库是一些行业、企业存储数据的主要手段,这些数据库中存储的海量数据,相对来说结构化更强,是大数据的主要来源之一。数据库采集方法支持异构数据库之间的实时数据同步和复制,基于的理论是对各种数据库的 Log 日志文件进行分析,然后进行复制。

其他数据采集方法在一些特定领域,如企业经营或学科研究等保密性要求比较高的领域,可以通过与企业或研究机构合作,使用特定系统接口等相关方式来采集数据。

11.2.2 大数据预处理技术

数据预处理(data preprocessing)指对所收集的数据进行分类或分组前所作的审核、筛选、排序等必要的处理,数据预处理的方法主要有数据清理、数据集成、数据转换、数据规约等。数据预处理技术在数据挖掘之前使用,能够提高数据挖掘模式质量,降低实际挖掘所需要的时间。

数据预处理的流程如图 11-2 所示。

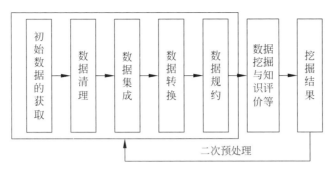

图 11-2　数据预处理流程图

1. 数据清理

数据清理主要是对数据一致性的检查,对无效值、缺失值的处理等,其原理是利用有关技术,如数据挖掘或者预定义的清理规则将脏数据转化为满足数据质量要求的数据。数据清理过程中根据数据类型和特征不同,大致将数据类型分为三类来进行处理。

第一类是对残缺数据。这一类数据产生的原因是部分信息缺失,如公司的名称、客户的区域信息、业务系统中主表与明细表不能匹配等数据。将这一类数据过滤出来按照缺失的内容分别填入对应的文档信息并提交给客户,只有在规定时间内补全才可写入数据仓库。

第二类是对错误数据。这一类错误产生的原因往往是业务系统不够健全,在接收输入信息没有进行判断直接将数据写入后台数据库。例如,数值数据输成全角数字字符、字符串数据后面有一个回车操作、日期格式不正确等。这类数据也是需要分类的,对于类似于全角字符、数据前后有不可见字符问题的时候,可以使用 SQL 语句查找出来,要求客户在业务系统修改后抽取。日期格式不正确的错误需要去业务系统数据库用 SQL 语句挑出来,交给业务主管部门并要求其在一定时间范围内予以修正,修正之后再抽取。

第三类是对重复数据。对这类错误的处理,要导出重复数据记录的所有字段让客户确认再整理。

数据清理是一个不断反复进行的过程,需要一定的时间来完成。在这个过程中还会不断地出现各种需要进行数据清理的问题。数据清理过程需要客户参与,对于数据是否要过滤、修正,一般都需要客户确认。

数据清理的方法是通过对无效值、缺失值和噪声数据的处理及识别或删除离群点并解决不一致性来"清理"数据,主要是为达到格式标准化、异常数据消除、错误纠正、重复数据的清除等目的。数据清理一般针对具体应用来对数据做出科学的清理。

第四类是数据的不一致性问题。多数据源集成的数据语义会不一样,可供定义完整性约束用于检查不一致性,也可通过对数据进行分析来发现它们之间的联系,从而保持数据的一致性。

2. 数据集成

数据集成主要是对异常数据、冗余数据和重复数据进行的处理。

异常数据是当数据分析的数据集来自不同数据源时,会出现许多不同类型的数据异常情况,因此保证所分析数据的一致性是必须考虑的问题。这种不一致性主要表现在数据对象名称与同类型其他数据对象名称不相符、数据对象的特征与其他同类对象不相符以及数据对象特征的取值范围不一致等,这些都属于实体识别问题,如何才能确保来自多个数据源的实体"匹配"? 首要方法是分析各个数据源中的元数据,每个数据对象以及它们特征的元数据包括名称、含义、数据类型、属性的取值范围以及空值规则,这些元数据可以用来帮助避免数据集成产生的错误。

冗余是数据集成期间可能遇到的另一个重要问题,一个属性如果可以由另一个或另一组属性导出,则这个属性可能就是冗余的。属性的冗余容易造成数据量过大、数据分析时间过长、结果不稳定的问题,因此如何判别冗余属性也是数据集成中的一个重要步骤,通常会采用相关性分析手段来检测冗余。

重复指对于同一数据集,存在两个或多个相同的数据对象,或者相似度大于阈值的数据对象。重复数据通常都是由于不正确的数据输入或者更新数据后,以前陈旧数据没有删除等导致的。

3. 数据转换

数据转换是采用线性或非线性的数学变换方法将多维数据压缩成较少维的数据,消除它们在时间、空间、属性及精度等特征表示方面的差异。实际上就是将数据从一种形式变为另一种表现形式的过程。常见的数据转换方法有下面五种。

有 n 个样本,m 个指标,得到的观测数据 x_{ij},$i=1,2,\cdots,n$;$j=1,2,\cdots,m$,则

样本均值为 $\bar{x}_j=\dfrac{1}{n}\sum\limits_{t=1}^{n}x_{tj}$,$j=1,2,\cdots,m$

样本标准差为 $s_j=\sqrt{\dfrac{1}{n-1}\sum\limits_{t=1}^{n}(x_{tj}-\bar{x}_j)}$,$j=1,2,\cdots,m$

样本极差为 $R_j=\max\limits_{t=1,2,\cdots,n}x_{tj}-\min\limits_{t=1,2,\cdots,n}x_{tj}$

(1) 中心化转换:转换后的均值为0,协方差不变。

$$x_{ij}^*=x_{ij}-\bar{x}_j,\quad i=1,2,\cdots,n;\quad j=1,2,\cdots,m$$

(2) 标准化转换:转换后每个变量的均值为0,方差为1,转换后的数据与变量的量纲无关。

$$x_{ij}^*=\frac{x_{ij}-\bar{x}_j}{s_j},\quad i=1,2,\cdots,n;\quad j=1,2,\cdots,m$$

(3) 极差标准化转换:转换后每个样本的均值为0,极差为1,变换后数据在$(-1,1)$之间,能减少分析计算中的误差,无量纲。

$$x_{ij}^*=\frac{x_{ij}-\bar{x}_j}{R_j},\quad i=1,2,\cdots,n;\quad j=1,2,\cdots,m$$

(4) 极差正规化转换:转换后在$[0,1]$之间,极差为1,量纲一。

$$x_{ij}^*=\frac{x_{ij}-\min\limits_{t=1,2,\cdots,n}x_{tj}}{R_j},\quad i=1,2,\cdots,n;\quad j=1,2,\cdots,m$$

(5) 对数转换:将具有指数特征的数据转换为线性数据。

$$x_{ij}^*=\ln(x_{ij}),\quad x_{ij}>0,\quad i=1,2,\cdots,n;\quad j=1,2,\cdots,m$$

4. 数据规约

数据规约技术可以用来得到数据集的规约表示,它的规模很小,但不影响原始数据的完整性,结果与规约前结果相同或几乎相同。数据规约主要有两种途径:属性选择和数据采

样,分别针对原始数据的属性和记录实施的操作。规约方法可以分为三类:特征规约、样本规约、特征值规约。

1)特征规约

特征规约是将不重要的或不相关的特征从原有特征中删除,或者通过对特征进行重组和比较来减少个数。数据的特征规约的原则是在保留甚至提高原有判断能力的同时减少特征向量的维度。特征规约算法的输入是一组特征,输出是它的一个子集。特征规约包括三个步骤。

搜索过程:在特征空间中搜索一个特征子集,称为一个状态。

评估过程:输入一个状态,通过评估函数或预先设定的阈值,输出一个评估值,搜索算法的目的使评估值达到最优。

分类过程:使用最后的特征集完成算法。

2)样本规约

样本规约是从数据集中选出一个有代表性的子集作为样本。子集大小的确定要考虑计算成本、存储要求、估计量的精度及其他一些与算法和数据特性有关的因素。

样本是预先知道的,通常数目较大,质量高低不等,对实际问题而言,先验知识并不确定,在原始数据集中,最关键的就是样本的数目,也就是数据表中的记录数。

3)特征值规约

特征值规约是特征值离散化技术,它将连续型特征的值离散化,使之成为少量的区间,每个区间映射到一个离散符号。优点在于简化了数据描述,并易于理解数据和获取最终的挖掘结果。

特征值规约分为有参和无参两种。有参方法是使用一个模型来评估数据,只需存放参数,而不需要存放实际数据,包含回归和对数线性模型两种。无参方法的特征值规约有三种,包括直方图、聚类和选样。

对于小型或中型数据集来说,一般的数据预处理步骤已经可以满足需求。对大型数据集来讲,在应用数据挖掘技术以前,可能采取一个中间的、额外的步骤就是数据规约,简化数据的主题,主要问题是是否可在没有牺牲数据质量的前提下,丢弃这些已准备好的数据,在适量的时间和空间中检查已准备的数据和已建立的子集。

11.2.3 大数据存储与管理技术

大数据应用的爆发性增长推动了存储、网络以及计算技术的发展。经济全球化的不断发展,导致国际性的大型企业不断出现,来自全球各地数以万计的用户产生了数以万计的业务数据,这些数据需要存放在拥有数千台机器的大规模并行系统上。大数据也出现在日常生活和科学研究等各个领域,数据的持续增长使人们不得不重新考虑数据的存储和管理。

数据存储是数据流在加工过程中产生的临时文件或加工过程中需要查找的信息。数据以某种格式记录在计算机内部或外部存储介质上。数据存储需要命名,这种命名要反映信息特征的组成含义。数据流反映了系统中流动的数据,表现出动态数据的特征;数据存储反映系统中静止的数据,表现出静态数据的特征。

存储介质主要有磁带、光盘、硬盘三大类,并在这三大类存储介质的基础上分别构成了磁带机、光盘库、磁盘阵列三种主要的存储设备。此外,固态存储和全息存储是未来高速海量数据存储的重要发展趋势。

传统关系型数据库在数据存储管理技术上的发展是一个重要的里程碑。关系型数据库是针对面向结构化数据,聚焦于便捷的数据查询分析能力、按照严格规则快速处理事务的能力、多用户并发访问能力及数据安全性的保证这种需求而设计的。关系型数据库以其结构化数据组织形式、严格一致的模型、简单便捷的查询语言、强大的数据分析能力及较高的数据独立性等优点得到了广泛应用。

随着互联网时代的到来,数据已经超出关系型数据库管理的范畴,电子邮件、超文本、博客、标签及图片、多媒体等各种非结构化数据逐渐成为需要存储和处理的海量数据的主要组成部分。数据存储技术出现了一些针对结构化、半结构化、非结构化数据管理系统,如HDFS(hadoop distributed file system)、NoSQL、NewSQL等。在这些系统中,数据通常采用多副本的方式进行存储,以保障系统的可用性和并发性;采用较弱的一致性模型,在保证低延迟的用户响应时间的同时,维持副本之间的一致状态;并且系统提供良好的负载平衡手段和容错手段。

要构建TB级甚至PB级的数据存储系统,需要解决数据划分、数据一致性与可用性、系统的负载均衡、容错机制等关键技术。也就是需要有自适应的数据划分方式、良好的负载均衡策略来满足数据、用户规模的不断增长需求,同时,在保证系统可靠性、权衡数据一致性和可用性同时,满足网络应用的低延时、高吞吐率的要求。

11.2.4　大数据分析与挖掘技术

大数据分析是大数据价值链最重要的一个环节,其目标是提取数据中隐藏的数据,提供有意义的建议以辅助正确的决策。通过分析,可以从杂乱无章的数据中萃取和提炼有价值的信息,进而找出研究对象的内在规律。数据挖掘是数据分析的利器,是从大量的、不完全的、有噪声的、模糊的、随机的实际应用数据中,提取隐含其中的、人们事先不知道的、但潜在有用的信息和知识的过程。

1. 大数据分析概念和分类

数据分析指搜集、处理数据并获得数据中隐含信息的过程。具体说,数据分析就是建立数据的分析模型,对数据进行核对、筛选、复算、判断等操作,将目标数据的实际情况与理想情况进行对比,从而发现审计线索,搜索审计证据的过程。

大数据分析是大数据理念与方法的核心,指对海量增长快速、内容真实、类型多样的数据进行分析,从中找出可以帮助决策的隐藏模式、未知的相关关系以及其他有用信息的过程。因为大数据具有数据量大、数据结构复杂、数据产生速度快、数据价值密度低等特点,这增加了对大数据进行有效分析的难度,因此大数据分析(big data analytics,BDA)成为当前探索大数据发展的核心内容。大数据分析是在数据密集型的环境下,对数据科学的重新思考和进行新的模式探索的产物。严格来说,大数据分析更像是一种策略而非技术,其核心理念就是以一种比以往有效得多的方式来管理海量数据并从中获取有用的价值。

大数据分析是伴随着数据科学的快速发展和数据密集型范式的出现而产生的一种全新的分析思维和技术,大数据分析与情报分析、云计算技术等内容存在密切的关联。数据分析目的是从和主题相关的数据中提取尽可能多的信息,其主要作用包括:推测或解释数据并确定如何使用数据;检查数据是否合法;给决策制定合理建议;诊断或推断错误原因;预测未来将要发生的事情。

依据不同的方法和标准,数据分析可以分成不同的类型。根据数据分析深度,可将数据分析分为三个层次：描述性分析(descriptive analysis)、预测性分析(predictive analyis)和规则性分析(prescriptive analysis)。描述性分析基于历史数据来描述发生的事件。例如,利用回归分析数据集中发现简单的趋势,并借助可视化技术来更好地表示数据特征。预测性分析用于预测未来事件发生的概率和演化趋势。例如,预测模型使用对数回归和线性回归等统计技术发现数据趋势并预测未来的输出结果,规则性分析解决决策指定和提高分析效率。例如,利用仿真来分析复杂系统以了解系统行为并发现问题,并通过优化技术在给定约束条件下给出最优解决方案。

数据分析类型还有很多划分方法。在统计学领域,数据分析可以划分为描述性统计分析、探索性数据分析和验证性数据分析三种类型。在人类探索自然的过程中,通常将数据分析方法分为定性数据分析和定量数据分析；按照数据分析的实时性,一般将数据分析分为实时数据分析和离线数据分析；按照数据量的大小,分为内存级数据分析和 BI 级数据分析、海量级数据分析。

2. 数据挖掘技术

数据采集和数据存储技术的不断进步使组织积累了海量的数据,而且数据量还在不断地快速增长,快速增长的海量数据存储在数据库、数据仓库中,从中提取有用的信息已经成为巨大的挑战。由于数据量太大,并且数据本身具有新的特点,很难使用传统的数据分析工具和技术处理它们,数据挖掘将传统的统计分析方法与处理大量数据的复杂算法相结合,为探查和分析新的数据类型以及用新方法分析海量数据提供了契机。

数据挖掘(data mining,DM)简单来说就是从大量数据中提取或挖掘知识,通过仔细分析大量数据来揭示有意义的联系、趋势和模式。数据挖掘出现于 20 世纪 80 年代后期,是数据库研究中一个很有应用价值的新领域,数据挖掘是一门交叉性学科,融合了统计学、数据库技术、机器学习、人工智能、模式识别和数据可视化等多个领域的理论和技术。

一般的,数据挖掘任务可以划分为描述任务和预测任务两大类。描述性挖掘任务刻画数据的特征,概括数据中潜在的联系模式,通常是探查性的,包括相关分析、趋势分析、聚类、异常检测等。预测性数据挖掘任务是根据当前数据进行推理、预测,根据其他属性的值,预测特定属性的值,包括分类、回归等。

数据挖掘的跨行业数据挖掘标准过程(Cross-Industry Standard Process for Data Mining,CRISP-DM)是当今数据挖掘业界的通用标准之一,它强调数据挖掘在商业中的应用,解决商业中的问题。CRISP-DM 参考模型包括商业理解、数据理解、数据准备、建立模型、模型评估和模型部署六个阶段,如图 11-3 所示。

商业理解：从商业角度理解项目目标和要求,把这些理解知识转换成数据挖掘问题的定义和实现目标的最初规划。

数据理解：从收集数据开始,然后熟悉数据、甄别数据质量问题、发现对数据的真知灼见或探索出令人感兴趣的数据子集并形成对隐藏信息的假设。

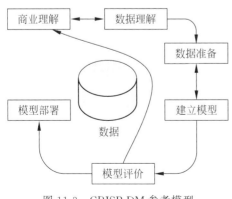

图 11-3　CRISP-DM 参考模型

数据准备：为建模工具准备适合挖掘的数据类型的过程,涵盖从原始数据到最终数据集的全部活动,主要包括数据的转换和清洗。

建立模型：选择和使用各种建模技术,并对其参数进行调优。

模型评估：对模型进行较为全面的评价,重审构建模型的那些步骤以确认其能达到商业目的,并确定使用数据挖掘结果得到的决策是什么。

模型部署：生成报告或者实施一个覆盖企业的可复用的数据挖掘过程。

11.3　NoSQL 数据库

提到数据存储,一般都会想到关系型数据库,但关系型数据库也不是万能的,它也有不足之处,因而 NoSQL 非关系型数据库应运而生。NoSQL 是 not only SQL 的缩写,即适用关系数据库的时候就使用关系型数据库,不适用的时候可以不使用关系型数据库,可以考虑使用更加合适的数据存储方式。

11.3.1　NoSQL 简介

NoSQL 不是对关系型数据库的否定,而是对关系型数据库的补充,增加了存储方式。Carlo Strozzi 在 1998 年提出 NoSQL 一词,用来指代他开发的一个没有提供 SQL 功能的轻量级关系型数据库,此时,NoSQL 可以被认为是"No SQL"的合成。2009 年,Eric Evans 提出了 NoSQL 的概念,此时,NoSQL 主要是指那些非关系型的、分布式的且可不遵循 ACID 原则的数据存储系统。再后来,NoSQL 概念继续发展,演变成"not only SQL",即"不仅仅是 SQL"。到此,NoSQL 具有了新的意义：在适用于关系型数据库时使用关系型数据库,在不适用关系型数据库时可以使用非关系型数据库,可以根据需要选择更加适用的数据存储。

NoSQL 的整体框架如图 11-4 所示。从该图可以看出,典型的 NoSQL 数据库主要分为 key-value 数据库,column-oriented 数据库、图存数据库和文档数据库。

图 11-4　NoSQL 框架

11.3.2　NoSQL 数据库解决的核心问题

关系型数据库是建立在关系模型基础上的数据库,借助了集合代数等概念和方法来处理数据中的数据。关系型数据库具有非常好的通用性和非常高的性能,操作也让人们更容易理解,并且现实世界中各种实体及其之间关系均可以用关系模型来表示,因此,关系型数据库成为应用广泛的通用型数据库。

正如我们理解的那样,关系型数据库是通用型数据库,并不适用某些特殊用途。在互联网络领域早期,一个网站的访问量一般不大,用单个数据库可以应对。但是,在进入 Web2.0 时代以后,论坛、博客、微博逐渐引领了 Web 领域的潮流。关系型数据库应对超大规模和高并发的动态网站数据来讲显得力不从心,暴露了很多问题。

NoSQL 是对关系型数据库的有效补充,增加了数据存储的方式。NoSQL 虽然只应用在一些特定领域上,但恰恰弥补了关系型数据库的不足,主要补充如下。

(1) 相对于关系型数据库更容易扩展。因为 NoSQL 去掉了关系型数据库的关系特征,数据之间无关系,所以更容易扩展。

(2) 相对于关系型数据库具有更大数据量、更高性能。因为数据之间无关系,结构更加简单,操作的性能就更高了。

(3) 具有更加灵活的数据模型。NoSQL 无须事先为存储的数据建立字段,随时可以存储自定义的数据格式,相对关系型数据库增删字段简单灵活得多。

(4) NoSQL 有很高的可用性。NoSQL 在不影响性能情况下,就可以方便实现高可用性的架构。

11.3.3　NoSQL 的常见模式

典型的 NoSQL 数据库主要有 key-value 数据库,column-oriented 数据库、图存数据库和文档数据库。

1. key-value 数据库

key-value(键值)存储是最常见的 NoSQL 数据库的存储形式,虽然它的处理速度非常快,但基本上只能通过键的完全一致查询获取数据。根据数据的保存方式,可以分为临时性、永久性和两者兼具三种。

临时性键值存储是在内存中保存数据,可以进行非常快速的保存和读取处理,有可能丢失。例如,memcached 把所有的数据都保存在内存中,读取和保存速度快,但当数据库停止时,数据就不存在了。由于数据保存在内存中,所以无法操作超出内存容量的数据。临时性键值存储有数据存储在内存;可以进行非常快速的保存和读取处理;数据可能丢失的特点。

永久性键值存储是在硬盘上保存数据,可以进行非常快速的保存和读取处理,虽无法与memcached 相比,但数据不会丢失,如 Tokyo Tyrant、ROMA 等。与临时存储相比,永久性键值存储会发生硬盘的 I/O 操作,所以性能上有差距,但是保证数据不会丢失。永久性键值存储的特点是数据保存在硬盘,可以进行非常快的保存和读取处理(但无法与memcached 相比),数据不会丢失。

两者兼具的键值存储可以同时在内存和硬盘上保存数据,进行非常快的保存和读取且保存在硬盘上的数据不会消失,即使消失也可以恢复,适合于处理数组类型的数据,如 Redis。Redis 首先将数据保存在内存中,在满足特定条件(默认 15 分钟一次以上,5 分钟内 10 个以上,1 分钟以内 10 000 个以上的键值发生变更)的时候将数据写入到硬盘中。这样 既保存了内存数据的处理速度,又可以通过写入硬盘来保证数据的永久性。这种存储方式 具有以下特点:同时在内存和硬盘上数据;可以进行快速的保存和数据处理;保存在硬盘 上的数据不会消失(可以恢复);适合处理数组类型数据。

2. column-oriented 数据库

普通的关系型数据库都是以行为单位来存储数据的,擅长进行以行为单位的读入处理。 NoSQL 的列数据库是以列为单位来存储数据的,因此擅长以列为单位来读取数据。行数据 库可以对少量行进行读取和更新,而列数据库可以对大量行少量列进行读取,同时对于所有 行的特定列进行更新。

column-oriented 数据库具有高扩展性,即使增加数据也不会降低相应的处理速度,其 主要应用于需要处理大量数据的情况。利用面向列数据库的优势,把它作为批处理程序的 存储器来对大量数据进行更新也非常有用。如 Bigtable、Apache Cassandra、Hbase 等。

3. 图存数据库

图存数据库主要是我们将数据以图的方式存储。实体会被作为顶点,而实体之间则被 作为边。例如,有三个实体,Steve Jobs、Apple 和 Next,则会有两个"Founded by"的边将 Apple 和 Next 连接到 Steve Jobs。图存数据库主要适用于关系较强的数据中,适用范围很 小,因为很少有操作涉及整个图。如 Neo4j、GraphDB、OrientDB 等。

4. 文档数据库

文档数据库是一种用来管理文档的数据库,它与传统数据库的本质区别在于其信息处 理基本单位是文档,可长、可短、甚至可以无结构,而在传统数据库中,信息是可以分割的离 散数据段。文档数据库与文件系统的主要区别在于文档数据库可以共享相同的数据,而文 件系统不能。同时,文件系统比文档数据库的数据冗余复杂,会占用更多的存储空间,更难 管理维护。文档数据库与关系数据库的主要区别在于文档数据库允许建立不同类型的非结 构化或者任意格式的字段,并且不提供完整性支持。文档数据库典型代表是 CouchDB 和 MongoDB。

与关系型数据库相比,文档数据库具有不定义表结构的特点。在关系型数据库中变更 表结构比较困难,而且为了保持一致性还需要修改程序,NoSQL 数据库就不存在这样的问 题。文档数据库虽然不具备事务处理和关系数据库中的连接运算,但除这两个问题外,关系 数据库中的其他数据处理问题,NoSQL 基本上都能实现。

11.3.4　NoSQL 的三大基石

NoSQL 的优势主要得益于它在海量数据管理方面的高性能,它适应了大数据时代数据 管理系统的需要。NoSQL 海量数据管理涉及的存储放置策略、一致性策略、计算方法、索引 技术等都是建立在一致性理论的基础之上的。数据一致性理论又包括 CAP 理论、BASE 模 型和最终一致性,称为 NoSQL 的三大基石。下面对数据一致性理论进行详细地介绍。

1. CAP 理论

2000 年,Eric Brewer 在 EAM DC 的会议中提出了 CAP 理论,该理论又被称为 Brewer

理论,其中"C""A""P"分别代表一致性(consistency),可用性(avaliability),分割容忍性(partition tolerance)。

一致性(consistency)指在分布式计算系统中,在执行过某项操作之后,所有结点仍具有相同的数据,这样的系统被认为具有一致性。

可用性(avaliability)指在每一个操作之后,无论操作成功或者失败都会在一定时间内反馈相应结果。一定时间内指系统操作之后的结果应该在给定的时间内反馈,如果超时则被认为不可用或者操作失败。例如,进入系统时进行账号登录验证操作,在输入相应的登录密码之后,如果等待时间过长,如3分钟,系统还没有反馈登录结果,登录者将会一直处于等待状态,无法进行其他操作。

反馈结果也是很重要的因素,假如在登录系统之后,结果是"java. lang. error…"之类的错误信息,这对于登录者来说相当于没有反馈结果,他无法判断自己登录的状态是成功还是失败或者需要重新操作。

分隔容忍性(partiton tolerance)可以理解为当网络由于某种原因被分隔成若干个孤立的区域,且区域之间互不相同时,仍然可以接受请求。当然,也有一些人将其理解为系统中任意信息的丢失或失败都不会影响系统的继续运作。

CAP理论指出,在分布式环境下设计和部署系统时,只能满足上面三个特性中的两项不能满足全部,所以,设计者必须在三个特性之间做出选择。

如果理解CAP理论指多个数据副本之间读写一致性的问题,那么它对关系数据库与NoSQL数据库来讲是一致的,它只需要运行在分布式环境中的数据管理设施在读写一致性问题时遵守的一个原则,并不是NoSQL数据库具有优秀的水平扩展性的真正原因。如果将CAP理论中的一致性C理解为读写一致性、事务与相关操作的综合,则可以认为关系数据库选择了C与A,而NoSQL数据库则选择了A和P,也就是说,传统关系型数据库管理系统注重数据的强一致性,但对海量数据的分布式存储和处理,其性能不能满足需求。因此,现在许多NoSQL数据库牺牲了强一致性来提高性能,CAP理论对非关系型数据库设计有很大影响,这才是用CAP理论来支持NoSQL数据库设计正确的认识。

2. BASE理论

BASE的含义是指"NoSQL数据库设计可以通过牺牲一定的数据一致性与容忍性来换取高性能的保持甚至提高",即NoSQL数据库都应该是牺牲C来换取P,而不是牺牲A,可用性A正好是所有NoSQL数据库都普遍追求的特性。

BASE代表的是基本可用(basically available),即能够基本运行、一直提供服务。软状态(soft-state):系统不要求一直保持强一致状态。最终一致性(eventual consistency):系统简便在某一时刻后达到一致性要求。

BASE可以定义为CAP中AP的衍生。在单机环境下,ACID是数据的属性,而在分布式环境中,BASE就是数据的属性。BASE思想主要强调基本的可用性,如果需要高可用性,也就是纯粹的高性能,那么就要牺牲一致性或容忍性,BASE思想的方案在性能上还是有潜力可挖的。BASE思想的主要实现有按功能划分数据库和sharding碎片。在英文单词解释方面BASE为"碱",ACID为"酸",BASE与ACID是完全对立的两个模型。

随着大数据时代的到来,系统的数据(如社会计算数据、网络服务数据等)不断增长。对于数据不断增长的系统,它们对可用性及分割容忍性的要求高于强一致性,并且很难满足事务所要求的 ACID 特性。而保证 ACID 特性是传统关系型数据库中事务管理的重要任务，也是恢复和并发控制的基本单位。表 11-1 列出了 ACID 与 BASE 的一些区别。

表 11-1　ACID 与 BASE 区别

ACID	BASE
强一致性	弱一致性
隔离性	可用性优先
采用悲观、保守方法	采用乐观方法
难以变化	适应变化、简单、更快

3. 最终一致性

BASE 是通过牺牲一定的数据一致性与容忍性来换取高性能的保持甚至提高，当然，这里的一致性并不是完全不管数据的一致性，否则数据是混乱的，那么系统可用性再高、分布式再好也没有了价值。牺牲一致性，只是放弃关系型数据库中的强一致性，而要求系统能达到最终一致性即可。下面介绍下这几类一致性的概念。

强一致性指无论更新操作是在哪个数据副本上执行的，之后的所有的读操作都会获得最新数据。弱一致性指用户读到某一操作对系统特定数据的更新需要一段时间，这段时间被称为"不一致性窗口"。最终一致性是弱一致性的一种特例，在这种一致性系统下，保证用户最终能够读到某操作对系统特定数据的更新。

对于一致性，可以分为从客户端和服务端两个不同的视角来看。从客户端来看，一致性主要指多并发访问时更新过的数据如何获取的问题。从服务端来看，则是如何复制分布到整个系统，以保证数据最终一致。一致性是因为有并发读写才有的问题，因此在理解一致性的问题时，一定要注意结合考虑并发读写的场景。

从客户端角度看，当多进程并发访问时，更新过的数据在不同进程如何获取不同策略，决定了不同的一致性。对于关系型数据库，要求更新过的数据都能被后续的访问看到，这是强一致性，如果能容忍后续的部分或者全部访问不到，则是弱一致性，如果经过一段时间后要求能访问到更新后的数据，则是最终一致性。

最终一致性模型根据更新数据后各进程访问到数据的时间和方式的不同，又可以划分为以下多种模型。

(1) 因果一致性：假设存在 A、B、C 三个相互独立的进程，并对数据进行操作，如果进程 A 在更新数据时将操作通知进程 B，那么进程 B 将读取 A 更新的数据，并一次写入，以保证最终结果的一致性。在遵守最终一致性规则条件下，系统不保证与进程 A 无因果关系的进程 C 一定能够读取该更新操作。

(2) 读己之所写(read-your-own-writes)一致性：当某用户自己更新数据后，它总是读取到更新后的数据，绝不会看到之前的数据，并且其他用户读取数据时不能保证会读取到最新数据。

(3) 会话(session)一致性：这是上一个模型的实用版本，它把读取存储系统的进程限制在一个会话范围内，只要会话还存在，系统就保证"读己之所写"一致性。也就是说，提交更新操作的用户在同一会话里读取数据是能够保证数据是最新的。

(4) 单调(monotonic)读一致性：如果用户已经读取某数值，那么任何后续操作不会返回该数据之前的值。

（5）单调写（monotonic write）一致性：也叫作时间轴（timeline）一致性，系统保证来自同一个进程的更新操作顺序执行。

上述五种最终一致性模型可以进行组合，例如，单调读一致性和读己之所写一致性就可以以组合实现，即读取自己更新的数据并且一旦读取到最新数据将不会再读取之前数据。从实践的角度来看，这两者的组合，对于此架构上的程序开发来说，会减少额外的烦恼。

至于系统选择哪一种一致性模型，或者是哪种一致性模型的组合取决于应用对一致性的需求，而所选取的一致性模型会影响到系统处理用户请求及对副本维护技术的选择。

11.4 NewSQL 数据库

曾经一些人认为传统数据库支持 ACID 和 SQL 等特性限制了数据库的扩展和处理海量数据的性能，因此尝试通过牺牲这些特性来提升对海量数据的存储管理能力。还有一些人认为传统数据库并不是由于 ACID 和 SQL 的特性限制了数据库的扩展和处理海数据的性能，而是其他的一些机制，如锁机制、日志机制、缓冲区管理等制约了系统的性能，只要优化这些技术，关系型数据库系统在处理海量数据时仍能获得很好的性能。

关系型数据库在处理事务时对性能影响较大、需要优化因素有如下。

（1）通信。应用程序通过 ODBC 或 JDBC 与 DBMS 进行通信是 OLTP 事务中的主要开销。

（2）日志。关系型数据库事务中对数据的修改需要记录到日志中，而日志则需要不断写到硬盘上来保证持久性，这种代价是昂贵的，而且降低了事务的性能。

（3）锁。事务中修改操作需要对数据进行加锁，这就需要在锁表中进行写操作，造成了一定的开销。

（4）闩。关系型数据库中一些数据结构，如 B 树、锁表、资源表等的共享影响了事务的性能，这些数据结构常常被多线程序读取，所以需要短期锁即闩。

（5）缓冲区管理。关系型数据将数据组织成固定大小的页，内存中磁盘页的缓冲管理会造成一定的开销。

为了解决这些问题，一些新的数据库采用部分不同的设计：取消了耗费资源的缓冲池，在内存中运行整个数据库；摒弃了单线程服务的锁机制，通过使用冗余机制来实现复制和故障恢复，称这种可扩展、高性能数据库为 NewSQL。NewSQL 数据库不仅具有 NoSQL 对海量数据的存储管理能力，还保持了传统数据库支持 ACID 和 SQL 等特性，这里的"New"用来表明与传统关系型数据库的区别。

NewSQL 一词首先由 451 Group 的分析师马修·阿斯利特（Matthew Aslett）在研究论文中提出，它代指对老牌数据库厂商做出挑战的一类新型数据库系统。NewSQL 主要包括两类：拥有关系型数据库产品和服务，并将关系模型的好处带到分布式架构上；或者提高关系数据库的性能，使之达到不用考虑水平扩展问题的程度。

可见，NoSQL 数据库是非关系的、水平可扩展、分布式并且是开源的。但是 NoSQL 由于不使用 SQL，NoSQL 数据库系统不具备高度结构化查询等特性，其他问题还包括不能提供 ACID 的操作等，这使得很难规范其应用程序接口。NewSQL 能够提供 SQL 数据库的质量保证,也能提供 NoSQL 数据库的可扩展性,所以从发展趋势上,NewSQL 代替 NoSQL 是大趋势。分布式数据库公司 CTO 开发的 VoltDB 是 NewSQL 的实现之一,它们的系统使用 NewSQL 的方法处理事务的速度比传统数据库系统快 45 倍,VoltDB 可以扩展到 39 个机器上,在 300 个 CPU 内核中每分钟处理 1600 万分事务,其所需的机器数比 Hadoop 集群要少很多。

典型的 NewSQL 实现有 MySQL Cluster、VoltDB、MemSQL、ScaleDB 等。

11.5　数据库云平台

云计算是分布式处理、并行处理和网格计算的发展,是透过网格将庞大的计算处理程序自动分拆成无数个较小的子程序,再交给由多部服务器组成的庞大系统经计算分析之后将结果回传给用户。

云存储的概念和云计算类似,它是通过集群应用、网格技术或分布式文件系统等功能,网络中大量各种不同类型的存储设备通过应用软件集合起来协调工作,共同对外提供数据存储和业务访问的一个系统,保护数据的安全性,并节约存储空间。简单地说,云存储就是将存储资源放到云上让人存取的一种新兴方案,使用者可以在任何时候、任何地方,通过任何可联网的装置连接到云上方便存取数据。

11.5.1　数据库云平台的概念

云数据库(relational database service,RDB)是一种基于云计算平台的稳定可靠、弹性伸缩、便捷管理的在线云数据库服务,也就是部署和虚拟化在云计算环境中的数据库。云数据库是在云计算的大背景下发展起来的一种新兴的共享基础架构的方法,它极大地增强了数据库的存储能力,消除了人员、硬件、软件的重复配置,让软、硬件升级变得更加容易。

从数据模型的角度看,云数据库并非一种全新的数据库技术,而是以服务的方式提供数据库功能。云数据库所采用的数据模型可以是关系数据库所使用的关系模型,也可以是 NoSQL 数据库所使用的非关系模型。

云数据库 RDS 服务具有完善的性能监控体系和多重安全防护措施,并提供了专业的数据库管理平台,让用户能够在云上轻松地进行设置和扩展云数据库。通过云数据库 RDS 服务的管理控制台,用户无须编程就可以执行所有必需任务,简化运营流程,减少日常运维工作量,从而专注于开发应用和业务发展。

11.5.2　数据库云平台的特点

云数据库是在云计算的背景下发展起来的,它在云端为用户提供数据服务。用户无须投入软硬件环境建设,只需向云数据库服务提供商购买数据库服务,即可方便、快捷、廉价地实现数据存储和管理功能。

云数据库具有动态可扩展性、高可用性、低成本、易用、大规模并行处理等突出优势。在大数据时代,实现低成本的大规模数据存储是企业的理想选择。

云数据库结合快云虚拟专用服务器(virtual private server,VPS)使用,布局网站与数据库分离的网站,这样的站库分离速度更快,也减少了数据安全风险,更降低了运营成本。总结起来有以下四大优点。

（1）性能卓越。云数据库采用高端服务器集群，千兆网络接入，所有业务实现物理分离，专人专用，且数据库参数设置已经做了专业的优化，性能比普通自建数据库有大幅提升。

（2）自动备份。云数据库设置了自动备份点和手动备份点设定功能，从而最大程度上保障用户数据库的可靠。

（3）安全稳定。云数据库具备指定内外网 IP 访问功能，默认只有自己的网站服务器可以访问自己的数据库，同时也可以手动设定任意指定的 IP，有效防止外部未授权 IP 访问数据库，保障数据库的安全。云数据库还设置了操作日志查询功能，为用户准确分析数据库访问情况，达到数据库高效、安全地使用。

（4）管理方便。云数据库支持最新版本的数据库类型和版本，并提供和兼容多种第三方管理工具。用户可以根据业务发展需求的增长，扩容和升级数据库容量、数量、连接数等，以便选择最适合的云数据库。

11.5.3　数据库云平台的分类

数据是每个行业发展和变革的必要元素，它渗透在各个领域中，而人们一直使用传统数据库来协助存储和组织这些数据。随着云时代的发展，催生了各种对云数据库的新需求，采用传统数据库已经无法满足原有的使用场景，需要选择适合使用的新型数据库。

未来的服务都跑在云端，任何的服务资源都可以像水电煤一样按需选购。从 IaaS 层的容器/虚拟机，到"PaaS"层的数据库、缓存和计算单元，再到"SaaS"层的不同类型的应用，用户只需要根据自身业务特点进行资源选配，再也不用担心应用服务支撑不住高速的业务增长，因为在云上一切都是弹性伸缩的。有了可靠的基础软件架构，用户就可以把更多精力放到新业务的探索、新模式的创新上，就有可能产生更多不一样的新场景，从而催生更强大能力的云端服务。当前提供云服务的公司非常多，国内的有阿里云、华为云、腾讯云、天翼云、电信云等，国际主流的有微软云、IBM 云、亚马逊云等。

一般来说，云数据库分为关系型云数据库和非关系型云数据库两大类。

1. 关系型云数据库

阿里云关系型数据库是一种稳定可靠、可弹性伸缩的在线数据库服务。基于阿里云分布式文件系统和 SSD 盘高性能存储，RDS 支持 MySQL、SQL Server、PostgreSQL、PPAS（Postgre Plus Advanced Server，高度兼容 Oracle 数据库）和 MariaDB TX 引擎，并且提供了容灾、备份、恢复、监控、迁移等方面的全套解决方案，彻底解决数据库运维的代价。

亚马逊 Redshift 是跨一个主结点和多个工作结点实施的分布式数据库。通过使用 AW 管理控制台，管理员能够在集群内增加或删除结点，以及按实际需要调整数据库规模。所有的数据都存储在集群结点或机器实例中。

Redshift 集群的实施可通过两种类型的虚拟机：密集存储型和密集计算型。密集存储型虚拟机是专为大数据仓库应用而进行优化的，而密集计算型为计算密集型分析应用提供了更多的 CPU。

亚马逊关系型云数据库服务（AWS）是专为使用 SQL 数据库的事务处理应用而设计的，规模缩放和基本管理任务都可使用 AWS 管理控制台来实现自动化。AWS 可以执行很多常见的数据库管理任务，例如备份。

2. 非关系型云数据库(NoSQL)

NoSQL 部署到云端,构成了云端数据库。下面是两个典型的非关系型云数据库。

云数据库 MongoDB 版基于飞天分布式系统和高可靠存储引擎,采用高可用架构。提供容灾切换、故障迁移透明化、数据库在线扩容、备份回滚、性能优化等功能。MongoDB 支持灵活的部署架构,针对不同的业务场景提供不同的实例架构,包括单结点实例、副本集实例及分片集群实例。

亚马逊 DynamoDB 是亚马逊公司的 NoSQL 数据库产品。其数据库还可与亚马逊 Lambda 集成,以帮助管理人员对数据和应用的触发器进行设置。DynamoDB 特别适用于具有大容量读写操作的移动应用,用户可创建存储 JavaScript 对象符号(JSON)文档的表格,而用户可指定键值对其进行分区。

习题 11

1. 简答题

(1) 大数据的特征是什么?

(2) 大数据相关技术有哪些?

(3) 简述数据挖掘的 CRISP-DM 模型。

(4) 什么是 NoSQL? 什么是 NewSQL? 它们解决了哪些问题?

(5) NoSQL 的三大理论基石是什么?

(6) 简述什么是云数据库。

参 考 文 献

[1]　万常选,廖国琼,吴京慧,等.数据库系统原理与设计[M].3 版.北京:清华大学出版,2018.

[2]　林子雨.大数据技术原理与应用[M].3 版.北京:人民邮电出版社,2021.

[3]　萨师煊,王珊.数据库系统概论[M].3 版.北京:高等教育出版社,2006.

[4]　黑马程序员.微服务架构基础[M].北京:人民邮电出版社,2019.

[5]　崔巍,王晓波,车蕾.数据库应用与设计[M].北京:清华大学出版社,2012.

[6]　肖海蓉,任民宏.数据库技术与应用[M].成都:西南财经大学出版社,2011.

[7]　周汉平.数据库设计及其应用程序开发[M].北京:清华大学出版社,2010.

[8]　李波,孙宪丽,关颖.Power Designer 16 系统分析与建模实战[M].北京:清华大学出版社,2014.

[9]　邵佩英.分布式数据库系统及其应用[M].2 版.北京:科学出版社,2005.

[10]　付雯,陈甫,李法平.大数据导论[M].北京:清华大学出版社,2018.

[11]　赵刚.大数据技术与应用实践指南[M].北京:电子工业出版社,2013.

[12]　葛东旭.数据挖掘原理与应用[M].北京:机械工业出版社,2020.

[13]　王星.大数据分析:方法与应用[M].北京:清华大学出版社,2013.

[14]　崔建伟,赵哲,杜小勇.支撑机器学习的数据管理技术综述[J].软件学报,2021,32(03):604-621.

[15]　肖海蓉,任民宏.数据库原理与应用[M].北京:清华大学出版社,2016.

图 书 资 源 支 持

感谢您一直以来对清华版图书的支持和爱护。为了配合本书的使用,本书提供配套的资源,有需求的读者请扫描下方的"书圈"微信公众号二维码,在图书专区下载,也可以拨打电话或发送电子邮件咨询。

如果您在使用本书的过程中遇到了什么问题,或者有相关图书出版计划,也请您发邮件告诉我们,以便我们更好地为您服务。

我们的联系方式:

地　　址:北京市海淀区双清路学研大厦 A 座 714

邮　　编:100084

电　　话:010-83470236　010-83470237

客服邮箱:2301891038@qq.com

QQ:2301891038(请写明您的单位和姓名)

资源下载:关注公众号"书圈"下载配套资源。

资源下载、样书申请

书 圈

图书案例

清华计算机学堂

观看课程直播